Vogel

Einstieg in SolidWorks

Ihr Plus – digitale Zusatzinhalte!

Auf unserem Download-Portal finden Sie zu diesem Titel kostenloses Zusatzmaterial. Geben Sie dazu einfach diesen Code ein:

plus-akjy6-p56r7

plus.hanser-fachbuch.de

Bleiben Sie auf dem Laufenden!

Hanser Newsletter informieren Sie regelmäßig über neue Bücher und Termine aus den verschiedenen Bereichen der Technik. Profitieren Sie auch von Gewinnspielen und exklusiven Leseproben. Gleich anmelden unter

www.hanser-fachbuch.de/newsletter

Harald Vogel

Einstieg in SolidWorks

Videotraining für Skizzen, Bauteile, Baugruppen

5., vollständig überarbeitete Auflage

Mit über 500 Abbildungen und 21 Videos

HANSER

Der Autor:

Harald Vogel ist Forscher, Entwickler, Betriebsschlosser, Musiker, Dozent, Autor, Übersetzer und Journalist. Er arbeitet seit über 20 Jahren mit virtueller 2D- und 3D-Modellierung. Zu diesen Themen verfasste er bislang rund drei Dutzend Fachbücher und Lehrwerke. Er unterrichtet CAD und MCAD in aller Welt, übersetzt Bücher aus dem Englischen und dem Niederländischen und publiziert gelegentlich in Computerzeitschriften.

MIX
Papier aus verantwortungsvollen Quellen
FSC® C083411
FSC www.fsc.org

Bibliografische Information der Deutschen Nationalbibliothek:

Die Deutsche Nationalbibliothek verzeichnet diese Publikation in der Deutschen Nationalbibliografie; detaillierte bibliografische Daten sind im Internet über http://dnb.d-nb.de abrufbar.

Lektorat: Dipl.-Ing. Volker Herzberg
Herstellung: Björn Gallinge, Carl Hanser Verlag/le-tex publishing services GmbH, Leipzig
Coverkonzept: Marc Müller-Bremer, www.rebranding.de, München
Coverrealisation: Max Kostopoulos
Satz: Kösel Media GmbH, Krugzell
Druck und Bindung: CPI books GmbH, Leck
Printed in Germany

Print-ISBN: 978-3-446-46374-5
E-Book-ISBN: 978-3-446-46422-3

Inhalt

Vorwort

„There's only a certain amount of information per cubic inch a brain can hold ...“

Richard P. Feynman (1918–1988)

Liebe Leserin, lieber Leser.

Virtuelles Konstruieren bedeutet: Wie setze ich meine Idee in ein 3D-Modell um, das die Idee vollständig und ohne Redundanz erklärt?

Nun, so gut wie alle Mechanismen lassen sich auf die Grundverfahren Extrusion und Rotation zurückführen. Man muss nicht mit allerneuesten Funktionen versuchen, das Problem anderweitig zu lösen, sondern kann es meist mit einfachsten Mitteln genau so gut machen: Extrusion und Rotation.

Wenn Sie diese beiden richtig beherrschen, dann sind Sie in SolidWorks sehr viel schneller fit, als wenn Sie ständig versuchen, Ihre Idee plus zehntausend neue Möglichkeiten unter einen Hut zu bringen: Je einfacher, desto besser.

Von dieser Einfachheit handelt *Einstieg in SolidWorks*.

Als *kleines* Buch minimiert es zudem Ihre Leseleistung und verfolgt damit in einer Zeit, in der unendlich viel publiziert wird, ein wichtiges Ziel: sich auf das Wesentliche zu beschränken. Und als *Medien*-Buch will es schließlich das Wesentliche möglichst anschaulich machen. Womit wir wieder beim Thema sind.

Die Sache ist viel einfacher.

Das zu verstehen ist das Komplizierte daran.

Stolberg, im Frühjahr 2020

Harald Vogel

Schreibweisen und Konventionen

Wie jede Anleitung benötigt auch diese Anleitung eine Anleitung, denn zum Einen gibt es Formatierungen des Textes, die einen bestimmten Zweck verfolgen, zum Anderen wurde im Hinblick auf die Software eine gewisse Auswahl getroffen, und schließlich: Woher wüssten Sie sonst von den Videos?

Nomenklatur

In diesem Buch kommen folgende Formatierungen zum Einsatz:

- Spiegelpunkte wie dieser hier bedeuten Arbeit. In diesem Format sind sämtliche Bauanleitungen gesetzt – manchmal aber auch Aufzählungen.
- *Kursiv gesetzt* sind Befehle und Funktionen, Optionen, Menüpunkte und Schaltflächen, aber auch Objektnamen und Betonungen im Satz.
- Eingaben in den Gleichungseditor sind in `Schreibmaschinenschrift` gesetzt.
- **Fett** sind Texte und Zahlen gesetzt, die Sie in Dialogboxen und Editierfelder eintragen.
- Auf diese Art erscheinen Fachbegriffe; die Erklärung ist nicht weit.
- Shortcuts oder Tastenkürzel sehen so aus: STRG+A
- Datei- und Verzeichnisnamen sind in \KAPITÄLCHEN gesetzt.

Besondere Informationen sind folgendermaßen hervorgehoben:

> Hinweise dienen zur weiterführenden Information.

> Tips gehören zwar nicht unbedingt zum konkreten Ablauf, wohl aber zum Thema SolidWorks.
> (Und zur Einfachheit.)

> Gefahr geht von allem aus, was Sie in diesen Kästen lesen!

Die Benutzerschnittstelle von SolidWorks

Das bunte Programmfenster unterliegt ständiger Aktualisierung. Sie können jetzt unter vollen zwei Farbthemen für die Schaltflächen und die Baumdarstellung wählen:

- Per Default sehen Sie *Standard:* Hier ist alles blau.

- In *Klassisch* hingegen werden die alten Code-Farben Gelb, Grün, Rot, Orange, Blau usw. verwendet. „Code" deshalb, weil diese Farben der systematischen Zuordnung der Funktionen dienen: Gelb ist z. B. alles, was mit Volumenkörpern zu tun hat; die Schaltflächen für Oberflächen hingegen sind orange gefärbt.

Die Farben reduzieren die Lernarbeit, also ist dieses Buch *klassisch* gehalten.

Apropos Rechtschreibung

Wundern Sie sich nicht, wenn Sie im Text unterschiedliche Schreibweisen vorfinden, etwa „Paßfeder" und „Passfeder", *denn eigentlich SolidWorks ist Amerikaner:* Die eingedeutschten Texte in Dialogboxen und Menüeinträgen sind orthografisch und stilistisch ... nicht perfekt. Bis auf Ausnahmen zitiere ich sie trotzdem im Original, um Ihnen die Sucherei zu ersparen.

Nebenbei: Dassault haben die alte Schreibweise *„SolidWorks"* in *„SOLIDWORKS"* geändert. Ich bleibe auch hier beim Alten, weil es sich besser liest und weniger aufdringlich ist.

Modelldateien und Videos

- Die SolidWorks-Modelldateien finden Sie als ZIP-Archiv auf dem Downloadportal *plus.hanser-fachbuch.de* unter dem vorne abgedruckten plus-Code.
  Entpacken Sie das Archiv mit relativen Pfaden auf Ihre Festplatte. Wählen Sie als Verzeichnis jedoch unbedingt etwas anderes als C:\.

Die Dateinamen entsprechen denjenigen, die im Text vorgeschlagen werden. Sie können sie ab Version 2020 laden.

Die Videos sind über Links neben den Bildern im Text zugänglich, und zwar in zwei Versionen:

- Über den **QR-Code** rufen Sie jeweils die Mobil-Version ab. Sie können die Videos auf allen handelsüblichen Geräten abspielen.
- Der **Kurzlink** hingegen verschafft Ihnen Zugang zur qualitativ besseren PC-Version. Tippen Sie ihn einfach in die Adressleiste Ihres Web-Browsers ein.

Die Filme dienen dazu, Ihnen komplexe oder komplizierte Abläufe vorzuführen – genau so, wie Sie sie am Bildschirm erleben. Nach Feynmans Zitat kriegt man eben nur soundso viele Worte in einen Satz, um strategische Tastenfolgen, taktische Menü-Manöver, geheime Optionen sowie die allgemeinen Probleme der 3D-Modellierung *so* zu beschreiben, dass Sie nicht den Faden verlieren.

Zum Thema Fragen

Wenn Sie Fragen, Anregungen und Kritik zum Buch haben, schreiben Sie mir ruhig:

Einsatzdorn@t-online.de

Dank

Projektleiter ist Herr Dipl.-Ing. Volker Herzberg vom Carl Hanser Verlag. Ihm danke ich herzlich für die Idee, dieses erfolgreiche Bändchen in neuer Form und mit neuen Medien auf den Weg zu bringen.

Videoübersicht

Nr.	Video	Link
1	Der Editor stellt das zentrale Element in SolidWorks dar	bit.ly/2WbwScf
2	Eine Schaltfläche, ein Befehl – so waren Symbolleisten ursprünglich gemeint!	bit.ly/2yVCHCC
3	Beim Skizzieren kann man präzise an andere Objekte anknüpfen – auch der Ursprung zählt dazu!	bit.ly/2WaQai3
4	Das Einzeichnen einer Mittellinie mit Hilfe der Fangoptionen	bit.ly/35fCZjZ
5	Spiegeln von Skizzenelementen	bit.ly/2KMfFkh
6	Das Dialogfeld Ausrichtung erlaubt das Speichern beliebiger Ansichtskonfigurationen	bit.ly/2Sm1RRG
7	Die Endpunkte des horizontalen Mittelstücks liegen symmetrisch im Querschnitt	bit.ly/35jkv27
8	Bemaßungen sind Variable – sie haben nicht nur Werte, sondern auch Namen!	bit.ly/2zDUSwY
9	Teilen der Schräge an zwei Stellen	bit.ly/3d4kW30
10	Anderes auswählen – eine segensreiche Erfindung!	bit.ly/3eXGsle
11	Überraschung: Die Linie verfügt über einen eingebauten Bogen	bit.ly/3d1TmDc
12	Definition eines Kreismusters	bit.ly/2yVDxzg
13	Referenzebenen lassen sich auf vielerlei Art definieren	bit.ly/2xpmTrw
14	Bohrungsassistent: Definition des Bohrungstyps	bit.ly/2SjiVrq
15	Hilfreich: Ein sprechender Name für die Bemaßung	bit.ly/3f6pGqD
16	Einfügen einer Konfigurationstabelle	bit.ly/2xoyNBW
17	Schnellkurs im Formelklicken	bit.ly/2KMgRUN
18	Bildung einer Baugruppenverknüpfung	bit.ly/2yYygXz
19	Die Breadcrumbs öffnen den zentralen Zugang zur gesamten Objekt-Hierarchie!	bit.ly/2y1u7SV
20	Drei Teile beweglich verknüpft: Der Zylinderstift verbindet Bohrung und Nut	bit.ly/35fxoKu
21	Leben in der Bude: Die Zentralsteuerung für Ansichten und Texturen in der Baugruppe	bit.ly/2VPKVFq

1 Unsere erste Baustelle

- Wenn Sie SolidWorks 2020 starten, erscheint die Dialogbox *Willkommen*, die Sie jedoch bitte erst einmal schließen wollen – *ein* Bedienkonzept sollte reichen! Mit der Checkbox *Beim Start ausblenden* lassen Sie sie auch in Zukunft außen vor.

Betrachten wir zunächst das Programmfenster: Oben links befindet sich das übergroße *SolidWorks*-Logo, daneben die Symbolleiste *Standard*, ganz rechts die Palette *Task-Fensterbereich*. Ansonsten ist das Grafikfenster leer (Bild 1.1).

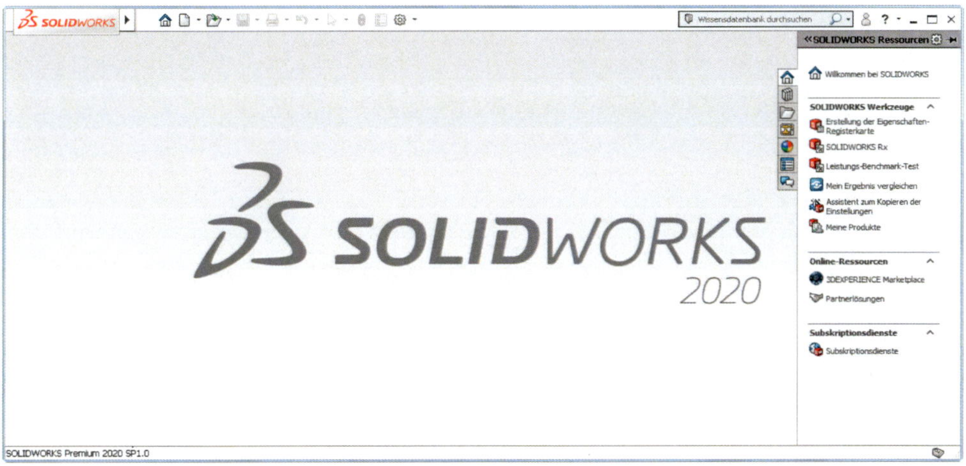

Bild 1.1: Das Anwendungsfenster von SolidWorks

Da wir der besseren Übersicht halber mit Menü und Symbolleisten arbeiten werden,

- klappen Sie zunächst das Hauptmenü auf, indem Sie auf das SolidWorks-Logo oder den Pfeil daneben zeigen (Bild 1.2, oben).
- Ohne geladenes Dokument zeigt es nur die vier Einträge *Datei, Ansicht, Extras* und *Hilfe* an (Mitte). Die *Standard*-Schaltflächen verschwinden derweil.

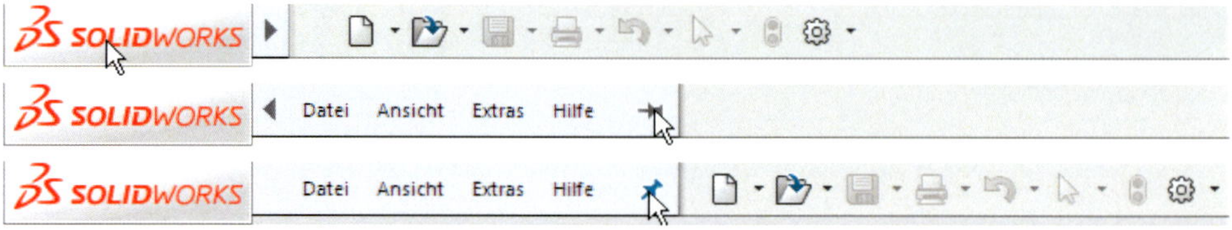

Bild 1.2: Das Menü von SolidWorks liegt etwas versteckt

- Mit der *Stecknadel* pinnen Sie es dauerhaft fest; rechts davon erscheinen nun auch wieder die *Standard*-Symbole von eben (unten).

Das Menü benötigen Sie, weil darin *sämtliche* Funktionen von SolidWorks verzeichnet sind, nicht nur die *„Top Twenty“*, die Sie auf den Symbolleisten finden.

1.1 Ein neues Bauteil

Wählen Sie im Menü *Datei, Neu,* so erscheint das Dialogfeld *Neues SolidWorks Dokument* (Bild 1.3).

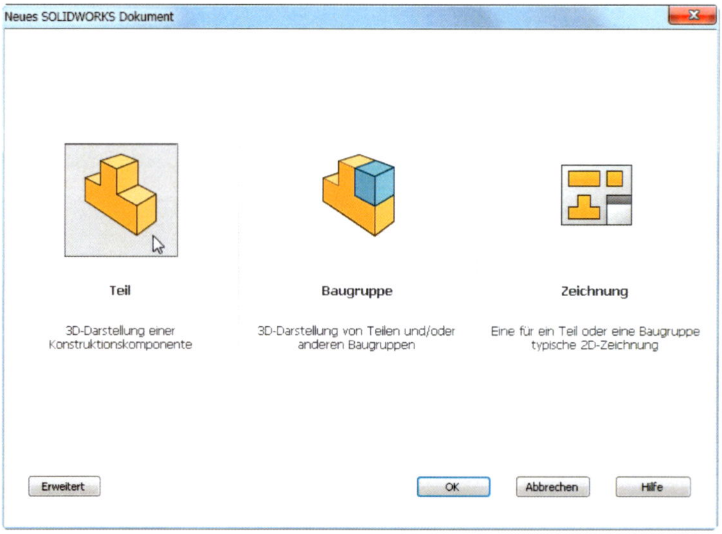

Bild 1.3: *SolidWorks for beginners:* Erstellen eines neuen Dokuments

Hier lernen Sie gleich eine der Eigentümlichkeiten von SolidWorks kennen: Es gibt nicht nur eine Art von Dokument, sondern gleich drei, und zwar

- das Teil, ein einteiliges 3D-Modell, mit dem meistens die Arbeit beginnt,

- die **Baugruppe**, die aus mehreren Teilen besteht und also eine Art virtueller Maschine darstellt, und schließlich
- die **Zeichnung**, besser gesagt: die aus Teil und Baugruppe *abgeleitete* Zeichnung.

Denn hier zeichnen nicht Sie, sondern das Programm: *Sie* bauen die 3D-Modelle, SolidWorks erstellt mehr oder weniger normgerechte Ansichten von ihnen.

- Klicken Sie auf die große Schaltfläche *Teil* und bestätigen Sie mit *OK*. Ein Doppelklick auf die Schaltfläche bewirkt das Gleiche.

1.2 Der Editor

Das neue Dokument wird in die 3D-Konstruktionsumgebung SolidWorks geladen, und die dazu passenden Bedienelemente erscheinen. Bei Bauteilen sehen Sie ein um die Punkte *Bearbeiten, Einfügen* und *Fenster* erweitertes Menü. Das zentrale Grafikfenster bezeichnen wir im Folgenden kurz als **Editor** (Bild 1.4).

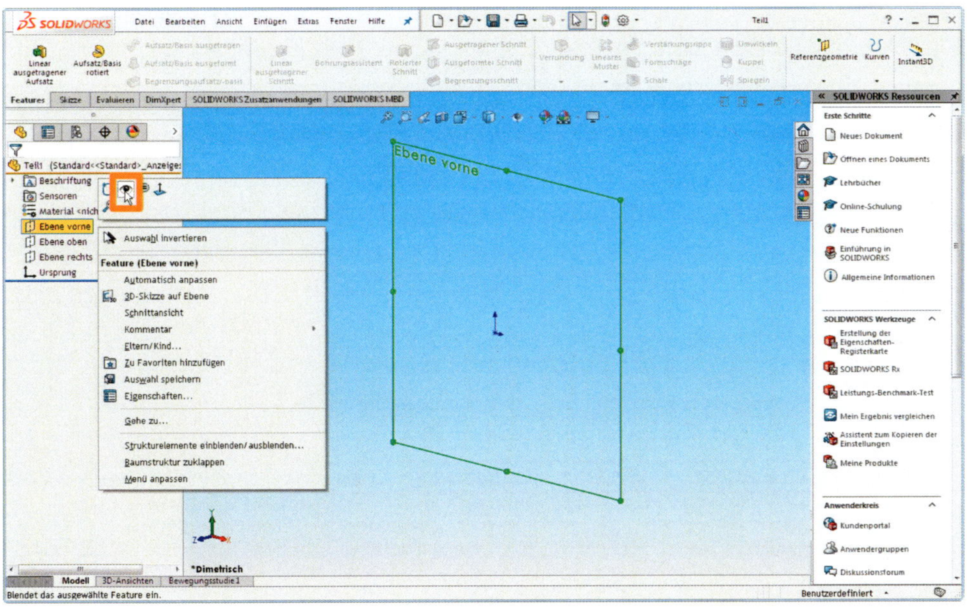

bit.ly/2WbwScf
Video 1

Bild 1.4: Der Editor stellt das zentrale Element in SolidWorks dar

Falls Sie die einheitlich-blauen Icons nicht mögen, wählen Sie das alte Farbschema *Klassisch,* wie es auch in diesem Buch verwendet wird. Dessen bunte Farben stehen nämlich für Funktionsgruppen und verbessern die Übersicht. Sehen Sie dazu Abschnitt 1.7, *SolidWorks konfigurieren,* ab S. 35.

Auch sind neue Bedienelemente hinzugekommen:

- Das große Palettenfenster links wird als FeatureManager bezeichnet. Allerdings handelt es sich dabei nur um die erste von mindestens fünf Registerkarten.

Feature bedeutet hier soviel wie Merkmal oder Eigenschaft. In jedem neuen Dokument befinden sich darin immer schon einige Elemente, wie etwa der *Ursprung* des Teils, die *Beschriftung,* die *Sensoren* und das *Material* des Bauteils. Und drei Ebenen, deren Namen Ihnen, falls Sie vom technischen Zeichnen kommen, sicher bekannt sind, denn *Ebene vorne, Ebene oben* und *Ebene rechts* sind nichts anderes als Ansicht von vorne, Drauf- und Seitenansicht. Wenn Sie eine der Ebenen anklicken, wird sie als Umriss im Editor angezeigt.

- Machen Sie die drei Ebenen ruhig dauerhaft sichtbar, indem Sie über deren Kontext-Symbolleiste per Links- oder Rechtsklick *Einblenden* wählen, das Auge im oberen der beiden Kontextmenüs (Kasten). Sie können auch alle drei Ebenen auf einmal konfigurieren, indem Sie sie in Explorer-Manier per Klick und SHIFT+Klick als Reihe auswählen.

Daraufhin werden die drei Ebenen als Umrisse eingeblendet.

- Am oberen Rand des Editorfensters erscheint die Symbolleiste *Ansicht (Head-Up)* in Form einzelner Schaltflächen vor dem Editor-Hintergrund. Sie dienen zur Steuerung des Bildausschnittes und der verschiedenen Darstellungsmodi.
- Das breite Ribbon darüber ist der *CommandManager.* Ziehen Sie ihn an einer seiner Registerkarten nach unten, so entsteht ein Palettenfenster, das Sie an allen vier Seiten des Anwendungsfensters andocken können (Bild 1.5).

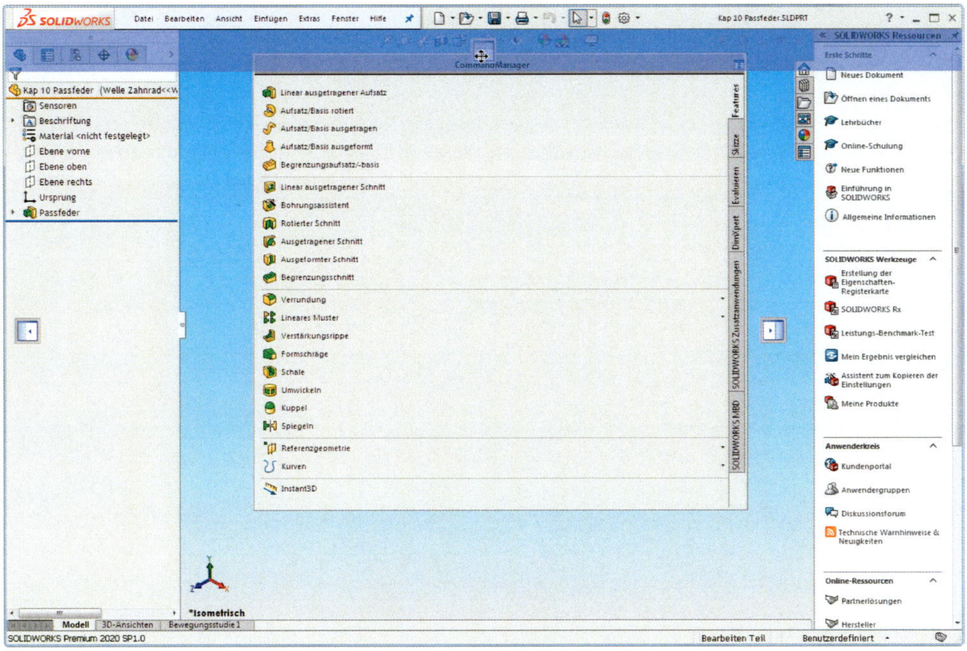

Bild 1.5: Paradox: Der *CommandManager* spart Platz durch exzessive Sperrigkeit.

Durch den *CommandManager* wird der Editor jedoch breit und niedrig, was optimal zur Konstruktion von Wellen ist. Für allgemeine Modellierung ist dagegen eher das Quadratformat geeignet. Deshalb schlage ich Ihnen folgende Lösung vor: Jede dieser Registerkarten enthält die Schaltflächen einer Symbolleiste gleichen Namens. Symbolleisten sind wesentlich kleiner, und Sie können sie frei am Rand verteilen!

■ 1.3 Einstellungen sichern

Doch bevor Sie die Oberfläche von SolidWorks beharken, sichern Sie besser erst Ihre derzeitigen Einstellungen, indem Sie

- SolidWorks über das Menü *Datei, beenden* schließen – die Datei brauchen Sie nicht zu speichern, denn sie ist ja leer.
- Rufen Sie über das Windows-Startmenü, *Programme, SolidWorks 2020, SolidWorks Werkzeuge* den *Assistent zum Kopieren von Einstellungen* auf.

Das beinahe gleichnamige Dialogfeld erscheint (Bild 1.6).

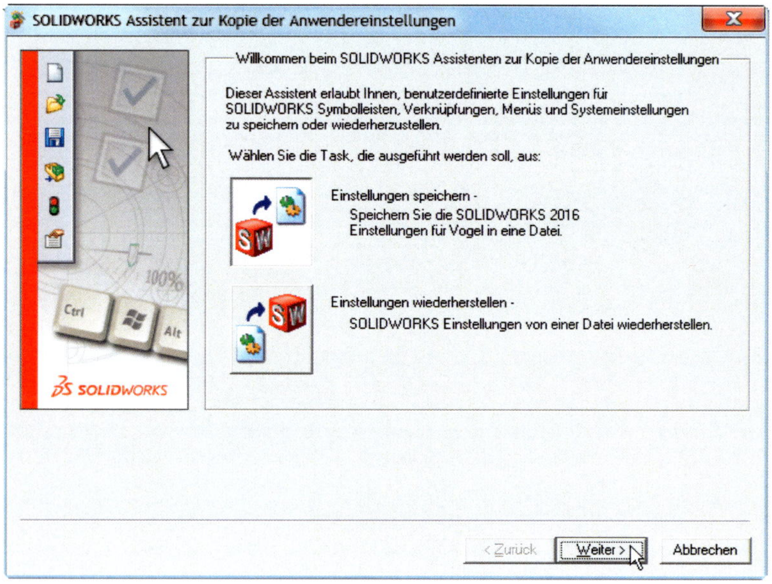

Bild 1.6: Der Assistent zur *Sicherung* der Anwendereinstellungen

- Die obere Schaltfläche für das *Speichern* sollte bereits aktiviert sein. Klicken Sie einfach auf *Weiter*, so kommen die Optionen zum Vorschein (Bild 1.7).

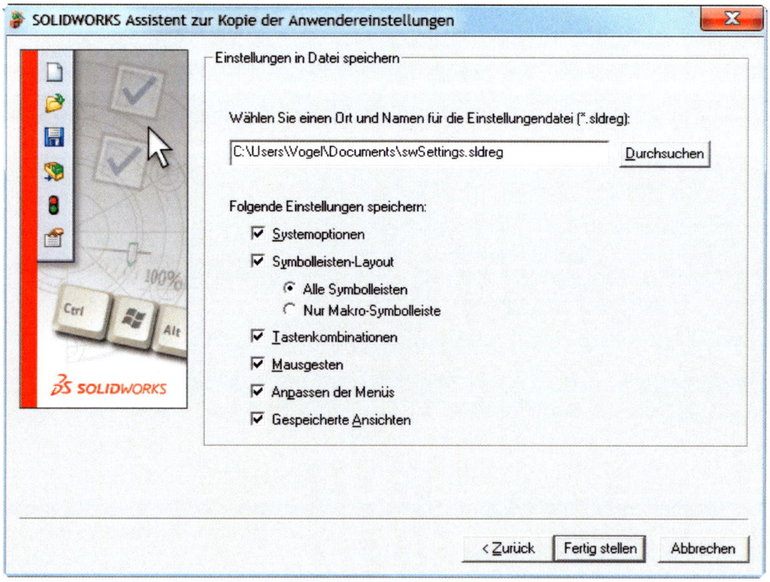

Bild 1.7: Die Sicherung der Einstellungen ist in Sparten gegliedert

- Wählen Sie den gewünschten Pfad – also *Ort* und *Name*, aktivieren Sie einfach alle Optionsfelder und klicken Sie auf *Fertig stellen*.

Auf gleiche Art sichern Sie nachher auch Ihre neuen Einstellungen. Falls etwas schiefgehen sollte, können Sie über die Schaltfläche *Wiederherstellen* rasch zur vorigen Konfiguration zurückkehren.

Die Option *Systemeinstellungen* ist mit Vorsicht zu genießen, denn sie sorgt für die Speicherung von Datei- und Verzeichnispfaden. Wenn Sie Ihre Einstellungen auf eine andere SolidWorks-Installation übertragen, dann prüfen Sie erst, ob deren Pfade identisch sind!

1.4 Das SolidWorks der alten Hasen

- Starten Sie SolidWorks und erstellen Sie ein neues *Teil*, um an die Bedienelemente heranzukommen.

1.4.1 Symbolleisten ein- und ausblenden

- Wählen Sie im Menü *Ansicht, Symbolleisten* den obersten Befehl, *CommandManager aktivieren*.

Der *CommandManager* verschwindet. Um dafür die Symbolleisten einzublenden,

- rufen Sie per Rechtsklick über der Titelleiste, einer Symbolleiste oder dem Menü das Kontextmenü mit allen vorhandenen Symbolleisten auf. Wählen Sie die Option *Anpassen*. Die gleichnamige Dialogbox erscheint (Bild 1.8, Mitte).
- Wechseln Sie zur Registerkarte *Symbolleisten*. Wählen Sie zunächst die Einträge *Ansicht (Head-Up), MotionManager* und *Task-Fensterbereich* im Listenfeld ab. Der Editor reagiert sofort, die Leisten verschwinden.
- Aktivieren Sie dafür *Ansicht, Features, Referenzgeometrie, Skizze* und *Standardansichten*. Die Symbolleisten werden eingeblendet.

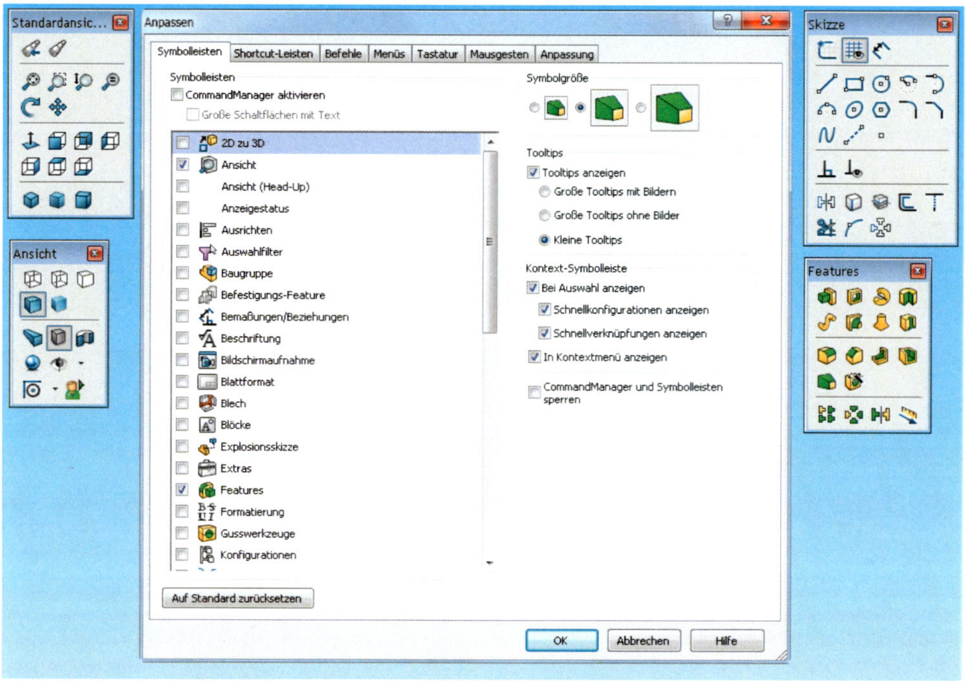

Bild 1.8: Ein- und Ausblenden von Symbolleisten und Bedienelementen. Die Symbolleisten im Bild sind bereits angepasst.

Die folgende Anordnung können Sie auch bei aktiver Dialogbox durchführen:

- Docken Sie die Symbolleiste *Features* links an, die Symbolleiste *Skizze* hingegen rechts.
- Ziehen Sie die Symbolleisten *Ansicht* und *Standardansichten* nach oben, bis sie unter dem Menü einschnappen.
- Fügen Sie die Symbolleiste *Referenzgeometrie* unter den *Features* an (Bild 1.9).

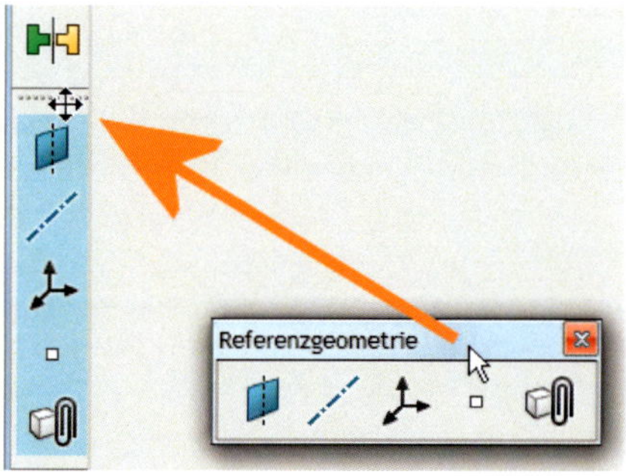

Bild 1.9: Ziehen einer Symbolleiste an den Fensterrand. Alle Flyouts stehen als separate Symbolleisten zur Verfügung.

Nun haben Sie die wichtigsten Schaltflächen genau da, wo Sie sie brauchen: Die Features stehen neben dem FeatureManager und die Skizzenelemente neben dem Editor, in dem Sie Ihre Skizzen bearbeiten.

1.4.2 Schaltflächengröße einstellen

In der Registerkarte *Symbolleisten* können Sie die *Größe* der Schaltflächen separat einstellen, denn SolidWorks erkennt zwar die eingestellte Auflösung, nicht aber die Abmessungen des Monitors. Die Auswahl besteht unter vollen drei Größen (Bild 1.10).

Bild 1.10: Letzte Rettung: Die Symbolgröße lässt sich von Hand einstellen

- Bestätigen Sie die Dialogbox *Anpassen* mit *OK*.
- Starten Sie SolidWorks nach jeder Größen-Umstellung neu, sonst wird's wahrscheinlich fürchterlich aussehen!

1.4.3 Den Arbeitsablauf vereinfachen

Bevor Sie damit fortfahren, die Symbolleisten anzupassen, stellen Sie bitte noch zwei Funktionen ab, die nur dort und nirgends sonst zu finden sind. Denn sie behindern das systematische Erlernen der MCAD-Methode mehr, als sie es unterstützen:

- Die Funktion *Instant3D* unten in der Symbolleiste *Features* braucht eine sichere Hand; schalten Sie sie durch Anklicken ab. 
- In der Symbolleiste *Skizze* schalten Sie auch *Instant2D* ab. Die aktivierte Funktion verhindert die Anzeige des Dialogfeldes *Modifizieren* bei der Skizzenbearbeitung. 

1.4.4 Symbolleisten anpassen

Weitere Übersicht und Ordnung schaffen Sie, indem Sie die sogenannten Flyouts durch simple Schaltflächen ersetzen. *Flyouts* sind Schaltflächen mit kleinen Pfeilen, unter denen sich Menüs aus Schaltflächen verbergen – und die kosten Sie jede Menge Klicks (Bild 1.11):

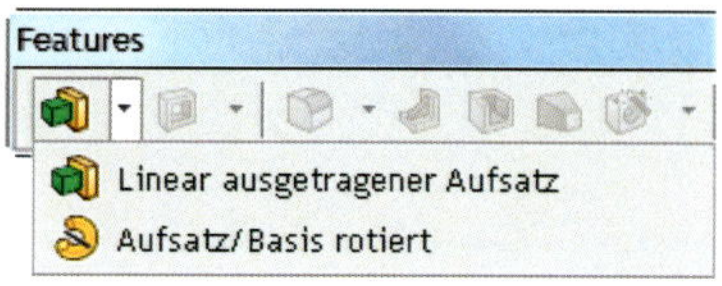

Bild 1.11: Widerspruch in sich: *Flyouts* sind Menüs aus Schaltflächen!

- Wählen Sie wieder *Ansicht, Symbolleisten, Anpassen*. Entfernen Sie die Flyouts *Linear ausgetragener Aufsatz*, *Linear ausgetragener Schnitt* (oben), *Bohrungsassistent*, *Lineares Muster*, *Referenzgeometrie*, *Kurven* und *Instant 3D* aus der Symbolleiste *Features*. Ziehen Sie sie einfach in den Editor – weg sind sie.
- Wechseln Sie zur Registerkarte *Befehle*, Kategorie *Features*. Ziehen Sie dann der Reihe nach die Schaltflächen *Linear ausgetragener Aufsatz, Linear ausgetragener Schnitt, Aufsatz/Basis rotiert* und *Rotierter Schnitt* oben in die Symbolleiste *Features* hinein (Bild 1.12, Kästen).
- Ersetzen Sie ebenso das Flyout *Verrundung* durch die Schaltflächen *Verrundung* und *Fase*.
- Es folgen *Verstärkungsrippe, Schale, Formschräge* und *Bohrungsassistent*.
- Schließlich fügen Sie noch *Lineares Muster, Kreismuster* und *Spiegeln* an.

bit.ly/2yVCHCC
Video 2

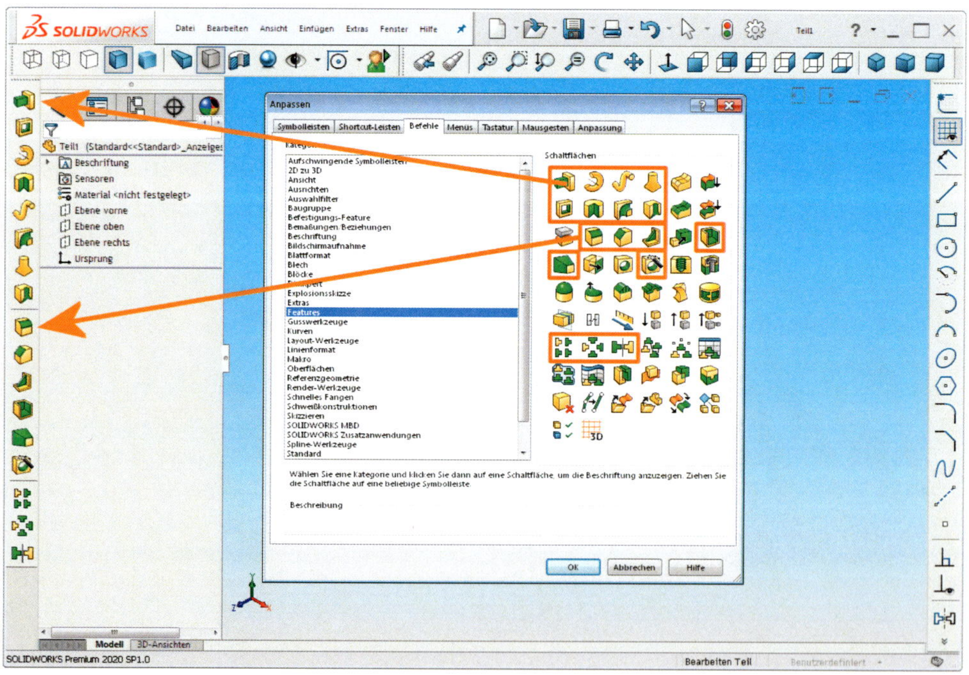

Bild 1.12: Eine Schaltfläche, ein Befehl – so waren Symbolleisten ursprünglich gemeint!

Auch die Symbolleiste *Skizze* können Sie entrümpeln. Die folgenden Befehle finden Sie in der Registerkarte *Befehle* unter der Rubrik *Skizzieren,* falls nicht anders angegeben:

- Zunächst also die Schaltfläche *Skizze,* dann
- *Gitter anzeigen* aus der Rubrik *Ansicht,*
- *Intelligente Bemaßung* aus der Rubrik *Bemaßungen/Beziehungen.*
- Nun folgen *Linie, Ecken-Rechteck, Kreis, Mittelpunktbogen, Tangentialer Kreisbogen, 3-Punkt-Kreisbogen, Ellipse, Polygon, Skizzenverrundung, Skizzenfase, Spline, Mittellinie* und *Punkt,* dann
- *Beziehung hinzufügen, Beziehungen anzeigen/löschen* aus der Rubrik *Bemaßungen/Beziehungen,* weiterhin
- *Elemente spiegeln, Elemente übernehmen, Schnittkurve, Offset Elemente, Elemente verlängern, Elemente trimmen, Teilen* sowie *Kreismuster.*
- Löschen Sie dann die Flyouts aus der Leiste (Bild 1.13).

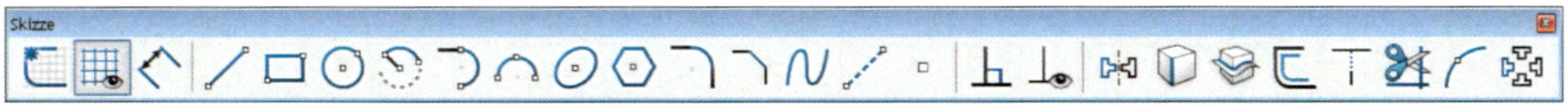

Bild 1.13: Die neue Symbolleiste *Skizze*

- Bestätigen Sie dann die Dialogbox *Anpassen* mit *OK.*

> Falls Sie sie doch vermissen: Die gelöschten Flyouts finden Sie auf der Registerkarte *Befehle* unter der Rubrik *Aufschwingende Symbolleisten.*

Sie können SolidWorks ruhig schließen und wieder starten – die neue Konfiguration bleibt erhalten!

- Sichern Sie trotzdem auch diese Konfiguration als Registrierungsdatei, indem Sie wiederum den *Assistent zum Kopieren von Einstellungen* aufrufen.

Sie können die *Sicherung* auch innerhalb SolidWorks erstellen, indem Sie *Extras, Einstellungen speichern/wiederherstellen* aufrufen. Für eine *Wiederherstellung* jedoch empfehle ich Ihnen, SolidWorks zu beenden und den Assistenten extern aufzurufen!

1.5 Die Dokumentvorlage TEIL

Viele Einstellungen, die Sie in SolidWorks vornehmen, werden in der Programmkonfiguration gespeichert, sie stehen also beim nächsten Bauteil und auch nach dem Neustart wieder zur Verfügung. Sie finden sie in der Dialogbox *Optionen* auf der Registerkarte Systemeinstellungen. Daher können Sie sie nach und nach während der Arbeit festlegen.

Alle Settings der Registerkarte Dokumenteinstellungen hingegen werden nur im aktuellen Dokument gespeichert – Sie müssten also bei jeder neuen Datei alles wieder von neuem einpflegen. Um das zu vermeiden, speichern Sie sie alle auf einmal in der Dokumentvorlage, die allen Teilen dieses Buches zugrunde liegt.

1.5.1 Norm und Font

Wenn auch Sie Ihre Bauteil-Bemaßungen gerne in Normschrift sehen,

- beenden Sie SolidWorks.
- Laden Sie den ausgezeichneten und zudem kostenlosen Normschrift-Font ISOCPEUR.ttf und den zugehörigen Kursivschnitt ISPCPEUI.ttf aus dem Internet und installieren Sie diese in Windows.

Zurück in SolidWorks, neues Teil, Dialogfeld *Optionen, Dokumenteinstellungen,*

- wählen Sie unter der Rubrik *Entwurfsnorm* den Eintrag *DIN*, was jedoch bereits der Fall sein sollte. Dadurch werden Einheiten und Toleranzen leidlich auf DIN-gerechte Formatierung umgeschaltet.
- Setzen Sie in den Hauptknoten *Beschriftungen, Bemaßungen, Tabellen* und *Detaillierung* unter *Schriftart* die neue *ISOCPEUR.ttf* ein (Bild 1.14, Kasten). Die Fonts der jeweils unterordneten Knoten werden automatisch umgestellt.

Der Font unter *Bemaßungen* ist derjenige, der in den Skizzenbemaßungen erscheint. Die Skizzen ähneln dadurch technischen Zeichnungen, was nicht nur die Sichtprüfung erleichtert: Auch die Positionen der Maße werden später in die Zeichnungsableitung übernommen, wo Sie den gleichen Font verwenden. So brauchen Sie die Bemaßungen nur *einmal* anzuordnen!

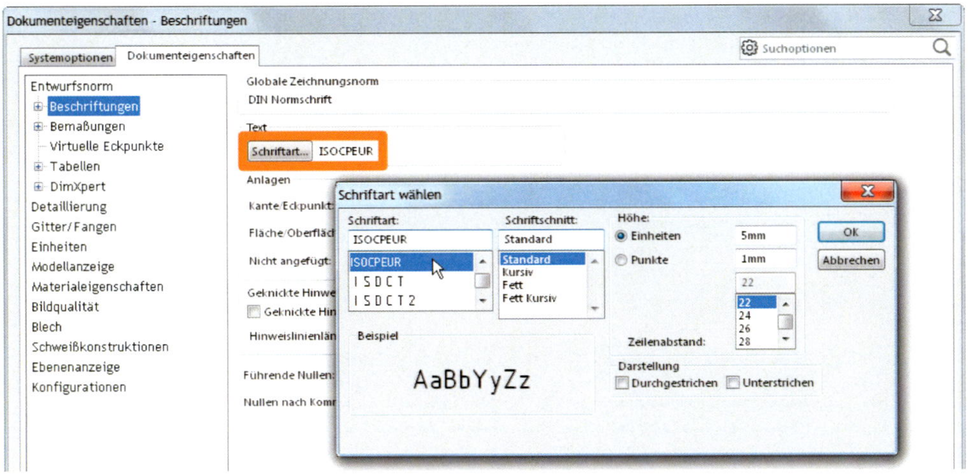

Bild 1.14: Praktisch: Die Schriftart-Dialogbox in SolidWorks lässt sich in Millimetern einstellen.

1.5.2 Darstellung von Eckpunkten

- Bei den *Virtuellen Eckpunkten* stellen Sie das *Pluszeichen* oder den *Stern* ein (Bild 1.15).

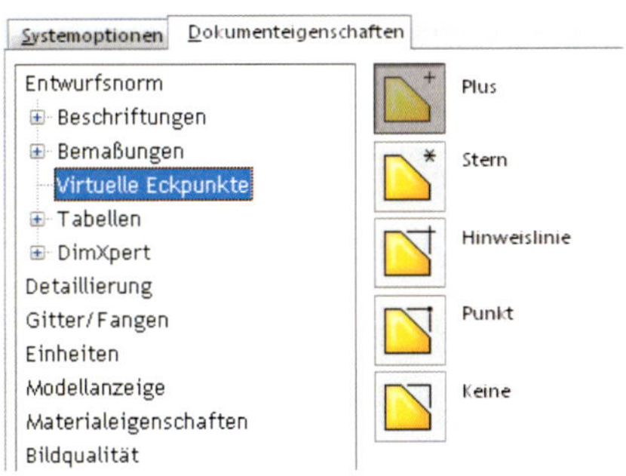

Bild 1.15: Die Scheitelpunkt-Symbole werden bei bemaßten oder verrundeten Ecken in der Skizze angezeigt

1.5.3 Das Zeichenraster

Wie in jedem CAD-Programm gibt es auch in der SolidWorks-Skizze ein Zeichenraster mit Fangfunktion. Sie können es ähnlich anwenden wie ein Geodreieck auf Papier. Um dieses Gitter auf *metrisch* einzustellen,

- wählen Sie die Rubrik *Gitter/Fangen* (Bild 1.16).

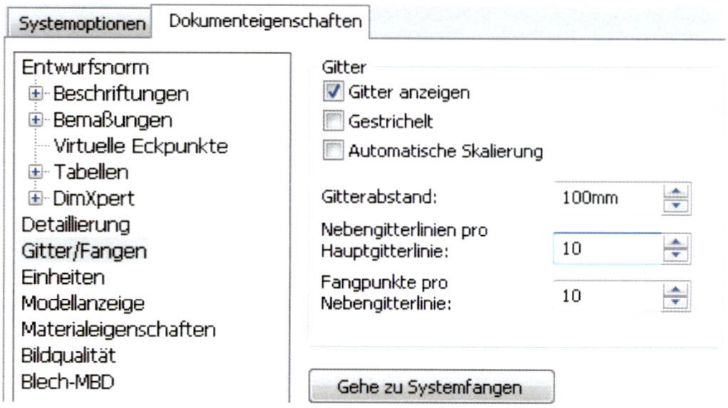

Bild 1.16: Die Einstellungen des Zeichengitters

- Aktivieren Sie zunächst *Gitter anzeigen*. Deaktivieren Sie die Optionen *Gestrichelt* und vorerst auch die *Automatische Skalierung*.
- Den *Gitterabstand* – die Breite des Gitters insgesamt – legen Sie auf **100** mm fest.
- Nach dieser Einstellung richten sich die unteren beiden Werte – **10** *Nebengitterlinien* und **10** *Fangpunkte*. So wirkt das Raster wie Millimeterpapier.
- Wechseln Sie über die praktische Schaltfläche zum *Systemfangen* oder gehen Sie über die Registerkarte *Systemoptionen*, *Skizze* zur Rubrik *Beziehungen/Fangen*. Aktivieren Sie hier alle Optionen, auch die beiden für das *Gitter* (Bild 1.17).

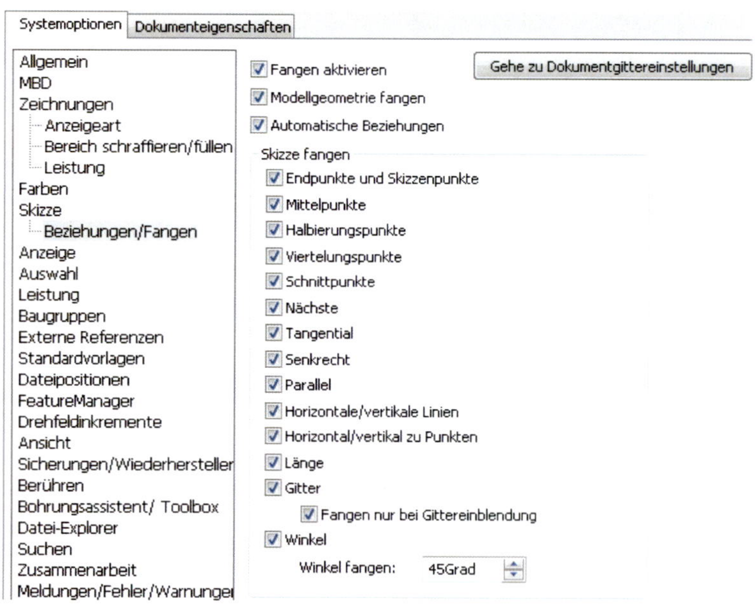

Bild 1.17: So fängt man Gitterpunkte nur dann, wenn das Gitter auch zu sehen ist!

- Die Farben des Gitters steuern Sie wiederum in der Rubrik *Farben, Gitterlinien klein* bzw. *Gitterlinien Groß*.

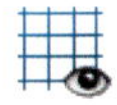

> Um später das Gitter einzublenden, toggeln Sie einfach die Schaltfläche *Gitter anzeigen* in der Symbolleiste *Skizzieren*. Dies funktioniert nur im Skizzenmodus.

1.5.4 Die Maßeinheiten

Die Maßeinheiten der Skizzen sind zwar bereits korrekt auf Millimeter eingestellt, doch besitzen sie per Default zwei Nachkommastellen, die wir nur selten brauchen. Überflüssige Nullen eliminieren Sie,

- indem Sie die Rubrik *Einheiten* anklicken (Bild 1.18).

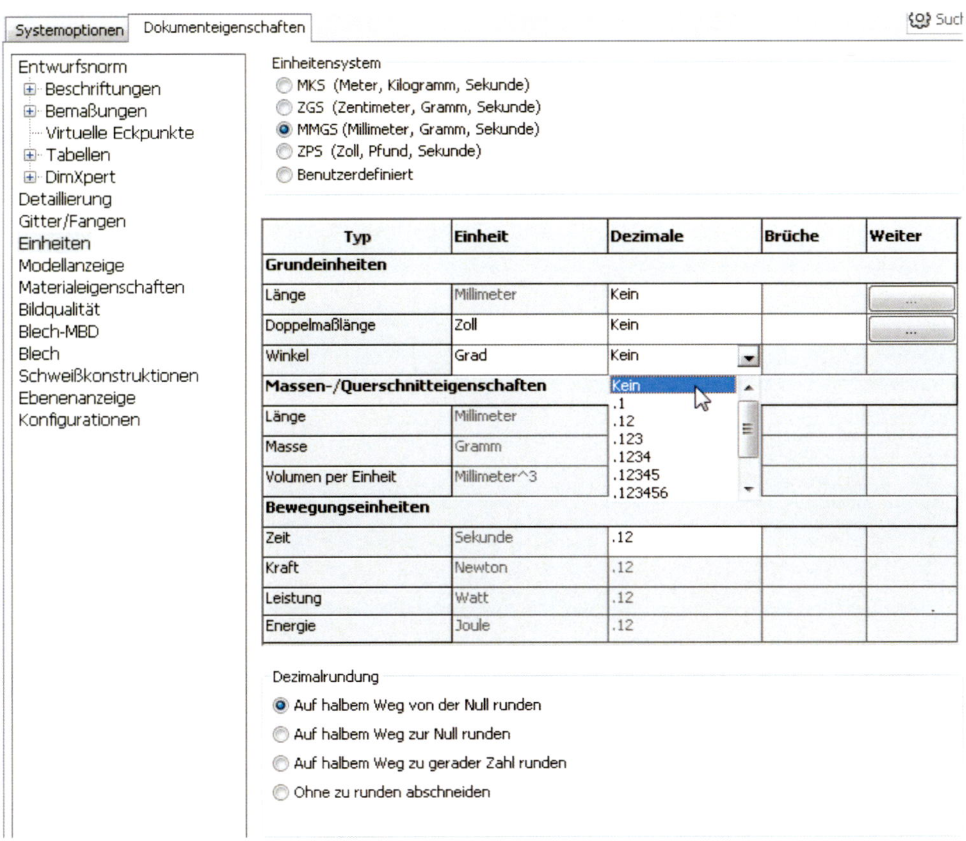

Bild 1.18: Konfiguration der Maßeinheiten, der Anzeige von Nachkommastellen und der Rundungsmethode.

- Das korrekte *Einheitensystem* lautet *MMGS*.
- Wählen Sie in der Tabelle für *Länge, Doppelmaßlänge* und *Winkel* unter *Dezimale* jeweils *Kein*. Stellen Sie für die *Dezimalrundung* die erste Option ein.

Keine Sorge, dies ist nur der **Default,** was soviel wie „Unterlassung“ bedeutet. Sollten Sie doch einmal Nachkommastellen benötigen, so aktivieren Sie diese händisch über den *PropertyManager* des betreffenden Maßes.

1.5.5 Die Darstellungsqualität

Auch die Darstellung der Modelle lässt sich einstellen:

- Je besser die 3D-Performance Ihrer Grafikkarte ist, desto weiter ziehen Sie den oberen Regler nach rechts.

Zwar sinkt dadurch die *frame rate* der Darstellung, doch Kurven und Radien erscheinen wesentlich „runder“. Das zeigt auch der Kreis im Quadrat, der in Echtzeit aktualisiert wird.

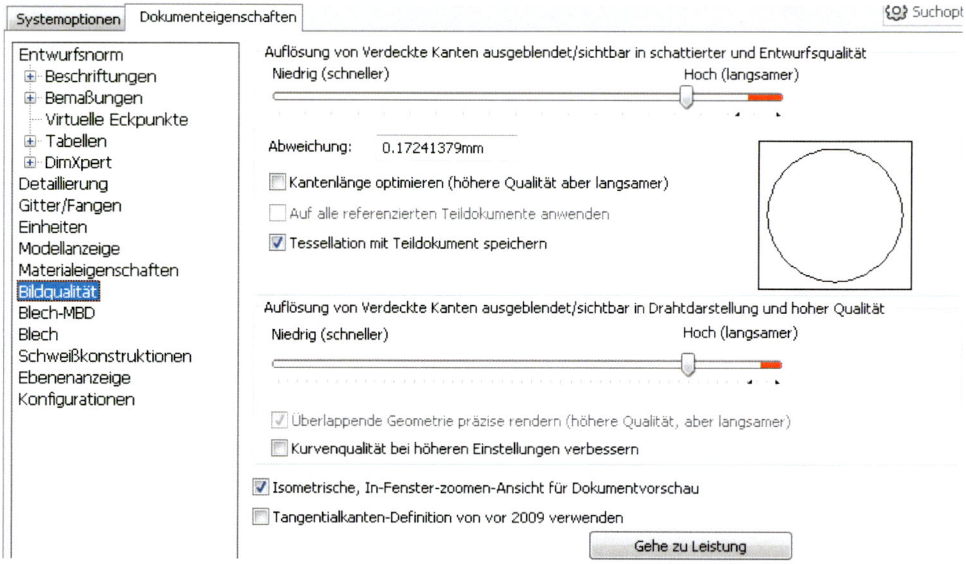

Bild 1.19: Die Einstellung der Bildqualität hängt von der Leistung des Systems ab ...

Der obere Regler steuert *alle* Darstellungsformen. Wenn Sie demgegenüber die Qualität der „Draht-Modi“ *Verdeckte Kanten verdeckt* und ... *sichtbar* absenken wollen,

- dann ziehen Sie den unteren der beiden Regler ein Stück nach links.

> Damit dies jedoch überhaupt passieren kann, muss die Option *Ansicht, Anzeige, Entwurfsqualität für verdeckte Kanten ausgeblendet/sichtbar* aktiviert sein.

1.5.6 Die Ebenenfarben

Es ist immer hilfreich, die Ebenen mit einer Flächenschattierung auszustatten, denn so erscheinen sie als *Flächen* im Raum statt nur als nackte Rechtecke - und das wird Ihnen die virtuelle Orientierung enorm erleichtern:

- Unter *Systemoptionen*, Rubrik *Anzeige* aktivieren Sie zunächst die Checkbox *Schattierte Ebenen anzeigen.*

Die Standardfarbe ist Blau, was sich gegen den hellblauen Hintergrund natürlich nicht sonderlich abhebt. Wenn Sie die Ebenenfarben ändern wollen,

- dann wechseln Sie zurück zu den *Dokumenteigenschaften*, Rubrik *Ebenenanzeige*. Dort stellen Sie die Farben der Ebenen separat für die *Vorderfläche und die Hinterfläche* ein - gemeint sind der positive und der negative Halbraum der Ebene. Wenn Sie einen blauen Hintergrund eingestellt haben, wählen Sie hier etwa Orange und Braun (Bild 1.20).

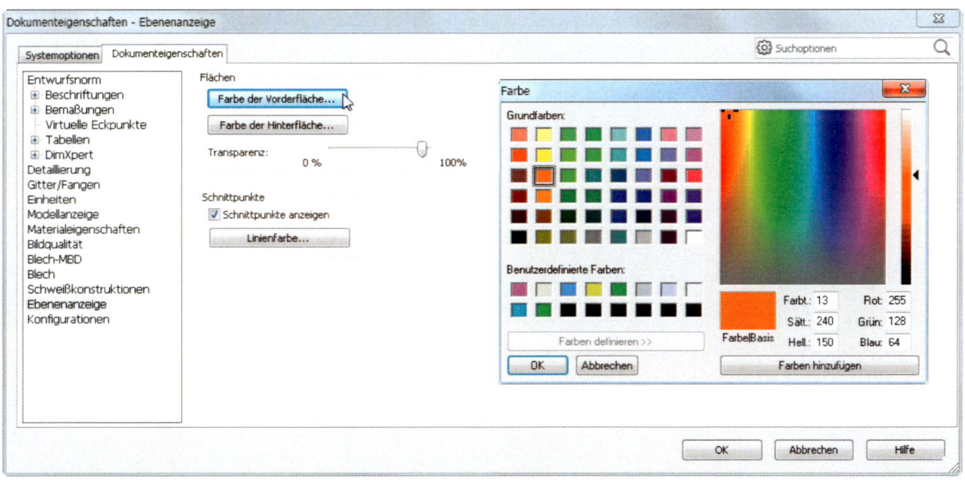

Bild 1.20: Einstellen der Ebenenfarben

- Bestätigen Sie die Dialogbox *Optionen* mit *OK*.
- Wenn Sie die drei Ebenen per FeatureManager *einblenden*, so erscheinen sie als transparente Flächen mit unterschiedlicher Positiv- und Negativseite (Bild 1.21).

- Experimentieren Sie ruhig mit den Schaltflächen der Symbolleisten *Ansichten* und *Standardansichten*, besonders mit *Ansicht Drehen* und *Verschieben*.

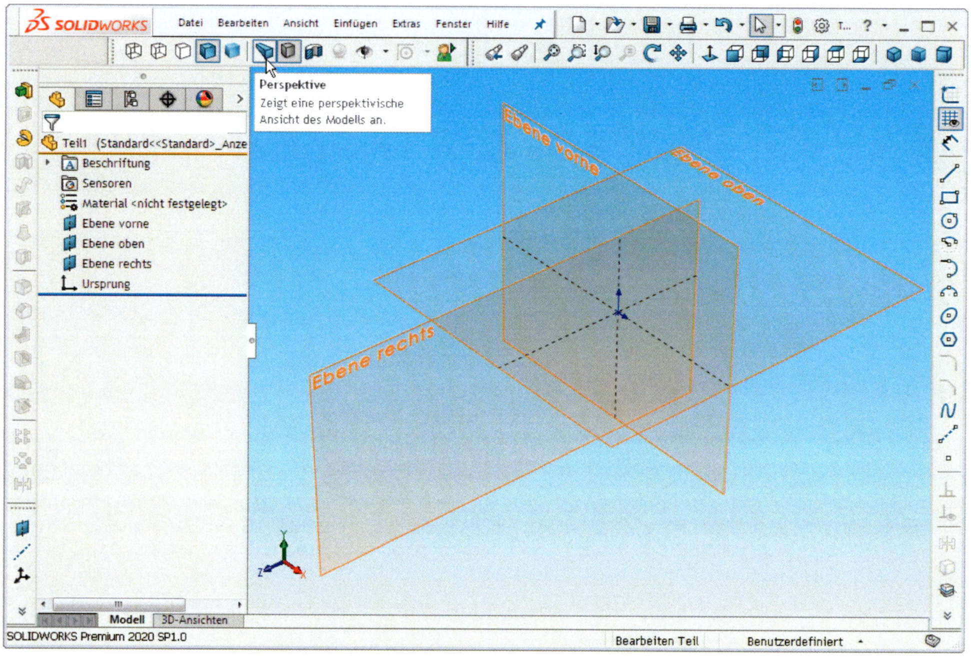

Bild 1.21: Leicht zu verstehen: Die drei Hauptebenen im virtuellen Raum.

1.5.7 Dokumenteigenschaft = Dokumentvorlage!

Legen Sie die Dokumenteigenschaften nun dauerhaft in der **Dokumentvorlage** ab, nach der jedes der folgenden Teile erstellt wird:

- Blenden Sie die *Ebene oben* und *Ebene rechts* wieder aus, sodass nur die *Ebene vorne* sichtbar bleibt (Bild 1.22). Stellen Sie dann die Standardansicht *Dimetrisch* ein.

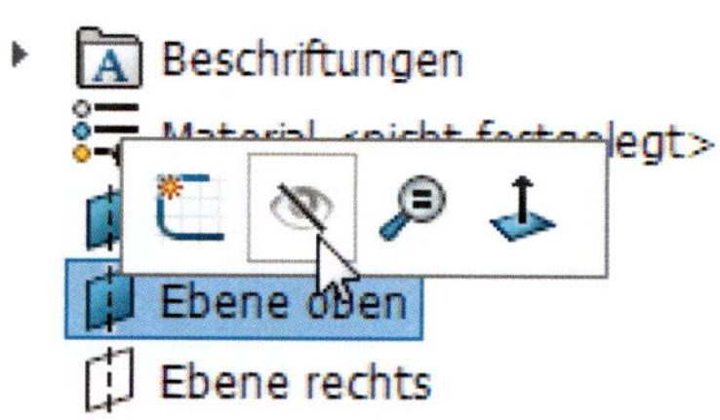

Bild 1.22: Ausblenden von Objekten per FeatureManager

- Wählen Sie im Menü *Datei Speichern unter*. Der Speicherdialog erscheint (Bild 1.23).

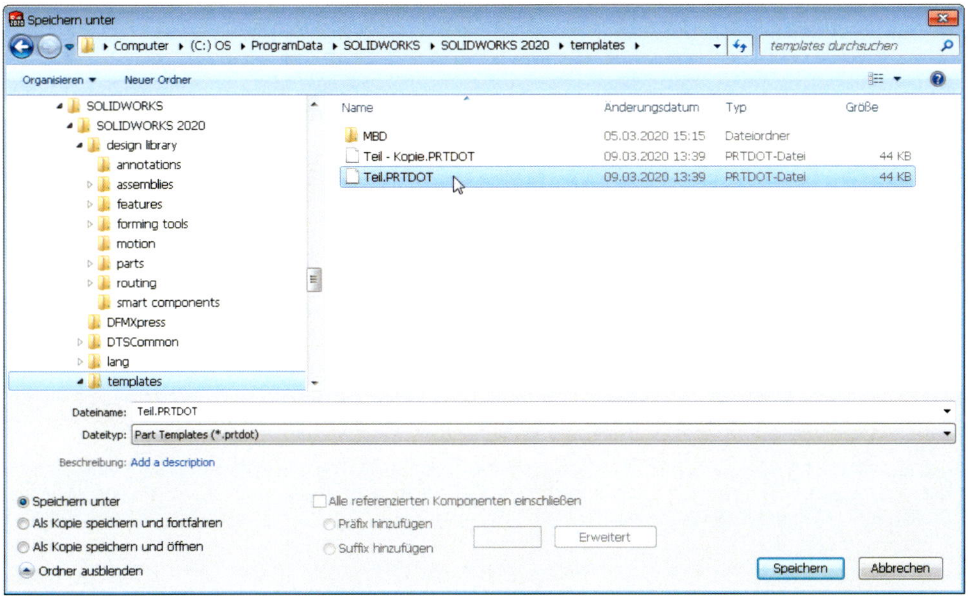

Bild 1.23: Konfigurieren der Standardvorlage für Bauteile

Um eine Datei als Teil-Vorlage zu speichern,

- stellen Sie zunächst den *Dateityp Part Templates (*.prtdot)* ein. Hierauf wechselt SolidWorks automatisch ins Vorlagenverzeichnis.

Wenn Sie zunächst ein Backup der Originaldatei ziehen wollen, können Sie das gleich hier tun:

- Per Rechtsklick im Dateifenster *kopieren* Sie TEIL.PRTDOT und *fügen* Sie dann gleich wieder *ein*. Die Kopie wird als TEIL - KOPIE.PRTDOT erstellt.

Überschreiben Sie dann das Original:

- Klicken Sie auf TEIL.PRTDOT, um den Namen der vorhandenen Standardvorlage zu übernehmen, *speichern* Sie und bestätigen Sie die Sicherheitsabfrage.
- *Schließen* Sie nun die Vorlagendatei.
- Klicken Sie im Menü *Datei* oder in der Symbolleiste *Standard* auf *Neu* und in der Dialogbox *Neues SolidWorks-Dokument* auf *Teil*. Jetzt wird ein neues Teil mit unserer vollständigen Konfiguration erstellt!

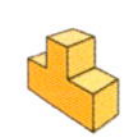

- Erstellen Sie für dieses Buch ein lokales Verzeichnis namens **Modelle**.
- Speichern Sie das neue, leere Teil unter dem Namen **Prisma** im Modell-Verzeichnis.

Achten Sie im Dialogfeld *Speichern* stets auf das vorgegebene Verzeichnis – es könnte immer noch das Vorlagenverzeichnis von eben sein! SolidWorks findet je nach Dateityp wohl den Weg *hin,* nicht aber wieder *zurück*. Traurig, aber wahr.

1.6 Die Orientierung im virtuellen Raum

Bevor Sie anfangen, möchte ich Sie eben durch die virtuelle Werkstatt führen. Es fängt mit einer Überraschung an:

Wie beim Technischen Zeichnen auch arbeiten Sie im **Mechanical CAD** mit Hilfe von Projektionen des Raums auf die Ebene – Sie bearbeiten Ihre Bauteile also stets nur in zwei von drei Dimensionen. Das muss auch so sein, denn Sie haben keine Möglichkeit, mit nur einem einzigen Mausklick einen Punkt im Raum zu definieren: Maus und Bildschirm sind als zweidimensionale Ein- und Ausgabegeräte anzusehen.

Daher erstellen Sie virtuelle Körper mit Hilfe ebener Querschnitte, die Sie dann durch Extrusion, Rotation, Austragung oder Ausformung ins Räumliche ziehen. In der Tat lassen sich die meisten Konstruktionsbauteile auf diese vier Operationen zurückführen, besonders auf die ersten beiden. Die entstehenden Objekte, Volumenkörper und Oberflächen werden als **Regelobjekte** bezeichnet. Sie bilden das Gegenstück zu den Freiformflächen.

1.6.1 Skizzen sind die Regel

Wie erwähnt, entstehen regelbasierte Körper durch Erhebung von Querschnitten, den **Skizzen**. Die einfachsten dieser Objekte basieren auf der linearen Streckung oder **Extrusion** einer Skizze normal zu ihrer Zeichenebene.

- Die Anwahl einer Arbeits- oder Skizzierebene ist demnach Voraussetzung für das Erstellen einer Skizze. Aktivieren Sie die *Ebene vorne*.

Der Blick wird normal zur *Ebene vorne* ausgerichtet, diese formatfüllend herangezoomt; zusätzlich ist der rote **Skizzenursprung** zu sehen, der die **Koordinaten** X=0, Y=0 repräsentiert; alle Schaltflächen der Symbolleiste *Skizze* sind aktiviert:

Wir befinden uns im **Skizzenmodus**.

Nach Ihren vorigen Einstellungen ist die *Ebene vorne* von ihrem positiven Halbraum aus gesehen orange gefärbt, von ihrer Negativseite hingegen braun.

- Die Schaltfläche *Normal auf* in der Symbolleiste *Standardansichten* und der Shortcut STRG+8 schalten zwischen diesen beiden Ansichten um. Erscheint die Ebene braun, zeichnen Sie also „von unten“ darauf.

1.6.2 Interaktiv skizzieren

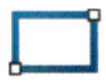

- Aktivieren Sie nun in der Symbolleiste *Skizze* den Befehl *Ecken-Rechteck*. Der Mauszeiger wird durch einen gelben Bleistift mit Rechtecksymbol ersetzt.
- Der Zeige- oder Mauspunkt sitzt auf der Spitze des Stiftes. Zeigen Sie damit auf den Ursprung, so wird dieser als Zielpunkt für eine Verknüpfung hervorgehoben, zugleich erscheint das Symbol *Deckungsgleich* (Bild 1.24, links unten).

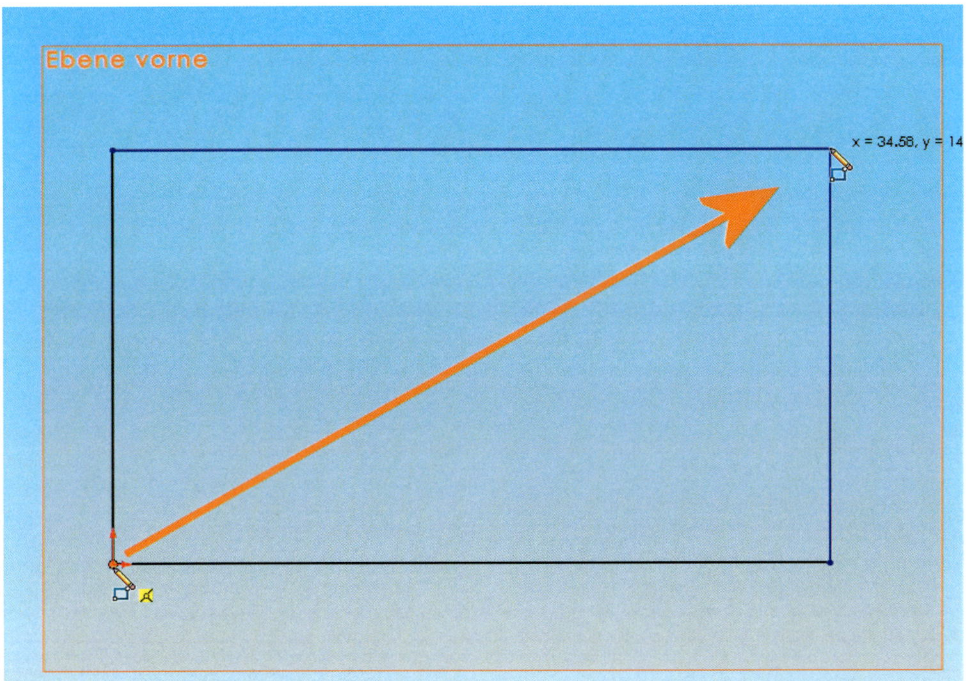

bit.ly/2WaQai3
Video 3

Bild 1.24: Beim Skizzieren kann man präzise an andere Objekte anknüpfen – auch der Ursprung zählt dazu!

- Sollte das Symbol *Deckungsgleich* bei Ihnen weiß statt gelb unterlegt sein, aktivieren Sie bitte unter *Extras, Skizzeneinstellungen* die Checkbox *automatische Beziehungen*.

Damit wird der gefangene Punkt fest mit dem Ziel verknüpft. Verknüpfungssymbole wie *Deckungsgleich* bedeuten, dass sich der Cursor in der Nähe eines fangbaren Objekts befindet; das Symbol selbst zeigt die Art der möglichen Verknüpfung an:

- Ein Klick, und Sie haben den ersten Punkt des Rechtecks genau auf den Ursprung gesetzt und zugleich die beiden miteinander verknüpft.

Nun spannen Sie das Rechteck auf; es wird durch dünne, blaue Linien angedeutet. Die Koordinatenanzeige informiert Sie über seine momentanen Abmessungen. Um Genauigkeit kümmern wir uns aber erst im nächsten Schritt.

- Klicken Sie nun einen beliebigen zweiten Punkt rechts oben vom ersten an.

Damit ist die Erstellung des Rechtecks abgeschlossen. Noch aber ist der Rechteck-Cursor – und damit die Funktion – aktiv:

- Mit ESC bzw. Rechtsklick, *Auswählen* beenden Sie diesen und ebenso auch jeden anderen Befehl.

1.6.3 Skizzenelemente einblenden

Sobald Sie den zweiten Punkt gesetzt haben, erscheint das Rechteck in dicken blauen und schwarzen Linien – der Sinn: Wenn die gesamte Skizze ausschließlich dicke Linien zeigt, dann ist die Skizze für Volumenkörpererstellung zulässig, denn sie besteht aus einem – einteiligen, geschlossenen Kurvenzug. Sind dagegen dünne, durchgezogene Linien zu sehen, so gehören diese zu einem doppelten oder offenen Kurvenzug, was bei den Volumenkörper-Operationen bestenfalls zu Rückfragen und ansonsten zu Fehlermeldungen führt.

Halten wir also fest: Querschnittskizzen, die für Solid-Operationen verwendet werden, müssen geschlossen und sollen – vorerst – einteilig sein!

Um zu ergründen, warum zwei Linien blau und zwei schwarz gefärbt sind, schalten Sie die Anzeige der Skizzenbeziehungen an. Hierzu haben Sie, wie so oft in SolidWorks, zwei Möglichkeiten:

- Aktivieren Sie im Menü *Ansicht, Ausblenden/Einblenden* die Option *Skizzenbeziehungen.*

- Sie können auch das gleichnamige Flyout der Symbolleiste *Ansicht* öffnen. Dort aktivieren Sie *Skizzenbeziehungen anzeigen* (Bild 1.25).

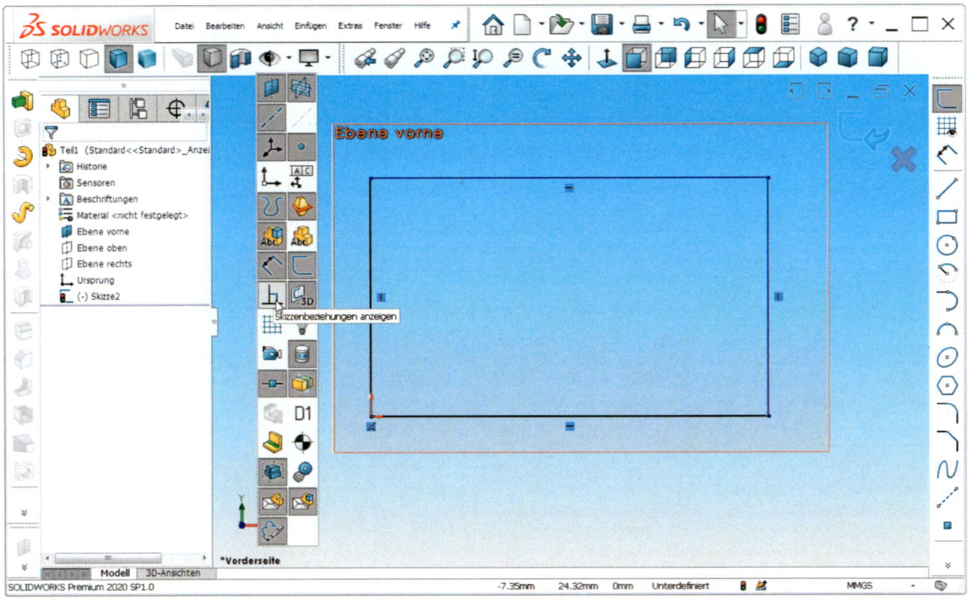

Bild 1.25: Zeichensprache à la SolidWorks: Die Beziehungssymbole geben Auskunft über die Verknüpfungen der Elemente untereinander.

Eine Schaltfläche, die zwei Zustände beherrscht, wie hier *Skizzenbeziehungen anzeigen,* wird als **Toggle** bezeichnet. (*toggle:* (eng.) Kippschalter, Umschalttaste). Das denglische Verb dazu heißt *toggeln*.

1.6.4 Geometrische Ordnung: Skizzenbeziehungen

Rund ums Rechteck erscheinen nun einfache, kleine Symbole mit blauem Hintergrund. So kennzeichnet SolidWorks die geometrischen Eigenschaften der Skizzenobjekte und auch ihre Beziehungen untereinander. Zusammenfassend bezeichnen wir sie als **Skizzenbeziehungen**.

- Sie können diese Beziehungen bearbeiten, indem Sie in der Symbolleiste *Skizze* auf *Beziehungen anzeigen/löschen* klicken.

Der *FeatureManager* wird durch den **PropertyManager** ersetzt. *Property* bedeutet „Eigenschaft", und diese werden immer dann eingeblendet, wenn Objekte gewählt sind. Die beiden Manager befinden sich auf der ersten und zweiten Registerkarte des linken Palettenfensters und wechseln automatisch.

- Unter *Beziehungen* wählen Sie den Punkt *Alle in dieser Skizze* (Bild 1.26).

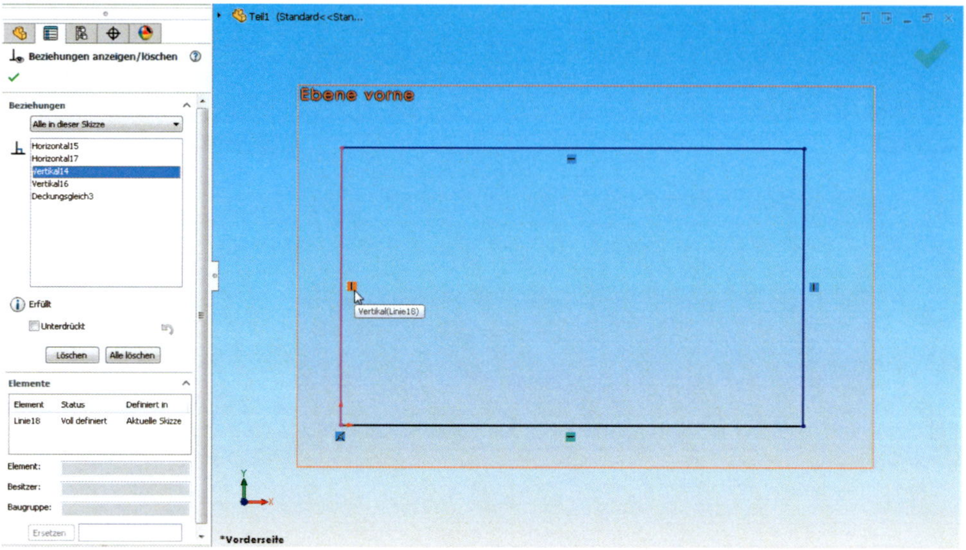

Bild 1.26: Der *PropertyManager* mit allen Skizzenbeziehungen der offenen Skizze

Demnach haben wir im Augenblick fünf Beziehungen in der Skizze:

- Die beiden senkrechten Linien besitzen die Eigenschaft *Vertikal*,
- die Waagerechten sind zwanghaft *horizontal* und
- der linke, untere Punkt ist *deckungsgleich* mit dem Ursprung verknüpft.

Wenn Sie einen Eintrag der Liste anwählen, so werden das korrespondierende Element und sein Symbol in Magenta unterlegt. Das funktioniert auch umgekehrt, allerdings schaltet der Anzeigemodus dann auf *Ausgewählte* um – die anderen Beziehungen verschwinden aus der Liste.

Im Gruppenfeld *Elemente* sehen Sie, welche Skizzenobjekte an der gewählten Beziehung beteiligt sind:

- Die vier Linienbeziehungen stehen scheinbar für sich alleine, in Wirklichkeit jedoch liegen sie parallel zu den Hauptachsen X und Y des lokalen Koordinatensystems.
- Nur die Beziehung *Deckungsgleich* zeigt *zwei* Elemente, nämlich den Ursprung und die Rechteck-Ecke. Sie sind fest miteinander verbunden – *deckungsgleich* eben! Die Ecke lässt sich nicht vom stationären Ursprung entfernen, sie sitzt also fest.

Später mehr dazu. *Viel* mehr.

- Beenden Sie den PropertyManager mit *OK*, dem grünen Häkchen links oben im PropertyManager.

Was heißt das nun alles? Nun, erstens ist die MCAD-Skizze offenbar mehr als eine bloße Vektorzeichnung. Die Elemente besitzen bestimmte geometrische Eigenschaften:

- Wenn Sie die rechte, obere Ecke wegziehen, so wird die Änderung ausgeführt, denn sie ist blau und unterdefiniert. Doch lassen sich die Seiten nicht etwa schräg stellen – das Rechteck behält seine Horizontalen und Vertikalen bei und damit sowohl seine Rechtwinkligkeit als auch seine Lage in Bezug auf das Koordinatensystem (Bild 1.27).
- Ziehen Sie das Rechteck auf eine Breite (X) von etwa **70** mm und auf eine Höhe (Y) von etwa **50** mm. Beachten Sie dazu die Statusleiste mit den Koordinaten (Kasten).

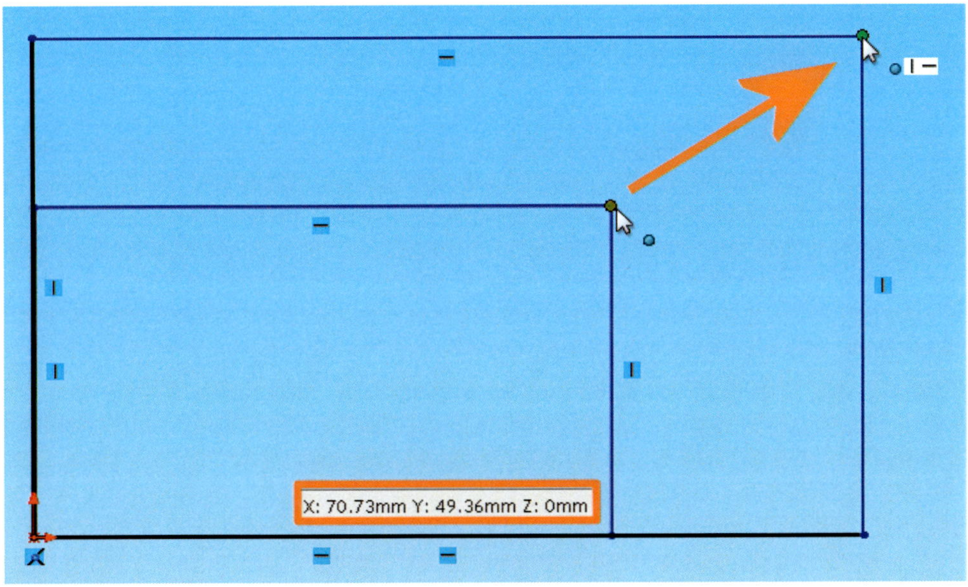

Bild 1.27: Die Folgen der Skizzenbeziehungen *Horizontal* und *Vertikal:* Rechtecke bleiben, was sie sind.

Die linke, untere Ecke dagegen ist fixiert. Durch die vorgeschriebene Ausrichtung und gleichzeitige Fixierung eines der Endpunkte sind die angrenzenden Seiten ebenfalls festgelegt – Sie können zwar noch deren Länge ändern, nicht aber ihre Schnittpunkte verschieben. Solche geometrisch bestimmten Elemente gelten in SolidWorks als voll definiert und werden in Schwarz angezeigt.

- Klicken Sie die linke Vertikale an, so wird diese Eigenschaft im *PropertyManager* unterhalb des Listenfeldes *Bestehende Beziehungen* vermerkt: *Voll definiert* heißt es da (Bild 1.28, Kasten).

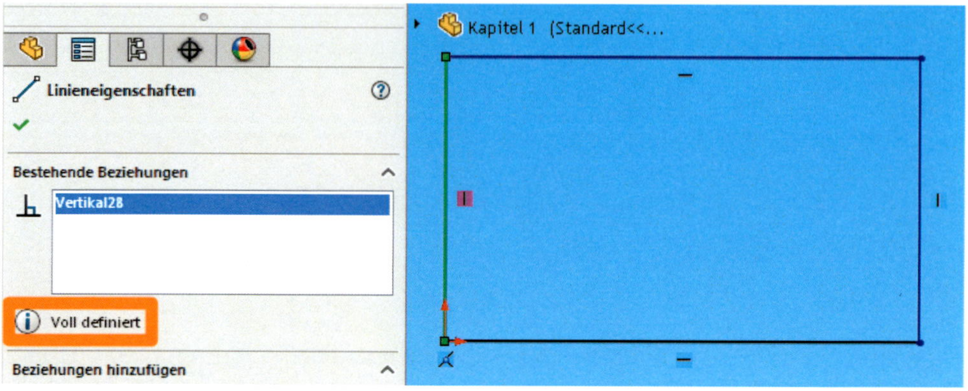

Bild 1.28: Der Blick weitet sich: Alle Informationen über das aktive Objekt werden im *PropertyManager* angezeigt

Eine der Maximen im MCAD lautet, voll definierte Skizzen zu verwenden. Denn nur dann sind die resultierenden Körper durchkonstruiert, geometrisch stabil und ... aber ich greife vor.

Preisfrage: Was müssten wir im einfachsten Falle tun, um die *ganze* Skizze voll zu definieren? Richtig! Wir könnten einfach die gegenüberliegende Ecke fixieren:

- Klicken Sie die Ecke einmal an (Bild 1.29, rechts oben). Der *PropertyManager* bietet im Gruppenfeld *Beziehungen hinzufügen* eine Option, nämlich *Fix* (linker Kasten). Diese Liste variiert nach Art und Anzahl der gewählten Elemente: Hier kann ein halbes Dutzend Skizzenbeziehungen zur Wahl stehen!

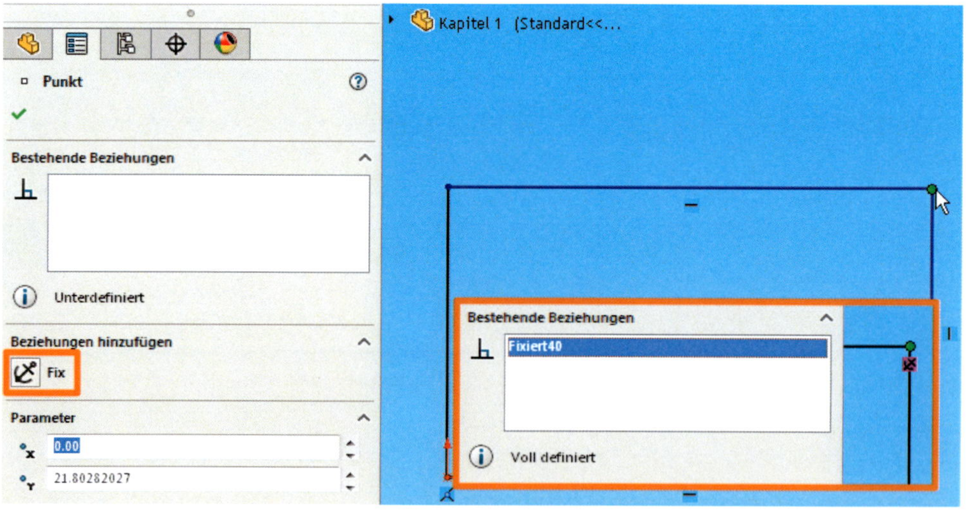

Bild 1.29: Geometrischer Kurzschluss: Zwei fixierte, gegenüberliegende Ecken genügen zur vollständigen Definition eines Rechtecks.

- Klicken Sie auf diese Schaltfläche, so wird die Beziehung *Fixiert* für den Eckpunkt definiert und im Listenfeld *Bestehende Beziehungen* angezeigt (Bild 1.29, Kasten rechts unten).

Das Rechteck ist jetzt vollständig schwarz, und das bedeutet: Auch die Skizze ist voll definiert (Bild 1.30). Dies wird unten rechts in der Statuszeile bestätigt. Voll definiert

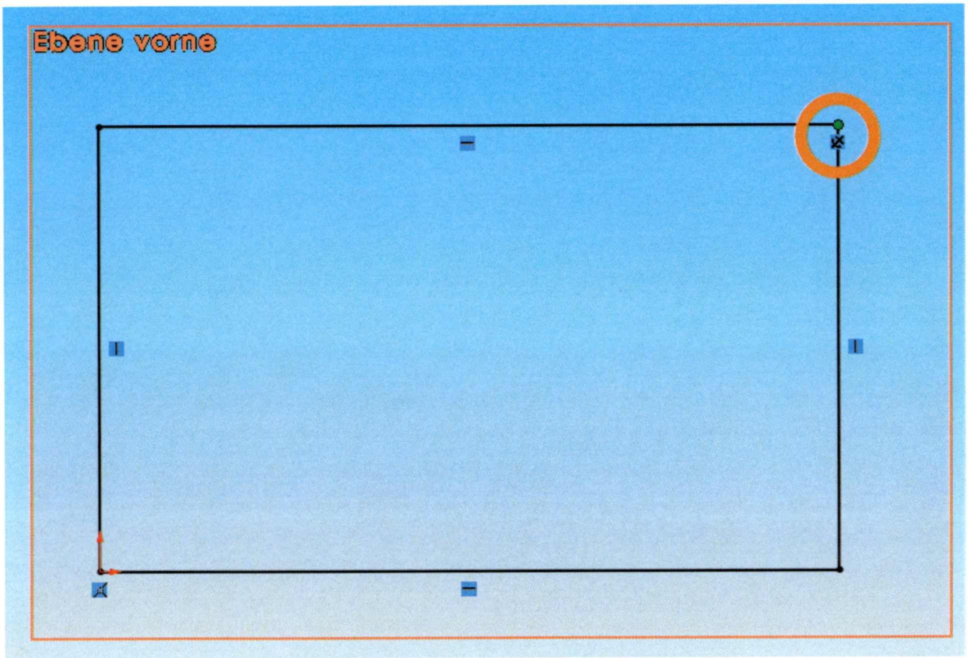

Bild 1.30: Schwarz ist das Ziel: Skizzen sollen stets voll definiert sein!

Anders als beim Ursprung ist die Skizzenbeziehung *Fixiert* jedoch immer eine Notlösung, da sie die Skizze invariabel macht. Im Folgenden werden Sie lernen, diese Skizzenbeziehung stets elegant zu umgehen.

> Bei dieser feinmotorischen Arbeit wird es immer wieder zu Fehlklicks kommen. Wenn bei der Definition von Skizzenbeziehungen Fehlermeldungen erscheinen und Listeneinträge im PropertyManager rot unterlegt sind, so markieren Sie dort einfach den jüngsten Eintrag und löschen ihn mit ENTF, oder Sie machen die letzte Aktion – wie immer mit STRG+Z – rückgängig.

Nach diesem kleinen Exkurs zu künftigen Baustellen können Sie die Extrusion fertig stellen: Klicken Sie auf *Skizze beenden*, und zwar

- entweder in der rechten oberen Ecke des Editors, dem sogenannten Bestätigungs-Eckfeld (Bild 1.31)...

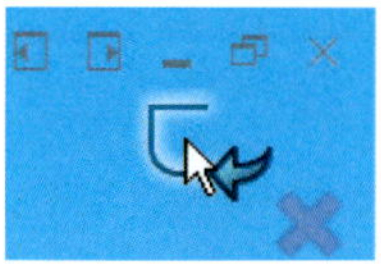

Bild 1.31: Das Bestätigungs-Eckfeld in SolidWorks, hier zur Steuerung des Skizzenmodus

- ... oder mit *Skizze beenden* ganz oben in der Symbolleiste *Skizze* (Bild 1.32).

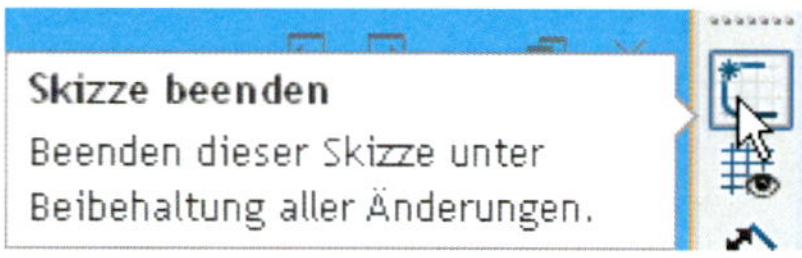

Bild 1.32: Die Schaltfläche *Skizze/Skizze beenden* ist eine Toggle-Schaltfläche

Daraufhin wird die Skizze geschlossen. Aus Blau und Schwarz wird Grau.

1.6.5 Das erste 3D-Feature

- Aktivieren Sie den Listeneintrag *Skizze<n>* im *FeatureManager*, indem Sie dessen Symbol anklicken. Wählen Sie in der Symbolleiste *Features* dann *Linear ausgetragener Aufsatz.*
- Jetzt werden Sie aufgefordert, die *Tiefe* der Extrusion anzugeben (Bild 1.33). Sie können diese entweder im *PropertyManager* der Extrusion als Längenangabe **30** eintippen (Kasten) oder im Editor interaktiv am grauen Pfeil ziehen.

- Klicken Sie dann auch hier auf *OK* – den grünen Haken –, und Sie haben Ihr erstes Solid erzeugt. *Speichern* Sie das Modell.

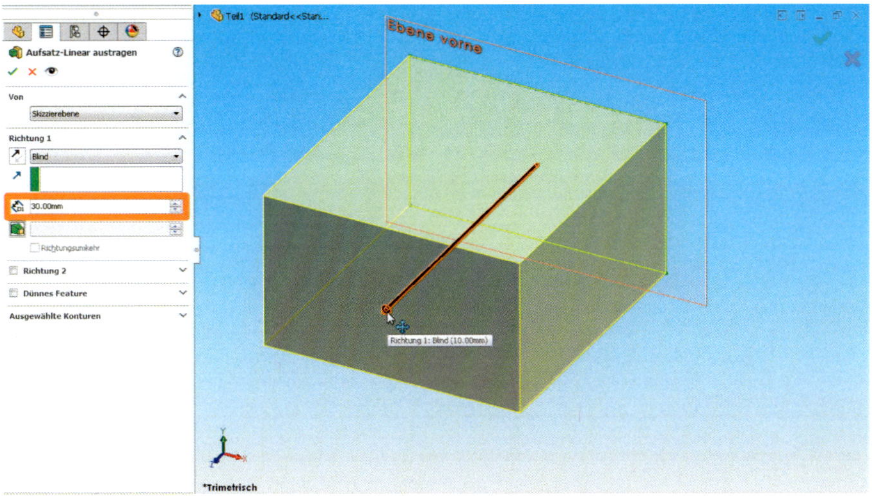

Bild 1.33: Extrusion: Die dritte Dimension wird in Form eines Features verwaltet

1.6.6 Bauteil-Hierarchie

Im *FeatureManager* ist ein neuer Eintrag zu sehen, und zwar bestehend aus

- dem Feature selbst, hier automatisch mit *Aufsatz-Linear austragen<n>* bezeichnet, und
- der *Skizze<n>*. Sie können sie durch Klick auf den kleinen Pfeil des Features anzeigen (Bild 1.34).

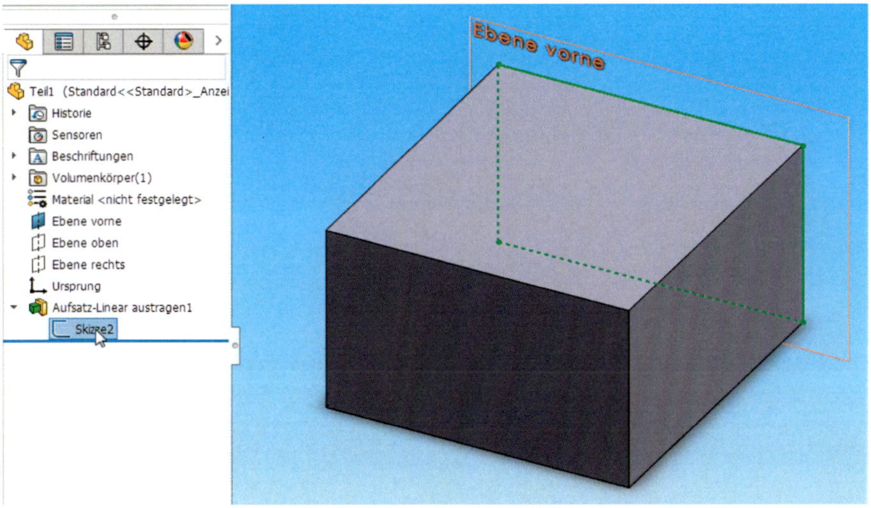

Bild 1.34: Die Extrusion im FeatureManager. Skizze und Feature werden getrennt behandelt.

Die Verschachtelung der Einträge zeigt, dass die Skizze nicht mit dem Feature verschmolzen, sondern ihm lediglich hierarchisch unterordnet ist – und richtig:

- Wenn Sie die Extrusion markieren und mit ENTF löschen, so werden Sie gefragt, ob auch das **absorbierte Feature** gelöscht werden soll – damit ist die *Skizze<n>* gemeint (Bild 1.35). Lassen Sie das Optionsfeld leer und bestätigen Sie.

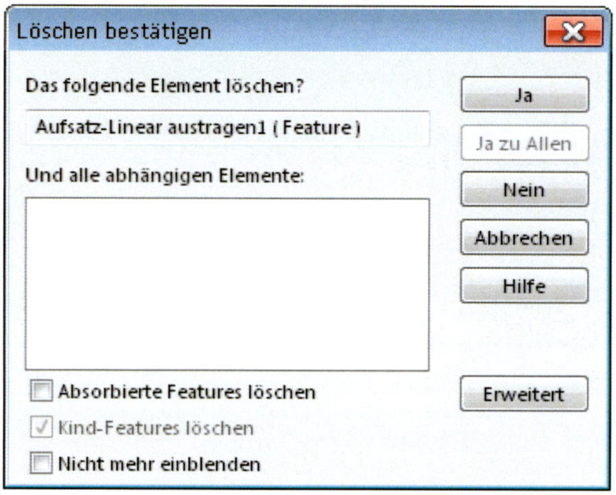

Bild 1.35: Standardmäßig abgewählt: Feature und Skizze lassen sich separat löschen

Ergebnis: Die Skizze bleibt allein im FeatureManager zurück, wobei sie auf ihre alte Hierarchieebene zurückkehrt.

- Mit STRG+Z machen Sie diese Löschung nun wieder rückgängig.

> Diesen Sachverhalt machen auch die Begriffe **Hierarchiebaum** und **Historienbaum** deutlich, die allgemeine Bezeichnungen für den FeatureManager sind.

1.6.7 Historie und Parametrik

Sie werden fragen, was dieser ganze Aufwand eigentlich soll, besonders wenn Sie schon mit Direkt-Modellierern wie *Rhino* oder *CoCreate* gearbeitet haben. Nun, die Antwort ist einfach: Totale Kontrolle – zu jedem Zeitpunkt, in jedem Modus, in jedem Stadium. Zumindest möchte man das gerne.

Alles in SolidWorks wird

- sequenziell im FeatureManager gegliedert und
- durch **Parameter** gesteuert.

Das Wort *Parameter* bedeutet *Beiwert* und stellt das griechische Äquivalent für die lateinische *Variable* dar. Ein Parameter verbindet also einen Wert mit einem Namen und ist somit explizit gegeben. SolidWorks ist demnach ein **parametrisch-historienbasiertes 3D-CAD-System.** Die Kurzfassung dieses Monsters heißt **Mechanical CAD** oder noch kürzer **MCAD**.

Angenommen, Sie wollen den Querschnitt des soeben erstellten Quaders nachträglich ändern, ohne etwas zu löschen oder neu zu erstellen. Dann tun Sie folgendes:

- Klappen Sie im FeatureManager den Eintrag der Extrusion auf, um an die Skizze heranzukommen.
- Führen Sie einen Rechtsklick auf *Skizze<n>* aus und wählen Sie aus der Kontext-Symbolleiste *Skizze bearbeiten*. Sie können auch einen Linksklick über dem Symbol von *Skizze<n>* ausführen und die Kontext-Symbolleiste allein einblenden (Bild 1.36).

Bild 1.36: Mit oder ohne Menü verfügbar: Die Kontext-Symbolleiste

- Für die dritte Art, eine Skizze zur Bearbeitung zu öffnen, klicken Sie einfach eine der Rechteck-Seiten im Editor an – nicht die *Ebene vorne*, denn sonst erstellen Sie eine neue Skizze! Auch hier erscheint die Kontext-Symbolleiste mit dem Befehl *Skizze bearbeiten* (Bild 1.37).

Bild 1.37: Nicht die einzige Art, Skizzen zu öffnen: Die Kontext-Symbolleiste erscheint auch für Objekte im Editor.

1.6.8 Steuernde Bemaßungen

Daraufhin wird die Skizze geöffnet. Unsere vorige Lösung mit den beiden fixierten Ecken ist nicht gerade elegant, denn damit verschenken wir den Vorteil der Kontrolle: Wenn wir die Skizze parametrisch steuern können, dann wollen wir das auch tun:

- Mit *Normal auf* aus der Symbolleiste *Standardansichten* oder STRG+8 wechseln Sie in die Draufsicht, falls nötig.
- Klicken Sie auf das zweite Ankersymbol der Skizze und löschen Sie es mit ENTF. Alternativ dazu klicken Sie die rechte, obere Ecke an und löschen den Eintrag *Fixiert<n>* mit ENTF aus dem Listenfeld des PropertyManagers.

Die beiden angrenzenden Seiten der Ecke werden nun wieder blau gezeichnet.

- Wählen Sie aus der Symbolleiste *Skizzieren* die *Intelligente Bemaßung*.
- Klicken Sie die rechte Vertikale an (Bild 1.38).

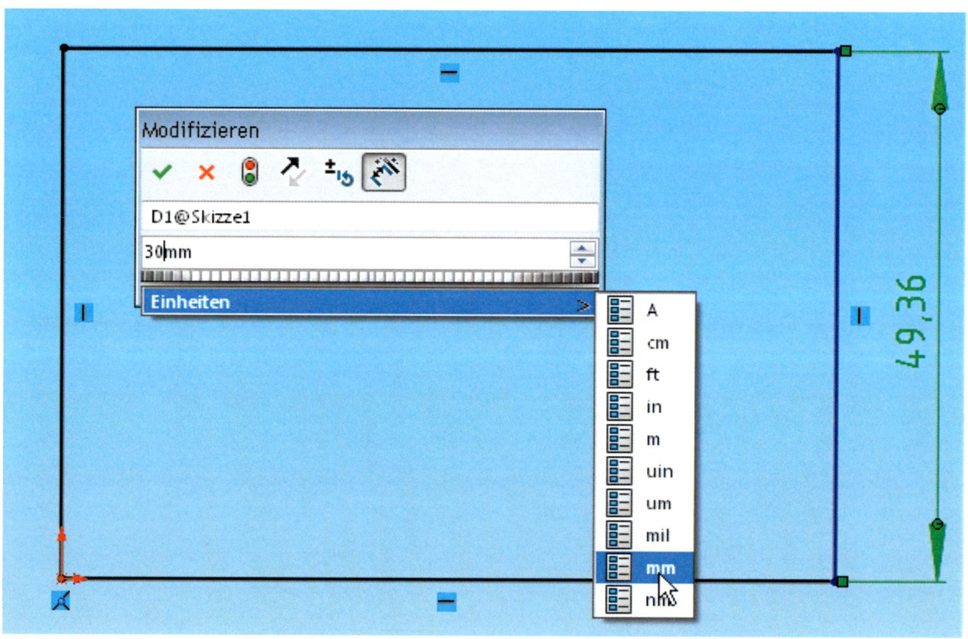

Bild 1.38: Punkt und Komma: Der Werdegang einer steuernden Bemaßung

Daraufhin erkennt SolidWorks die Höhe als gewünschten Parameter und bringt ein Vertikalmaß des Istwertes an.

- Mit dem zweiten Klick ziehen Sie das Maß aus der Kontur heraus, ganz wie in einer Zeichnung.

Nun erscheint das kleine Dialogfeld *Modifizieren* mit der aktuellen Länge.

- Tragen Sie **30** ein und bestätigen Sie mit dem grünen Haken oder einfach mit EINGABE.

> Die Längenmaße sind ab Werk bereits auf *Millimeter* eingestellt. Die Default-Einheit brauchen Sie nirgends einzutippen, auch wenn sie ab jetzt im Text angegeben wird.

Die Kontur folgt dem neuen Maß. Die obere Horizontale wird schwarz, denn ihre Höhe kann nun nicht mehr geändert werden: Sie ist festgelegt oder *voll definiert.*

Sie sehen: Während im CAD eine Bemaßung der Geometrie folgt, ist es im MCAD genau umgekehrt – die Bemaßung *steuert* die Geometrie. Daher wird dieses Verfahren allgemein als **steuernde Bemaßung** bezeichnet.

- Bemaßen Sie nun die Horizontale mit **50** mm.
- Wieder ändert sich die Skizze. Der Querschnitt ist jetzt wieder vollständig schwarz und damit *voll definiert.* Beenden Sie den Skizzenmodus.

Unser Quader wird mit den geänderten Abmessungen neu aufgebaut (Bild 1.39).

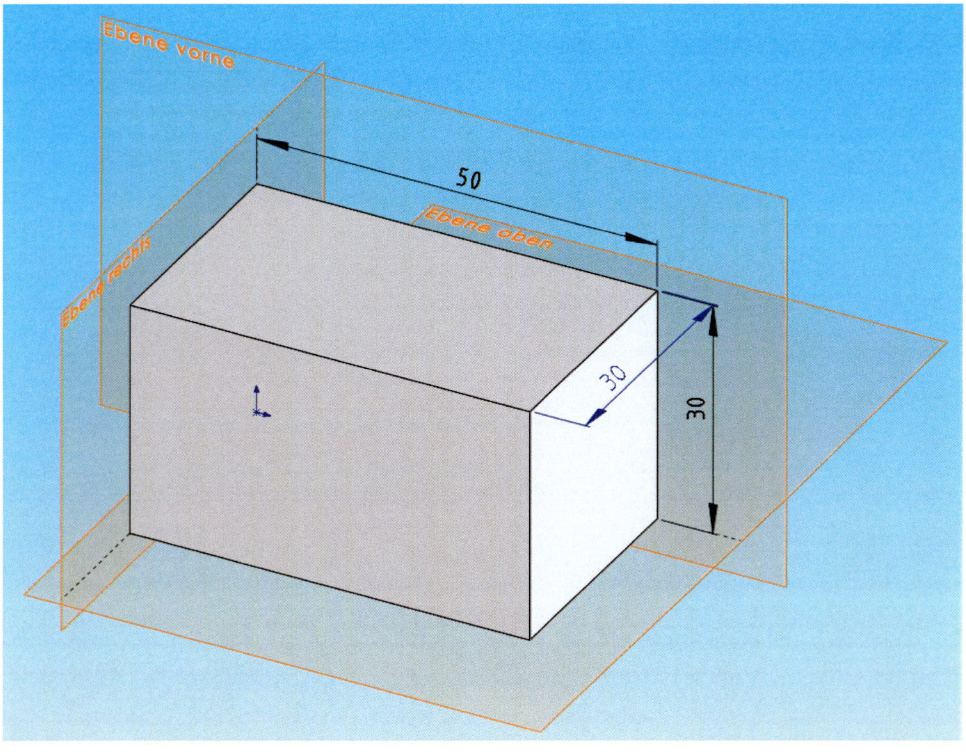

Bild 1.39: Die Skizze folgt dem Maß, der Körper der Skizze. Hier sind die Bemaßungen eingeblendet

Sie können Maße aber auch ohne Skizziermodus ändern:

- Führen Sie im FeatureManager einen Doppelklick auf das *Symbol* der *Skizze<n>* aus – nicht ihren Text! –, und deren Maße erscheinen wie in Bild 1.39. Mit einem Doppelklick auf das Symbol von *Aufsatz Linear ausgetragen<n>* erscheint zusätzlich noch dessen *Tiefe*.
- Ein Doppelklick auf das Breitenmaß, und die Maßzahl wird wieder zum *Modifizieren* angeboten. Tragen Sie **70** mm ein und bestätigen Sie.
- Ändern Sie dann auch das Höhenmaß auf **70** mm. Bestätigen Sie und ...

Nichts tut sich.

1.6.9 Modell neu aufbauen

Haben wir etwas vergessen? Nein, aber im Gegensatz zur Bearbeitung im Skizzenmodus erfordert die Direktbearbeitung einen weiteren Schritt: Wir müssen das Modell regenerieren.

Hierzu dient die „Ampel“, die Sie wahrscheinlich schon entdeckt haben, für den *Modellneuaufbau*. Sie befindet sich jeweils in der Symbolleiste *Standard* und – sehr praktisch zum Experimentieren – im Dialogfeld *Modifizieren:* So können Sie Änderungen im Voraus beurteilen und das Ganze notfalls *abbrechen* (Bild 1.40).

- Durch einen Klick auf *Modellneuaufbau* werden die neuen Maße auf das Modell übertragen.
- Führen Sie nun noch einen Doppelklick auf das Feature *Aufsatz-Linear austragen<n>* aus, so dass die Tiefe **30** mm der Extrusion angezeigt wird. Ändern Sie die in gleicher Weise auf **60** mm und regenerieren Sie wieder das Modell.

In Bild 1.40 sehen Sie die aktuellen Abmaße unseres Quaders. Skizzenmaße sind schwarz, Maße von Features dagegen in Blau eingetragen.

Mit der Direktbearbeitung können Sie nur *bestehende* Maße ändern, nicht jedoch neue hinzufügen.

- Speichern Sie das Modell.

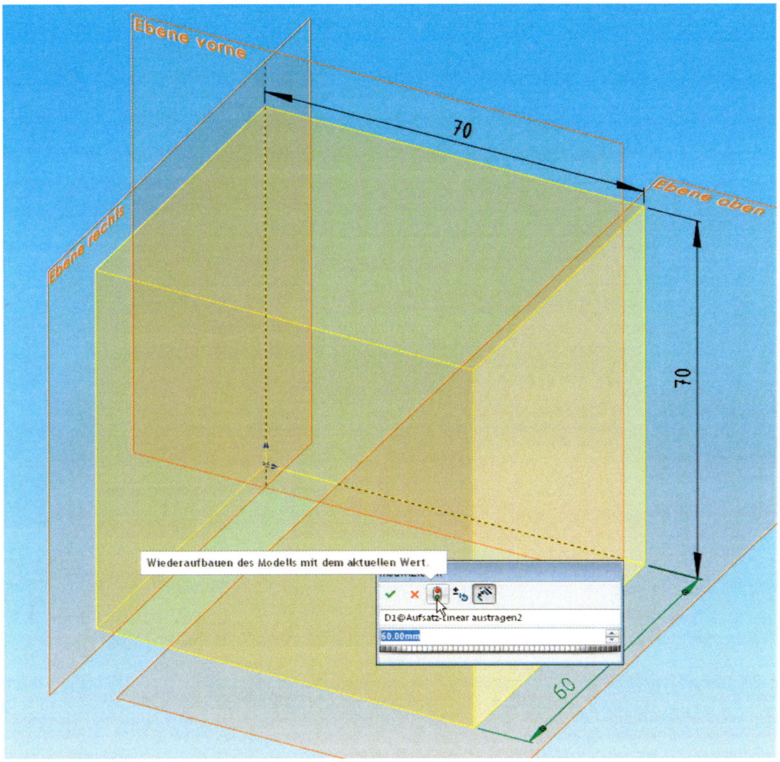

Bild 1.40: Sind die Änderungen numerischer Art, lassen sie sich auch im Direktmodus einpflegen.

■ 1.7 SolidWorks konfigurieren

Der große Vorteil dieser analytischen Arbeitsweise ist, dass Sie zu jeder Zeit Änderungen im und am Modell vornehmen können. Zunächst jedoch passen wir die Oberfläche weiter an.

1.7.1 Farben und Icons

Seit einigen Jahren werden die Schaltflächen in ausschließlich blauen Farben dargestellt. Das ist jedoch nicht sinnvoll, weil die traditionellen Farben der funktionalen Orientierung dienen: Gelb in einer Schaltfläche bedeutet eine Volumenkörper-Funktion; Orange steht für Oberflächen, Blau für Skizzen, Grün für Schnitte usw. Um die Symbolfarben umzuschalten,

- Rufen Sie *Extras, Optionen* auf. Wählen Sie auf der Registerkarte *Systemoptionen* die Rubrik *Farbe* (Bild 1.41).

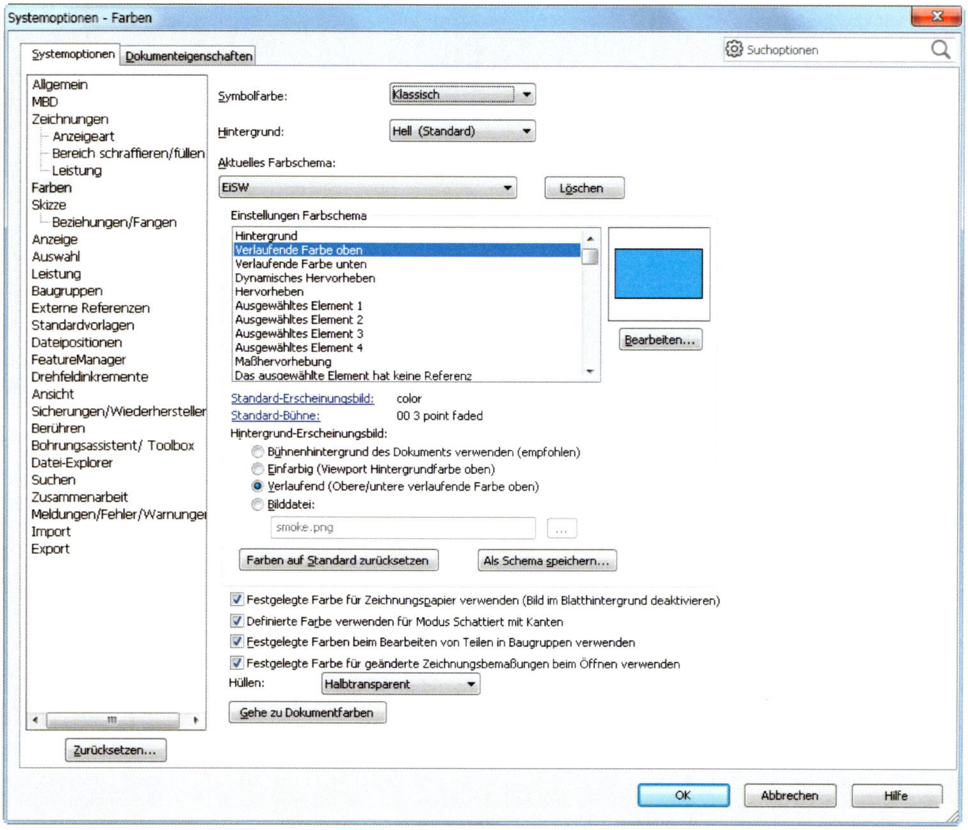

Bild 1.41: Die Systemoptionen enthalten auch Einstellungen für die *Farben* der Oberfläche.

- Wählen Sie aus dem obersten Listenmenü, *Symbolfarbe*, die Option *Klassisch*.
- Hierzu passt ein heller *Hintergrund*. Diesen stellen Sie über das zweite Listenmenü ein.

Hier können Sie noch eine Vielzahl weiterer Einstellungen vornehmen. Um z. B. den Farbverlauf wie in den Abbildungen zu erreichen,

- stellen Sie im Listenfeld *Einstellungen Farbschema* die *Verlaufende Farbe oben* auf ein helles Blau und die *Verlaufende Farbe unten* auf ein helles Grau ein. Wählen Sie dann unter den vier Optionsfeldern der Gruppe *Hintergrund-Erscheinungsbild* die Option *Verlaufend*.
- Diese und alle anderen Farbeinstellungen sichern Sie mit Hilfe der Schaltfläche *Als Schema speichern*, so dass Sie sie oben im Listenmenü *Aktuelles Farbschema*

jederzeit wieder aufrufen können. Speichern Sie das aktuelle Schema unter **EiSW**.

- Bestätigen Sie diese Dialogbox dann mit *OK*,

so haben Sie wieder die freundlichen grün-gelb-rot-orangefarbenen Icons bisheriger Versionen vor neutralem Grau.

1.7.2 Skizzenbearbeitung konfigurieren

Mit jeder Version kommen neue Funktionen und Eigenschaften hinzu, die die Arbeit erleichtern und beschleunigen sollen. Doch wer mit SolidWorks anfängt, ist damit schnell überfordert. Räumen wir die Skizzenbearbeitung ein wenig auf:

- In *Extras, Optionen, Systemoptionen* finden Sie die Rubrik *Skizze* (Bild 1.42).

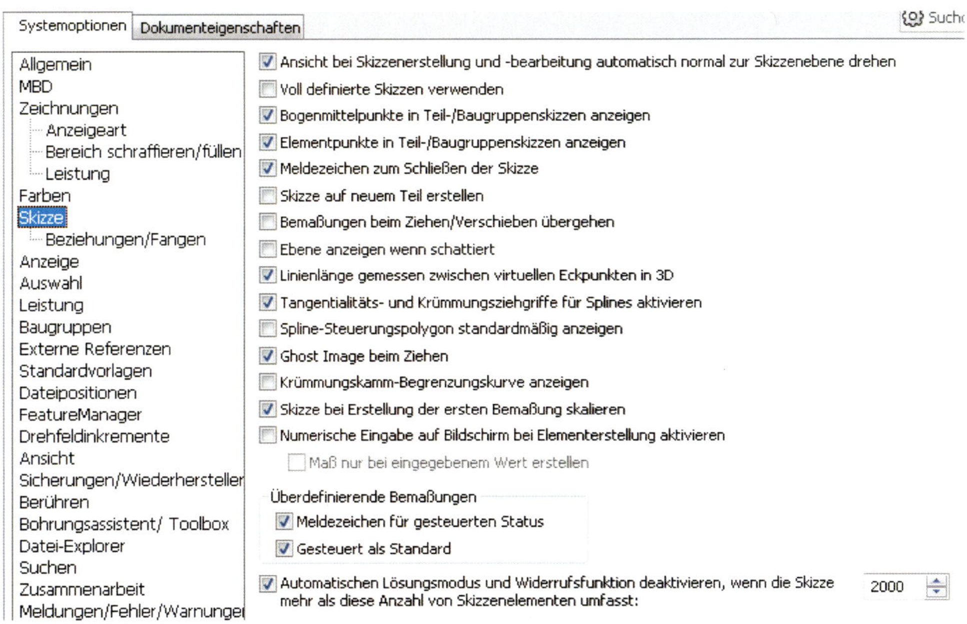

Bild 1.42: Die Skizzenbearbeitung lässt sich mit diesen Optionen verschlanken

- Deaktivieren Sie die viertletzte Option, *Numerische Eingabe auf Bildschirm bei Elementerstellung aktivieren,* sodass die Zahleneingabe beim Zeichnen verschwindet (vgl. Bild 1.43, Mitte).
- Stellen Sie Ihre Optionen ansonsten entsprechend Bild 1.42 ein.
- Bestätigen Sie die Dialogbox *Optionen* mit *OK.*

■ 1.8 Eingebaute Symmetrie

Die folgenden Modifikationen führen zu einer symmetrischen Skizze: Wir zeichnen lediglich die *halbe* Skizze und spiegeln diese. Die Spiegelung bleibt als Skizzenbeziehung erhalten, sorgt also auch künftig für Symmetrie. Zunächst die Symmetrielinie selbst:

- Öffnen Sie die Skizze *zur Bearbeitung* und klicken Sie in *Standardansichten* auf *Normal auf*. Schalten Sie die drei Hauptebenen und das Gitter aus.

- Wählen Sie *Mittellinie* in der Symbolleiste *Skizze*. Aktivieren Sie im *PropertyManager* die Option *Vertikal*. Sobald Sie etwas Übung haben, können Sie diese Option weglassen.

bit.ly/35fCZjZ
Video 4

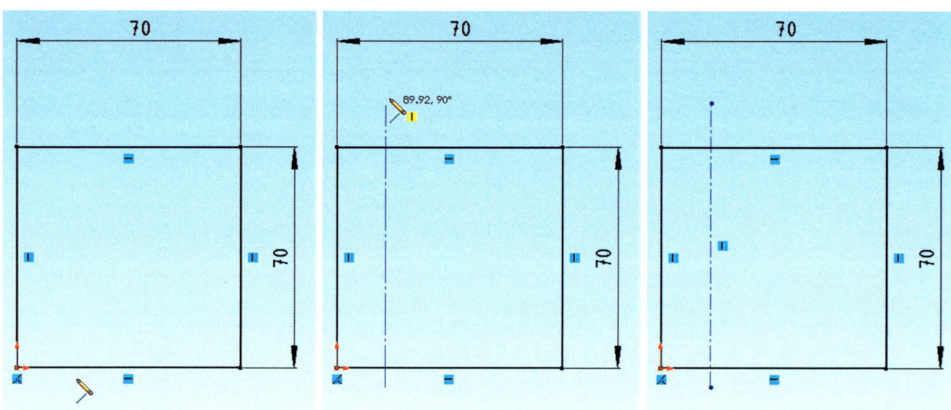

Bild 1.43: Das Einzeichnen einer Mittellinie mit Hilfe der Fangoptionen

- Zeigen Sie mit dem Cursor auf eine Stelle unter der unteren Horizontalen (Bild 1.43, links).
- Klicken Sie den ersten Punkt, dann einen zweiten oberhalb des Quadrates (Mitte).
- Beenden Sie die Funktion mit ESC (rechts).

Die Symmetrielinie wird strichpunktiert eingezeichnet. Da wir sie nicht deckungsgleich mit der Horizontalen verknüpft haben, können wir sie immer noch verschieben. Mit der Skizzenbeziehung *Symmetrie* legen wir sie genau durch die Mitte des Querschnitts. Wir benötigen dazu zwei Referenzelemente:

- Klicken Sie die Mittellinie an, dann mit gedrückter STRG-Taste die linke und die rechte Vertikale des Quadrats, sodass nun drei Elemente gewählt sind (Bild 1.44, Pfeile).

Der PropertyManager bietet Ihnen daraufhin eine ganze Reihe optionaler Skizzenbeziehungen an:

- Klicken Sie auf *Symmetrisch*. Der Eintrag erscheint im Listenfeld, drei Symmetriesymbole erscheinen in der Skizze.

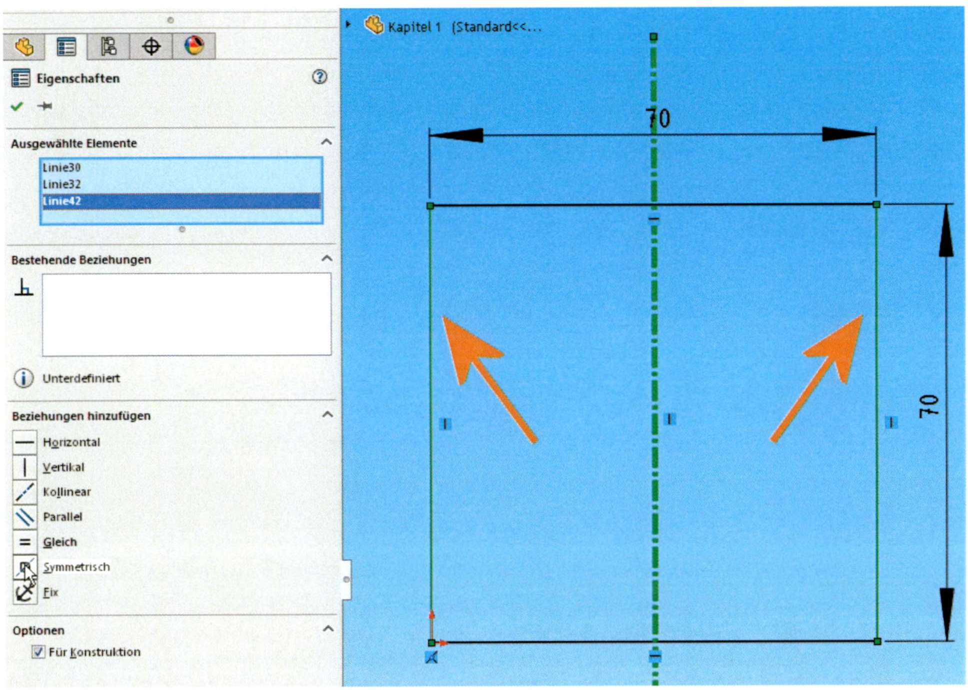

Bild 1.44: Diese drei Elemente sind symmetrisch miteinander verknüpft – und bleiben es auch!

Diese Beziehung hat weitreichende Folgen. Wenn Sie etwa probehalber die Breite *70* ändern oder vorübergehend das Maß löschen und eine der Ecken ziehen, so folgt die Mittellinie der veränderten Breite auf dem Fuße. Skizzenbeziehungen haben die Aufgabe, Skizzen zu steuern. Genau darin liegt aber auch das Problem ihrer Anwendung.

1.8.1 Konstruktionsgeometrie

Wenn Sie den Skizzenmodus beenden, hat dies keinerlei Auswirkungen auf den Volumenkörper. Das liegt an der Eigenschaft *Für Konstruktion*, die Sie der Mittellinie automatisch mitgegeben hatten: Konstruktionsgeometrie bildet keine Querschnitte: Hier ist alles erlaubt, und beliebig viel davon!

> Wenn Sie sich nicht sicher sind, welches Symbol zu welchen Skizzenelementen gehört, so zeigen Sie einfach mit dem Mauszeiger darauf. Sofort werden alle beteiligten Elemente in Magenta eingefärbt.

Verwandeln wir nun die Skizze des Quaders in Konstruktionsgeometrie, um etwas Komplexeres zu definieren:

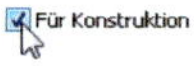

- Markieren Sie mit STRG+Klicken die beiden Vertikalen und die obere Horizontale der Skizze und bestimmen Sie sie im PropertyManager *Für Konstruktion*.

Auch diese drei Linien werden nun als dünne Strichlinien gezeichnet.

- Aktivieren Sie das Skizzierwerkzeug *Linie* und klicken Sie, beim Ursprung beginnend, ungefähr den fünfteiligen Linienzug nach Bild 1.45 nach. Präzision kommt im MCAD immer erst später dran.

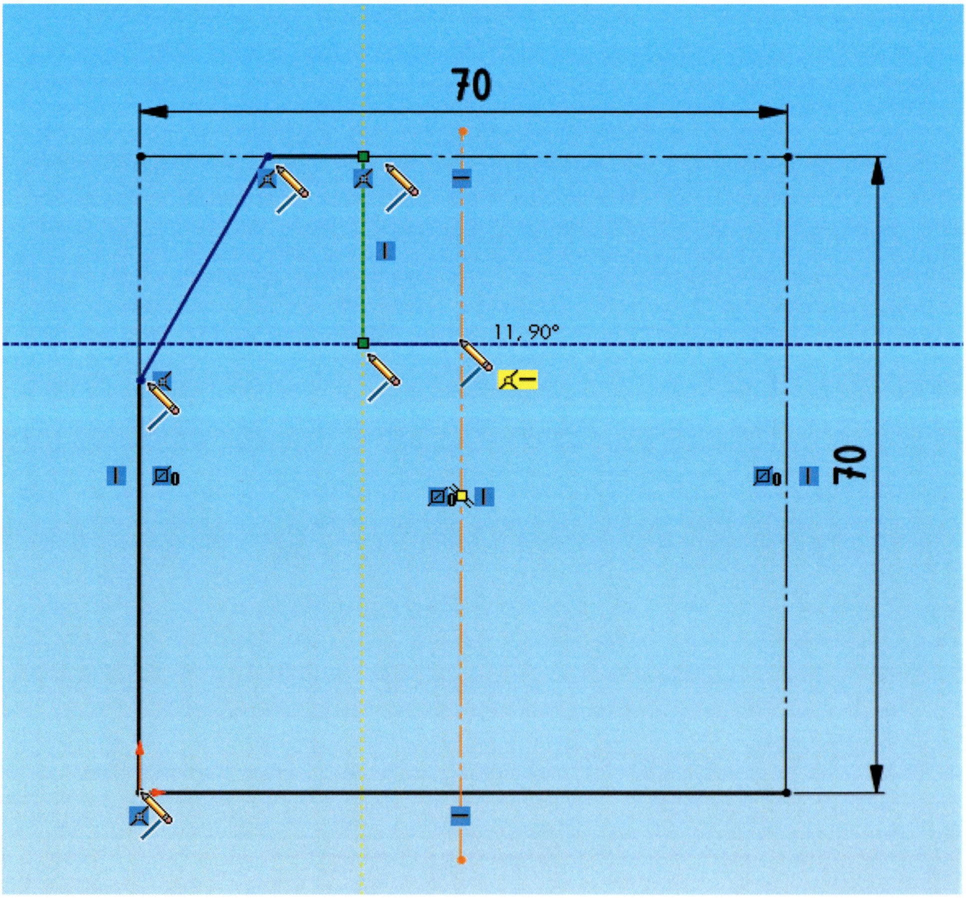

Bild 1.45: Ein neuer Querschnitt entsteht.

Achten Sie darauf, keine unbeabsichtigten Verknüpfungen wie etwa *Mittelpunkt* zu produzieren. Es sollen ausschließlich *vertikale, horizontale* und *deckungsgleiche* Verknüpfungen mit den Konstruktionslinien entstehen. Das erreichen Sie wie immer durch Ablesung der gelb unterlegten Indikatoren, *bevor* Sie klicken.

- Beenden Sie den Zug *deckungsgleich* auf der Mittellinie. Mit ESC beenden Sie die Linienfunktion.

Bis auf die große Schräge sollen alle Linien *vertikal* bzw. *horizontal* beschränkt sein. Überzeugen Sie sich davon durch Prüfen der Symbole jeder Linie.

- Wenn eine Skizzenbeziehung nicht gebildet wurde, holen Sie dies durch Anwahl des Elements und die Kontext-Symbolleiste nach (Bild 1.46).

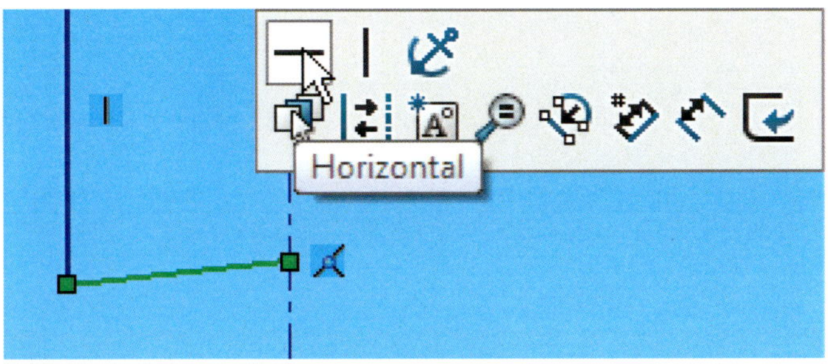

Bild 1.46: Horizontal beschränkt: In SolidWorks lässt sich so gut wie alles nachholen!

1.8.2 Skizzenelemente spiegeln

Nachdem das Rechteck zur Unterkonstruktion degradiert wurde, müssen wir die Skizze erneut bestimmen:

- Rufen Sie *Elemente spiegeln* in der Symbolleiste *Skizze* auf. Klicken Sie die fünf neuen Segmente an, so werden sie nacheinander in der Liste *Zu spiegelnde Elemente* aufgeführt (Bild 1.47).
- Aktivieren Sie die Option *Kopieren*.
- Um die Spiegelachse zu definieren, klicken Sie in das Auswahlfeld *Spiegeln um*, dann auf die Mittellinie.

Ein gelber Linienzug zeigt eine Vorschau des Ergebnisses - aus gutem Grund: Wenn die Operation beendet ist, können Sie nichts mehr daran ändern - Sie müssten die Operation dann mit STRG+Z rückgängig machen und erneut durchführen. Selbst die Parametrik von SolidWorks kennt Grenzen.

- Bestätigen Sie die Spiegelung, wenn das Ergebnis Bild 1.47 ähnelt.

bit.ly/2KMfFkh
Video 5

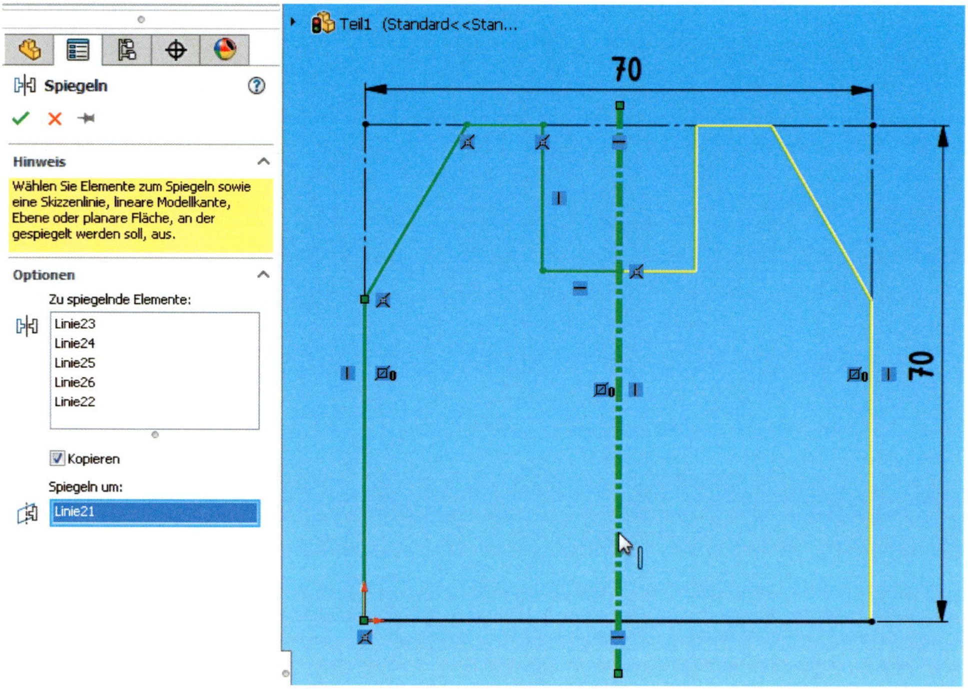

Bild 1.47: Spiegeln von Skizzenelementen

Die Spiegelung führt zu fünf einzelnen, symmetrisch verknüpften Elementpaaren, was Sie leicht an den neuen Symbolen in der Skizze erkennen.

Sie haben gesehen: Es gibt Skizzenbeziehungen, die automatisch entstehen und solche, die Sie interaktiv definieren. Über die *Automatischen Beziehungen* (vgl. Bild 1.17) können Sie Letzteres abstellen. Kopierbefehle, Reihen, Spiegelungen und viele andere Skizzenfunktionen erzeugen jedoch in jedem Fall Beziehungen.

- Falls es Ihnen jetzt auch etwas zu voll wird im Editor, so können Sie die Beziehungs-Symbole über *Ansicht, Elemente einblenden/ausblenden, Skizzenbeziehungen* abschalten.

1.8.3 Eingeschränkte Beweglichkeit

Probieren Sie ruhig aus, wie sich die Symmetrie auf die einzelnen Elemente der Skizze auswirkt (Bild 1.48):

- Ziehen Sie die Linien, drehen Sie sie über die Eckpunkte, finden Sie mehr über das Symmetrieverhalten heraus, loten Sie aus, wo die Skizze frei beweglich und wo ihre Bewegung eingeschränkt ist.

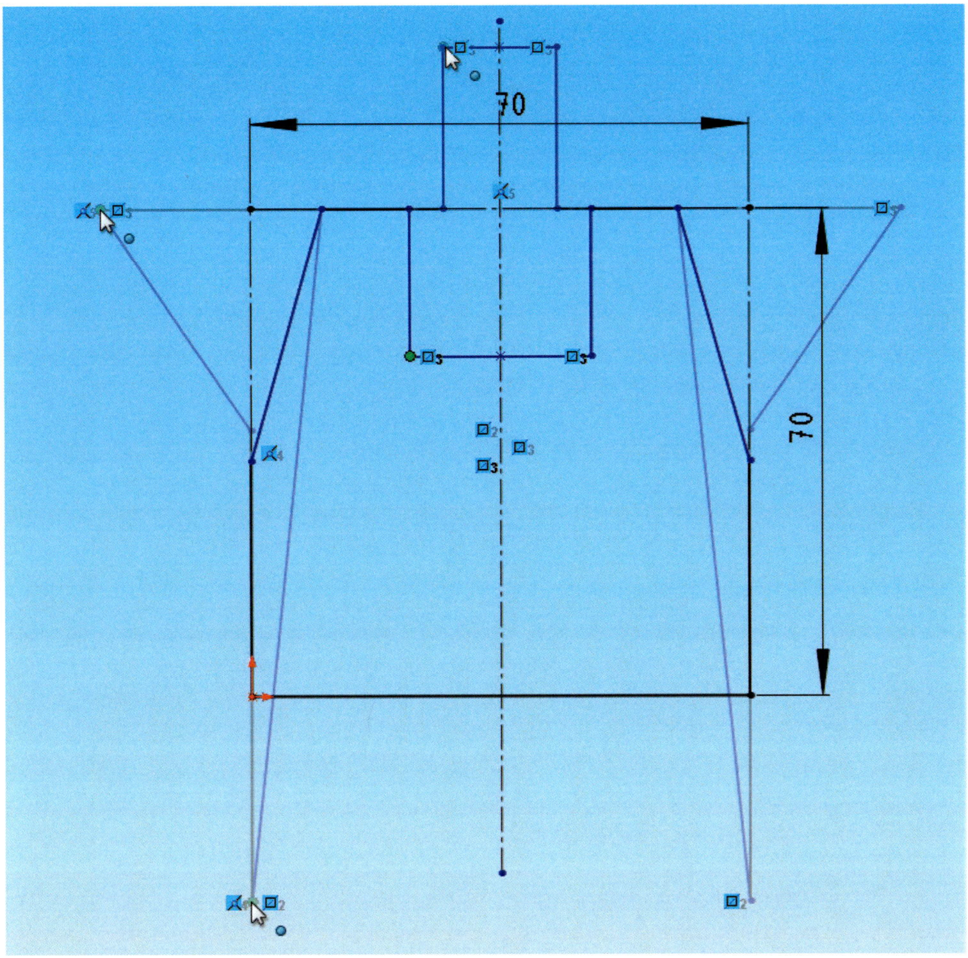

Bild 1.48: Prüfung auf symmetrisches Verhalten der Skizze

Nur so kommen Sie dem Wesen der Skizzenbeziehung näher: Im englischen Original nennt man sie *constraints,* zu Deutsch *Beschränkungen.* Verschaffen Sie sich unbedingt ein Gefühl für das Verhalten eingeschränkter Elemente!

- Machen Sie die Deformationen dann rückgängig und beenden Sie den Skizzenmodus. Speichern Sie das Bauteil.

Die Extrusion hat sich unterdessen dem neuen Querschnitt angepasst (Bild 1.49).

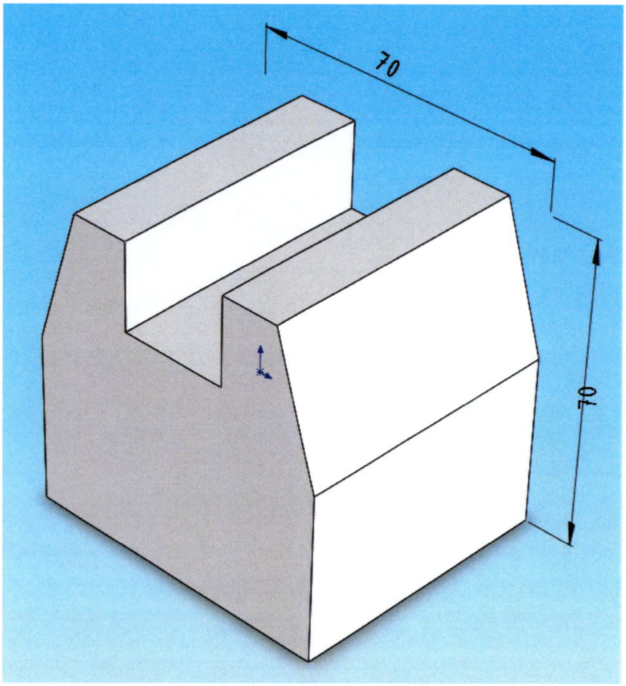

Bild 1.49: Regelkörper: Aus groben Klötzen werden grobe Keile!

1.8.4 Der Name der Features

Natürlich sind Sie nicht gezwungen, sich mit der nichtssagenden Nomenklatur von SolidWorks abzufinden – ganz im Gegenteil: Gewöhnen Sie sich daran, *allem* – unter Umständen sogar einer einzelnen Bemaßung – einen sprechenden Namen zu geben – und zwar am Besten mit System! Ansonsten wird es in Ihrem Historienbaum bald ungemütlich:

- Klicken Sie im FeatureManager auf den Eintrag *Aufsatz-Linear austragen<n>* und drücken Sie F2. Genau wie im Windows-Explorer können Sie nun einen anderen Namen eingeben, etwa **Prisma**.
- Benennen Sie dann auch gleich die Skizze um, und zwar in **Skizze Prisma** oder kurz **Sk Prisma**. Speichern Sie dann das Teil (Bild 1.50).

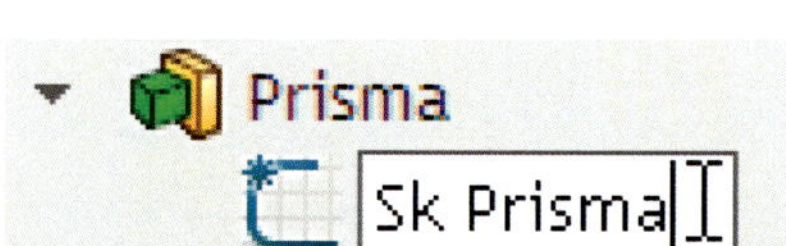

Bild 1.50: Im FeatureManager kann fast jede Einheit umbenannt werden

Mit einem Minuszeichen vor dem Skizzennamen „(-)“ deutet der Feature-Manager eine unterdefinierte Skizze an.

1.9 Die Ansichtssteuerung

Da wir nun rasch zu komplexeren Bauteilen schreiten, benötigen wir das vollständige Wissen über die Ansichtskontrolle. Zunächst eine Definition:

Als **Ansicht** bezeichnen wir eine Kombination aus Bildausschnitt, Vergrößerung und Blickwinkel.

Die Grundoperationen Zoomen, Drehen und Verschieben fänden Sie in der Symbolleiste *Ansicht (Head-Up)*, wenn Sie sie nicht ausgeblendet hätten.

- Komplettieren Sie also die Symbolleiste *Standardansichten*, die Sie zunächst in den Editor ziehen, um ihre Titelleiste sehen zu können (Bild 1.51).

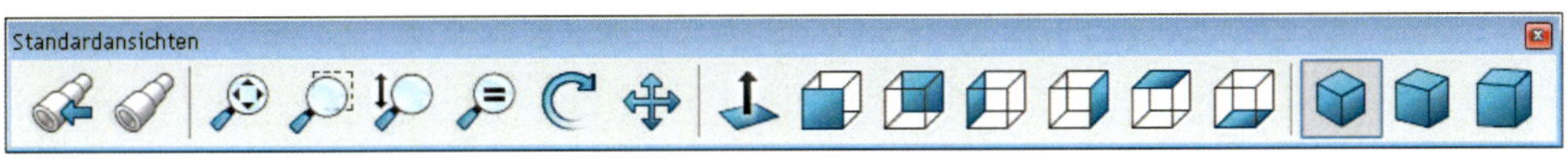

Bild 1.51: Die Symbolleiste *Standardansichten* wird ergänzt.

- Über Menü *Extras, Anpassen,* Registerkarte *Befehle,* Kategorie *Ansicht* kommen Sie an die gesuchten Schaltflächen heran.
- Links platzieren Sie die Schaltfläche *Vorherige Ansicht,* mit der Sie die zehn letzten Ansichten aufrufen können.

- Darauf folgt *Ausrichtung Ansicht.* Dazu gleich mehr.

Dann kommt die Zoom-Gruppe mit den vier Funktionen

- *In Fenster zoomen,* also: sämtliche Elemente im Editor formatfüllend darstellen. Diese eignet sich auch gut, um verlorene Objekte wiederzufinden. Der Shortcut für diese praktische Funktion lautet F.

- *Ausschnitt vergrößern,* also Zoomen eines durch Ziehen definierten Rahmens. In den meisten Zeichenprogrammen wird diese Spielart als „Zoom, Fenster“ bezeichnet.

- *Vergrößern/Verkleinern,* Zoomen durch Ziehen mit der Maus – diese Funktion liegt auch auf SHIFT + mittlerer Maustaste.

Schließlich holen wir uns noch die praktische Funktion

- *Zoomen auf Auswahl*, denn hiermit zoomen Sie formatfüllend alle gewählten Objekte. Das können Körper, Flächen, Kanten und sogar einzelne Punkte sein!

Dann folgen Drehen und Verschieben der Ansicht:

- *Ansicht drehen* bedeutet genauer, dass sich der Beobachter um das Objekt herum dreht. Darum wird diese Funktion in manchen Programmen treffend als „Orbit“ bezeichnet. Sie erreichen sie auch über die mittlere Maustaste.
- Mit *Verschieben* bewegen Sie einfach nur den Bildausschnitt. Diese Funktion rufen Sie interaktiv mit STRG + mittlerer Maustaste auf.

> Wollen Sie die *ganz schnelle* Methode ausprobieren? Dann drücken Sie im Editor einfach mal die Taste G. Falls keine Fehlermeldung kommt, haben Sie jetzt eine Art Lupe mit Mausradbedienung! Zurück mit ESC.

Zoomen können Sie außerdem mit dem Mausrad, und zwar um den Mauszeiger herum – eine raffinierte Funktion, die Zoomen und Verschieben zugleich ermöglicht! Sie können diese Schaltflächen also vergessen, wenn Sie sich nur angewöhnen, mit dem Mausrad und der mittleren Maustaste zu arbeiten. Der Vorteil dieser Methoden liegt darin, dass sie auch *während* eines laufenden Befehls funktionieren.

Die restlichen Schaltflächen sind bereits vorhanden:

- *Normal auf* (STRG+8) richtet den Blick frontal auf eine zuvor gewählte Fläche und vergrößert sie formatfüllend. Beim zweiten Mal wird die Rückseite der Fläche gezoomt. Die können Sie bei allen Skizzenoperationen gebrauchen!
- Dann folgen die sechs Hauptansichten – STRG+1 … STRG+6 – , die Sie vom technischen Zeichnen her kennen, und zwar *Vorderseite* und *Rückseite, Links* und *Rechts, Oben* und *Unten*.

Sie beziehen sich auf das feste Koordinatensystem des Bauteils, das auch durch die sogenannte **Referenztriade** unten links repräsentiert wird.

- Die folgenden drei stellen axonometrische Ansichten in Bezug auf die Referenztriade dar, und zwar *Iso-* (STRG+7), *Tri-* und *Dimetrisch*.
- Schließen Sie den Dialog *Anpassen* mit *OK*. Schieben Sie die Symbolleiste dann wieder an ihren Platz unterm Menü.

1.9.1 Benannte Ansichten

Die zweite Schaltfläche unserer neuen Konfiguration ist leicht mit *Vorherige Ansicht* zu verwechseln. Doch mit *Ausrichtung Ansicht* oder der LEERTASTE öffnen Sie ein Dialogfeld, in dem nicht nur die obigen Standards verzeichnet sind, sondern auch Ihre gespeicherten Ansichten. Mit der Schaltfläche *Dialogfeld feststecken/loslösen*, der kleinen Stecknadel, bleibt es geöffnet (Bild 1.52).

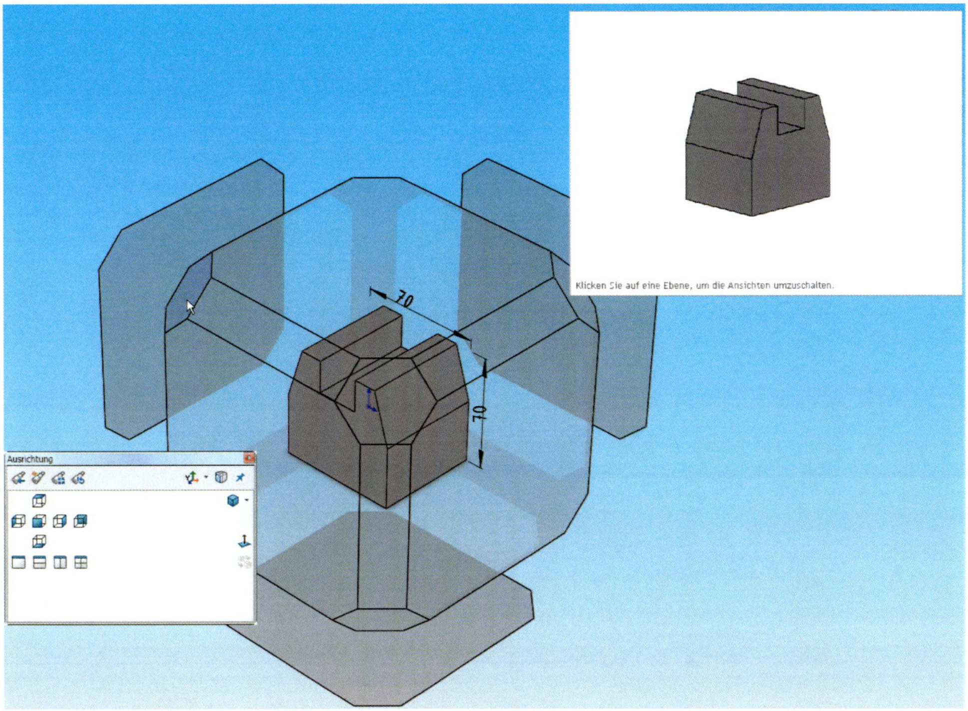

bit.ly/2Sm1RRG
Video 6

Bild 1.52: Das Dialogfeld *Ausrichtung* erlaubt das Speichern beliebiger Ansichtskonfigurationen

Hier haben Sie die Wahl, ob Sie lieber mit den Schaltflächen des Dialogfeldes oder mit den Flächen des rodierten Würfels arbeiten wollen, der das gesamte Modell umgibt:

- Zeigen Sie einfach auf die Flächen, Ecken und Fasen des Würfels, so wird in einer Vorschau das Ergebnis dargestellt (Bild 1.52, rechts oben). Ist das Gewünschte zu sehen, klicken Sie. Sie können auch die drei Extra-Flächen anklicken, die die abgewandten Seiten des Würfels darstellen und die eine Drehung der Ansicht um mehr als 90° erlauben.
- Mit den Schaltflächen funktioniert es ähnlich, nur sind hier die Haupt- und die axonometrischen Ansichten getrennt voneinander aufgeführt. Zusätzlich können Sie den Editor in mehrere Fenster aufteilen, indem Sie eine der vier Schaltflächen unten betätigen (Bild 1.53).

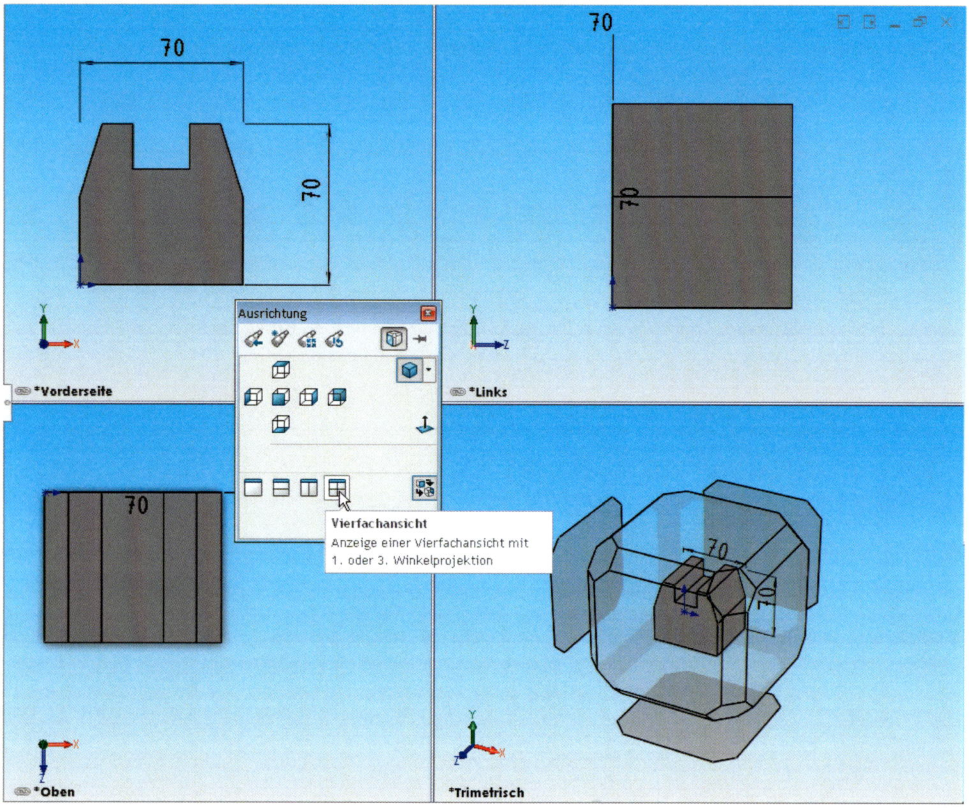

Bild 1.53: Drei Ansichten und Isometrie: SolidWorks macht Zugeständnisse an technische Zeichner.

Aber auch das Modell selbst können Sie zur Ansichtssteuerung nutzen:

- Wenn Sie eine der Schrägen des Prismas anklicken und *Normal auf* ausführen, so wird die Ansicht gedreht und erwartungsgemäß frontal auf die Schräge gerichtet.

> Wenn Sie den interaktiven Würfel ausschalten wollen, deaktivieren Sie die Schaltfläche *Ansichtenauswahl*, die zweite von rechts oben im Dialogfeld.

1.9.2 Benannte Ansichten speichern

- Klicken Sie auf die zweite der vier kleinen Schaltflächen oben im Dialogfeld, *Neue Ansicht*. In das Dialogfeld *Benannte Ansicht* geben Sie nun den Namen ein, etwa *Schräge Rechts* (Bild 1.54).

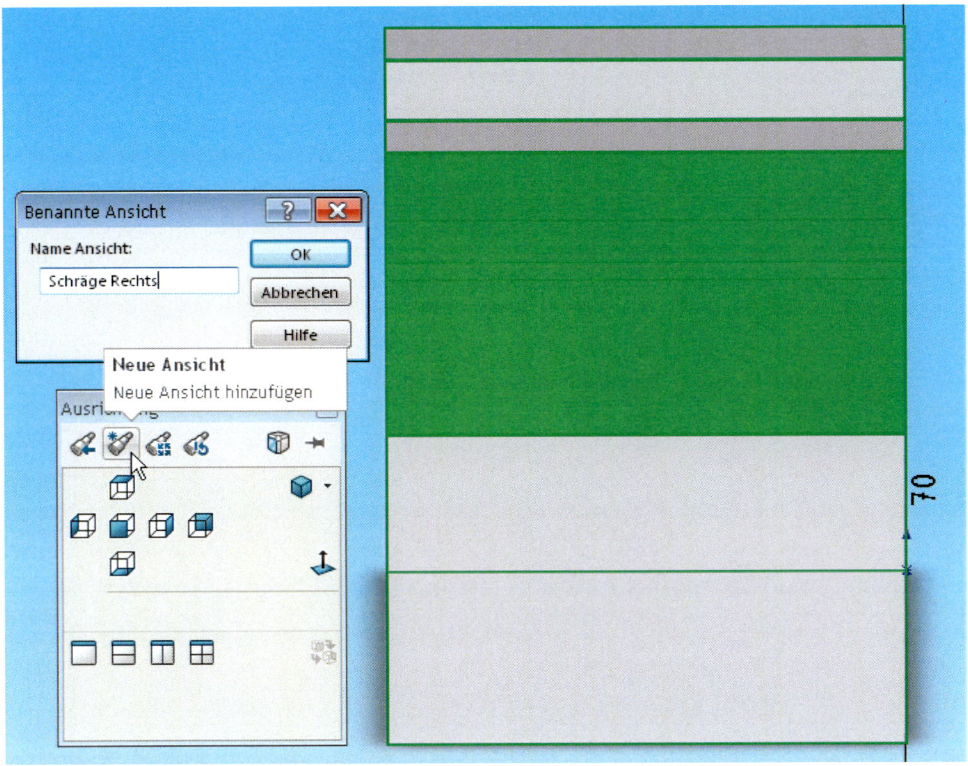

Bild 1.54: Benennen und Speichern einer Ansicht

Sobald Sie bestätigt haben, wird der Eintrag in einer Liste unterhalb der Hauptansichten angezeigt (Bild 1.55).

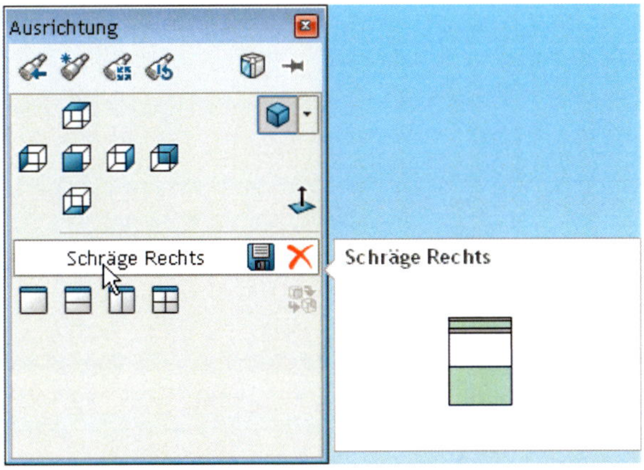

Bild 1.55: Eine *Benannte Ansicht* kann mit einem einzigen Klick wiederhergestellt werden!

Jetzt können Sie beliebig zwischen den Ansichten hin- und herschalten, ohne dass eine verloren geht. Und wenn Sie das Bauteil speichern, werden auch die **benannten Ansichten** verewigt.

> Benannte Ansichten können Sie demnach auch in der Dokumentvorlage speichern – so stehen auch sie jedem neuen Modell zur Verfügung!

1.9.3 Das Ansichts-Koordinatensystem drehen

Vorhin wurde gesagt, dass die neun vorgefertigten Ansichten nicht verändert werden könnten. Das ist nur zum Teil richtig. Könnten Sie etwa die aktuelle Ansicht *Schräge Rechts* als Draufsicht definieren, so müsste logischerweise das gesamte Ebenensystem inklusive der Perspektiven mitgedreht werden. Und genau so ist es auch:

- Aktivieren Sie die Ansicht *Schräge Rechts*.
- Klicken Sie dann auf die dritte Schaltfläche – *Aktualisieren der Standardansichten* – und bejahen Sie die Abfrage. Nun werden Sie aufgefordert, diejenige Hauptansicht zu wählen, der Sie die aktuelle Ansicht zuordnen wollen. Klicken Sie auf *Rechts* (Bild 1.56).

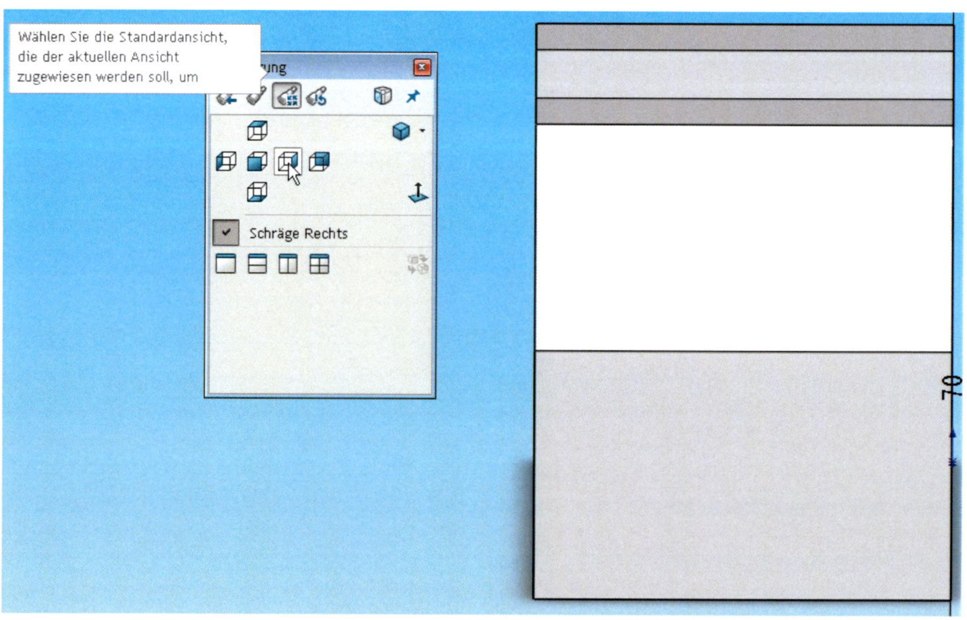

Bild 1.56: Drehen des Ansichts-Koordinatensystems

Dadurch wird das Ansichtskoordinatensystem auf diese Ansicht ausgerichtet. Alle Standardansichten gehen von dieser neuen Einstellung aus, wovon Sie sich leicht überzeugen können,

- indem Sie auf *Vorderseite* klicken (Bild 1.57).

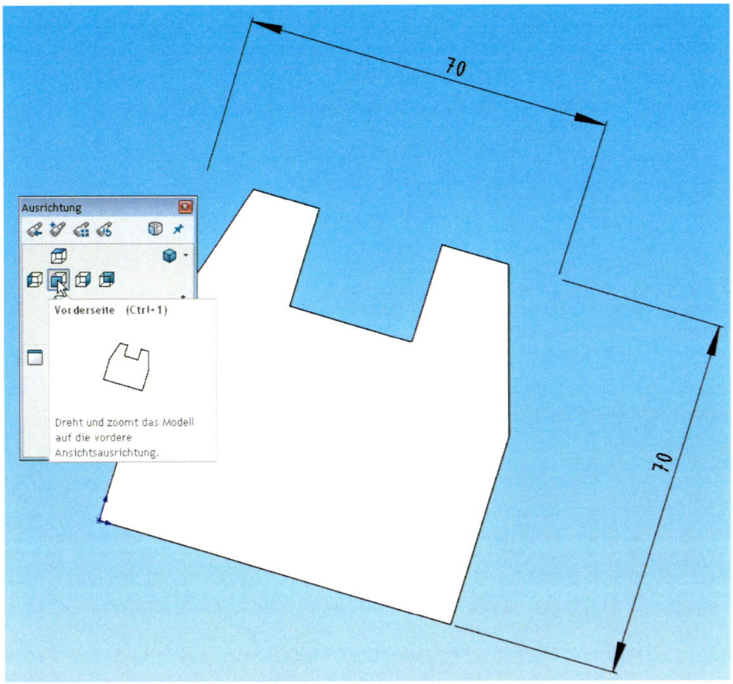

Bild 1.57: Versch(r)obenes Bild: Auch die Standardansichten können gedreht werden.

Dies ist sehr nützlich für das Zeichnen von Skizzen auf gedrehten Ebenen - etwa, um in die *Schräge rechts* ein dazu lotrechtes Loch zu bohren.

- Mit der vierten Schaltfläche drehen Sie die Standardansichten wieder normal zu den Hauptebenen. Die gespeicherten Ansichten bleiben trotzdem erhalten.

Sie können nicht nur benannte, sondern jede beliebige Ansicht zum Ausgangspunkt einer Koordinatendrehung machen.

- Die erste der kleinen Schaltflächen, *Vorherige Ansicht,* kennen Sie schon von der Konfiguration der Symbolleiste *Standardansichten*. Sie stellt die zehn zuletzt eingestellten Ansichten wieder her.

Wenn Sie zwei Hände besitzen, warum werden Sie dann nicht stolzer Besitzer eines 6-Achsen-Manipulators? Mit solch einem Gerät steuern Sie Bildausschnitt, Zoom und Drehwinkel mit einer einzigen Bewegung der linken Hand, während die Rechte per Maus die Modelle beharkt. Einstiegsmodelle wie der *SpaceNavigator* von *3DConnexion* kosten weniger als eine gute Maus, und die Investition lohnt sich, wenn Sie viel modellieren: Ihr Handgelenk wird es Ihnen danken!

1.10 Die Rendermodi

Weiter geht's mit der Symbolleiste *Ansicht* (Bild 1.58).

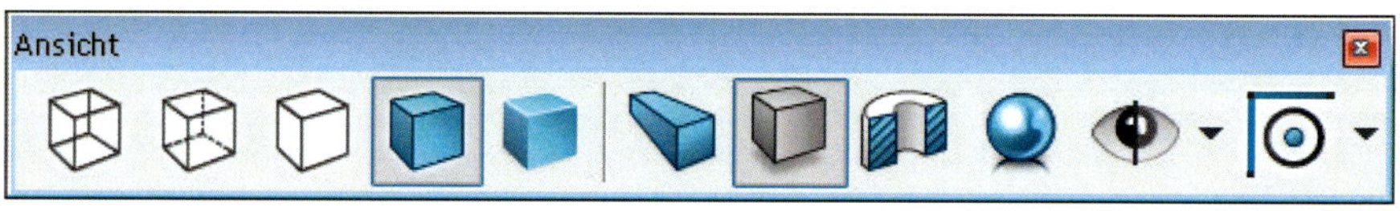

Bild 1.58: Die Symbolleiste *Ansicht*

1.10.1 Darstellungs-Praxis

Die fünf Rendermodi sind lediglich für die Darstellung der Volumenkörper im Editor verantwortlich – wir sprechen also nicht vom *Rendern* für die Präsentation an sich:

- *Drahtdarstellung* stellt Objekte als Drahtmodelle dar, also ohne gefüllte Flächen: Man blickt einfach durch das Objekt hindurch. Dieser Modus ist nur für wenige Situationen geeignet – die Orientierung in 3D auf einem flachen Bildschirm ist auch so schon schwer genug!
- *Verdeckte Kanten sichtbar* blendet unsichtbare Kanten grau gestrichelt ein, die Flächen bleiben durchsichtig. Diesen und den folgenden Modus können Sie gut für die 2D-Zeichnungsableitung gebrauchen.
- Der dritte Modus, *Verdeckte Kanten ausgeblendet,* entspricht der klassischen *Hidden-Line*-Darstellung: Rückseitige Kanten werden ausgeblendet, es entsteht ein plastischer Eindruck des Modells.
- *Schattiert mit Kanten* stellt die Körper so dar, wie wir sie im Allgemeinen wahrnehmen: opak, mit Schatten und Schattierungen – und vor allem in Farbe. Zusätzlich werden die Kanten und Ecken hervorgehoben.
- *Schattiert* entspricht dem vorigen Modus, nur ohne die hervorgehobenen Kanten und Ecken.

Die Rendermodi sind optionsseitig in zwei Gruppen aufgeteilt: Die ersten beiden und der Rest können jeweils mit der Eigenschaft versehen werden, verdeckte Kanten zur Wahl zu stellen. Durch bloßes Umschalten des Rendermodus bestimmen Sie somit, ob Sie Elemente „durch das Modell hindurch" auswählen können oder nicht (Bild 1.59).

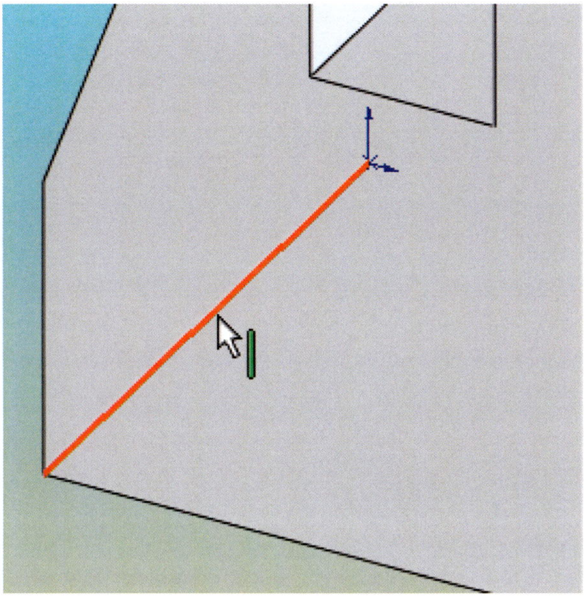

Bild 1.59: Die Möglichkeit, unsichtbare Kanten zu wählen, spart das Drehen, führt aber auch leicht zu Verwechslungen!

- Sie konfigurieren dies unter *Optionen, Systemoptionen, Anzeige/Auswahl* im Gruppenfeld *Auswahl von verdeckten Kanten* (Bild 1.60).

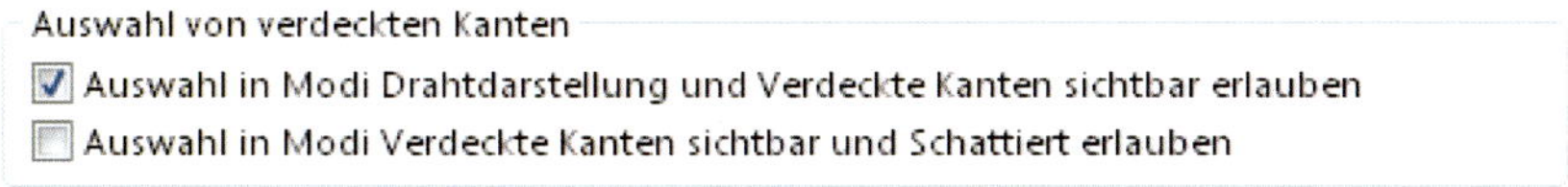

Bild 1.60: Auswahl von verdeckten Kanten, abhängig vom Rendermodus

1.10.2 Schatten, Schnitt und RealView

- Mit der *Perspektive* können Sie die augenfreundliche Einpunktperspektive einschalten, um das „Vorne und Hinten" eines Körpers wie in Wirklichkeit interpretieren zu können, etwa seine Form, parallele Kanten usw.

- Die Schaltfläche *Schatten im Modus Schattiert* versieht das Modell an der momentanen Unterseite mit einem Schattensaum.

Es handelt sich hier jedoch nicht um einen gerenderten Schatten: Auch dieses Gimmick dient nur zur besseren Orientierung im virtuellen Raum. Wenn Sie zum Beispiel die Schatten-Funktion einschalten und dann von der *Isometrie* in die Ansicht *Oben* wechseln, so wird – je nach *ServicePack* – der Schatten gelegentlich verschwinden – Sie müssen die Funktion aus- und wieder einschalten, um ihn zurückzuholen.

- Mit der Schaltfläche *Schnittansicht* befassen wir uns etwas später – wenn wir spannendere Bauteile herstellen. Doch wenn Ihr Modell vollständig verschwinden sollte, werfen Sie einen Blick auf diese Schaltfläche. Ist der Toggle eingeschaltet, deaktivieren Sie ihn.
- *RealView Graphics* können Sie angeblich nur dann nutzen, wenn Sie über eine der unterstützten – und meist überteuerten – High-End-Grafikkarten verfügen, etwa eine *NVidia Quadro* oder eine *ATI FirePro*. Im Internet finden Sie jedoch *Workarounds* für die gängigsten Spiele-Karten: Suchen Sie nach „RealView" und dem Modellnamen Ihrer Karte.

Hierdurch kann SolidWorks ein Modell, dem Sie ein Material verliehen haben, mit dem Hardware-Texturing der Grafikkarte rendern – und zwar in Echtzeit! Hierdurch entstehen Textureffekte wie Reflexion, Schatten, Dellen, Rost, Farbanstriche usw. im Editor, so dass Sie sie nicht erst rendern müssen.

- *Elemente einblenden/ausblenden* kennen Sie bereits. Hierüber toggeln Sie die Sichtbarkeit von Elementgruppen, z.B. Ebenen, Skizzen, Bemaßungen, Bemaßungsnamen und Skizzenbeziehungen.
- Die letzte Option heißt *Schnelles Fangen*. Sie funktioniert nur, wenn eine Skizzenfunktion aktiv ist. Diese Fangfunktionen für Objekte sind Standard in SolidWorks. Doch hiermit priorisieren Sie bestimmte Objektarten, was das Fangen von Punkten erleichtert, wenn jede Menge Linien die Sicht behindern (Bild 1.61).

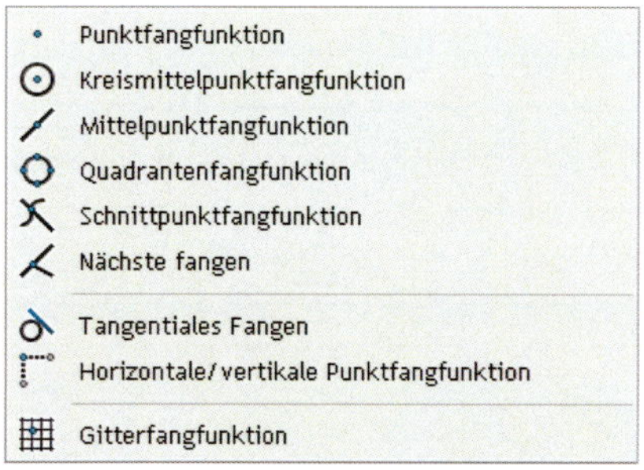

Bild 1.61: Das Menü unter *Schnelles Fangen*

2 Konstruktive Geometrie

Bei unserem symmetrischen Bauteil hatten wir noch vergessen, die Skizze zu bemaßen – bis jetzt sind nur die Konstruktionslinien definiert. Holen wir dies also zunächst nach:

- Öffnen Sie das PRISMA und dort die Skizze *Sk Prisma* zur Bearbeitung. Deaktivieren Sie *Skizzenbeziehungen anzeigen.*
- Setzen Sie *Intelligente Bemaßungen* jeweils auf die drei Linien (Bild 2.1, Kreise) und ziehen Sie sie so aus der Kontur heraus, wie Sie es vom Zeichnen her kennen: kleine Maße innen, große außen.

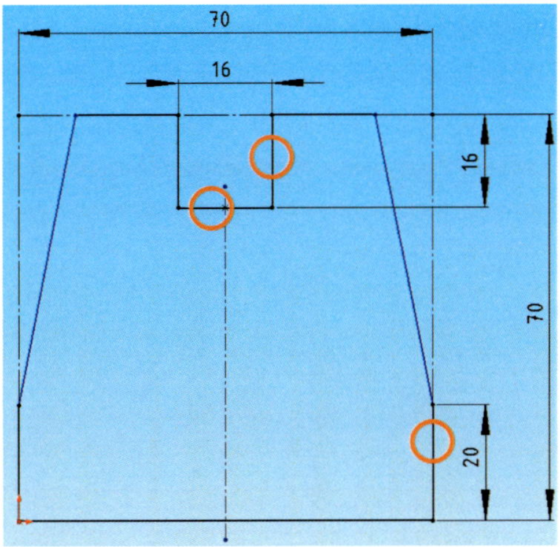

Bild 2.1: Bemaßen einfacher Strecken

> Das Sortieren der Bemaßungen ist in einer MCAD-Skizze eigentlich noch nicht nötig, Sie haben freie Hand. Aber erstens finden Sie diese Maße in etwa der gleichen Anordnung später in der Zeichnungsableitung wieder, und zweitens: Wenn sich Ihr Auge an die Ordnung einer technischen Zeichnung gewöhnt hat, können Sie das gut zur Fehlervermeidung nutzen.

Etwas aufwendiger wird es, wenn Sie die beiden Schrägen bemaßen wollen, denn deren Linien hängen nicht zusammen:

- Hier klicken Sie nur auf die äußeren Eckpunkte, die „Aufhänger“ unserer Bemaßung (Bild 2.2, Kreise).

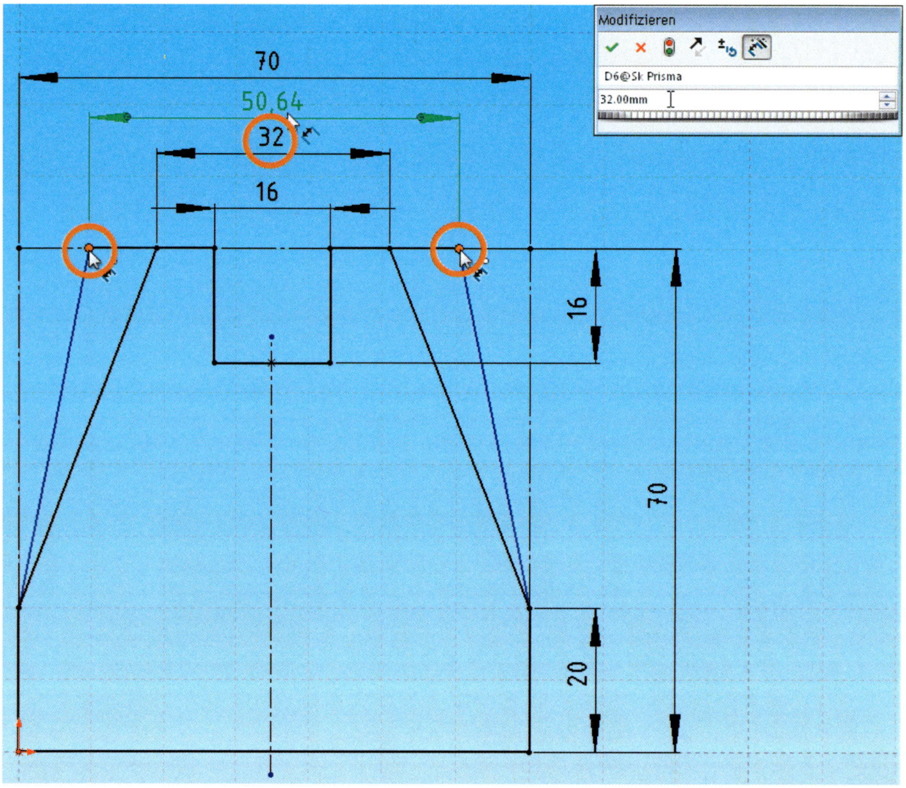

Bild 2.2: Definieren einer Bemaßung mit Hilfe von Punkten

SolidWorks erkennt Ihre Absicht manchmal nicht und fügt etwa ein Winkelmaß statt der Länge ein. Dann drücken Sie ESC, trinken einen Schluck Zielwasser und versuchen es erneut.

- Korrigieren Sie den Zahlenwert auf **32**, und die Skizze ist vollständig schwarz oder *voll definiert.*
- Beenden Sie den Skizzenmodus und speichern Sie das Teil.

Bild 2.3 zeigt den aktuellen Stand in der *Perspektive.* Die Skizze *Sk Prisma* ist eingeblendet, was Sie über ihre Kontext-Symbolleiste und das *Auge* erreichen.

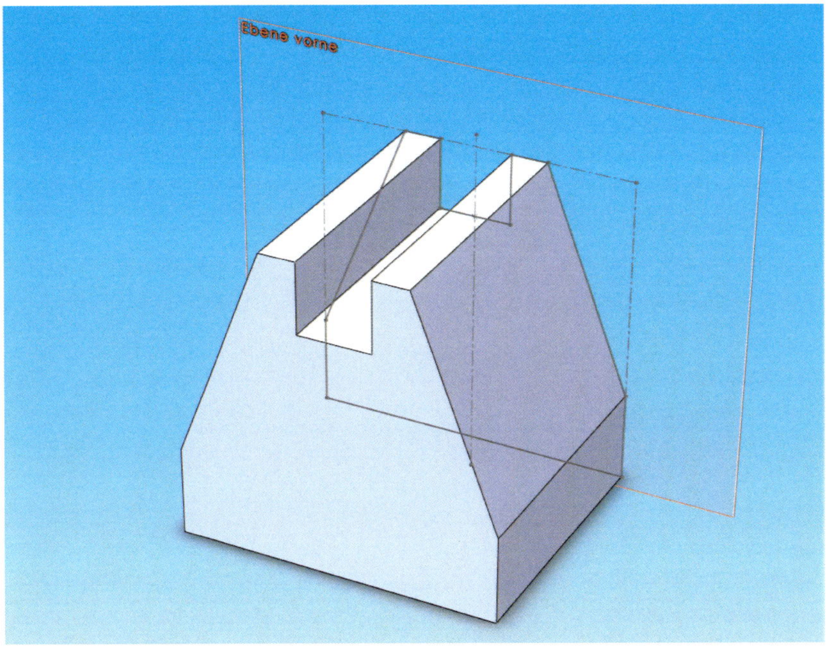

Bild 2.3: Das Prisma in Form. Die Skizze liegt auf der *Ebene vorne,* die Austragung liegt auf deren positiver Seite.

■ 2.1 Im Unterschied zum Zeichnen

Die Skizze konnten wir mit wenigen Maßen voll bestimmen – ähnlich sparsam würden Sie auch eine Handzeichnung bemaßen. Das aber ist genau der Sinn der Skizzenbeziehung: Sie definiert Eigenschaften, die ein Mensch beim Betrachten der Zeichnung einfach „hinein lesen" würde, zum Beispiel, dass der Querschnitt rechtwinklig ist, oder dass er eine Symmetrieachse aufweist. Solche Dinge müssen wir SolidWorks jedoch erst Stück für Stück beibringen. Genau hier liegt das Problem der souveränen Skizze: Offensichtliches *ist* auszusprechen.

Und zwar deutlich.

2.1.1 Geometrisches Verständnis

Bis hierher ist unser Modell leicht zu verstehen: Ein Querschnitt wird zum Prisma aufgezogen. Was aber geschieht, wenn wir vom Prismatischen abweichen, wenn wir etwa eine 90°-Quernut nach Bild 2.18 ins Prisma fräsen wollen?

Hier kommen wir mit der bisherigen „2,5D-Technik“ nicht weiter. Solch einen Einschnitt können Sie nur durch eine zweite Skizze definieren, die lotrecht zur ersten steht. Nun, kein Problem! Wir haben ja noch ein paar Ebenen übrig:

- Blenden Sie über das Flyout *Elemente einblenden/ausblenden* die *Ursprünge* ein.
- Blenden Sie auch die *Ebene rechts* ein. In Bild 2.4 ist sie braun gefärbt, Sie blicken also auf ihre negative Seite, im Gegensatz zur *Ebene vorne*.

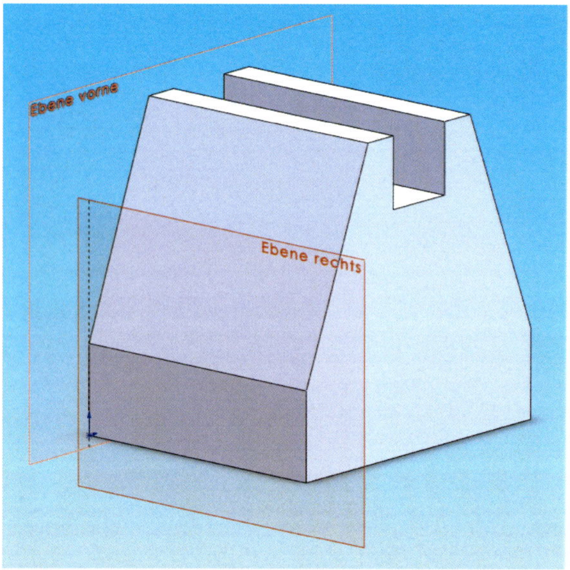

Bild 2.4: Die *Ebene rechts,* von links gesehen

- Drehen Sie das Modell etwa so wie in der Abbildung, die Ecke mit dem blauen Skizzenursprung ist Ihnen zugewandt und liegt auf der linken Seite. Wenn Sie die Analogie eines Hauses zu Hilfe nehmen, dann fällt *Ebene rechts* mit der linken Seitenwand zusammen. Das muss sie auch, denn das Quadrat – das Ex-Rechteck – ist ja mit dem Ursprung verbunden, seine Ecke liegt auf X=0 *und* Y=0. Und damit „folglich“ auch die Extrusion.

2.1.2 Ansichtssteuerung per Tastatur

Dieser Abschnitt erfordert häufige Ansichtswechsel und damit vermehrte Maus-Arbeit. Wenn Sie möchten, können Sie die Ansicht aber auch mit den Cursortasten bedienen:

- Mit LINKS und RECHTS drehen Sie die Ansicht um die lokale Hochachse des Monitors,

- mit OBEN und UNTEN um die Querachse und
- mit ALT+LINKS und ALT+RECHTS um die Tiefenachse.
- Mit SHIFT und Cursor drehen Sie sie um je 90° auf einmal.
- Mit STRG und Cursortasten verschieben Sie den Bildausschnitt.

Den Winkelbetrag per Tastendruck stellen Sie unter *Systemoptionen, Ansicht, Pfeiltasten* ein.

- Die Ansicht nach Bild 2.4 erreichen Sie mit der Standardansicht *Vorne,* dann drücken Sie dreimal RECHTS und einmal UNTEN.

2.1.3 Die lotrechte Skizze

- Erstellen Sie eine neue *Skizze* auf der *Ebene rechts.*

Durch die automatische Drehung blicken Sie jetzt auf die positive, orangefarbene Seite. Drehen Sie die Ansicht ein wenig, dann werden Sie feststellen, dass Sie „durchs Haus“ auf die *Ebene Rechts* blicken, der Skizzenursprung befindet sich rechts. Das ist aber nicht, was wir wollen, denn dann müssten wir die Kontur nach Bild 2.6 spiegelverkehrt zeichnen:

- Klicken Sie ein zweites Mal auf *Normal auf,* und der Skizzenursprung der ersten Skizze liegt wieder links (Bild 2.5).

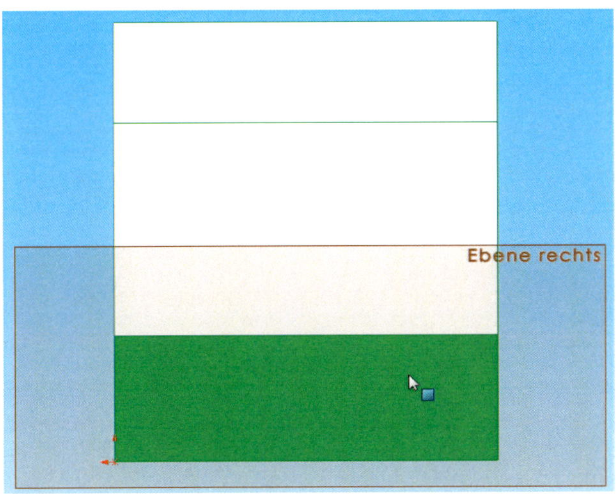

Bild 2.5: Die Ansicht wird auf die Außenseite ausgerichtet.

Die Referenztriade zeigt Ihnen, dass Sie auf die Negativseite der ZY-Ebene blicken. X ist verdeckt, zeigt also von Ihnen weg.

Von hier beginnen Sie zu skizzieren:

- Aktivieren Sie die *Linie*. Wählen Sie im PropertyManager unter *Ausrichtung* die Option *Wie skizziert*.
- Zeichnen Sie dann, am Ursprung beginnend, im Uhrzeigersinn die geschlossene Kontur nach Bild 2.6. Wenn ein Punkt auf einer Ecke oder Kante des Modells liegt, achten Sie bei den gelben Indikatoren der automatischen Beziehungen darauf, ausschließlich *vertikal*, *horizontal* und *deckungsgleich* zu verknüpfen.

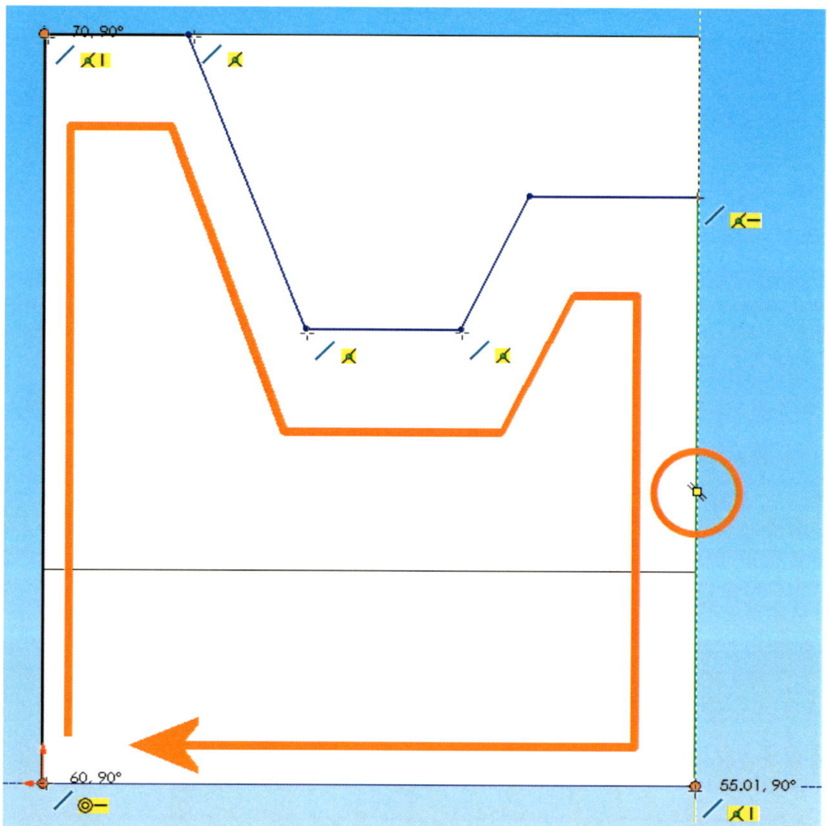

Bild 2.6: Schon anspruchsvoller: Die zweite Skizze bezieht sich auf die erste und den Modellkörper.

2.1.4 Polare und automatische Beziehungen

Sie bemerken beim Zeichnen, dass immer nach dem Anklicken eines Punktes ein Fadenkreuz aus gelben Strichlinien erscheint (Bild 2.6, rechte Kante). SolidWorks hilft Ihnen mit diesen polaren Leitlinien, im rechten Winkel zum letzten Segment weiterzuzeichnen. Das wird besonders deutlich bei den Schrägen:

- Vermeiden Sie hier, den Polaren zu folgen, denn andernfalls werden automatisch *lotrechte* Beziehungen erstellt.

Die Bildung automatischer Beziehungen setzen Sie vorübergehend aus, indem Sie zum Klicken der inneren Ecken die Taste STRG drücken.

- Meiden Sie auch die Kantenmittelpunkte (Kreis in Bild 2.6), denn auch sie bewirken unerwünschte Skizzenbeziehungen. In der fertigen Kontur sollen nur Linien auf Modellkanten schwarz – und also festgelegt – sein, die vier Linien der Einschnitte jedoch sind blau.
- Blenden Sie die *Skizzenbeziehungen* ein. Die Beziehungen Ihrer Skizze müssen Bild 2.7 entsprechen. Alle anderen löschen Sie durch Anklicken und ENTF.

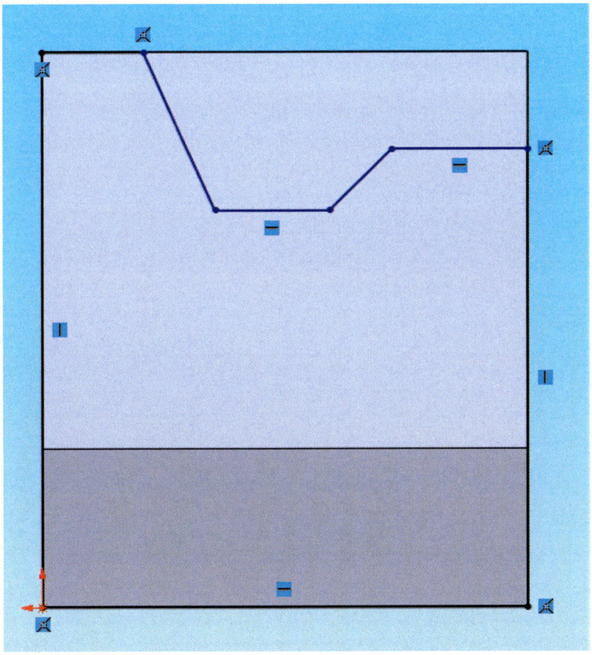

Bild 2.7: Die vier Linien des Einschnitts sind frei beweglich bis auf die Horizontalbeschränkung.

Der Grund hierfür ist, dass Sie die Nut durch Symmetrie und Maße steuern wollen – jede weitere Festlegung führt zur Überbestimmung, die dies verhindert!

2.1.5 Symmetrische Gebäude

Wenn Sie sich das Endergebnis in Bild 2.28 ansehen, dann erkennen Sie, dass es bei diesem Bauteil – eine Art Anschlagslehre – um die vier Böcke geht – die Aussparungen ergeben sich nebenbei, und ebenso die Winkel. Ergänzen wir zunächst die Skizzenbeziehungen.

Für Symmetrie brauchen wir erst wieder eine Symmetrielinie:

- Zeichnen Sie eine vertikale *Mittellinie* ein. Sie sollte immer etwas über die Silhouette der Skizze hinausragen, um automatische Beziehungen zu vermeiden.
- Legen Sie die Mittellinie dann mit Hilfe der beiden Außenkanten als *symmetrisch* fest (Bild 2.8). Eine Auswahl mehrer Elemente erreichen Sie durch STRG + Anklicken. Wählen Sie dann alle Elemente ab, indem Sie danebenklicken oder ESC drücken.

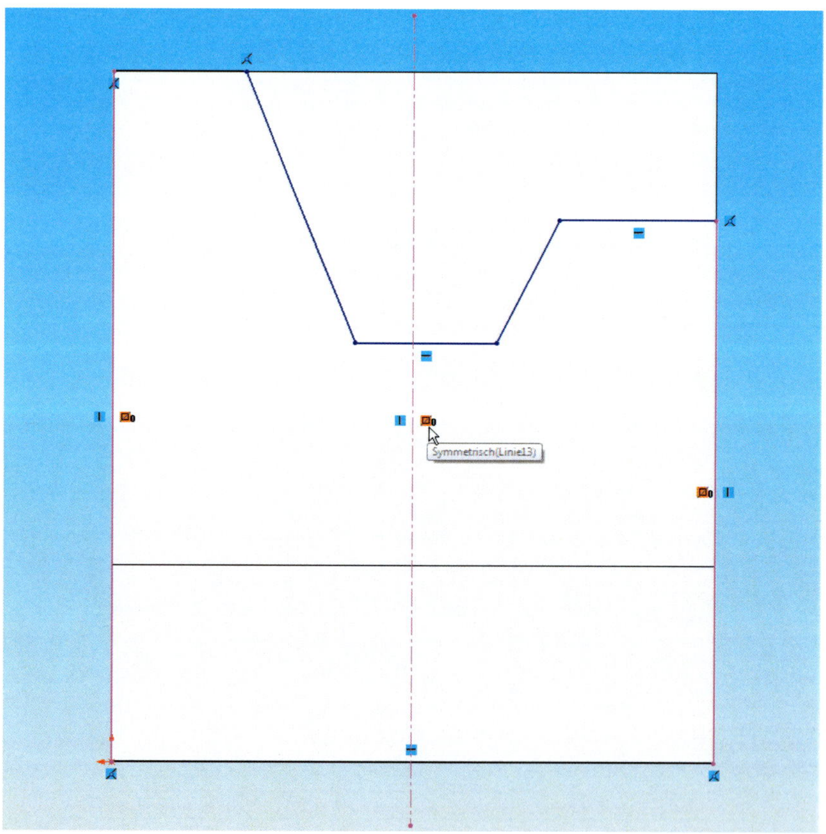

Bild 2.8: Damit die Mittellinie als Stütze taugt, muss sie erst verankert werden.

- Wählen Sie die beiden Endpunkte (Bild 2.9, Kreise) des kurzen, horizontalen Linienstückes – nicht das Linienstück selbst! – sowie die Symmetrielinie und definieren Sie eine zweite *Symmetrie*. Diese Linie liegt nun stets symmetrisch zur Mittellinie.

bit.ly/35jkv27
Video 7

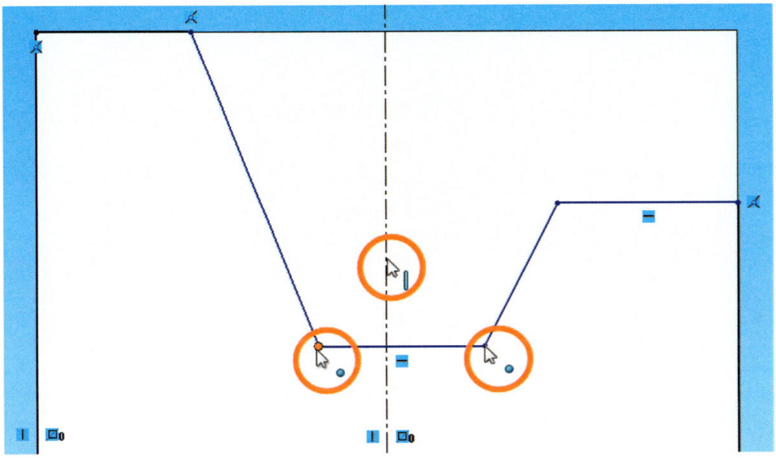

Bild 2.9: Die Endpunkte des horizontalen Mittelstücks liegen symmetrisch im Querschnitt

Die Reihenfolge bei der Erstellung dieser beiden Symmetrien ist irrelevant, wie fast immer beim Bilden von Beziehungen. Aber – probieren Sie's aus:

- Löschen Sie die beiden Einträge *Symmetrisch<n>* im PropertyManager und definieren Sie sie in der entgegengesetzten Reihenfolge.

Das Ergebnis: Kein Unterschied.

2.1.6 Der patentierte Siemens-Lufthaken!

Der nächste Schritt verlangt Abstraktion: Wir greifen einen Punkt sozusagen aus der Luft! Denn wir wollen auch die beiden oberen Konturpunkte der Aussparung als symmetrisch definieren (vgl. Bild 2.10).

Versuchen Sie folgendes:

- Wählen Sie die beiden Schrägen und die Mittellinie und verknüpfen Sie sie *symmetrisch* (Bild 2.10).

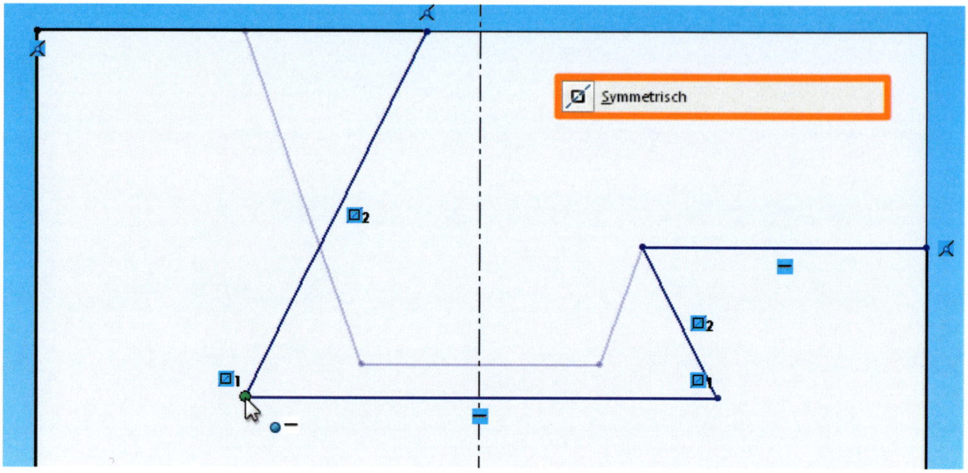

Bild 2.10: Wie erwartet: Die beiden Schrägen neigen sich stets symmetrisch zur Mittellinie

Perfekt. Nur leider soll statt des Winkels die lichte Weite der Aussparung bemaßt werden, und dazu brauchen wir die Endpunkte der Schrägen. Die aber befinden sich in unterschiedlichen Höhen, so dass wir sie nicht bemaßen können. Wir behelfen uns mit einer Finte:

- Ziehen Sie eine *Mittellinie deckungsgleich* vom Eckpunkt nach Bild 2.11 zur oberen Modellkante – ebenfalls *deckungsgleich*.

Wenn Sie sie exakt genug führen, bietet SolidWorks bereits hier eine *kollineare* Beziehung an (Kreis). Falls nicht,

- dann *zeigen* Sie vor Anklicken des Endpunktes erst auf die Schräge, dann wieder oben auf die Kante.

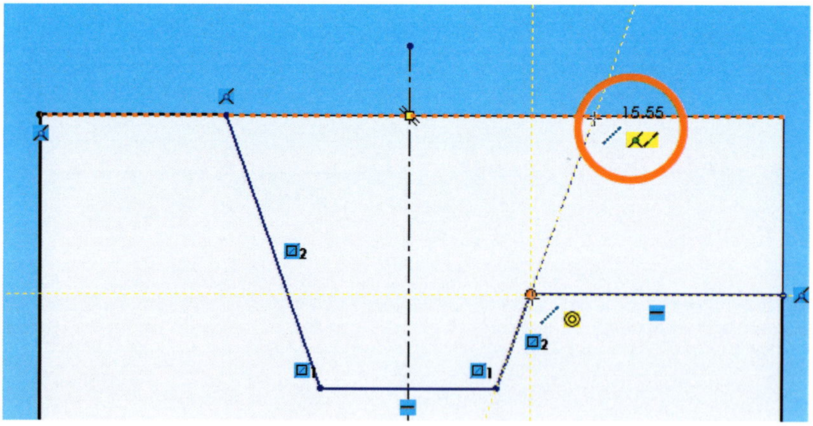

Bild 2.11: Mit Hilfe eines solchen Hebels steuern Sie die Geometrie indirekt

Falls es jetzt immer noch nicht geklappt hat:

- Markieren Sie die kurze Schräge und die angeknüpfte Konstruktionslinie und aktivieren Sie in der Kontextleiste *Kollinear* (Bild 2.12). Alternativ können Sie das natürlich auch über den PropertyManager erledigen.

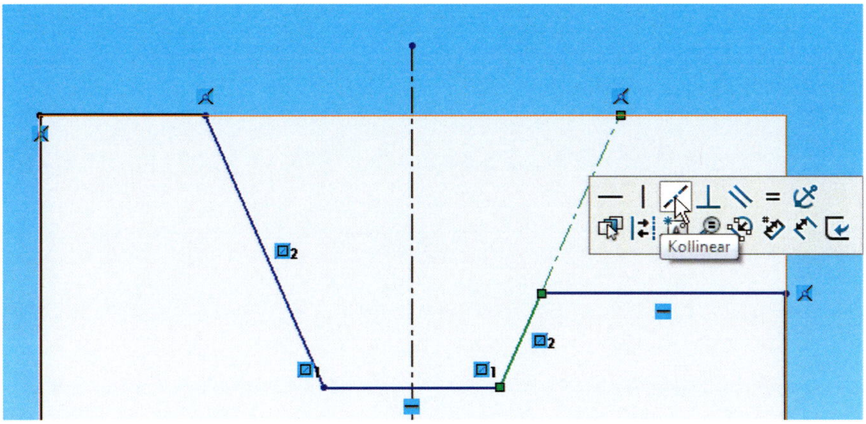

Bild 2.12: Zu Fuß: Auch die Kontextleiste bietet die relevanten Beziehungen an.

- Überprüfen Sie die korrekte Anknüpfung, indem Sie die Endpunkte der Linie bewegen (Bild 2.13).

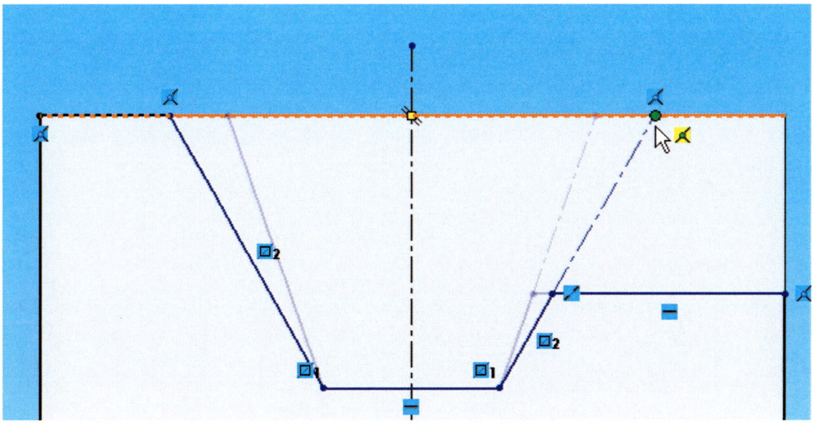

Bild 2.13: Die kollineare Beziehung wurde korrekt erstellt

Die Linien bleiben stets aufeinander ausgerichtet. Die untere verfügt jedoch bereits über eine Symmetriebeziehung:

- Wenn Sie einen der oberen Endpunkte bewegen, so wird sich sein Pendant symmetrisch verschieben. Damit verhalten sich die Schrägen bei *jeder* Art von Verschiebung symmetrisch. Die Mittellinie besitzt insgesamt einen Eintrag *Vertikal* und drei *Symmetriebeziehungen*.

Nach dieser Vorarbeit können Sie die Skizze mit nur vier Maßen festlegen:

- Setzen Sie die beiden horizontalen Durchmesser der Aussparung und die senkrechten Abstände für die beiden Höhenniveaus (Bild 2.14).

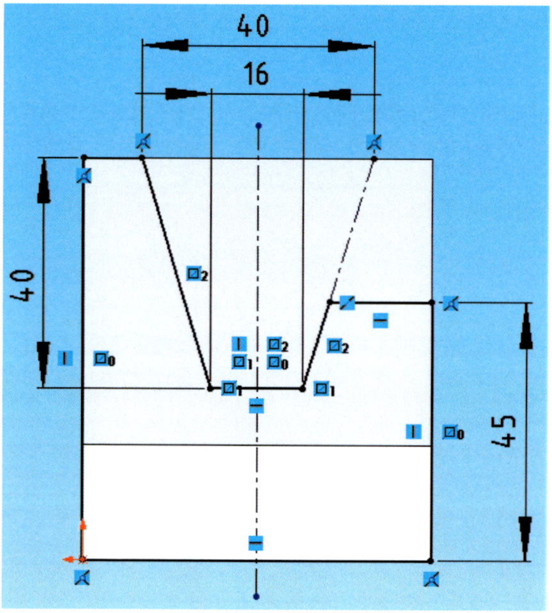

Bild 2.14: Die vollständig festgelegte Skizze *Sk Schnitt Quer*

- Beenden Sie den Skizzenmodus, nennen Sie die Skizze **Sk Schnitt Quer** und speichern Sie die Datei.

Damit ist auch diese Skizze fertig.

> Sie brauchen bei der Bemaßung nicht mit den Endpunkten zu arbeiten, Sie können auch die ganze Linie wählen. Machen Sie SolidWorks dann aber klar, welche Art von Bemaßung Sie wünschen, indem Sie den Cursor beim Platzieren der Maßzahl in die entsprechende Richtung bewegen.

2.2 Faustregeln für gute Skizzen

Da Sie im Skizzieren schon ein paar Erfahrungen gesammelt haben und es jetzt sicher mal ohne Buch versuchen wollen, hier noch rasch ein paar Tipps.

2.2.1 Definieren geht vor Nummerieren

Vor den Maßen kommen immer die Skizzenbeziehungen – das Ziel ist, mit der minimalen Anzahl von Maßen auszukommen. Anfangs eine harte Geduldsprobe, werden Ihnen die Skizzenbeziehungen nach einiger Zeit selbstverständlich, logisch und sehr hilfreich erscheinen.

2.2.2 Die Großen zuerst

Auch bei den steuernden Bemaßungen gibt es eine Regel: **Von groß nach klein.** Die erste Bemaßung skaliert die gesamte Skizze, wenn Sie *Optionen, Systemoptionen, Skizze, Skizze bei Erstellen der ersten Bemaßung skalieren* aktivieren. Fangen Sie also immer mit dem größten Maßwert an, um eine übermäßige Verformung der Skizze zu vermeiden. Sollte das trotzdem passieren, ziehen Sie die Kontur einfach wieder grob zurecht, bevor Sie sie weiter bemaßen.

2.2.3 Analog zum technischen Zeichnen

Wenn Sie sich die Skizze noch einmal ansehen, so stellen Sie fest, dass sie ausschließlich Hauptmaße enthält – frei nach dem Motto: **Bemaßt wird nur das Allerwichtigste!** Wenn Ihre Skizzen technischen Zeichnungen ähneln, dann sind Sie auf dem richtigen Weg.

2.2.4 Ableitung und Skizze

- Öffnen Sie die Skizze *Sk Schnitt Quer*. Drehen Sie die Ansicht so, dass Sie Skizze und Modell räumlich sehen.

Jetzt können Sie feststellen, mit welchen Elementen genau die Beziehungen der Skizze *Sk Schnitt Quer* geknüpft wurden:

- Zeigen Sie auf den oberen, rechten Eckpunkt bzw. dessen *Deckungsgleich*-Symbol (Bild 2.15).

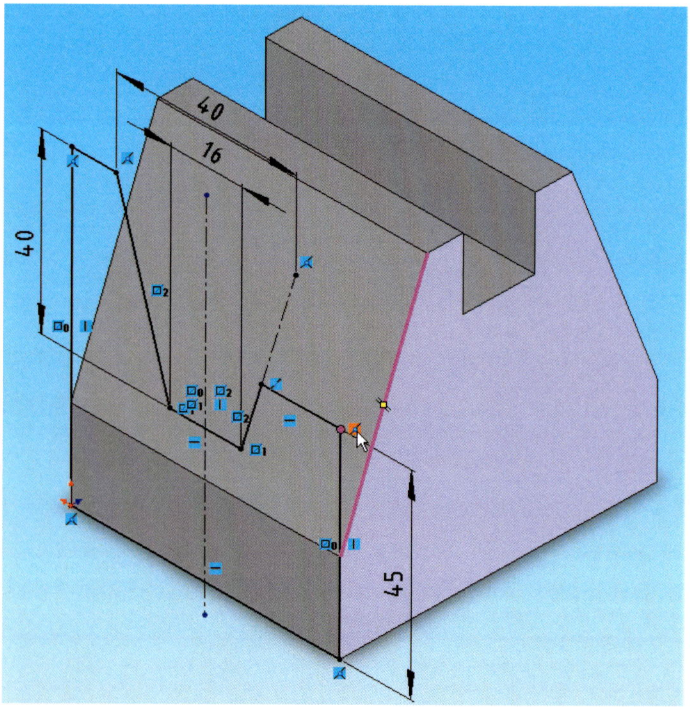

Bild 2.15: Die Skizze wurde mit Kanten des Volumenkörpers verknüpft

So wird der Partner dieser Beziehung hervorgehoben. Es zeigt sich, dass der Eckpunkt mit der unterliegenden Kante des Solids verknüpft wurde. Ähnliches gilt für die meisten Skizzenpunkte von *Sk Schnitt Quer.*

Das ist nicht schlimm bei einem so einfachen Bauteil. Normalerweise jedoch sollten Skizzenbeziehungen nicht mit Modellkanten, -flächen oder -punkten verknüpft werden, denn diese entstehen auf indirekte Art: Das ganze rechte Ende des Prismas ist das Ergebnis der Extrusion. Es ist abgeleitete Geometrie.

Eine einzige topologische Änderung des Austragungs-Features genügt, um die Skizze *Sk Schnitt Quer* ungültig zu machen – z. B. dann, wenn das Prisma mit einer Formschräge versehen wird. Binden Sie Skizzen also möglichst an andere Skizzen, und nur im Notfall an Volumenkörper.

- Führen Sie die Probe nun für die restlichen Skizzenelemente durch.
- Beenden Sie dann den Skizzenmodus.

■ 2.3 Der lineare Schnitt

Für die Aussparung verwenden wir das Feature *Linear ausgetragener Schnitt.* Im Grunde handelt es sich dabei um eine negative Extrusion – eine Bohrung kann man demnach als negativen Zylinder im Material auffassen. Deshalb sind auch die Regeln die gleichen wie beim Extrudieren – bis auf eine Ausnahme: Sie müssen wählen, was übrig bleibt.

- Wählen Sie im *FeatureManager* den Eintrag *Sk Schnitt Quer.*
- Aktivieren Sie in der Symbolleiste *Features* die zweite Schaltfläche, *Linear ausgetragener Schnitt.*

Der *PropertyManager* erscheint mit den Optionen des Schnitt-Features. Zugleich wird das Schnittvolumen im Editor gelblich-transparent angezeigt. Es ändert sich interaktiv mit den Einstellungen (Bild 2.16):

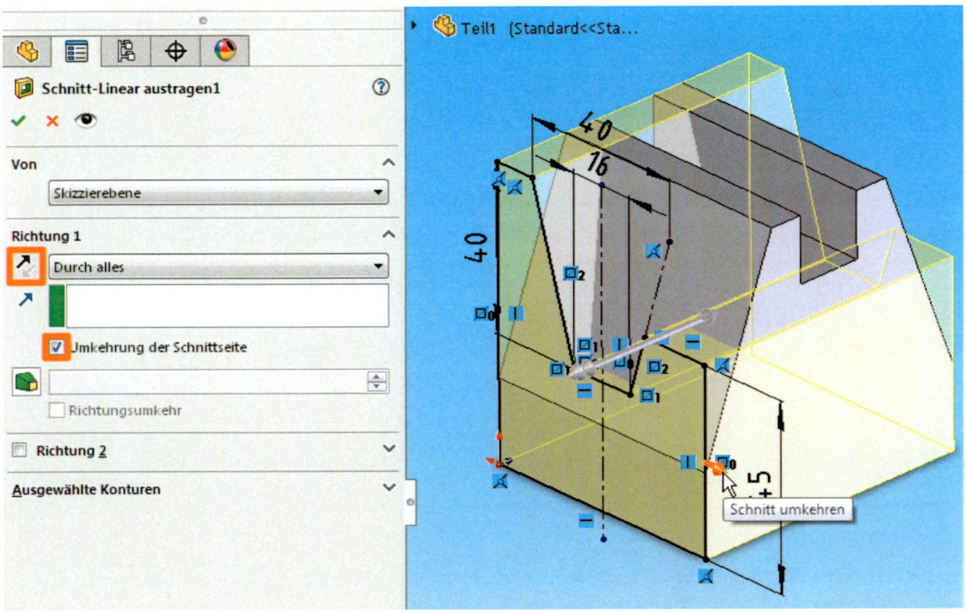

Bild 2.16: Einstellungen eines ausgetragenen Schnitts

- Das oberste Listenfeld *Von* gibt den Startpunkt des Schnittes an. Default ist die *Skizzierebene,* die Ebene also, auf der auch die Skizze liegt. Da der Schnitt von der Skizze ausgeht, behalten Sie die Einstellung bei.
- Im Gruppenfeld *Richtung 1* definieren Sie die erste – und hier einzige – Schnittrichtung.

Das oberste Listenfeld heißt *Endbedingung*. Hier bestimmen Sie, wie und wo der Schnitt enden soll. Default ist *Blind,* also eine feste Schnittlänge. Das wollen wir hier jedoch nicht, denn der Schnitt soll von Seitenfläche zu Seitenfläche des Prismas reichen, egal wie groß die Entfernung zwischen ihnen ist.

- Wählen Sie die Option *Durch alles*. Sie bedeutet, dass der Schnitt alles schneidet, was er bei seiner Reise durch das Modell antrifft.

Alle Features werden in positiver Richtung, also in Richtung der Flächennormalen geführt. Da wir jedoch auf die *negative* Seite der Ebene gezeichnet haben, zeigt auch der Schnitt in die falsche Richtung.

- Aktivieren Sie die Option *Umkehrung der Schnittseite* (kleiner Kasten).

Trotzdem wird das falsche Volumen geschnitten, denn es soll eine V-förmige Aussparung an der Oberseite entstehen:

- Aktivieren Sie die Option *Richtung umkehren* (großer Kasten). Im Editor finden Sie am Rand der Skizze noch einen zweiten Pfeil, mit dem Sie die gleiche Umstellung vornehmen, indem Sie ihn anklicken.

- Das „Auge" unter dem Titel des Features bietet Ihnen eine *Detaillierte Vorschau* des Ergebnisses. Hiermit prüfen Sie, ob Sie die richtigen Einstellungen getroffen haben (Bild 2.17).

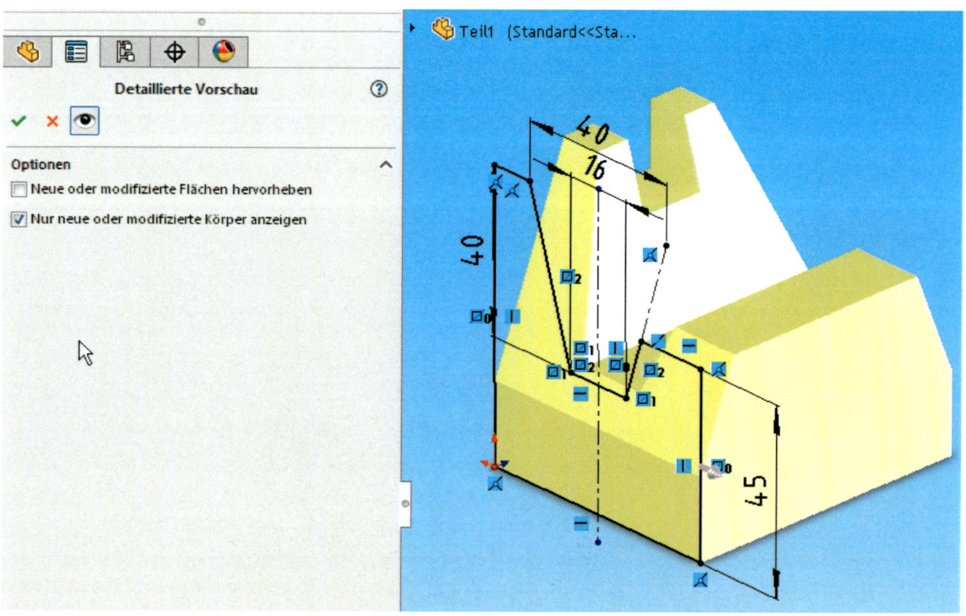

Bild 2.17: Die *Detaillierte Vorschau* ist bei komplexen Vorgängen hilfreich

- Geänderte Flächen werden dabei in unerträglichem Pink angezeigt. Deaktivieren Sie die erste Option, dann haben Sie die einfache Modellvorschau. Klicken Sie nochmals auf das Auge, so kehrt der *PropertyManager* wieder.
- Mit *OK* schließen Sie die Operation ab. Mit Hilfe des FeatureManagers und F2 nennen Sie das Feature **Schnitt Quer**.

2.3.1 Skizzen auf Modellflächen

Nun bleibt noch eine kleine Änderung: In den kleineren Bock soll eine V-Nut eingebracht werden. Dies erreichen wir mit einem weiteren Schnitt. Da Position und Tiefe der Nut allein von der niedrigen Erhebung abhängen, beziehen wir auch deren Skizze darauf:

- Stellen Sie zunächst die Isometrieansicht wieder her. Klicken Sie dann auf die niedrige Giebelseite des „Häuschens" (Bild 2.18).

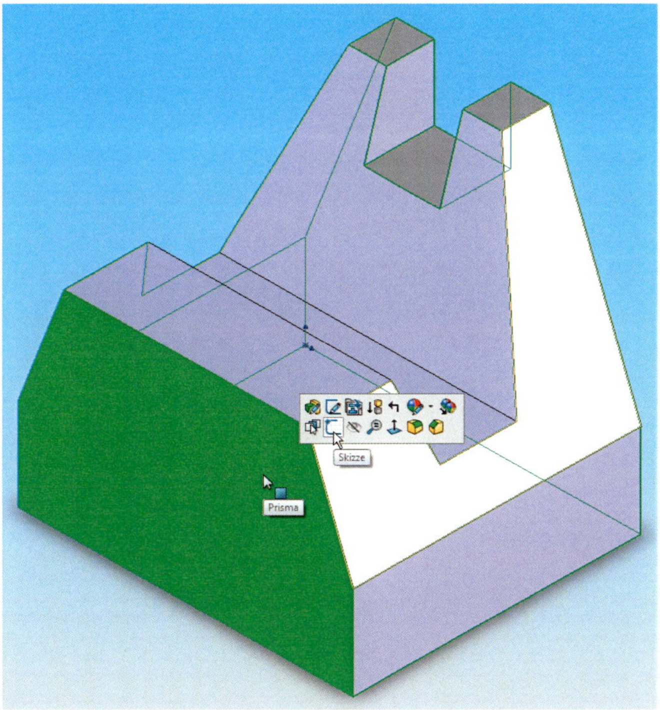

Bild 2.18: Skizzen lassen sich nicht nur auf Ebenen, sondern auch auf Modellflächen definieren.

- Erstellen Sie mit Hilfe ihrer Kontext-Symbolleiste eine *Skizze* und wechseln Sie – wie immer – in die Normalansicht.

2.3.1.1 Skizzenelemente übernehmen

Um die Skizzen logisch miteinander zu verknüpfen, übernehmen wir die Mittellinie von *Sk Prisma:*

- Blenden Sie über den FeatureManager die Skizze *Sk Prisma* ein. Falls diese nicht zu sehen ist, toggeln Sie die Anzeige der *Skizzen*.

Elemente von inaktiven Skizzen werden in Grau angezeigt. Sie können sie wohl nicht editieren, aber Sie können sie zur Konstruktion weiterer Skizzen verwenden:

- Zeichnen Sie neben die vertikale Mittellinie eine weitere. Achten Sie auf die Skizzenbeziehung *Vertikal*.
- Wählen Sie beide Linien und verknüpfen Sie sie durch die Beziehung *Kollinear* (Bild 2.19). Blenden Sie *Sk Prisma* dann wieder aus.

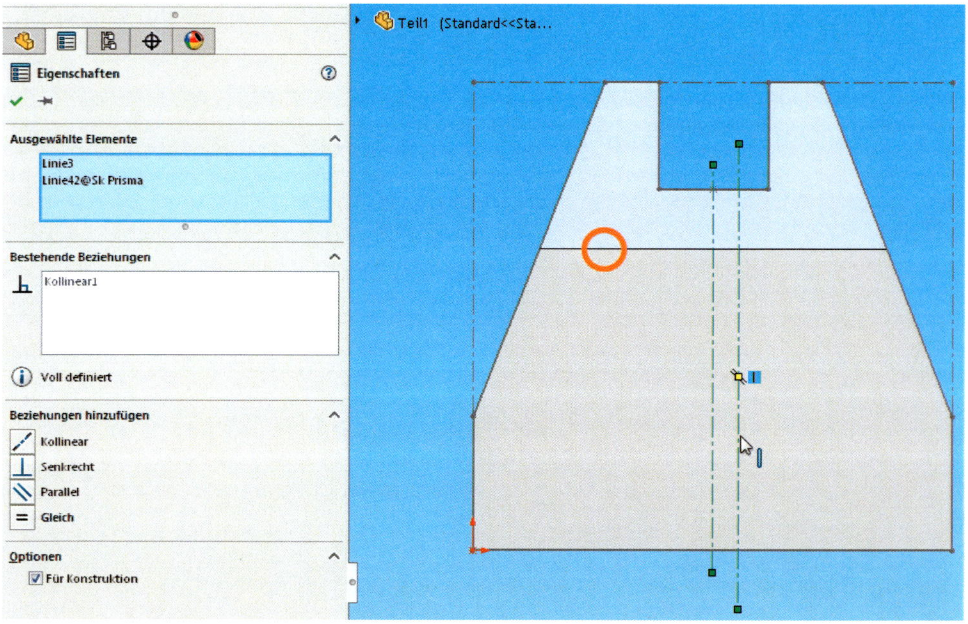

Bild 2.19: Festlegen der Mittellinie mit Hilfe einer anderen Skizze

Die Linie erscheint sofort schwarz und ist festgelegt. Damit sind die Symmetrieachsen beider Skizzen miteinander gekoppelt, sie können sich also nicht verschieben.

2.3.1.2 Die Skizzenbeziehung *Auf Kante*

Es gibt eine Zusammenfassung der letzten Aktion auf einen Schritt:

- Klicken Sie die obere horizontale Kante des Bocks an (Bild 2.19, Kreis).

- In der Symbolleiste *Skizze* rufen Sie *Elemente umwandeln* auf. Die Kante wird in die Skizze kopiert und voll definiert. Auch sie kann nicht verschoben werden.

Wenn Sie sie anklicken, erscheint im PropertyManager die Skizzenbeziehung *Auf Kante*. Objekte mit dieser Beziehung sind exakte Doppel der Bezugselemente; sie werden jenen in Form, Lage und Länge nachgeführt. Einziger Nachteil: *Auf Kante* können Sie nicht einem *bestehenden* Element zuordnen – hier wird kopiert und verknüpft zugleich. Wenn Sie sie löschen, können Sie sie nur durch ein erneutes *Elemente umwandeln* wiederherstellen.

Nun haben wir ein Kreuz aus Mittellinie und Kante in der Skizze - genug, um das Feature fertig zu stellen:

- Zeichnen Sie zwei Linien von der Kante zur Mittellinie und wieder zurück, so dass eine Art rechtwinkliges „V“ entsteht. Achten Sie auf *Deckungsgleichheit* der Endpunkte mit der Kante und der Mittellinie (Bild 2.20).

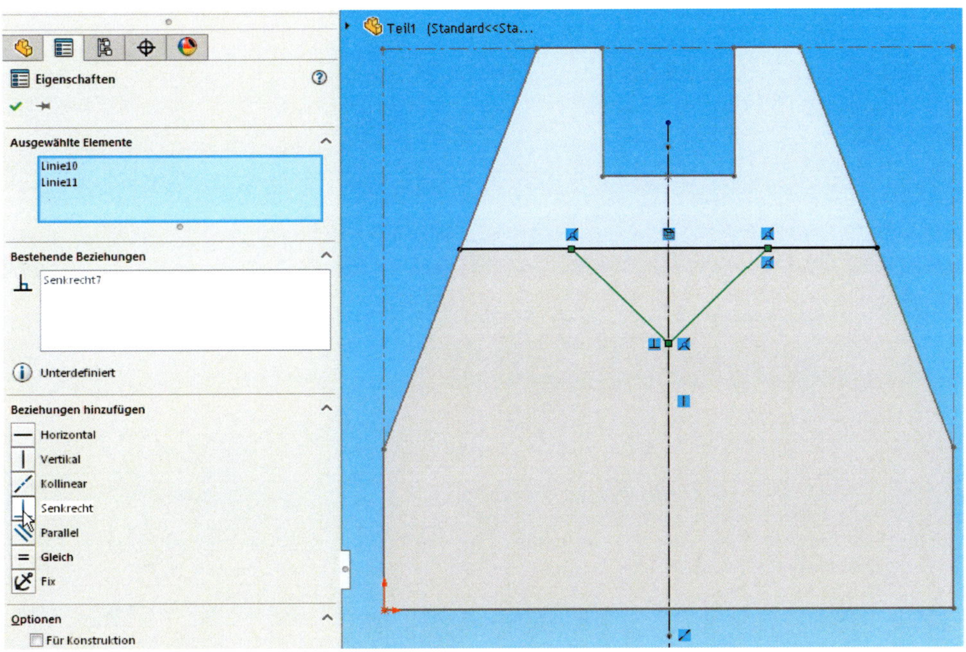

Bild 2.20: Zeichnen des V-Nutquerschnitts

2.3.1.3 Skizzenbeziehung *Senkrecht*

- Falls Sie die Polaren der Linienfunktion nicht nutzen, können Sie auch nachträglich die beiden Linien wählen und im *PropertyManager* die Skizzenbeziehung *Senkrecht* definieren.

2.3.2 Studienobjekt V-Nut

Interessant ist das Verhalten dieses Rechten Winkels:

- Wenn Sie einen der Endpunkte verschieben, wird die Figur unter Einhaltung der Rechtwinkligkeit und der Endpunktverknüpfung gedreht – auch über das Ende der Bezugskante hinaus. Eine gestrichelte Kante deutet dies an (Bild 2.21).

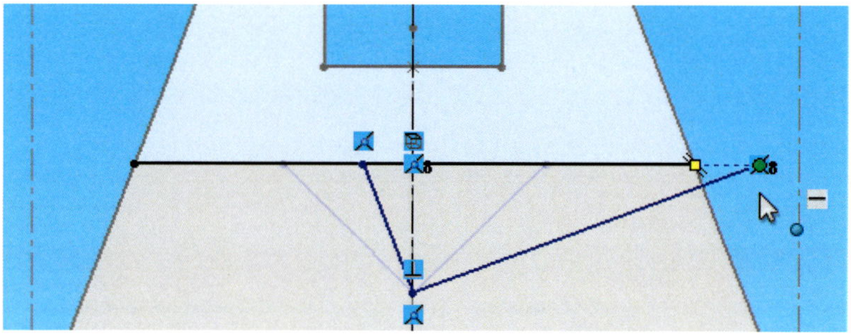

Bild 2.21: Projektion: Die Deckungsgleichheit wird auch auf Elemente angewandt, die eigentlich „zu kurz“ sind

- Definieren Sie nun zwischen den Endpunkten des „V“ und der Mittellinie *Symmetrie*.

Auch jetzt lässt sich die Figur noch verschieben – Drehen ist allerdings nicht mehr möglich (Bild 2.22).

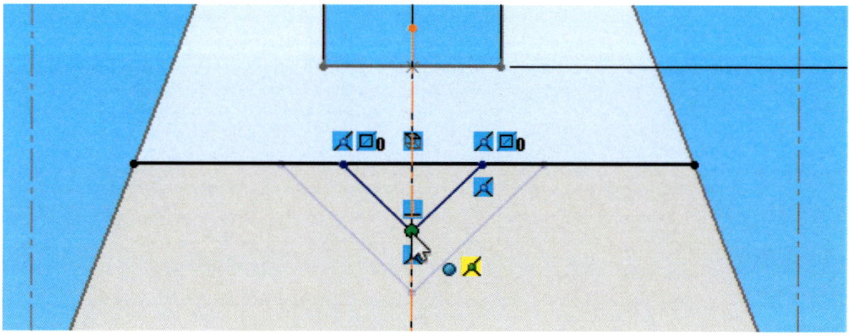

Bild 2.22: Die Symmetriebedingung schaltet die Drehung aus. Die Figur kann nur noch in Vertikalrichtung verändert werden

- Um auch diese letzte „Fluchtmöglichkeit“ zu beseitigen, setzen Sie ein Vertikalmaß von **10** mm. Damit ist die Skizze voll definiert (Bild 2.23).

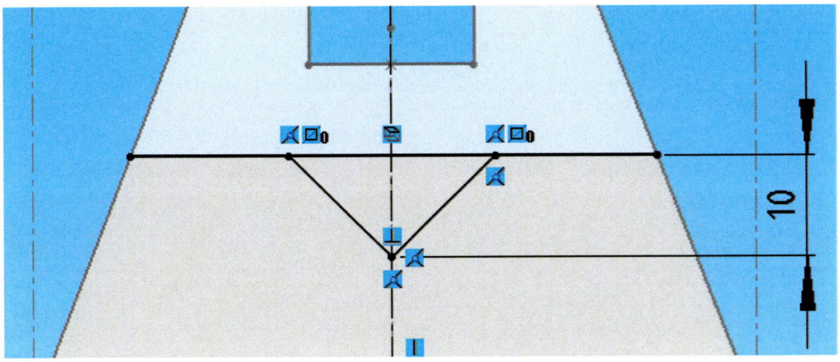

Bild 2.23: Rekord: Volle Definition durch ein einziges Maß!

2.3.2.1 Überstehende Enden stutzen

Die Kopie der Querkante – eine Linie – steht an beiden Seiten weit über die V-Form hinaus – die Kontur ist also nicht geschlossen, was wir weiter oben als Grundbedingung eines Solid-Features erkannt hatten. Aber auch dafür bietet SolidWorks Lösungen:

- Aktivieren Sie in der Symbolleiste Skizze *Elemente trimmen*.
- Belassen Sie es bei der Defaulteinstellung *Intelligentes Trimmen*.

Sie haben damit zwei Möglichkeiten, eines oder mehrere überstehende Enden zu stutzen:

- Sie „malen" mit dem Mauszeiger über die zu stutzenden Enden hinweg (Klicken und Ziehen), wie es in Bild 2.24 dargestellt ist.

SolidWorks stutzt das Objekt bis zur nächsten Überschneidung mit einem anderen Objekt und zeigt an der Schnittstelle eine rote Markierung an.

> **!** Das Dumme an dieser Methode ist, dass auch die Mittellinie gestutzt wird, wenn Sie nicht aufpassen. Mit STRG+Z stellen Sie sie wieder her.

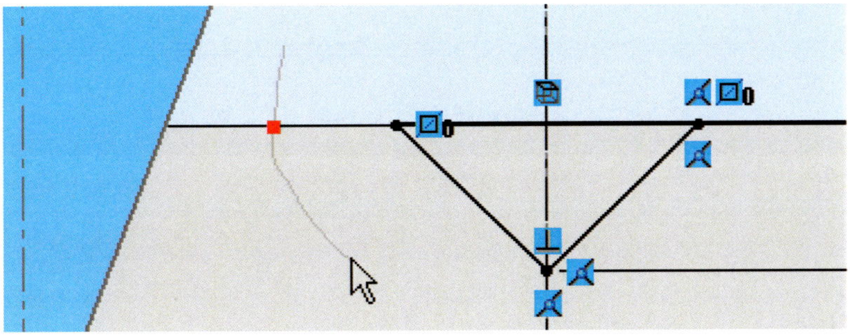

Bild 2.24: Stutzen durch Ziehen

Die andere Möglichkeit ist die klassische. Sie gewährt Ihnen mehr Kontrolle über das Endergebnis:

- Machen Sie die Schnitte mit STRG+Z rückgängig. Wählen Sie dann die letzte Option, *Zu nächstem Element trimmen*.
- Zeigen Sie auf das zu stutzende Ende. SolidWorks unterlegt die gefundene Abteilung Orange (Bild 2.25).

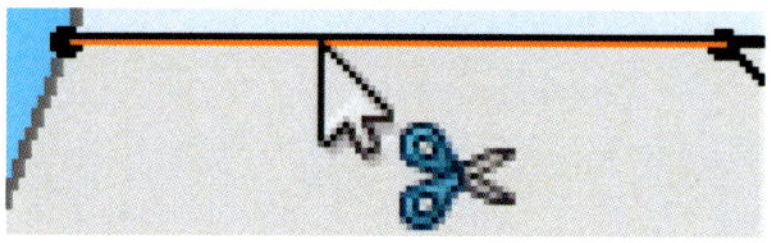

Bild 2.25: Vorschau des Trimmens zum nächsten Element

- Klicken Sie dann das zu stutzende Objekt an. Wiederholen Sie den Vorgang auf der rechten Seite. Das Ergebnis sollte Bild 2.26 entsprechen.

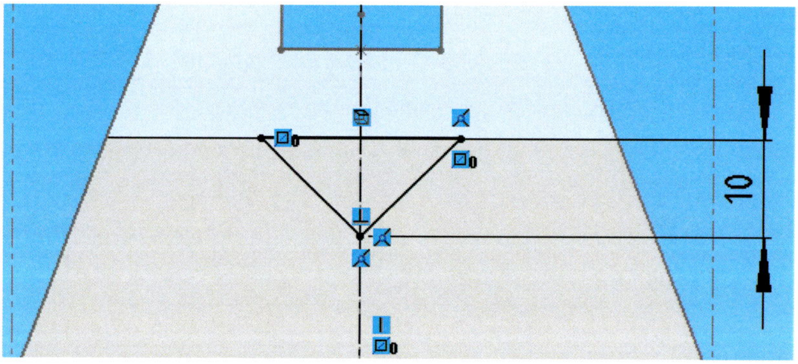

Bild 2.26: Stutzen gegen Objektgrenzen

Am Ende bleibt ein gleichschenkliges Dreieck, die Skizze ist voll definiert.

- Schließen Sie die Skizze und nennen Sie sie **Sk Schnitt V-Nut**.

- Wechseln Sie in die *isometrische* Darstellung. Wählen Sie die Skizze und führen Sie einen weiteren *linear ausgetragenen Schnitt* in Bauteilrichtung mit der Endbedingung *Bis nächste* aus.

Ergebnis: Die V-Nut wird bis zur nächsten Fläche in den niedrigen Bock eingeschnitten (Bild 2.27).

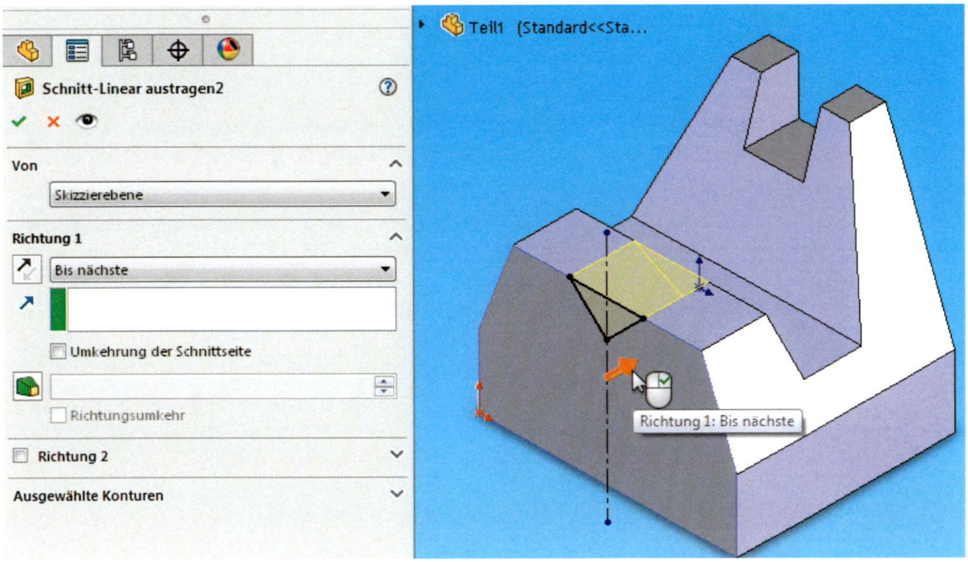

Bild 2.27: Mit dem Schnittfeature wird die V-Nut gefräst

- Nennen Sie das Feature **Schnitt V-Nut** und speichern Sie das Bauteil (Bild 2.28).

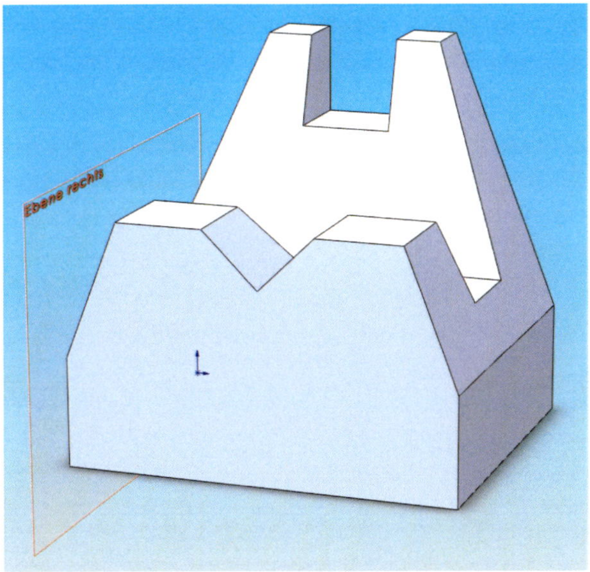

Bild 2.28: Das fertig geschnittene Prisma

Im Bild 2.27 sehen Sie auch eine weitere Möglichkeit, Feature-Operationen abzuschließen: mit der rechten Maustaste.

2.3.2.2 Die Endbedingung *Bis nächste*

Wir haben hier auf die Endbedingung *Durch alles* verzichtet, denn wir wollten ja nur den niedrigen Bock einkerben. Mit „nächste" ist die nächste Oberfläche gemeint, auf die das Schnittfeature stößt. Dazu ist allerdings die volle Abdeckung der Schnittskizze durch das Ziel erforderlich.

- Wie das gemeint ist, erfahren Sie, indem Sie probehalber das Höhenmaß *10 mm* auf **16** mm erhöhen (Bild 2.29, s. a. folgender Abschnitt).

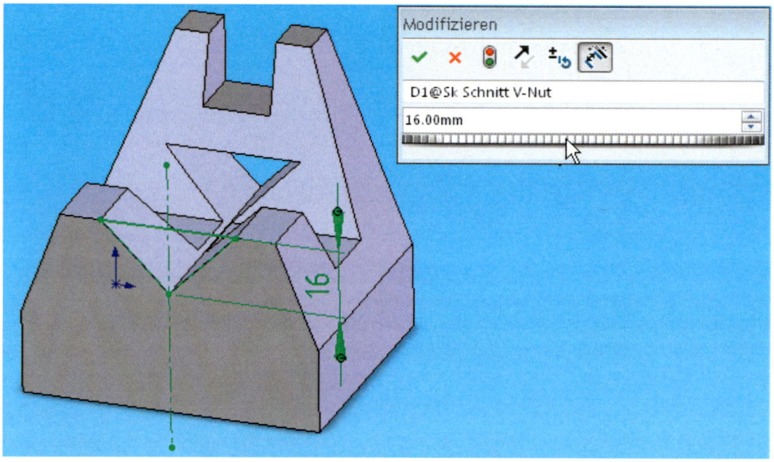

Bild 2.29: Die „nächste Fläche" muss die Skizze in Projektionsrichtung vollständig abdecken – sonst wird der nächste Kandidat gesucht.

- Bei dieser Gelegenheit können Sie mit dem „Stellrad" und der Ampel im Dialogfeld *Modifizieren* experimentieren. Brechen Sie das Dialogfeld ab, so wird der alte Wert wiederhergestellt.

Stellen Sie die *Drehfeldinkremente* unter *Optionen, Systemoptionen* auf **1** mm bzw. **1**° ein. Hierauf reagieren sowohl das Stellrad als auch die Pfeilschaltflächen.

2.3.3 Das Dialogfeld *Modifizieren*

Es wird Zeit, das Dialogfeld *Modifizieren* einmal näher zu betrachten: Der kleine Dialog dient der Änderung von steuernden Bemaßungen nach Name und Wert (Bild 2.30).

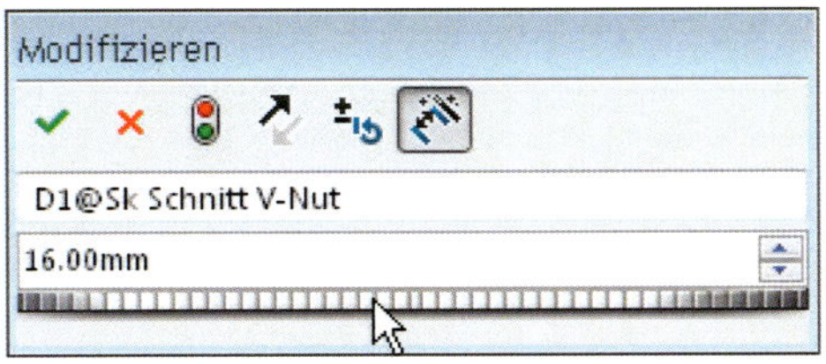

Bild 2.30: Das Dialogfeld *Modifizieren* ist allgegenwärtig

- Sie können die Breite des Fensters ändern - dies ist sinnvoll, wenn Texte doch einmal zu lang sind.

In der oberen Reihe finden Sie die wortreich benannten Schaltflächen

- *Speichern[...]* und *Wiederherstellen[...]*, die das Dialogfeld *mit* bzw. *ohne* Speicherung der Änderungen beenden, dann
- *Wiederaufbauen des Modells mit dem aktuellen Wert* - die provisorische Ampel,
- *Bemaßungsinhalt umkehren*, die eigentlich nur einen Vorzeichenwechsel des Zahlenwertes bewirkt,
- *Zurücksetzen des Drehfeldinkrementwerts*, die eine kleine Dialogbox mit der Einstellung des Inkrementwerts aufruft, sowie
- *Bemaßung, die in eine Zeichnung importiert werden soll, markieren*. Diese Toggle-Schaltfläche bewirkt, falls gedrückt, den Import der betreffenden Bemaßung in die Zeichnungsableitung. Achtes Kapitel.
- Darunter finden Sie das Eingabefeld für den Parameternamen, denn auch diesen können Sie anständig formulieren. Wir werden diese Möglichkeit bei der Tabellenkonstruktion in Kapitel 6 nutzen.
- Das Eingabe-Textfeld darunter kennen Sie bereits, es ist der Eingabe des Parameterwertes vorbehalten.
- Ein Stellrad namens *Abstand*, zwei Pfeilschaltflächen und ein Auswahlmenü für die Maßeinheit ergänzen das Dialogfeld.

> Hier können, je nach Kontext, weitere Bedienelemente erscheinen, etwa die Konfigurationssteuerung, die Sie ebenfalls in Kapitel 6 kennenlernen.

2.4 Skizzenorientiert: Die Grundplatte

Fügen wir dem Bauteil eine Grundplatte hinzu. Diese soll stets symmetrisch zum Grundriss liegen, und wir nutzen die Gelegenheit, das oben erwähnte Prinzip der Beziehung auf Skizzen- statt Körperelemente zu üben. Hierzu benötigen wir die Mittellinien der beiden Skizzen *Sk Prisma* und *Sk Schnitt Quer*. Zudem gibt es noch eine kleine Vorarbeit:

- Öffnen Sie *Sk Schnitt Quer* zur Bearbeitung.
- Wählen Sie *Punkt* aus der Symbolleiste *Skizze* und fügen Sie einen Punkt an der Überschneidung der Mittellinie mit der unteren Waagerechten ein (Bild 2.31).

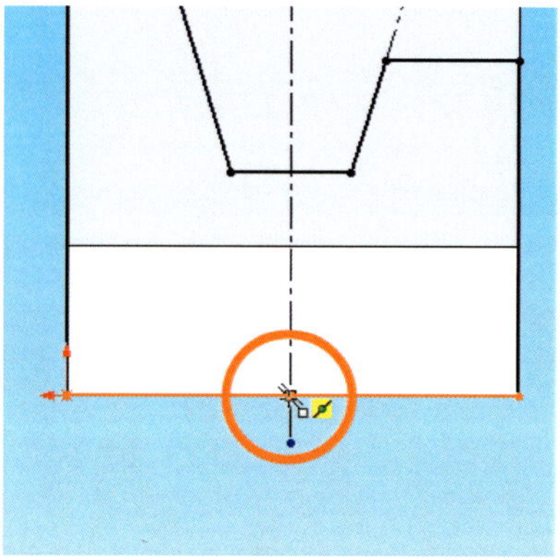

Bild 2.31: Ein Punkt markiert den Schnittpunkt der Mittellinie mit der Grundlinie

2.4.1 Skizzenbeziehung *Schnittpunkt*

Als Fangpunkt wird uns leider nur der Mittelpunkt der Körperkante angeboten. Aber wir wollten in Zukunft ja nur noch Skizzenelemente wählen …

- Die Definition verwerfen Sie, indem Sie den Punktmodus beenden, den Punkt anklicken und im PropertyManager die Skizzenbeziehung *Mittelpunkt* löschen (Bild 2.32).

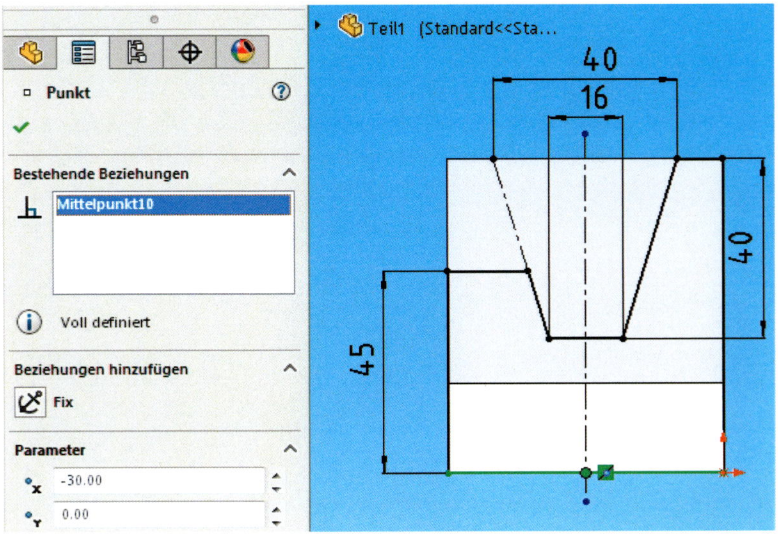

Bild 2.32: Entfernen einer Skizzenbeziehung

- Der Punkt selbst ist noch gewählt. Markieren Sie zusätzlich die Mittellinie und die Waagerechte, kontrollieren Sie diese drei Elemente über das Auswahlfeld – nur *Linien*, keine *Kanten* dürfen gewählt sein! –, dann wird im PropertyManager die Skizzenbeziehung *Schnittpunkt* angeboten. Aktivieren Sie sie (Bild 2.33).

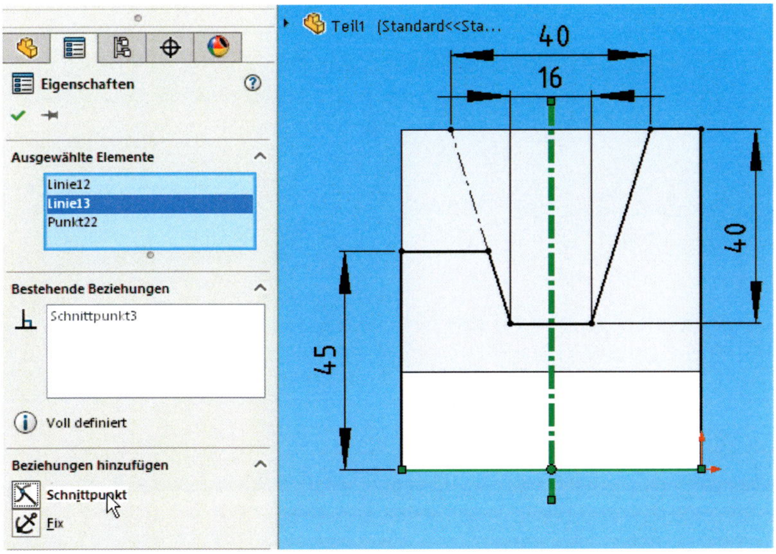

Bild 2.33: Setzen eines Skizzenpunktes als Referenz für weitere Skizzenbeziehungen. Auch *Schnittpunkt* erwartet drei Elemente, genau wie *Symmetrie*.

- Sollte auch dies nicht klappen, so öffnen Sie im FeatureManager den Ordner *Volumenkörper(1)* und blenden den einzigen Eintrag via Kontextmenü vorübergehend aus: Jetzt *können* Sie nur noch Skizzenelemente wählen!

> Wenn Sie probehalber den Punkt *neben* dem Schnittpunkt platzieren, dann können Sie die Wirkung von *Schnittpunkt* studieren.

Sie können die Skizze wieder schließen. *Sk Prisma* sollte wegen der Spiegelung bereits einen Punkt an dieser Stelle besitzen. Falls nicht,

- fügen Sie dort in gleicher Manier noch einen *Punkt* ein, den Sie per *Schnittpunkt* mit der Mittellinie und der unteren Waagerechten verknüpfen.
- Blenden Sie nun die beiden Skizzen *Sk Prisma* und *Sk Schnitt Quer* ein.
- Drehen Sie das Modell in die Untersicht, so dass Sie unter die rechteckige Grundfläche sehen. Aktivieren Sie sie (Bild 2.34).

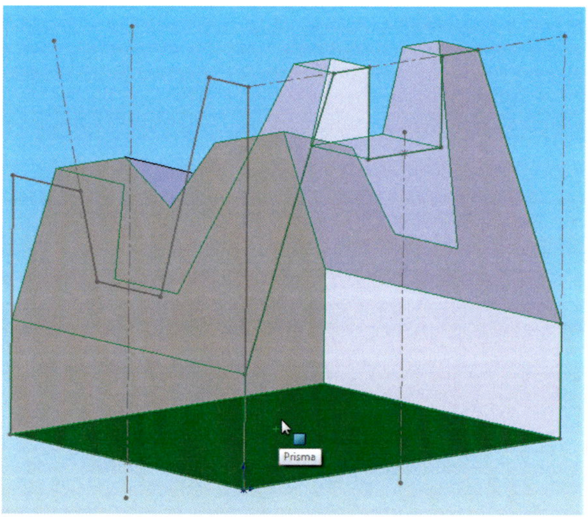

Bild 2.34: Eine Skizze auf der negativen Seite der XZ-Ebene

- Fügen Sie dort eine *neue Skizze* ein und wechseln Sie zur Draufsicht.
- Zeichnen Sie je eine *vertikale* und eine *horizontale* Mittellinie ein. Achten Sie darauf, keine weiteren automatischen Skizzenbeziehungen zu generieren.

> Sie können jeden Befehl mit 1 x EINGABE beenden und mit 2 x EINGABE neu starten.
>
> Die Linienfunktion ist indessen ein **Makro**. Makros beenden Sie durch 2 x EINGABE – bei Wiederholung also 3 x EINGABE. Zählen Sie besser mit.

- Wählen Sie dann die vertikale Linie und den Punkt von *Sk Prisma* und verknüpfen Sie sie *deckungsgleich*. Verfahren Sie entsprechend mit der Horizontalen und dem Punkt von *Sk Schnitt Quer* (Bild 2.35, Kreise).

Somit haben wir den Mittelpunkt der neuen Kontur abhängig von bestehenden Skizzen definiert. Auf diese Art umgehen wir Beziehungen zur Geometrie des Volumenkörpers. Sie werden im weiteren Verlauf immer wieder sehen, was der Grund für diese Vorsichtsmaßnahme ist.

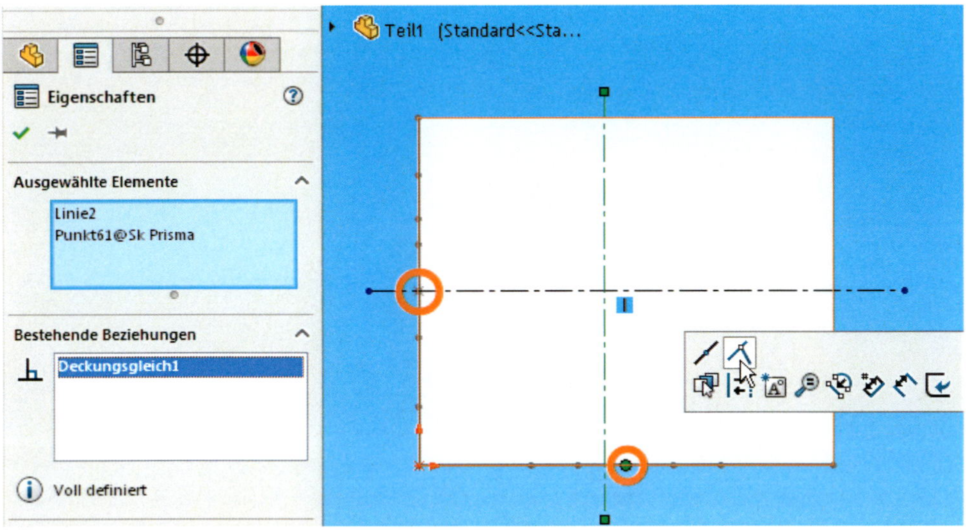

Bild 2.35: Die neue Skizze basiert auf nur zwei Punkten.

> Sie haben sicher bemerkt, wozu die beiden Punkte gut sind: Sie lassen sich leicht von den Körperkanten unterscheiden.

- Ziehen Sie nun ein *Rechteck* außen um die Grundfläche herum (Bild 2.36).
- Definieren Sie *Symmetrie* für die zwei Horizontalen des Rechtecks und die waagerechte Mittellinie.
- Verfahren Sie entsprechend mit den Vertikalen.

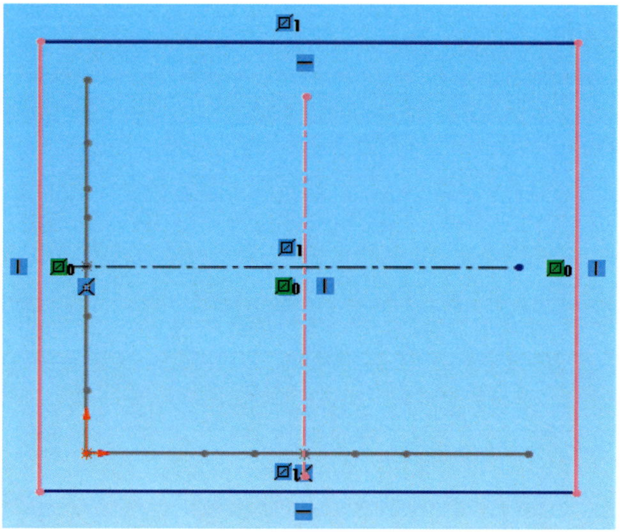

Bild 2.36: Die Rechteckseiten werden paarweise symmetrisch zur Mitte definiert. Der Volumenkörper ist hier ausgeblendet, die Skizzen wurden eingeblendet.

Sie bemerken, dass die Länge der Symmetrielinien im Modellierstadium belanglos ist, etwa, ob sie über die bezogenen Elemente hinausragen oder nicht. Erst bei der Zeichnungsableitung wird dies interessant.

Damit ist das Rechteck auf der Grundfläche zentriert. Jetzt fehlen nur noch zwei Maße:

- Bemaßen Sie die Horizontale mit **90** mm und die Vertikale mit **70** mm (Bild 2.37).

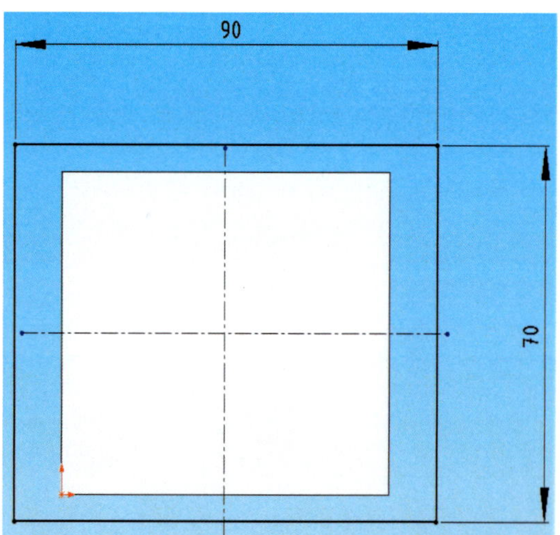

Bild 2.37: Segen der Skizzenbeziehung: Zwei Maße genügen zur vollständigen Definition

- Damit ist auch diese Skizze definiert. Nennen Sie sie **Sk Grundplatte**. Blenden Sie die beiden inaktiven Skizzen wieder aus.

2.4.2 Die Normale von „Normal auf“

- Wenn Sie diese Skizze nun mit einem *Linear ausgetragenen Aufsatz* erheben, so befindet sich dieser auf der falschen Seite: Er zeigt nach unten. Die Gesamthöhe des Modells soll jedoch nicht geändert werden.

Dies liegt wie vorhin an der Ausrichtung der Skizze: Bei ihrer Erstellung hatten Sie von unten gegen das Modell geklickt – anders als bei den Hauptebenen können Sie die Ausrichtung – den Normalenvektor – hier frei bestimmen! Und diese Richtung ist zugleich die Extrusionsrichtung. Die Korrektur ist die gleiche wie vorhin beim *Schnitt Quer:*

- Aktivieren Sie im PropertyManager die Schaltfläche *Richtung umkehren*, links neben dem Listenfeld *Endbedingung* (Bild 2.38, oberer Kasten).

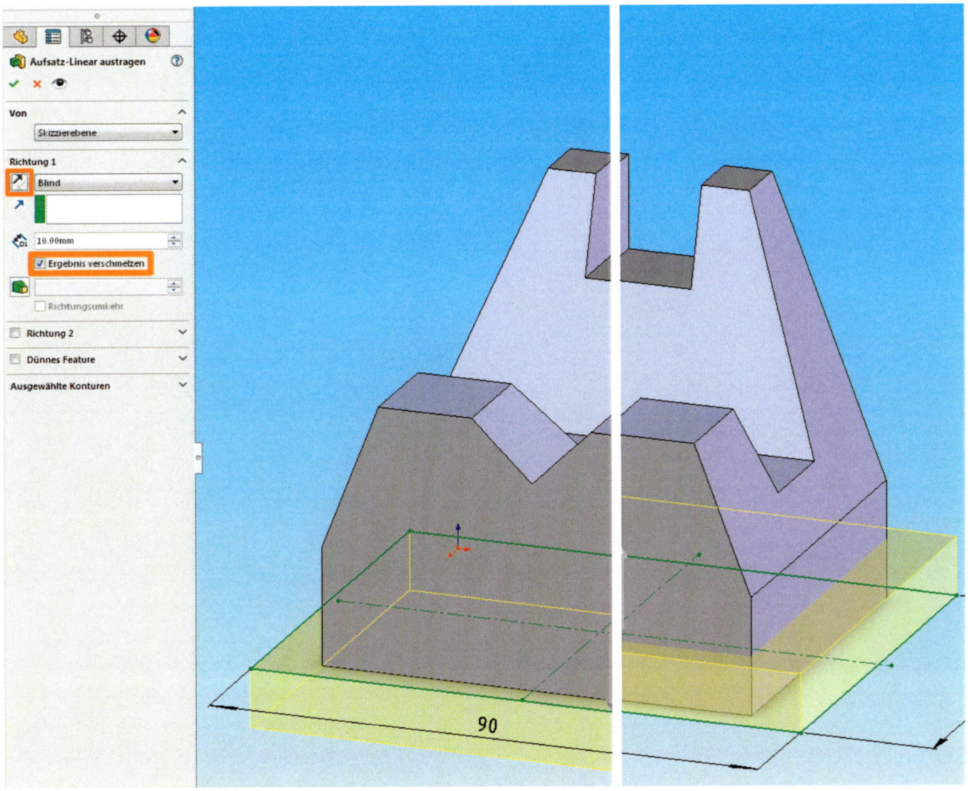

Bild 2.38: Die Erstellungsrichtung kann bei allen Features beeinflusst werden

Alternativ dazu können Sie auch am dicken Pfeil im Editor ziehen. Ein Fähnchen zeigt den aktuellen Längenwert an.

- Stellen Sie die *Endbedingung* auf *Blind* und die *Tiefe* auf **10** mm ein.

2.4.3 Features verschmelzen

Außerdem sehen Sie in der Abbildung noch ein Optionsfeld, das erst dann erscheint, wenn sich mehrere Aufsätze im Modell befinden: die Option *Ergebnis verschmelzen* (unterer Kasten).

Hierdurch werden mehrere Volumenkörper als ein einziger aufgefasst. Hintergrund ist die Möglichkeit, mehrere Bauteile in der selben Bauteildatei zu halten, eine Neuerung, die als Mehrkörperbauteil in SolidWorks 2004 eingeführt wurde.

- Aktivieren Sie *Ergebnis verschmelzen.*
- Bestätigen Sie und nennen Sie das Feature **Grundplatte**.

2.4.4 Intelligent bemaßen

Betrachten wir unser Bauteil von oben, so erweist sich der Saum der Grundplatte rundherum als unregelmäßig:

Die Breite differiert mit (90-70)/2 oder 10 mm von der Höhe, welche nur mit (70-60)/2 oder 5 mm zu Buche schlägt (Bild 2.39).

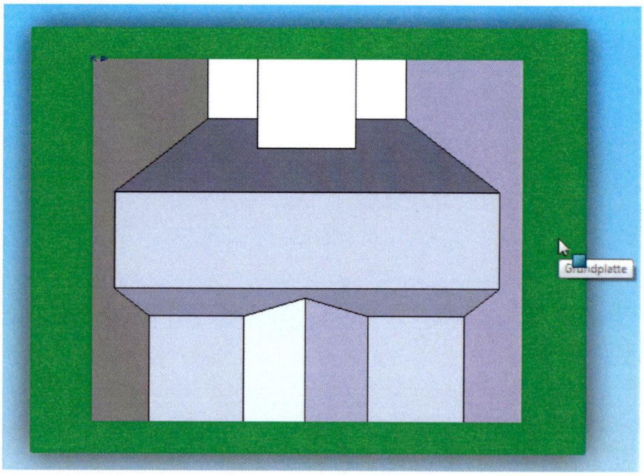

Bild 2.39: Ums Dorf: Weil die Maße der Grundplatte unabhängig von denjenigen des Prismas definiert sind, ist ein Abgleich der Saumbreiten mit Kopfrechnen verbunden.

Um statt der Seiten- nur die Saumbreite zu definieren, verfahren Sie folgendermaßen:

- Öffnen Sie *Sk Grundplatte*. Löschen Sie die beiden Maße durch Anklicken und ENTF.
- Erstellen Sie zwei neue Maße, die jeweils vom Ursprung zur nächstgelegenen Seite führen. Zur Not können Sie wieder den Volumenkörper ausblenden (Bild 2.40).

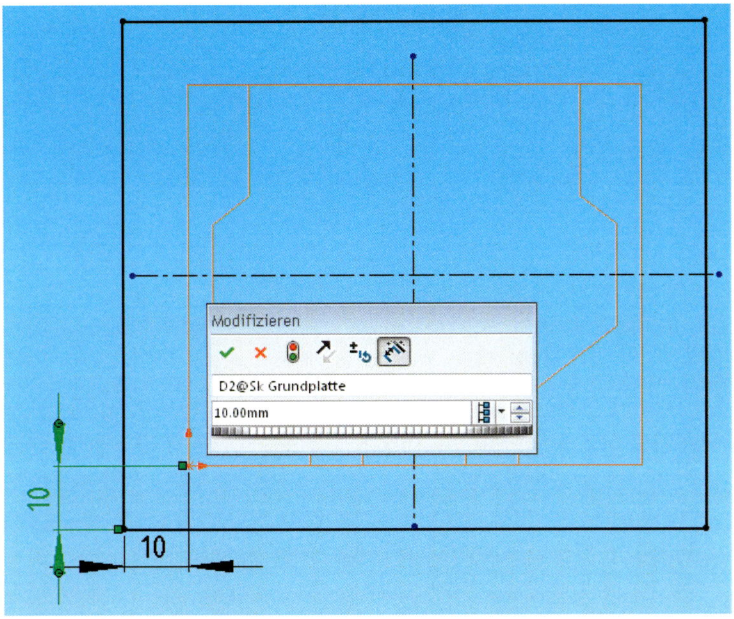

Bild 2.40: Skizzenbeziehungen sind von der Bemaßung unabhängig. Daher wird das Rechteck auch bei dieser Maßvariante *symmetrisch* gesteuert.

Damit erhalten Sie die Maße *10 mm* für die Breite und *5 mm* für die Höhe sozusagen in Klartext. Sonst hat sich nichts geändert, denn die Skizzenbeziehungen bleiben von der Art der Bemaßung unbeeinflusst.

- Ändern Sie nun das Vertikalmaß *5* mm in **10** mm.

Ergebnis: Die Höhe der Skizze wird symmetrisch geändert.

2.4.5 Maßwerte verknüpfen

Der Saum ist nun allseits gleich breit – und das soll er auch bleiben. Er wird immer noch von *zwei* unabhängigen Maßen gesteuert. Doch auch diese können Sie miteinander verknüpfen:

- Ein Rechtsklick über dem Breitenmaß fördert den Menüpunkt *Werte verknüpfen* zutage. Betätigen Sie ihn, so erscheint das Dialogfeld *Gemeinsame Werte* (Bild 2.41).

bit.ly/2zDUSwY
Video 8

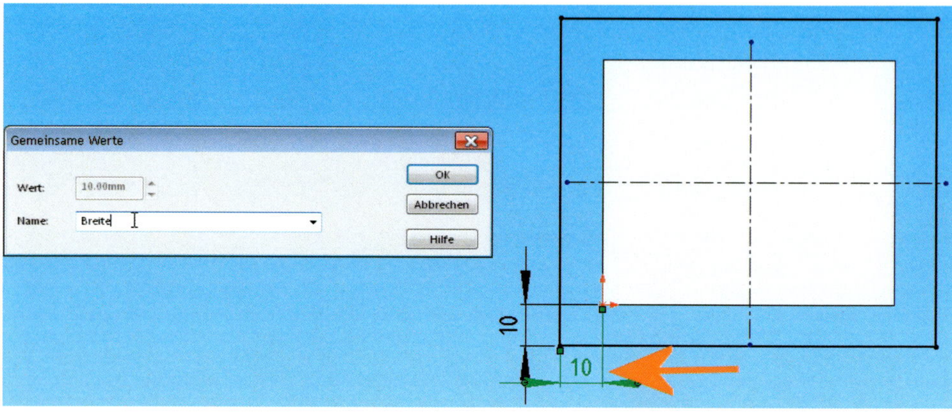

Bild 2.41: Bemaßungen sind Variable – sie haben nicht nur Werte, sondern auch Namen!

- Das Listenmenü *Name* ist noch leer. Tragen Sie hier **Breite** ein und bestätigen Sie.

Damit wird diese Bemaßung mit der neuen **Globalen Variablen** *Breite* verknüpft. Diese besitzt zwar den Ausgangswert *10* des Breitenmaßes, ist aber unabhängig von den Maßen und ansonsten überall im Bauteil verfügbar: Sie haben also zwei Schritte zugleich getan. Verknüpfen Sie jetzt noch die Höhe damit:

- Wählen Sie über das Kontextmenü des Höhenmaßes wiederum *Werte verknüpfen*. Auch hier erscheint das Dialogfeld *Gemeinsame Werte* (Bild 2.42).

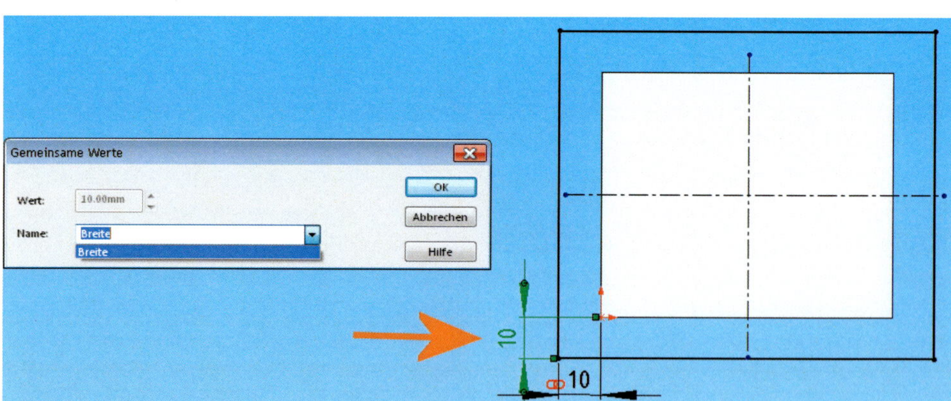

Bild 2.42: Die Denkart von SolidWorks: zwei Werte werden verknüpft, indem man sie mit dem gleichen Namen versieht.

- Wählen Sie aus dem Listenfeld *Name* den einzigen Punkt *Breite* und bestätigen Sie.

Beide Bemaßungen zeigen jetzt ein Verknüpfungssymbol in Form eines roten Kettengliedes an. Sie sind jedoch nicht miteinander, sondern jeweils mit der Variablen *Breite* verknüpft.

- Das Kettensymbol finden Sie auch im Dialogfeld *Modifizieren*, nachdem Sie einen Doppelklick auf eine verknüpfte Bemaßung ausgeführt haben. Ein Klick auf dieses Symbol, und statt des Wertes wird nur der Name angezeigt (Bild 2.43).

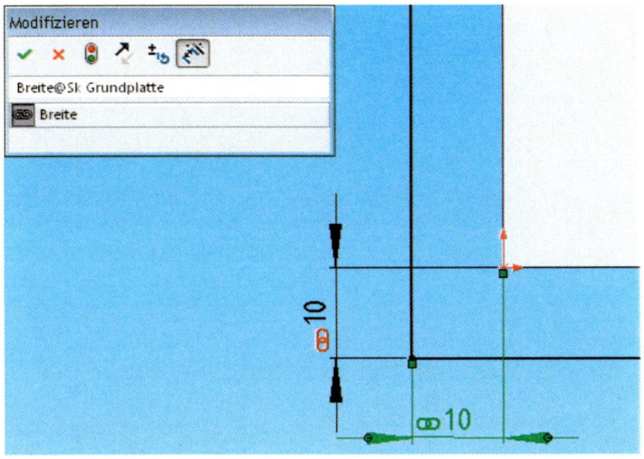

Bild 2.43: Statt eines Maßwertes lassen sich auch Variable und (später!) Gleichungen verwenden

- Den Effekt dieser Verknüpfung finden Sie heraus, indem Sie probehalber eines der beiden Maße im Dialogfeld *Modifizieren* ändern und bestätigen: Die andere folgt getreulich nach.

Das Schöne an dieser Methode ist, dass die verknüpften Maße gleichberechtigt sind: Sie können jedes einzelne von ihnen bearbeiten – die anderen passen sich automatisch an.

Unterdessen ist im FeatureManager eine neue Kategorie hinzugekommen: die *Gleichungen* mit einer neuen *Globalen Variablen* namens *Breite* (Bild 2.44).

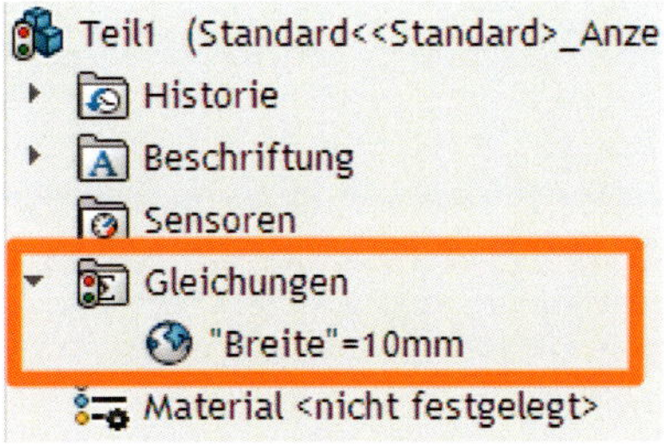

Bild 2.44: Globale Variable werden im FeatureManager unter *Gleichungen* geführt.

2.4.6 Maßverknüpfungen aufheben

Die Wertverknüpfungen können Sie genau so leicht aufheben, wie Sie sie gebildet haben:

- Im Kontextmenü eines verknüpften Maßes erscheint die Option *Verknüpfung von Wert aufheben* (Bild 2.45). Betätigen Sie ihn, so ist das Maß wieder frei, das Kettenglied verschwindet.

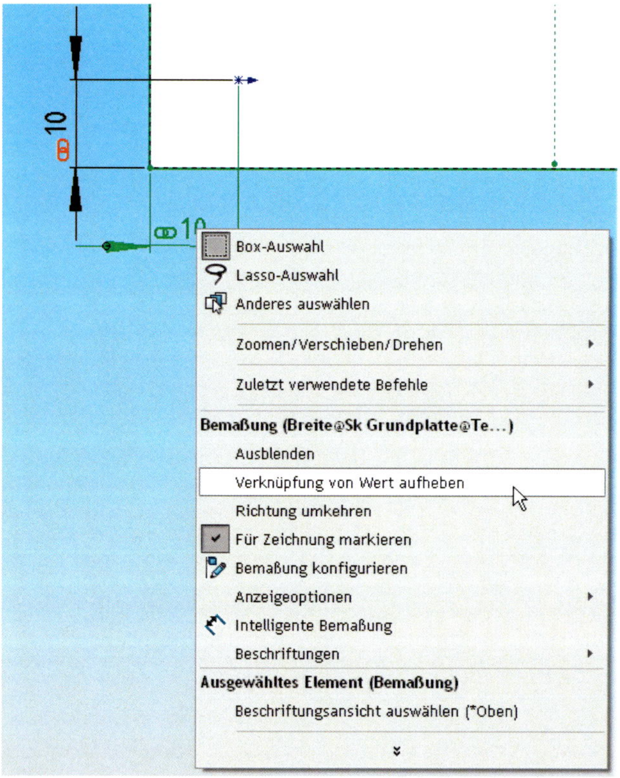

Bild 2.45: Das Kontextmenü erspart die ergebnisfreie Suche nach dem Verknüpfungsaufhebungsbefehl.

Je nach Objekt erscheinen hier unterhalb der Standardbefehle mehrere Rubriken mit weiteren Befehlen. Bei einer Bemaßung sind dies *Beziehungen, Bemaßung* und *Ausgewähltes Element.* Bei einer Körperfläche steht *Körper* anstelle von *Bemaßung.* Bei einem Feature im FeatureManager wiederum werden *Features* und *Körper* geboten; letzteres fehlt wiederum beim Rechtsklick über einer Ebene.

Sie sehen: Ein Blick ins Kontextmenü lohnt sich in fast jeder Lebenslage!

- Stellen Sie die Verknüpfung *Breite* der beiden Maße wieder her und beenden Sie den Skizzenmodus.

2.4.7 Bemaßungen sind auch nur Variable

Wir haben die beiden Bemaßungen zwar mit einer Variablen verknüpft, doch sie sind auch selber welche. Denn in SolidWorks verknüpft jede Bemaßung - und übrigens auch jede Skizzenbeziehung - einen Wert mit einen Namen. Davon können Sie sich leicht überzeugen,

- indem Sie im Menü *Ansicht, Elemente ausblenden/einblenden* den Punkt *Bemaßungsnamen* aktivieren.
- Klappen Sie dann eines der Features im FeatureManager auf und führen Sie einen Doppelklick auf die Skizze aus.

Die Bemaßungen werden eingeblendet. Außer dem Wert steht da jetzt auch ein Name, meist *D1, D2, D3* usw., nur die Abmaße der Grundplatte nicht, denn die sind mit der Variablen *Breite* verknüpft und übernehmen *deren* Namen (Bild 2.46).

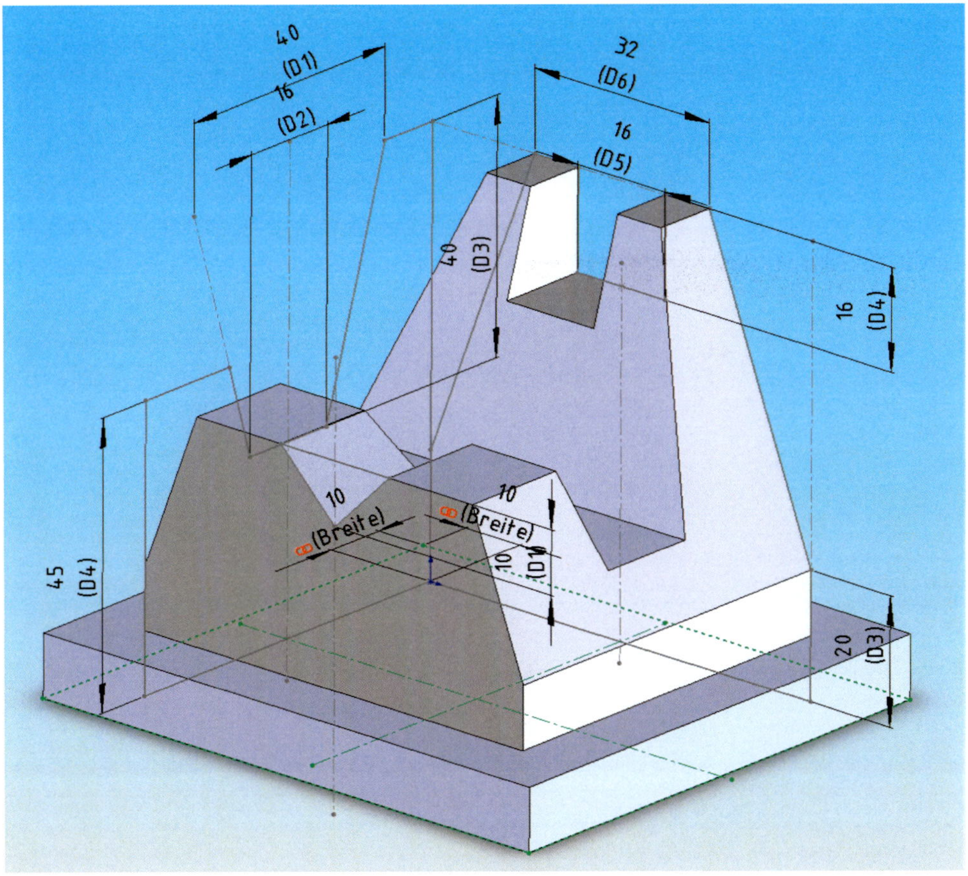

Bild 2.46: Jede Bemaßung hat einen Namen. Dadurch wird sie zur Variablen - ein winziges Detail von ungeahnter Reichweite!

Variablen wie unsere Bemaßungen haben überdies auch noch eine Adresse, z. B. *D1@Sk Schnitt Quer*. Den Sinn dessen erfahren Sie in Kapitel 6.

Diese Eigenschaft der MCAD-Bemaßungen, nämlich, einen Wert mit einem Namen zu verknüpfen, macht sie zu **Variablen** – ein völlig anderes Konzept als im 2D-CAD. Denn wenn ein Wert mit einem eindeutigen Namen verknüpft ist – so wie vorhin *Breite = 10 mm* –, so kann man ihn an anderer Stelle „ansprechen", was wir als **Referenzieren** bezeichnen.

Wenn aber Maßwerte referenziert werden können, so wie Sie es gerade beim Bemaßen der Sockelplatte getan hatten, dann kann man damit auch algebraische Gleichungen aufstellen!

Sie kennen noch den Pythagoras: $a^2 + b^2 = c^2$, oder auf SolidWorks: *Die Höhe der Rechtecknut in* Sk Prisma *sei gleich der Breite von* Sk Schnitt Quer *durch den Sinus des Winkels der Schrägen in Radiant plus zwo Pi mal, Klammer auf, die Tiefe* von Sk V-Nut *geteilt durchs heutige Datum plus 7 % Umsatzsteuer. Klammer zu.*

Steuerung und Automation von Modellen, Baugruppen und Zeichnungen kennen damit absolut keine Grenzen mehr. Doch das ist ein anderes Kapitel.

Wie schon gesagt: Kapitel Sechs.

3 Das Einmaleins der Rotation

Neben der Extrusion und dem extrudierten Schnitt zur Erzeugung prismatischer Objekte und Schnitte kennen wir auch ein Basisverfahren zur Erzeugung von Drehteilen: die Rotation. Hierzu erzeugen wir einen Halbquerschnitt, den wir um eine Mittellinie rotieren, womit wir sein Volumen umschreiben.

Wir werden von hier an Stück für Stück eine Schleifspindel für Werkzeugmaschinen konstruieren. Sie wird aus zwölf einzelnen Teilen bestehen, von denen die meisten für die Drehbank bestimmt sind.

3.1 Die Schleifscheibe

Beginnen wir mit dem einfachsten Teil, der Schleifscheibe:

- Öffnen Sie ein neues Bauteil und speichern Sie es unter dem Namen **Schleifscheibe** in Ihrem Projektverzeichnis. SolidWorks ergänzt selbsttätig die Dateinamenerweiterung .SLDPRT.
- Erzeugen Sie eine neue *Skizze* auf der *Ebene vorne*.

3.1.1 Linien über Mittelpunkt definieren

- Zeichnen Sie eine waagerechte *Mittellinie* durch den Skizzenursprung. Sie soll *deckungsgleich* mit dem Ursprung verknüpft sein. Nutzen Sie die Option *Mittelpunktlinie*, können Sie den Mittelpunkt der Linie mit dem ersten Klick auf den Ursprung setzen. Die Länge bestimmen Sie mit dem zweiten Klick (Bild 3.1).

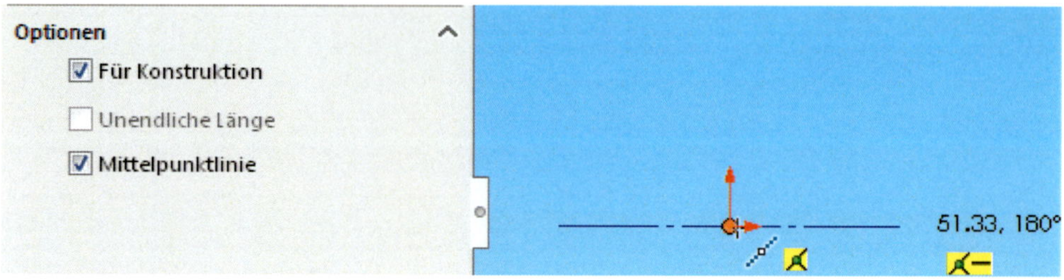

Bild 3.1: Die *Mittelpunktlinie* eignet sich besonders für Rotationsachsen.

- Zoomen Sie das Editorfenster mit Hilfe des *Gitters* auf einen Ausschnitt von etwa 100x100 mm. Die aktuelle Cursorposition können Sie in der Statusleiste ablesen (Bild 3.2).

Bild 3.2: Die Koordinatenanzeige der Statusleiste in der Reihenfolge X, Y, Z

3.1.2 Rotationsquerschnitte

- Zeichnen Sie, mit der linken, unteren Ecke anfangend, den geschlossenen Querschnitt aus fünf *Linien* nach Bild 3.3.

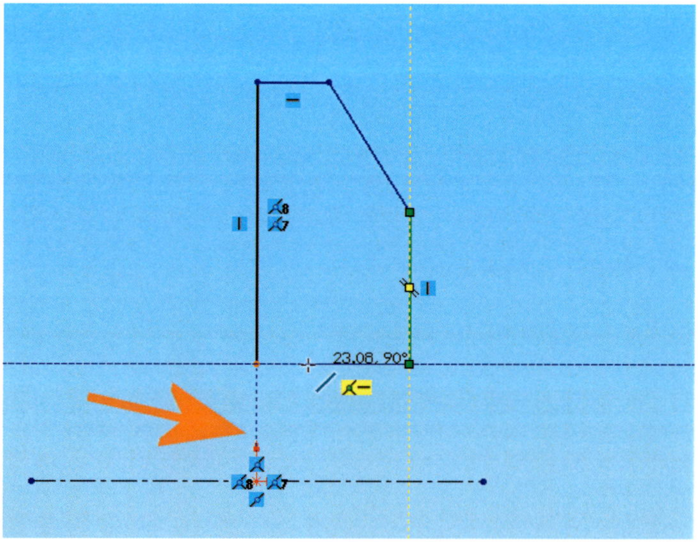

Bild 3.3: Die Skizze eines Rotationskörpers enthält stets eine Rotationsachse.

- Die zentrale Bohrung der Scheibe definieren Sie, indem Sie den ersten Punkt *über* – nicht *auf!* – die Rotationsachse setzen. Fangen Sie dabei zugleich den Ursprung, um die Linie horizontal festzulegen.

Die gestrichelte blaue **Leitlinie** wird angezeigt, sobald sich der Mauszeiger horizontal oder vertikal neben bzw. über einem Fangpunkt befindet – wie hier dem Ursprung (Pfeil).

- Ergänzen Sie die Linie mit dem zweiten Punkt zu einer *Vertikalen*.
- Erstellen Sie dann den geschlossenen Querschnitt nach Bild 3.4. Nutzen Sie die Leitlinien, um die Elemente vertikal und horizontal festzulegen.

Wenn die erste Linie schwarz gezeichnet wird, ist die Operation gelungen. Falls nicht,

- wählen Sie die ganze Linie und den Ursprung und verknüpfen sie *deckungsgleich* miteinander. Hierdurch entsteht eine Vertikalverknüpfung.
- Bemaßen Sie die Skizze nach Bild 3.4. Die untere Breite beträgt **8** mm, die obere **2** mm.

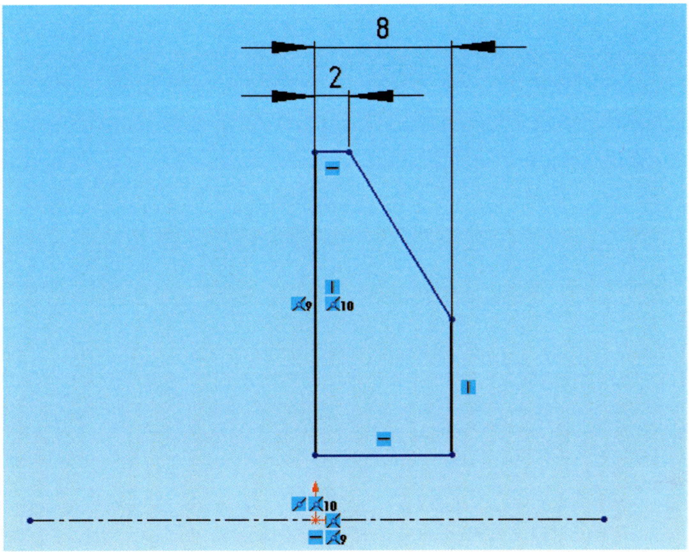

Bild 3.4: Eintragen der Horizontalmaße

- Wenn sich die Skizze dabei verzerrt, brechen Sie die Bemaßung ab und ziehen die betreffende Ecke grob in Position, bevor Sie sie fortfahren.

3.1.3 Durchmesser bemaßen

Mit der *intelligenten Bemaßung* können Sie die meisten Maßarten direkt realisieren. Einen Durchmesser im Halbprofil dagegen erstellen Sie mit einem kleinen Trick:

- Klicken Sie den gewünschten Durchmesserpunkt an, hier ist es der untere Endpunkt der Schräge (Bild 3.5, oberer Mauszeiger).

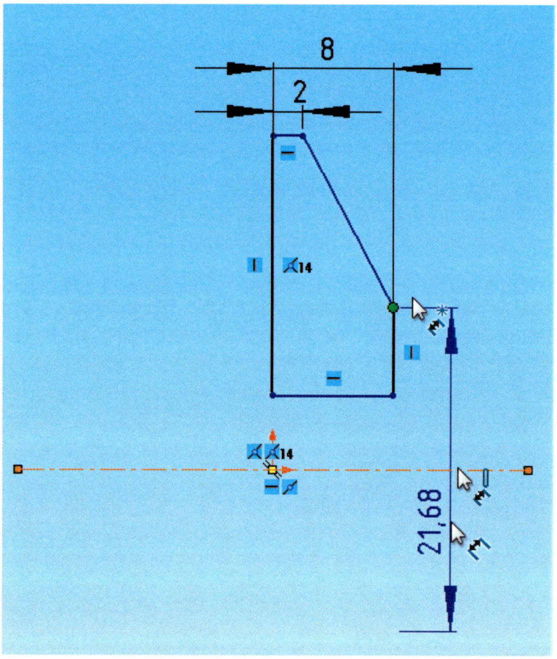

Bild 3.5: Erzeugen einer Durchmesserbemaßung im Halbprofil.

- Klicken Sie die Mittellinie an (Mitte), so entsteht ein Vertikalmaß.
- Klicken Sie als Drittes auf einen Punkt *unterhalb* der Mittellinie, so wird ein Durchmesser erkannt (unten).

Der Vorteil dieses Verfahrens ist erstens, dass Sie – wie im Technischen Zeichnen üblich – mit Halbquerschnitten *und* Durchmessern arbeiten können, und zweitens, dass bei der Zeichnungsableitung automatisch ein Durchmesserzeichen vor diesem Maß erscheinen wird. So sparen Sie ein paar Klicks.

- Bemaßen Sie auf gleiche Art den Außendurchmesser mit **150** mm, den mittleren mit **70** mm und den Innendurchmesser mit **20** mm. Damit ist die Skizze voll definiert (Bild 3.6).

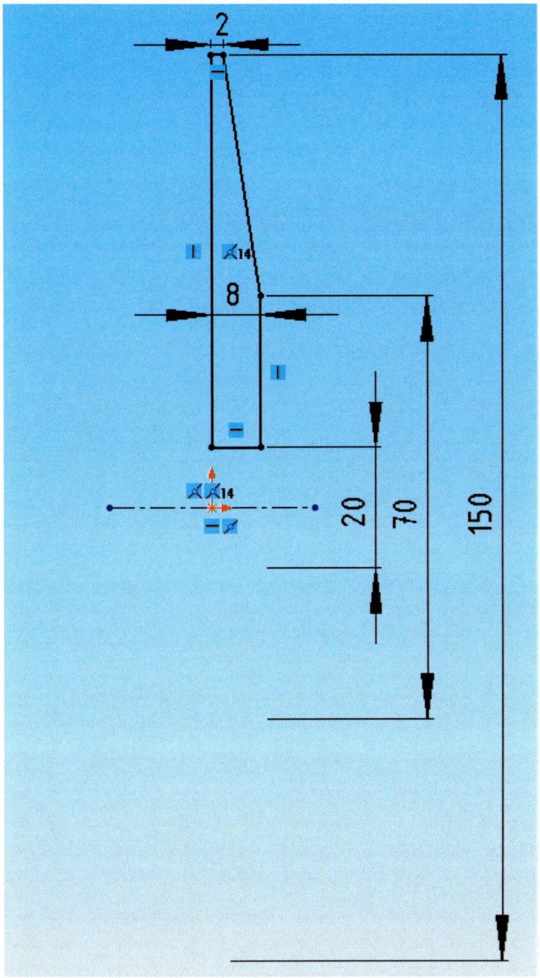

Bild 3.6: Die fertige Skizze der Schleifscheibe

- Beenden Sie die Skizze und nennen Sie sie **Sk Schleifscheibe**.

3.1.4 Das Feature *Rotation*

- Wählen Sie nun erst die Skizze, dann *Aufsatz/Basis rotiert* aus der Symbolleiste *Features*. 

Die Einstellungen sind schnell vorgenommen, da das Rotations-Feature die einzelne Mittellinie findet und sie automatisch als Rotationsachse in den PropertyManager einträgt.

- Sollte dies nicht der Fall sein, so aktivieren Sie das Auswahlfeld *Rotationsachse* und klicken die Mittellinie an.

Auch eine Vollrotation von **360°** wird per Default angenommen. Als Ergebnis sollte das Objekt nach Bild 3.7 in der Vorschau erscheinen.

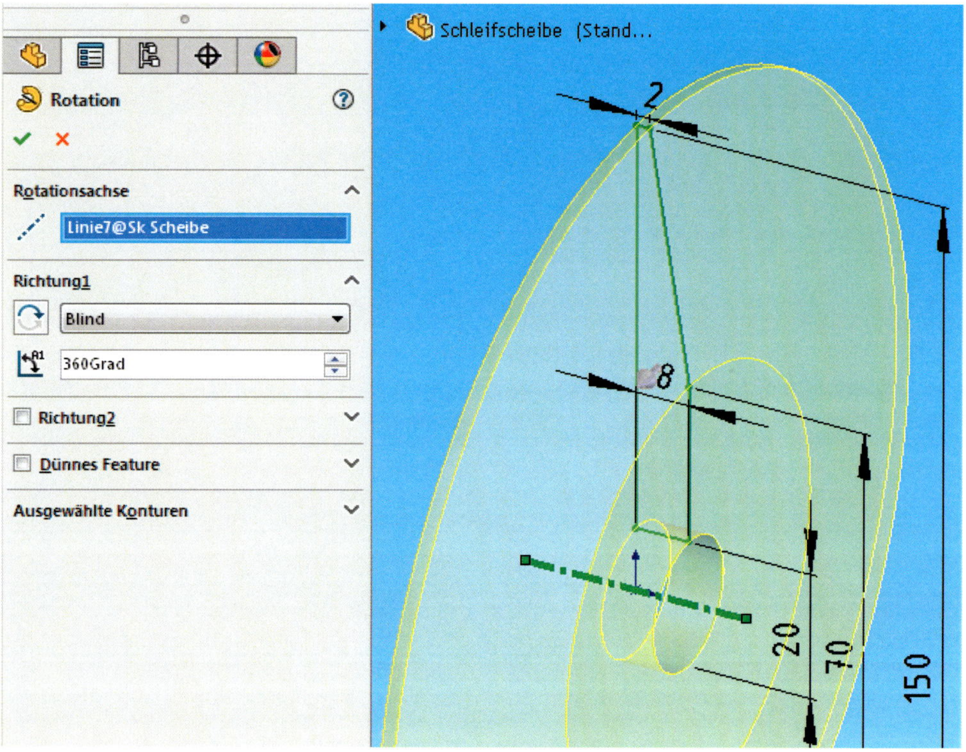

Bild 3.7: Erzeugen eines Rotations-Features

- Bestätigen Sie und nennen Sie das Rotationsfeature **Schleifscheibe**.
- Speichern Sie das Bauteil und schließen Sie es.

In Bild 3.8 sehen Sie das fertige Modell *Schleifscheibe* mit grauer Siliziumkarbid-Textur. Texturbilder finden Sie bei den *Erscheinungsbildern* im Modus *Erweitert*.

> Wenn Sie neue Teile künftig mit automatisch geöffneter Skizze auf der *Ebene vorne* erstellen möchten, dann aktivieren Sie in den *Optionen, Systemoptionen, Skizze* die Option *Skizze auf neuem Teil erstellen.*

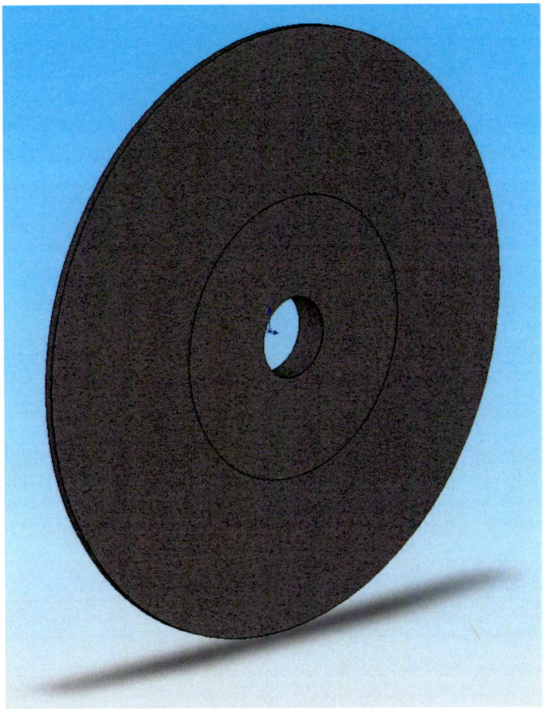

Bild 3.8: Die fertige Schleifscheibe

3.2 Der Bolzen

Die Konterschraube zum Arretieren der Schleifspindel ist schon etwas aufwendiger, wenn auch nur wegen der Skizze:

- Öffnen Sie ein neues *Teil* und speichern Sie es unter **Bolzen** ab.
- Erstellen Sie auf der *Ebene vorne* eine Skizze und platzieren Sie wie vorhin eine horizontale Mittellinie durch den Skizzenursprung.
- Zoomen Sie das Fenster auf einen Ausschnitt von 120 mm Breite.
- Zeichnen Sie dann die Skizze nach Bild 3.9, wobei Sie erstens die Grundlinie auf die Mittellinie zeichnen und zweitens die mittlere Vertikale *deckungsgleich* mit dem Skizzenursprung verknüpfen (Kreis).

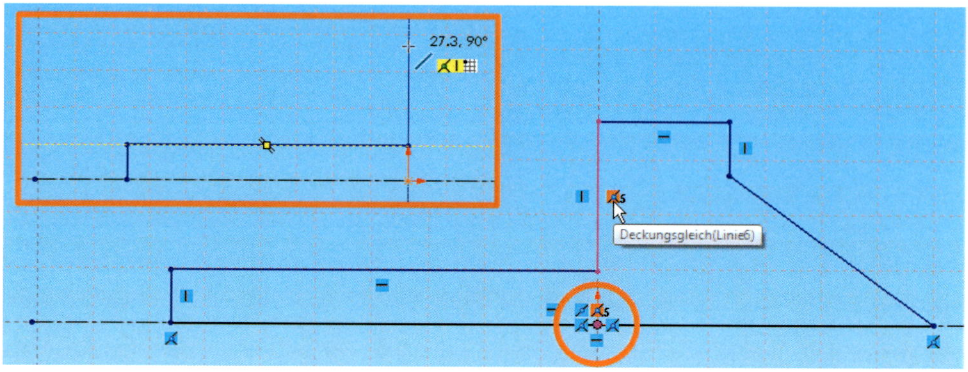

Bild 3.9: Die Skizze des Bolzens in erster Näherung

3.2.1 Skizzenelemente teilen

Die Schräge würde bei Rotation eine Kegelspitze formen. Hier soll jedoch ein flaches Ende entstehen, ein Kegelstumpf. Zudem brauchen wir noch einen horizontalen Ansatz. Es fehlen also noch zwei Linienstücke am rechten Ende. Derartige Fehler beheben Sie rasch, indem Sie ein Skizzenelement in mehrere aufteilen:

- Rufen Sie in der Symbolleiste *Skizze* die Funktion *Teilen* auf.
- Klicken Sie die Schräge an zwei Punkten im oberen und unteren Viertel an (Bild 3.10). Bestätigen Sie dann.

bit.ly/3d4kW30
Video 9

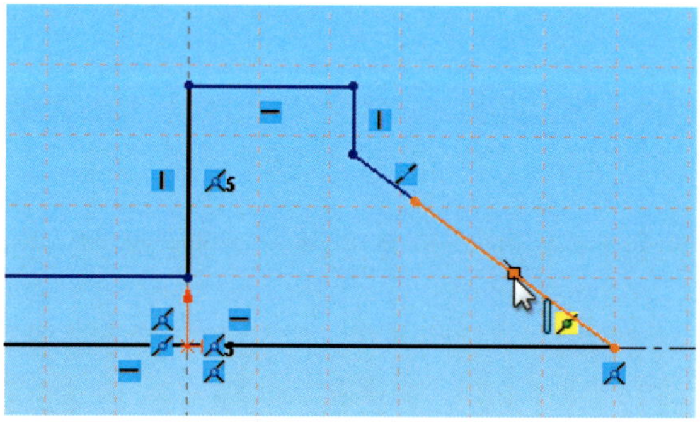

Bild 3.10: Teilen der Schräge an zwei Stellen

Die neu hinzugekommenen Knoten belegen, dass die Schräge nunmehr aus drei Stücken besteht. Allerdings wurden sie automatisch *kollinear* verknüpft, was wir nicht wollen. Hier eine schnelle Methode zur Beseitigung von Beziehungen:

- Wählen Sie mit STRG die beiden *Kollinear*-Symbole und entfernen Sie sie mit ENTF (Bild 3.11).

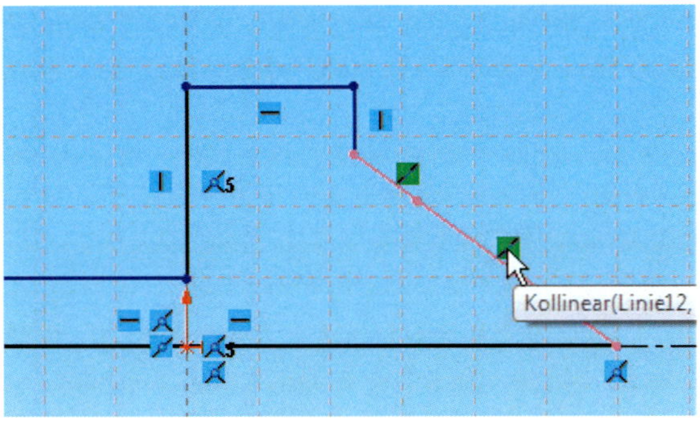

Bild 3.11: Löschen der automatischen *Kollinear*-Verknüpfungen

- Nun können Sie das oberste Linienstück *horizontal* und das untere *vertikal* festlegen. Dies erreichen Sie durch Anklicken der Linie und der entsprechenden Skizzenbeziehung in der Kontext-Symbolleiste (Bild 3.12).

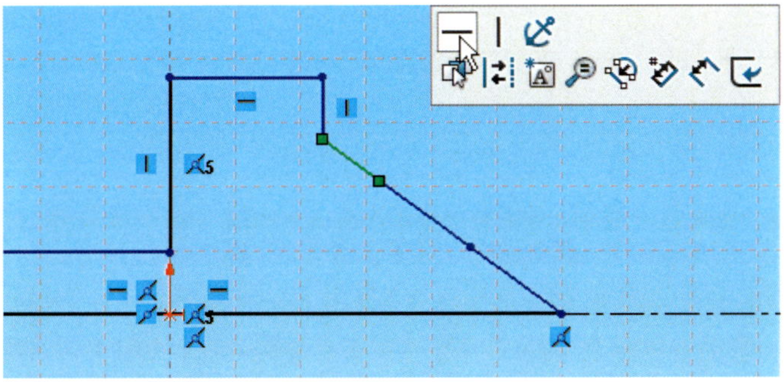

Bild 3.12: Nachtragen der Skizzenbeziehungen *Horizontal* und *Vertikal*

- Wenn Sie nun allerdings das untere Stück *vertikal* verknüpfen, passiert etwas Unvorhergesehenes (Bild 3.13).

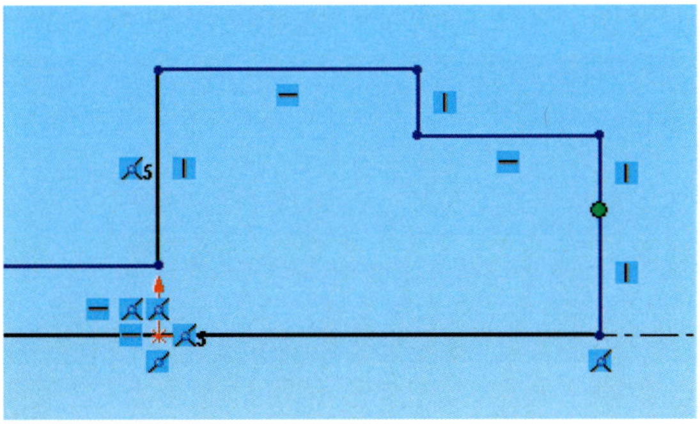

Bild 3.13: Nicht jede Reaktion ist unbedingt vernünftig, ...

Denn hier wird nicht nur das letzte Stück vertikal gestellt, sondern auch das mittlere - und das ist Unsinn!

- Mit STRG+Z machen Sie die Aktion ungeschehen.
- Ziehen Sie zunächst das untere Stück ungefähr in die Vertikale, sodass sich ein Winkel zum schrägen Mittelstück ergibt (Bild 3.14 links), so lässt sich das Ende problemlos *vertikal* festlegen (rechts).

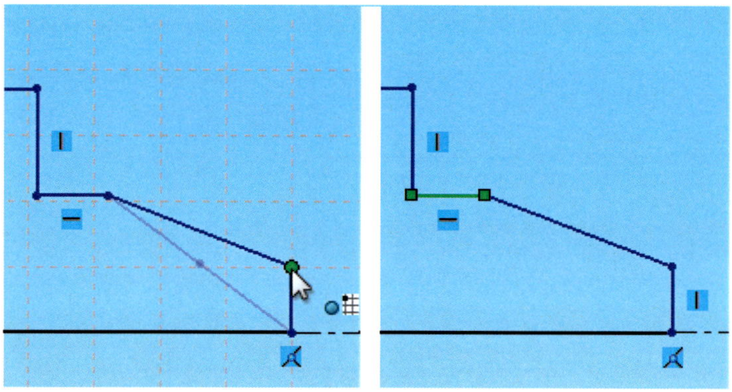

Bild 3.14: ... manchmal muss man SolidWorks erst in die gewünschte Richtung lenken!

Die Methode ist sehr viel handlicher als sie sich liest. Probieren Sie ruhig ein wenig, denn den Umgang mit Skizzenbeziehungen können Sie gar nicht oft genug üben!

3.2.2 Winkelbemaßung

- Tragen Sie dann die Maße wie in Bild 3.15 ab. Beginnen Sie mit den Breitenmaßen, fahren Sie mit den Durchmessern fort und setzen Sie schließlich das Winkelmaß. Bemaßen Sie stets von groß nach klein.

Achten Sie darauf, dass Durchmesser im Halbprofil nur über die Mittellinie, nicht jedoch über Konturlinien erkannt werden.

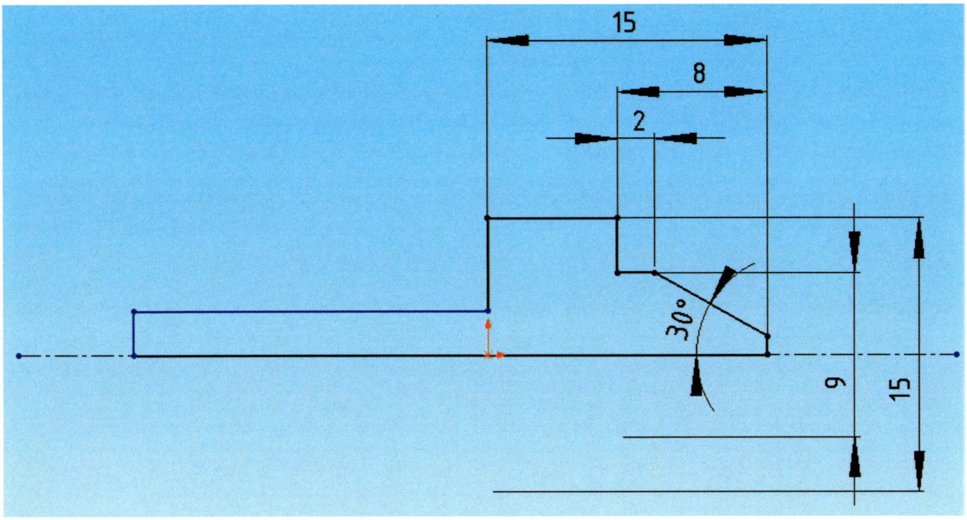

Bild 3.15: Die Bemaßung des Kopfteils

- Fügen Sie dann noch die Gesamtlänge und den Schaftdurchmesser hinzu (Bild 3.16). Damit ist auch diese Skizze voll definiert.

Bild 3.16: Hier wird die Problematik überlanger Bauteile deutlich

Das Bauteil ist allerdings recht langgezogen. Wir werden Probleme haben, es in der Gesamtansicht zu bearbeiten, denn die Maßzahlen sind entweder zu dicht beisammen oder zu weit voneinander entfernt. Aber auch hier können Sie Abhilfe schaffen.

3.2.3 Der „Wellen-Modus“: Mehrere Ansichtsfenster

Wie in jedem anständigen CAD-Programm können Sie auch hier bis zu vier simultane Ansichten definieren:

- Wählen Sie im Menü *Fenster, Viewport, Doppelansicht - Vertikal* (Bild 3.17).

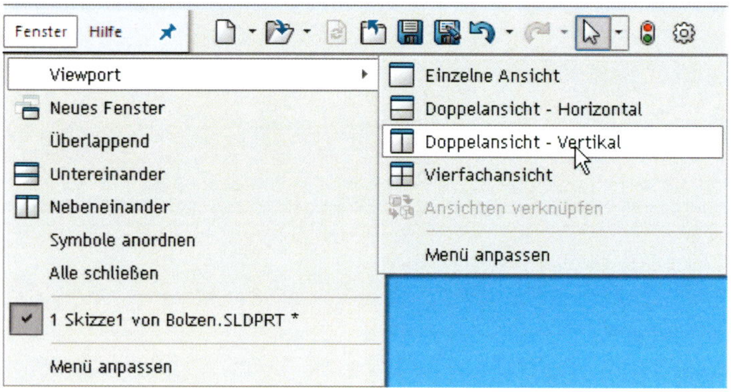

Bild 3.17: Etwas versteckt liegen die Fensterteiler

- Aktivieren Sie, falls nötig, über *Fenster, Viewports* die Option *Ansichten verknüpfen*, so werden die beiden Teilfenster miteinander gekoppelt – jede Änderung in einer Ansicht bewirkt die Anpassung der anderen (Bild 3.18).

Bild 3.18: Das Verknüpfen von Ansichten ermöglicht die solide Orientierung trotz fehlender Bildteile.

- Stellen Sie beide Ansichten auf *Vorderseite* ein, indem Sie nacheinander in jedes Fenster klicken und STRG+1 drücken. Platzieren Sie die Skizze mit STRG + mittlerer Maustaste so, dass Sie links das hintere und rechts das vordere Ende der Skizze sehen (Bild 3.19).

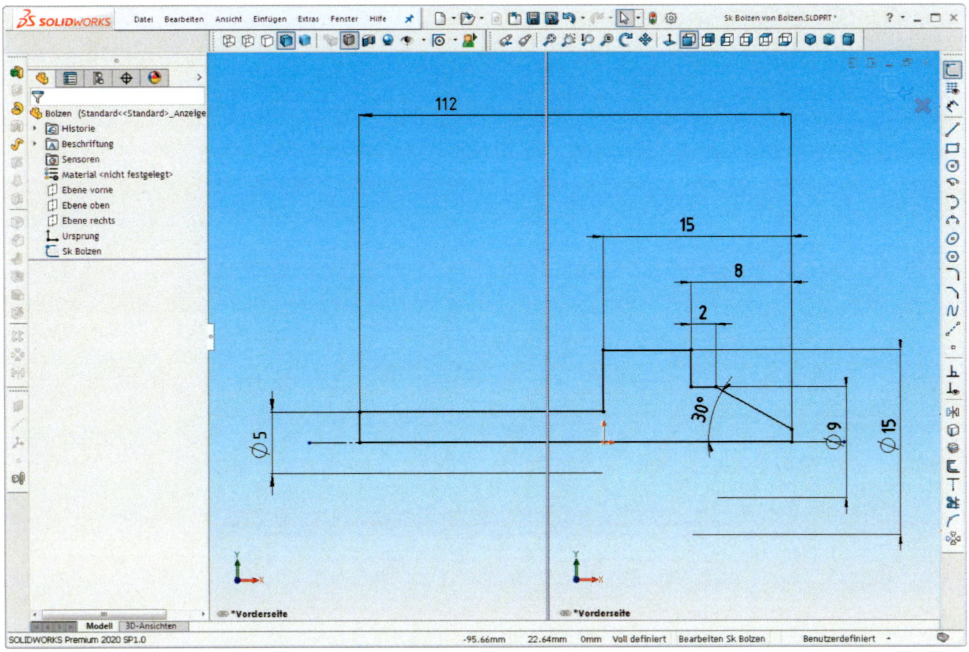

Bild 3.19: Geteilte Ansicht: Mit der Verknüpfung bewegen sich die Bildausschnitte synchron

- Wenn Sie die Ansichtsfunktion öfter nutzen, können Sie natürlich auch die *Standardansichten* um die fünf Schaltflächen aus der gleichnamigen Rubrik in *Extras, Anpassen, Befehle* erweitern (Bild 3.20).

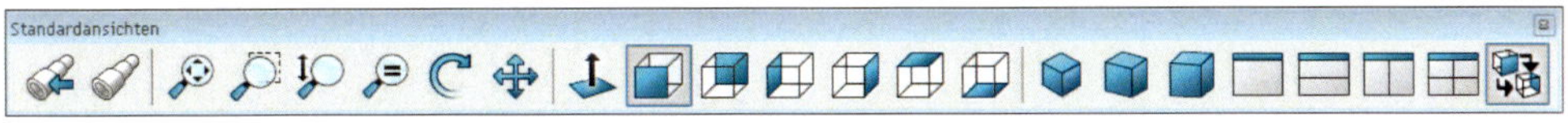

Bild 3.20: *Viewports* in der Symbolleiste *Standardansichten*

- Um zur normalen einteiligen Ansicht zurückzukehren, klicken Sie einfach auf die erste Schaltfläche, *Einzelne Ansicht*.

3.2.4 Skizzenradien

Die Skizze ist vollständig definiert, allerdings fehlen noch einige Details: zwei Fasen am größten Durchmesser, eine dritte am linken Ende sowie eine Ausrundung:

- Rufen Sie aus der Symbolleiste *Skizze* die *Skizzenverrundung* auf.

- Definieren Sie einen *Radius* von **1.5** mm und lassen Sie die Option *Ecken mit Zwangsbedingungen beibehalten* aktiviert. Verfahren Sie dann nach Bild 3.21 von links nach rechts.

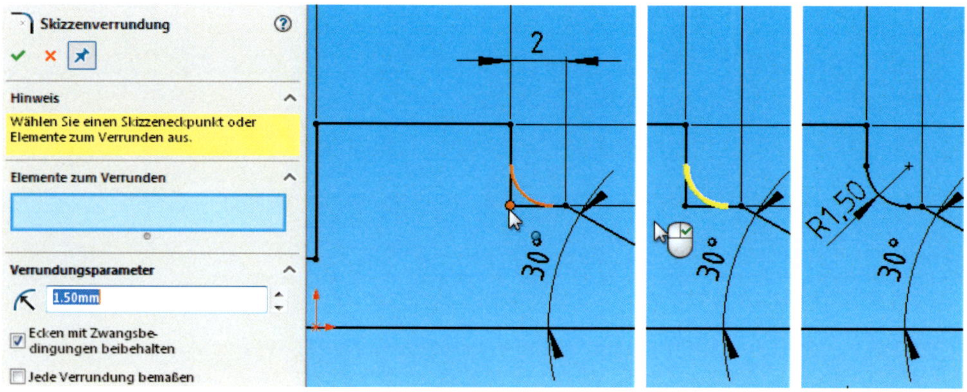

Bild 3.21: Hinzufügen einer Skizzenverrundung

Was der Hintergrund der Option *Zwangsbedingungen* ist? Gemeint sind Skizzenbeziehungen: Wenn Sie eine Ecke mit Bemaßungen und Skizzenbeziehungen verrunden, dann gehen diese verloren. Ohne die Option werden Sie immerhin noch gefragt, ob Sie die Verknüpfungen wirklich löschen wollen. Mit aktivierter Option jedoch wird die Ecke so umdefiniert, dass die Verknüpfungen trotz Rundung intakt bleiben. Sie ist also generell zu empfehlen.

Da wir die Nachkommastellen ausgeschaltet haben, wird der Radiuswert optisch auf 2 mm aufgerundet. Doch keine Sorge, der Originalwert besteht weiterhin! Um die Anzeige zu korrigieren,

- klicken Sie den Radius an und setzen die *Maßgenauigkeit* im PropertyManager, Rubrik *Toleranz/Genauigkeit*, auf *.1* (Bild 3.22).

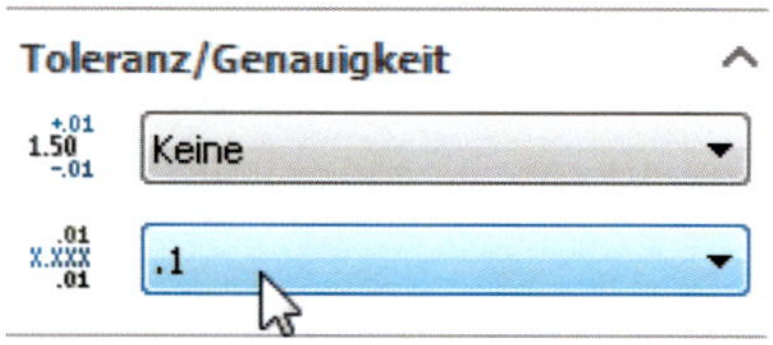

Bild 3.22: Die Einstellung der Maßgenauigkeit betrifft nur deren Darstellung.

> Verrunden Sie mehrere Ecken in einem Arbeitsgang (Stecknadel in Bild 3.21), so werden die Radien automatisch mit der Skizzenbeziehung *Gleich* verknüpft.

3.2.5 Skizzenfasen

- Rufen Sie dann in der Symbolleiste *Skizze* die Funktion *Skizzenfase* auf. Setzen Sie die *Stecknadel*, um drei identische Fasen auf einmal zu definieren.
- Wählen Sie *Winkel-Abstand* und stellen Sie **1** mm und **45°** ein. Klicken Sie dann auf die linke und rechte Ecke des größten Durchmessers (Bild 3.23, Pfeile).

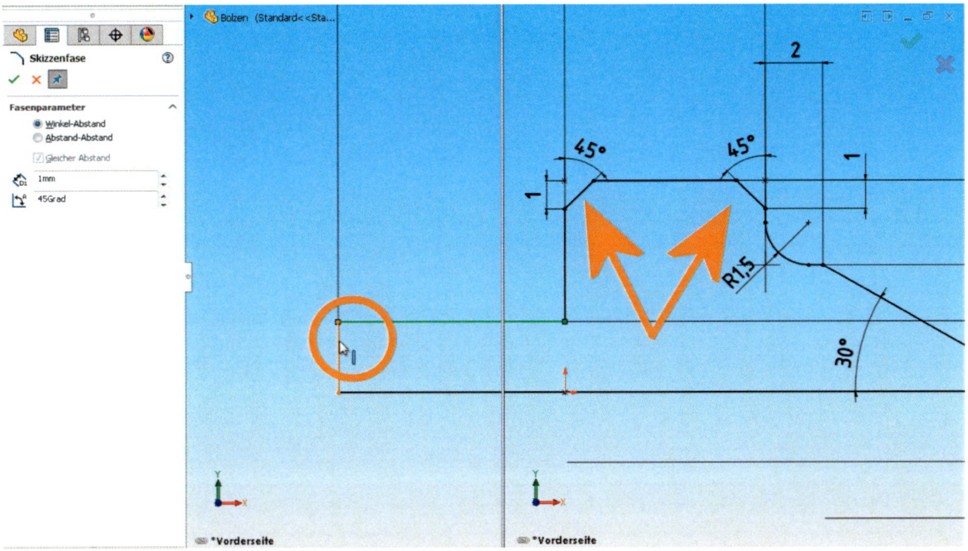

Bild 3.23: Die Skizzenfase mit der Option *Winkel-Abstand*

- Fasen Sie im gleichen Arbeitsgang das linke, obere Ende an (Kreis). Bestätigen Sie dann.

Die Ecken werden abgeschrägt. Dabei kann allerdings die Bemaßung des Durchmessers Schaden nehmen – der Erhalt der Zwangsbedingungen ist für Fasen offenbar nicht vorgesehen. Sie erzielen ihn trotzdem,

- indem Sie beim Fasen nicht Eckpunkte, sondern ganze Elemente wählen, oder
- indem Sie Fasen und Abrundungen anbringen, *bevor* Sie die Skizze bemaßen.

Das lässt sich natürlich nicht immer vorhersehen. Andererseits sind beschädigte Maße auch flugs wiederhergestellt.

- Schließen Sie die Skizze und nennen Sie sie **Sk Bolzen**.

In Bild 3.24 ist die vollständige Skizze im Fensterteiler dargestellt.

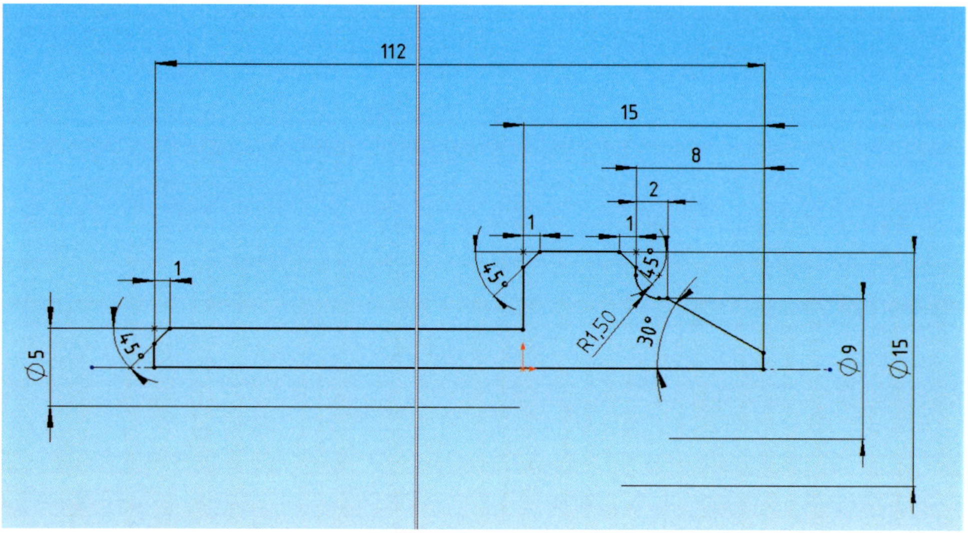

Bild 3.24: Die Skizze ist vollendet

- Mit *Aufsatz/Basis rotiert* erzeugen Sie daraus das Feature **Bolzen** (Bild 3.25).

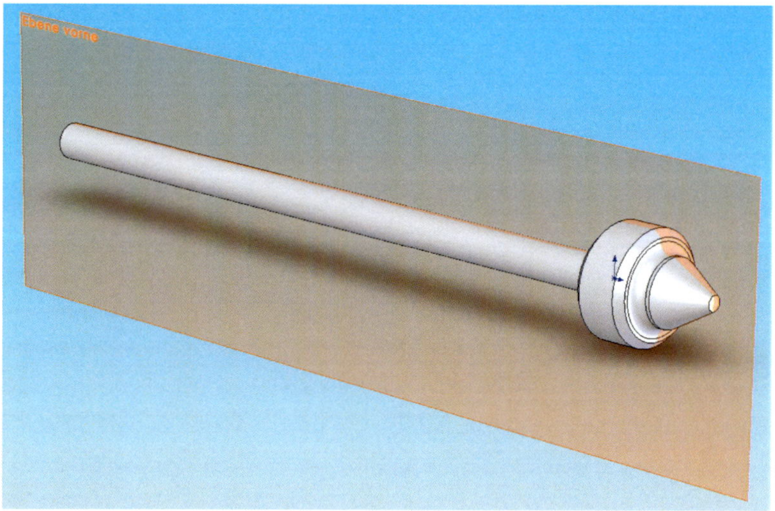

Bild 3.25: Der fast fertige Bolzen, hier mit der *Ebene vorne*

3.2.6 Dinge ändern sich: Parametrik

Auf das lange Ende soll ein Gewinde M5 geschnitten werden. Dazu brauchen wir nach DIN eine Fase 0,7 mm x 45°. Editieren wir also die Skizze:

- Öffnen Sie das Fasen-Maß am linken Ende - oder die Skizze - und ändern Sie den Abstand in **0.7 x 45°** (Bild 3.26).

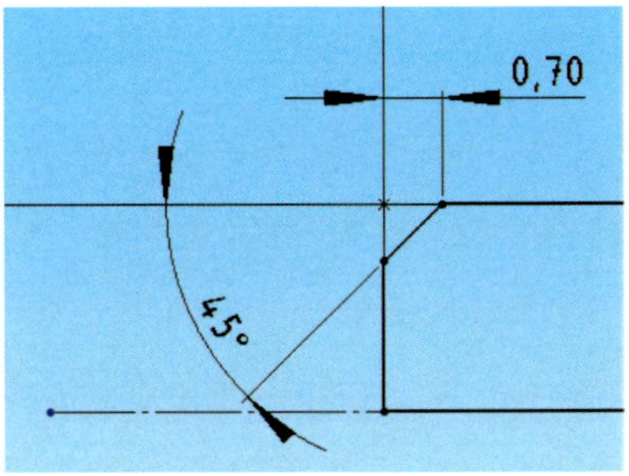

Bild 3.26: Nachtrag: eine Fase für das Gewinde

- Sobald Sie bestätigen bzw. die Skizze schließen, wird die Änderung ins Solid übernommen.

> Nun könnten Sie fragen, warum dies überhaupt möglich war: Hatten Sie nicht alle drei Fasen auf einmal erstellt und hätten dadurch nicht alle drei „umspringen" müssen?
>
> Die Antwort: Nein. Beim Radius-Makro wird die Beziehung *Gleich* definiert, wenn Sie mehrere auf einmal setzen. Beim Fasen-Makro hingegen nicht.

3.2.7 Gewinde

Zum Schluss bringen wir das Gewinde am Befestigungsbolzen an. SolidWorks bietet hier zwei Lösungen.

3.2.7.1 Die Gewindedarstellung

Zum Einen gibt es eine Art Skizzen-Feature, allerdings an ungewöhnlicher Stelle, denn hier handelt es sich um eine Beschriftung:

- Rufen Sie *Einfügen, Beschriftungen, Gewindedarstellung* auf. Der PropertyManager erscheint mit den Parametern (Bild 3.27).

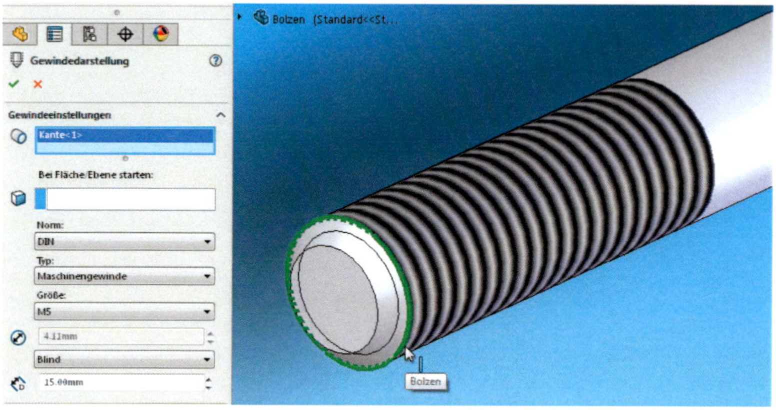

Bild 3.27: Die Gewindedarstellung als Beschriftung

Dieses Gewinde ist kein geometrisches Feature, sondern nur ein Bild, das um den Zylinder gewickelt wird. Allerdings wird es in der Zeichnungsableitung vollständig umgesetzt.

- Klicken Sie für die *Runde Kante* die äußere der beiden Fasenkanten an. *Norm* ist *DIN*, *Typ* ist *Maschinengewinde*. SolidWorks wählt *M5* und trägt den unveränderlichen *Kerndurchmesser 4.11* ein.
- Wählen Sie als *Endbedingung Blind* und bemessen Sie die *Tiefe* selbst zu **15** mm.
- Bestätigen Sie und ändern Sie den Namen der Skizze in **Sk M5x15**. Diesen Namen werden Sie in der 2D-Zeichnung wiedersehen.

Nun erscheint das Gewinde auf dem Zylinderschaft. Das Feature *Bolzen* im PropertyManager erhält unterdessen einen zweiten Skizzen-Eintrag (Bild 3.28).

Bild 3.28: Das Gewinde-Feature lässt sich bearbeiten und umbenennen

- Unterdrücken Sie diesen Eintrag über die Kontext-Symbolleiste, *Unterdrücken,* da im nächsten Abschnitt ein konkurrierendes Feature hinzukommt (Bild 3.29).

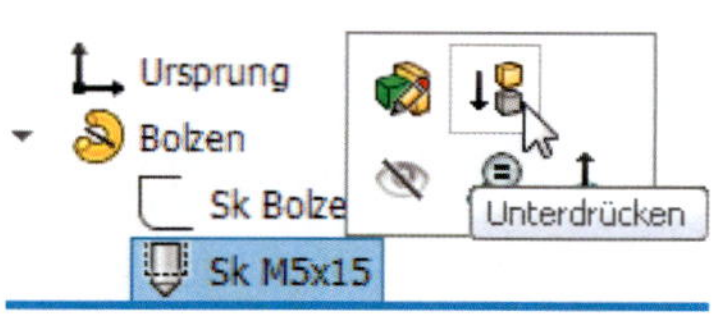

Bild 3.29: Features und Skizzen lassen sich unterdrücken. Damit verschwinden sie.

Unterdrücken bedeutet indes nicht „Ausblenden“: Während auch ausgeblendete Features berechnet und aktualisiert werden, ist dies beim Unterdrücken nicht der Fall. Wenn Sie sich den FeatureManager als eine Art Programm vorstellen, das mit jeder Aktualisierung von oben nach unten abgearbeitet wird, dann gelten unterdrückte Features als auskommentiert - sie sind praktisch gar nicht vorhanden! Der Sinn des Unterdrückens ist hier, mehrere Alternativen zu konstruieren, um diese dann *exklusiv* aktivieren zu können.

3.2.7.2 Das modellierte Gewinde

Seit Version 2016 gibt es Gewinde indessen auch als Feature. Hier wird der Gewindegang tatsächlich ins Modell geschnitten. Natürlich bedeutet dies auch erhöhten Bedarf an Rechenleistung:

- Rufen Sie *Einfügen, Features, Gewinde* auf. Der PropertyManager erscheint mit den Einstellungen (Bild 3.30).

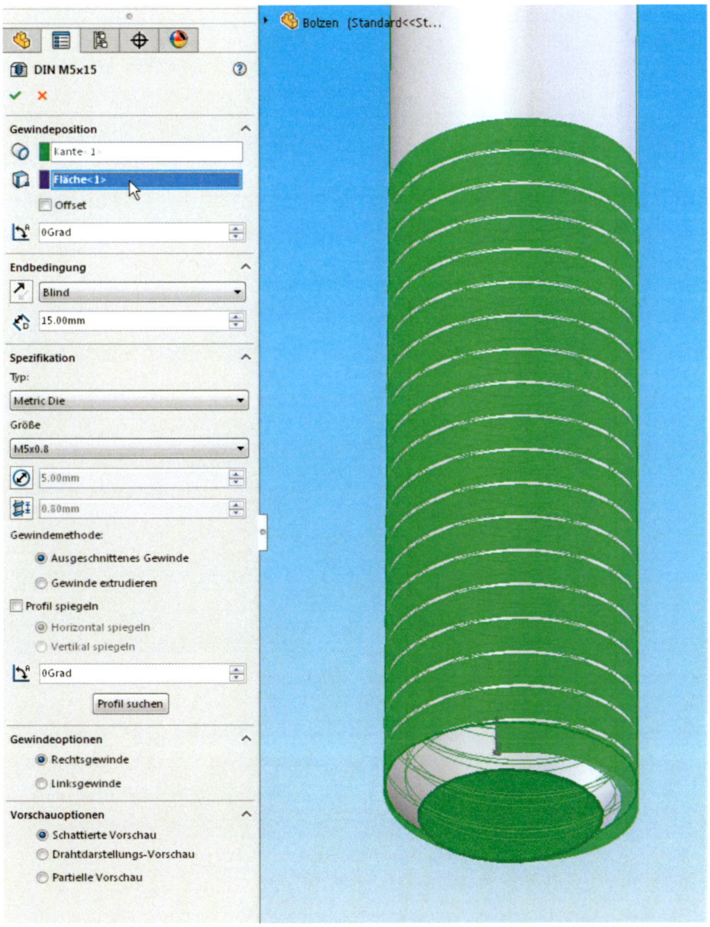

Bild 3.30: Das Gewinde-Feature ist eigentlich ein Makro mit *Ausgetragenem Schnitt*

- Wählen Sie als *Kante* wieder die größere der beiden Fasenkanten. Als *Fläche* klicken Sie auf den Zylinder des Bolzens.
- Setzen Sie als Bedingung *Blind* und als Länge **15** mm. *Metric Die* ist der englische Ausdruck für ein gerollt, metrisches Gewinde, auch wenn das Profil im Editor eher wie ein Schneidgewinde aussieht. Die *Größe* lautet *M5x0,8*. Wählen Sie ein *ausgeschnittenes Gewinde*. Bestätigen Sie.

Ein Problem sind allerdings die Gewindeausläufe. Denn ein Gewinde wie das in Bild 3.31 kann nicht funktionieren, da sich das Muttergewinde nicht aufsetzen lässt.

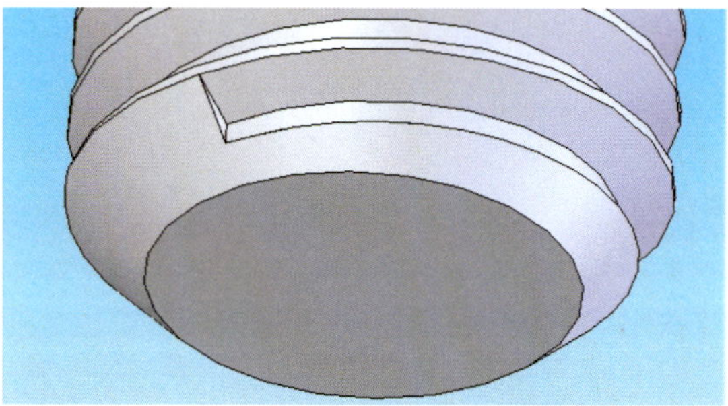

Bild 3.31: Patentiert: Das Gewinde für Nichtverschraubung!

Um dies zu beheben, nutzen wir den *Offset*, um das Gewinde vor dem Zylinder beginnen zu lassen:

- Aktivieren Sie die Option *Offset*, stellen Sie **2** mm ein. Der Anlauf wird nach oben versetzt, also aktivieren Sie die *Richtungsumkehr*. Aktivieren Sie außerdem die Option *Gewindelänge beibehalten*, um den *Offset* auszugleichen (Bild 3.32).

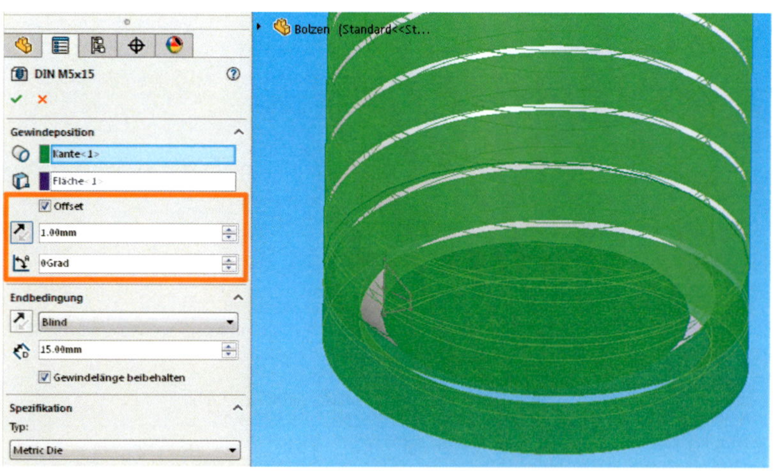

Bild 3.32: Der Gewindeauslauf am Ende wird korrigiert

- Nachdem Sie bestätigt haben, sieht der Gewindeauslauf so aus wie bei jeder handelsüblichen Schraube (Bild 3.33)!

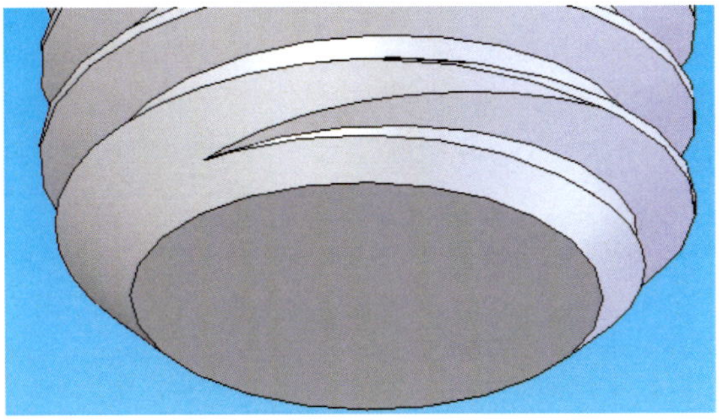

Bild 3.33: Der Auslauf beginnt mit der Fase: Auf diesen Bolzen können Sie schrauben!

Für das obere Ende des Gewindes können wir hingegen nichts tun. Na, ja, vielleicht in der nächsten Version! Auch hier treffen wir die Unterscheidung zwischen der Beschriftung und dem Feature:

- Nennen Sie das Gewinde-Feature **G M5x15**. „G“ wie *Gewinde*.
- Unterdrücken Sie nun das Gewinde-Feature,

da sich die beiden Gewinde nicht überlagern sollten, und

- *heben* Sie die *Unterdrückung* für *Sk M5x15* wieder *auf*.

Damit haben Sie zwei Versionen desselben Bauteils zur Verfügung, und zwar in ein und derselben Datei!

- Speichern Sie den *Bolzen*.

3.3 Der Klemmring

Das dritte Bauteil ist einfach, enthält aber eine Neuerung: Wir setzen eine radiale Bohrung.

- Öffnen Sie ein neues Teil und speichern Sie es unter **Klemmring**.
- Erstellen Sie auf der *Ebene vorne* wieder eine liegende *Mittellinie*.
- Zoomen Sie den Bildausschnitt auf etwa 20 mm Höhe.
- Zeichnen Sie dann ein *Rechteck* über die Mittellinie. Die linke Vertikale soll *deckungsgleich* mit dem Ursprung verknüpft sein. Bemaßen Sie nach Bild 3.34.

Erstellen Sie das Breitenmaß nicht mit den Eckpunkten, sondern mit den vertikalen Seiten – wir brauchen wieder Fasen. Die Höhenmaße sind Durchmesser und werden über die Mittellinie definiert.

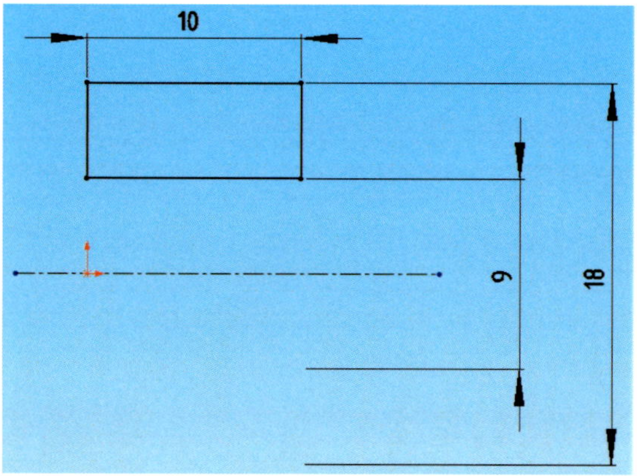

Bild 3.34: Der Halbquerschnitt des Klemmrings.

Auch hier sind Fasen an den Außenkanten anzubringen:

- Rufen Sie die *Skizzenfase* auf und wählen Sie die Option *Winkel-Abstand*. Stellen Sie dort **1** mm x **45°** ein und fixieren Sie die Stecknadel.
- Fasen Sie die beiden oberen Ecken an. Stellen Sie eventuell verlorengegangene Maße wieder her (Bild 3.35).

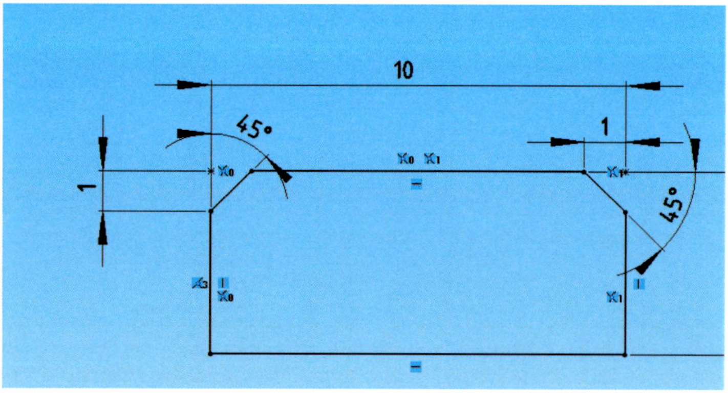

Bild 3.35: Zwei Fasen, und die Skizze ist komplett!

- Nennen Sie die Skizze **Sk Klemmring** und rotieren Sie sie mit *Aufsatz/Basis rotiert* um die Mittellinie.
- Nennen Sie das Feature **Klemmring**.

In Bild 3.36 sehen Sie den *Klemmring* mit der eingeblendeten Skizze und der Skizzierebene.

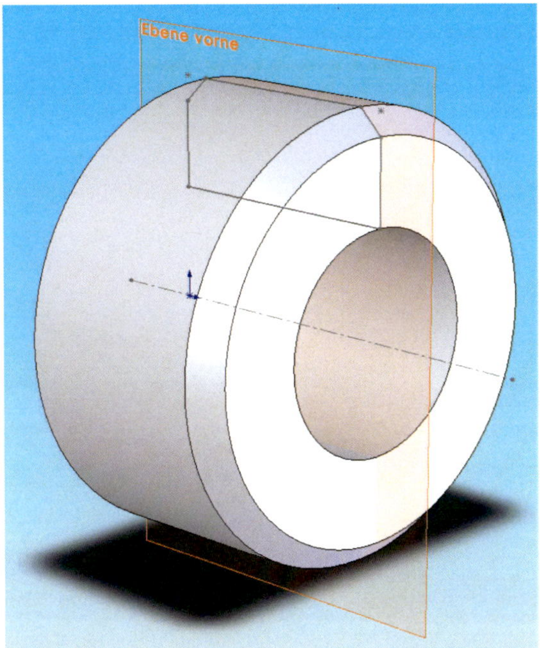

Bild 3.36: Nächster Schritt: eine radiale Bohrung

Damit der Klemmring später fixiert werden kann, versehen wir ihn mit einer Bohrung für einen Passstift. Da wir radial zum Ring bohren, brauchen wir eine neue Skizze:

- Fügen Sie auf der *Ebene oben* – nicht *vorne!* – eine neue Skizze ein. Blenden Sie *Sk Klemmring* ein und wechseln Sie mit STRG+1 in die Ansicht *Vorn*.

Jetzt sehen Sie die *Sk Klemmring* in der Draufsicht. Damit sich unsere Bohrung stets automatisch in der Mitte des Rings befindet, kopieren wir nun die breitere der beiden Linien in die aktuelle Skizze. Diese bestimmt ja die Höhe des Rings, und damit liegt ihr Mittelpunkt automatisch auf „halber Höhe“:

- Markieren Sie die breitere Horizontale der von *Sk Klemmring* und klicken Sie auf *Elemente umwandeln* (Bild 3.37).

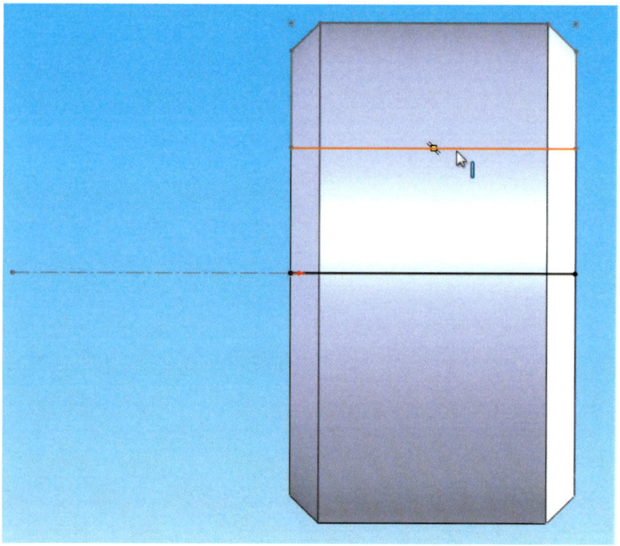

Bild 3.37: Wie gehabt: Konturkante übernehmen

- Blenden Sie Skizze und Ebenen wieder aus, um freie Sicht zu haben. Gehen Sie in die Draufsicht der aktuellen Skizze.
- Markieren Sie die übernommene Linie und deklarieren Sie sie im Property-Manager als *Für Konstruktion*. So verwandelt sie sich in eine Mittellinie.
- Zeichnen Sie außerhalb der Mittellinie einen *Kreis* ein,

denn Sie haben bessere Kontrolle über die Skizzenbeziehungen, wenn Sie ihnen bei der Arbeit zusehen.

- Markieren Sie das Kreiszentrum und die Konstruktionslinie und setzen Sie die Skizzenbeziehung *Mittelpunkt* (Bild 3.38).

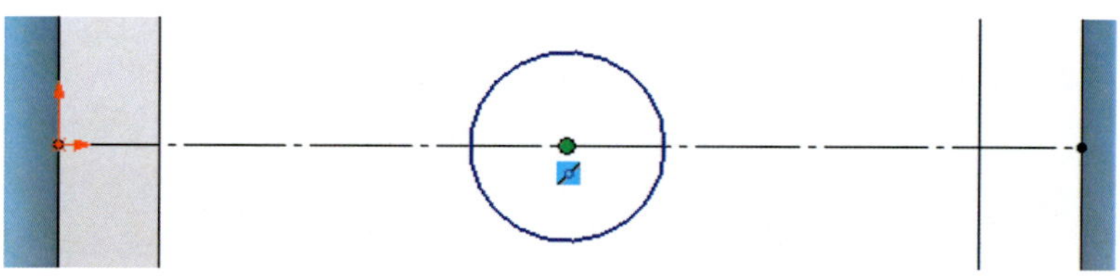

Bild 3.38: Der Kreis wird auf den Mittelpunkt der Mittellinie beschränkt

- Bemaßen Sie den Durchmesser des Kreises mit **3** mm (Bild 3.39).

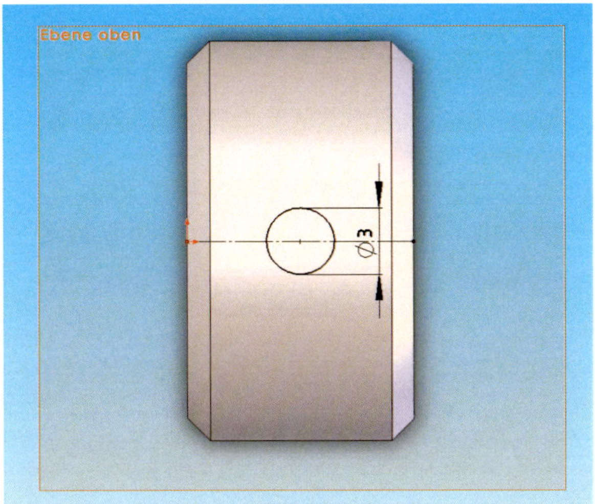

Bild 3.39: Der Durchmesser des Kreises führt zur voll definierten Skizze.

Damit ist die Skizze voll definiert.

- Schließen Sie sie und nennen Sie sie **Sk Bohrung**.
- Tragen Sie die Skizze mit einem *Linear ausgetragenen Schnitt* mit der Endbedingung *Bis nächste* nach oben aus. Dazu müssen Sie wieder die *Richtung umkehren* (Bild 3.40).

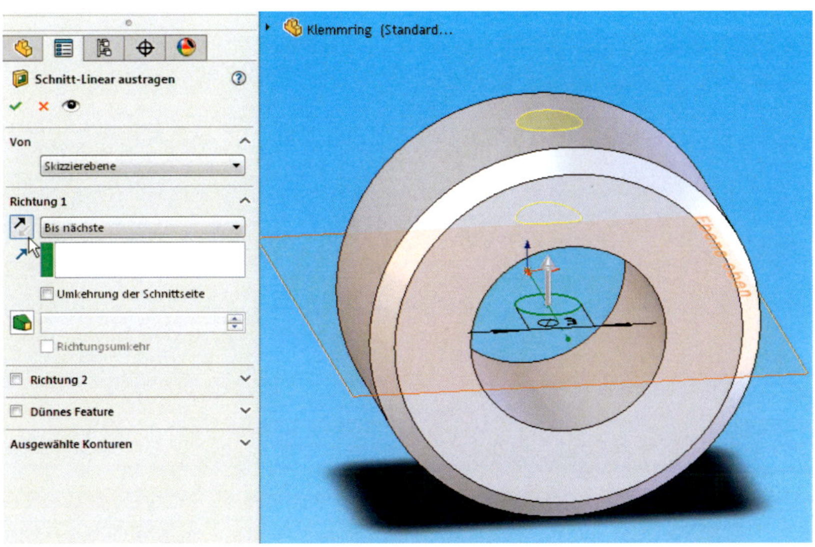

Bild 3.40: Mit dem Schnittfeature wird der Ring gebohrt

- Nennen Sie das Feature **Bohrung**.

Damit ist auch der Ring soweit fertig.

In Bild 3.41 ist noch einmal der FeatureManager des Klemmrings abgebildet.

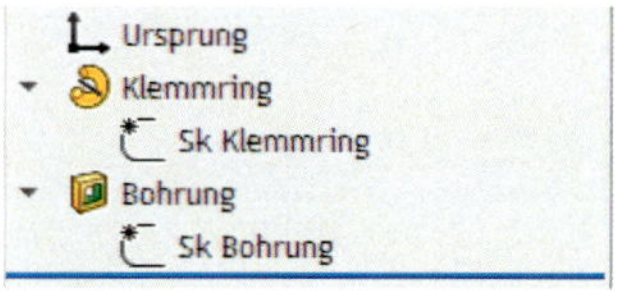

Bild 3.41: Die Features des Klemmrings

> Der Hintergrund der aufwendigen Bohrungskonstruktion ist folgender: Wenn Sie die Breite des Rings verändern, bleibt die Bohrung stets in der Mittelebene des Rings, weil wir den Kreis auf den Mittelpunkt der Skizzenbreite bezogen hatten. Der Umstand, dass es sich um eine übernommene Kante handelt, sorgt für das automatische Verhalten dieses Features.

- Testen Sie die Funktion der Bohrung, indem Sie im FeatureManager auf den Eintrag *Sk Klemmring* doppelklicken und das Maß *10 mm* erhöhen und erniedrigen. Die Bohrung sollte immer in der Mitte des Zylinders bleiben (Bild 3.42).

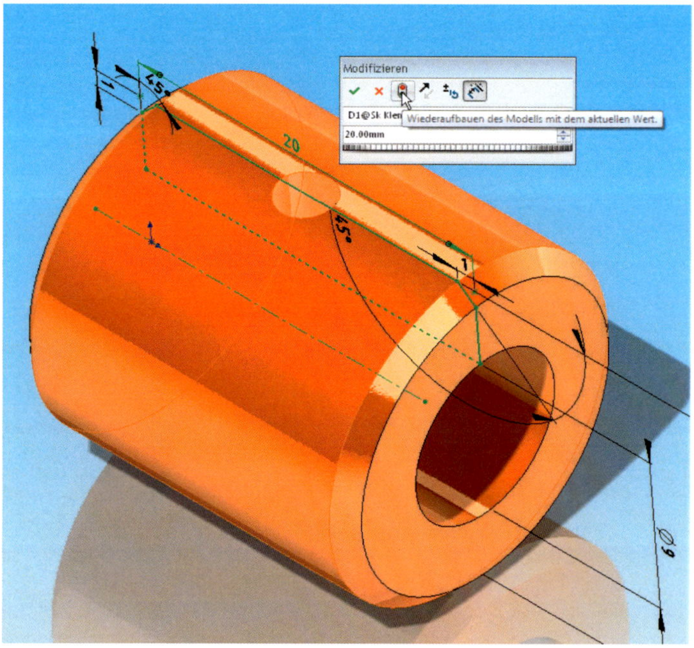

Bild 3.42: Unser erstes „intelligentes“ Bauteil: der fertige Klemmring

- Stellen Sie das Maß dann wieder auf **10** mm zurück.

■ 3.4 Farbige Bauteile

Wenn auch Sie bunte Bauteile mögen, dann können Sie sie einfärben wie Ostereier. Doch hier geht es nicht nur um Kosmetik: Systematische Farbgebung verbessert die Übersicht in einer Baugruppe, die hunderte von Bauteilen enthält. Dabei können Sie einzelne Flächen, Features und Volumenkörper, aber auch das ganze Bauteil und selbst die komplette Baugruppe auf einmal einfärben.

Natürlich haben Sie dann auch ebensoviele Wahlmöglichkeiten! Die Übersicht bewahren Sie jedoch, wenn Sie hier mit dem FeatureManager anstatt des Editors arbeiten:

- Oben rechts, neben den Tabellenreitern, sehen Sie einen Pfeil (Bild 3.43, Kasten). Klicken Sie darauf, so öffnet sich eine Art Tabelle, über die Sie die *Sichtbarkeit*, den *Rendermodus* für Baugruppen, das *Erscheinungsbild* und die *Transparenz* aller Features verwalten können, sofern sie anwendbar sind – es gibt z. B. keine Textur für Skizzen.

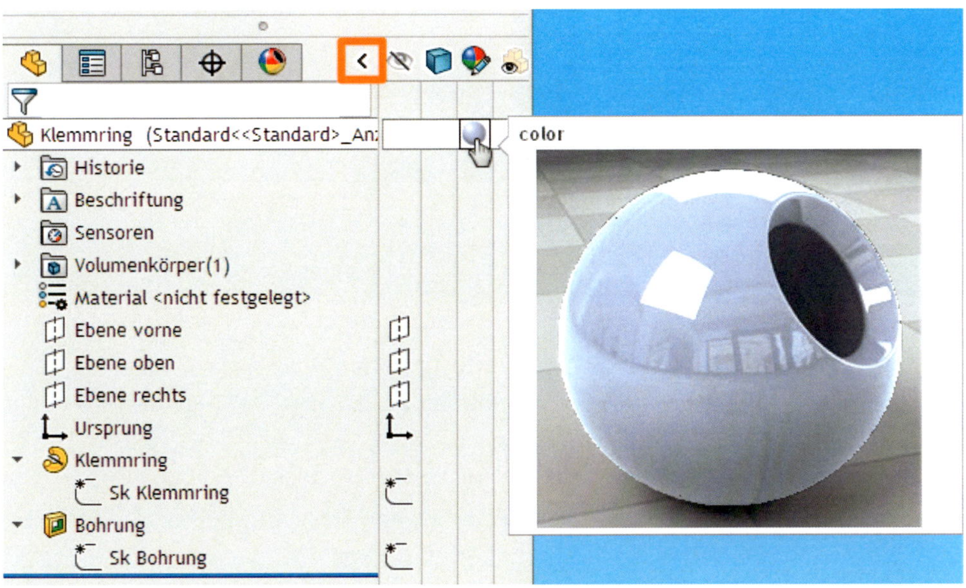

Bild 3.43: Diese Tabellenansicht ist die übersichtlichste Art, Feature-Eigenschaften zu verwalten!

Unter *Sichtbarkeit* können Sie z. B. mit einem Klick Skizzen und Ebenen ein- und ausblenden. Einzelne Features können Sie hingegen mit der letzten Spalte, *Transparenz* ein- und ausblenden: Das ist wesentlich praktischer als die ewige Fummelei mit der Kontext-Symbolleiste!

- Sie können auch neben dem Eintrag *Klemmring* an erster Stelle in die Spalte *Erscheinungsbild* klicken. Dadurch wird die Textur des gesamten Bauteils geöffnet (Bild 3.44).

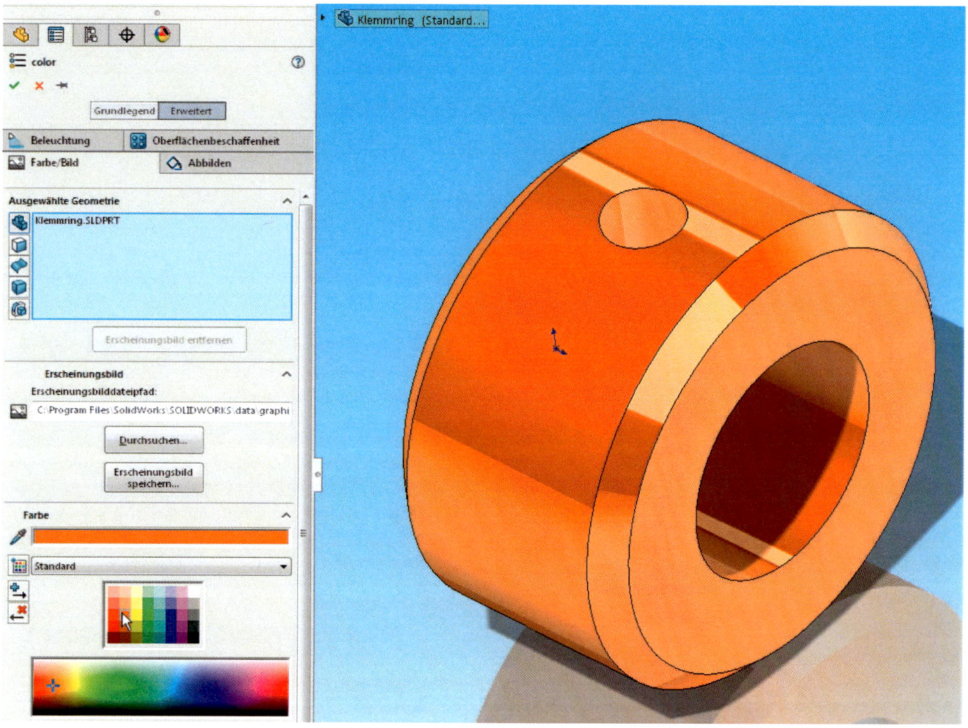

Bild 3.44: Einstellen der Textur eines Bauteils

- Unter *Ausgewählte Geometrie* sehen Sie hier *Klemmring.sldprt,* also die Datei selbst – globaler geht's nimmer! Stellen Sie unter *Farbe* z. B. ein sattes Orange ein.

Wenn Ihr Rechner eine Grafikkarte hat, die *RealView* ermöglicht, fügen Sie ruhig noch eine *Oberflächenbeschaffenheit* hinzu – oder Sie gedulden sich einfach bis zum Rendern in *PhotoView:*

- Schalten Sie um auf den Modus *Erweitert* und wählen Sie die Registerkarte *Oberflächenbeschaffenheit.* Wählen Sie z. B. *Maschinell bearbeitet* (Bild 3.45).

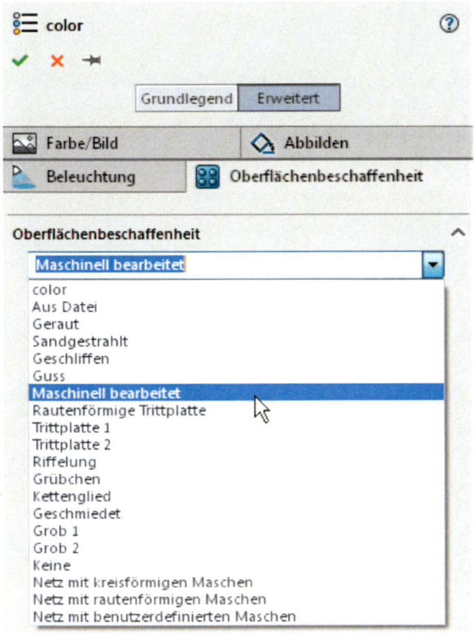

Bild 3.45: Nicht nur die Teile, auch die Oberflächen können realistisch erscheinen!

- Sobald Sie bestätigen, wird das neue Material neben dem Haupt-Feature *Klemmring* angezeigt – und natürlich auch im Editor (Bild 3.46)!

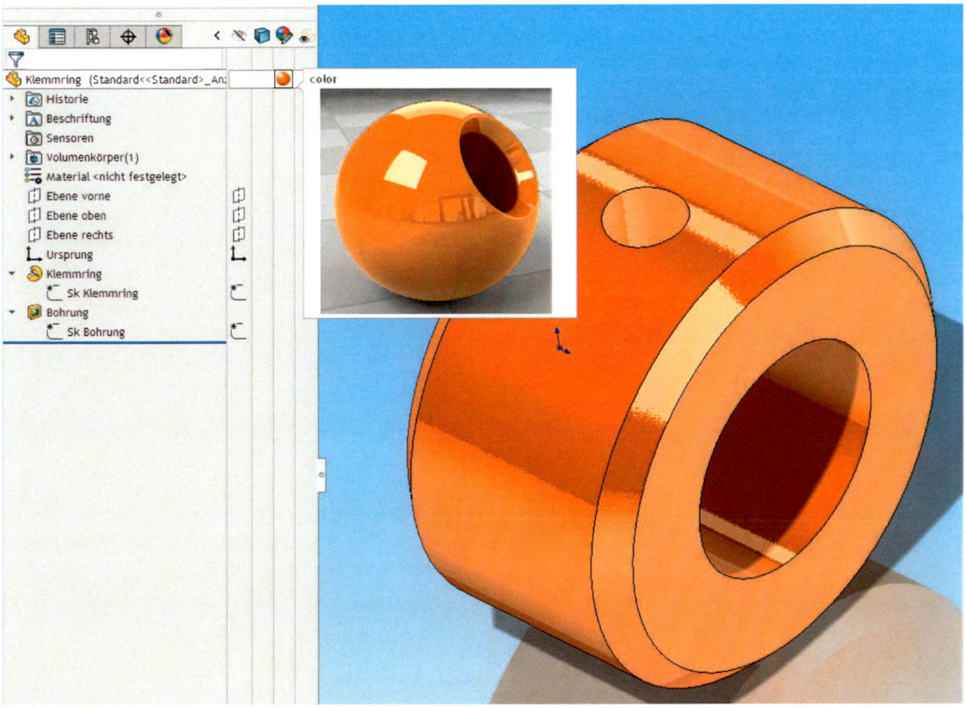

Bild 3.46: Die Oberflächen zeigen konzentrische Riefen: Dieses Bauteil wurde gedreht.

- Speichern und schließen Sie dann das Bauteil.

> Erscheinungsbilder können Sie leicht kopieren, auf andere Teile übertragen und wieder entfernen, indem Sie das Kontextmenü des Materials durch Anklicken öffnen. Passen Sie jedoch auf: Es macht süchtig!

3.5 Der lose Flansch

Die Schleifscheibe muss beidseitig eingespannt werden, und dazu setzen wir zwei Druckflansche ein. Bauen wir zunächst den erheblich einfacheren Flansch auf der beweglichen Seite:

- Erstellen Sie ein neues Bauteil und speichern Sie es unter **Flansch Lose.**
- Erstellen Sie auf der *Ebene vorne* eine neue Skizze mit liegender Mittellinie.

3.5.1 Genauer skizziert

- Schalten Sie das *Gitter* ein und zoomen Sie den Ausschnitt auf etwa 40 mm Höhe.
- Zeichnen Sie die Kontur nach Bild 3.47, wobei Sie etwa 30 Einheiten über dem Ursprung beginnen. Die linke Vertikale schwebt auch hier wieder *deckungsgleich* über dem Ursprung.

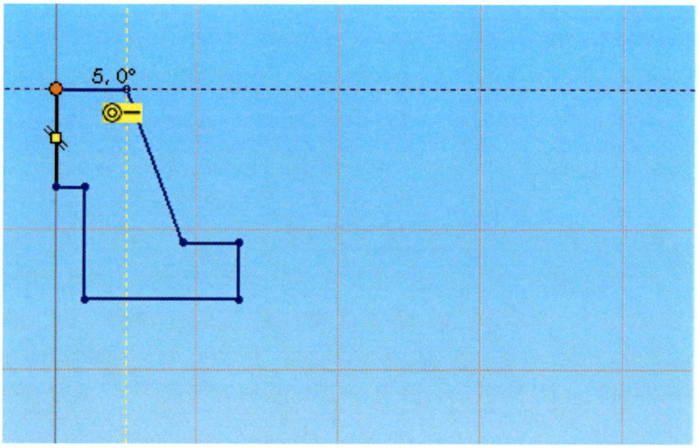

Bild 3.47: Der Entwurf des Flansches

- Zeichnen Sie versuchshalber noch eine *vertikale* Mittellinie, die *deckungsgleich* mit dem Ursprung verbunden ist (vgl. Bild 3.48).

- Bemaßen Sie dann die drei Breiten der Kontur, wobei Sie mit dem kleinen Maß **3** mm anfangen. Tragen Sie dann die vier Durchmesser ein.

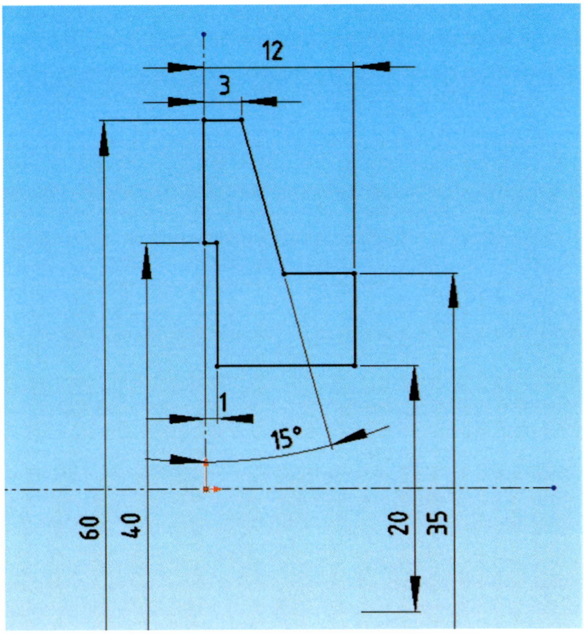

Bild 3.48: Der Winkel wird von der feststehenden Mittellinie abgetragen

- Fügen Sie eine *Skizzenverrundung* von **2** mm sowie eine *Skizzenfase* mit **1 x 45°** am rechten Ende hinzu (Bild 3.49).

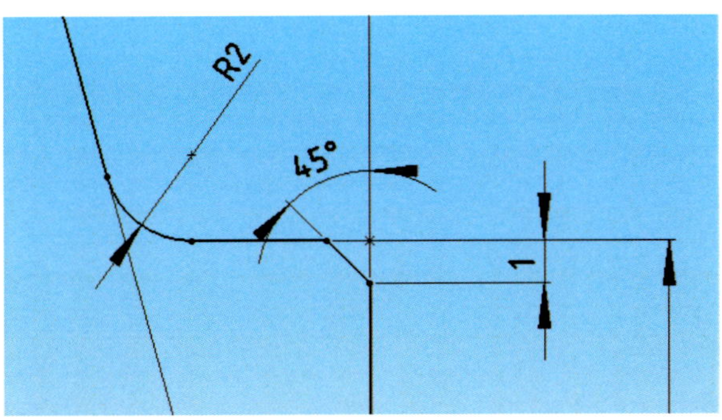

Bild 3.49: Ein Radius und eine Fase, und die Skizze ist vollendet

- Stellen Sie Skizzenbeziehungen und Maße wieder her, falls nötig.
- Schließen Sie nun die Skizze und nennen Sie sie **Sk Flansch**.

- Beim nun folgenden Feature *Aufsatz/Basis rotiert* müssen Sie die Mittellinie auswählen, da Sie diesmal zwei davon in der Skizze haben (Bild 3.50, Pfeile).

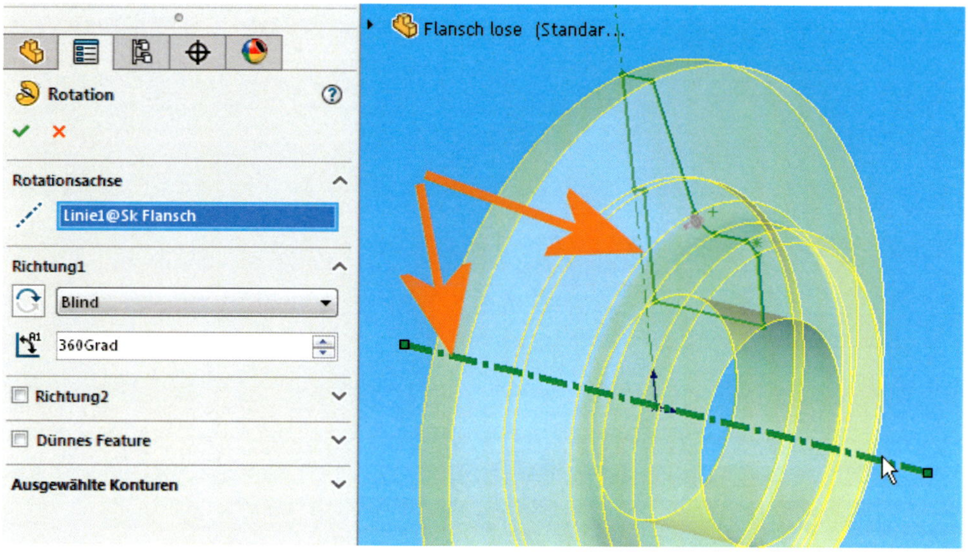

Bild 3.50: Zwei Mittelachsen bedeuten Wahlpflicht beim Rotieren!

- Löschen Sie nun die vertikale Mittellinie der *Sk Flansch*. Schließen Sie die Skizze und speichern Sie das Teil.

Damit ist die Scheibe im Wesentlichen fertig, wir brauchen nur noch eine Bohrung anzubringen (Bild 3.51).

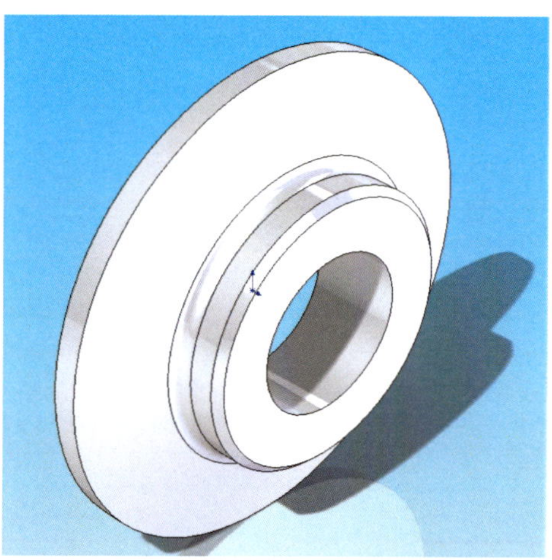

Bild 3.51: Der lose Flansch, noch ungebohrt

3.5.2 Eine harmlose Bohrung

- Erstellen Sie auf der *Ebene oben* eine neue Skizze. Schwenken Sie in die Normalansicht.
- Legen Sie eine horizontale Mittellinie *deckungsgleich* durch den Skizzenursprung.
- Übernehmen Sie die Kante der Lochleibung am rechten Ende der Bohrung *20 mm* mit *Elemente umwandeln*. Markieren Sie die neue Linie dann *Für Konstruktion* (vgl. Bild 3.53, Kreis). 
- Blenden Sie den *Volumenkörper* aus.
- Zeichnen Sie einen *Kreis*, verknüpfen Sie ihn *deckungsgleich* mit der Mittellinie und bemaßen Sie ihn mit **4** mm Durchmesser und **4** mm Abstand von der übernommenen Kante (Bild 3.52). 

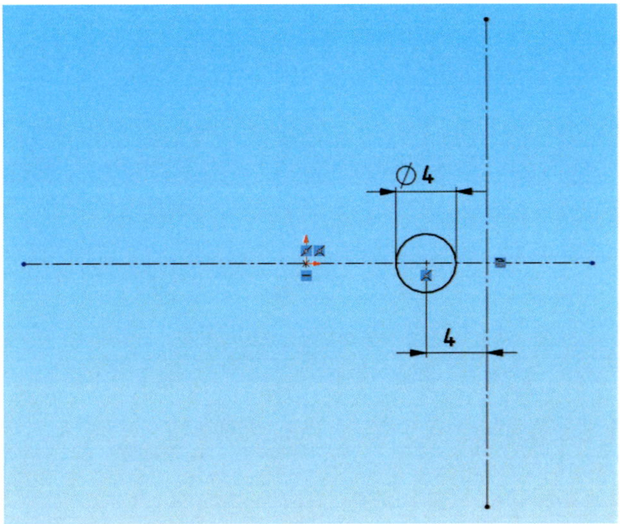

Bild 3.52: Die Bohrung wird skizziert

- Blenden Sie den *Volumenkörper* dann wieder ein.

3.5.3 Die Alternative: Räumlich arbeiten

Wenn Körperkanten und Linien sich gegenseitig verdecken, können Sie die räumliche Arbeitsweise probieren, die in Bild 3.53 dargestellt ist.

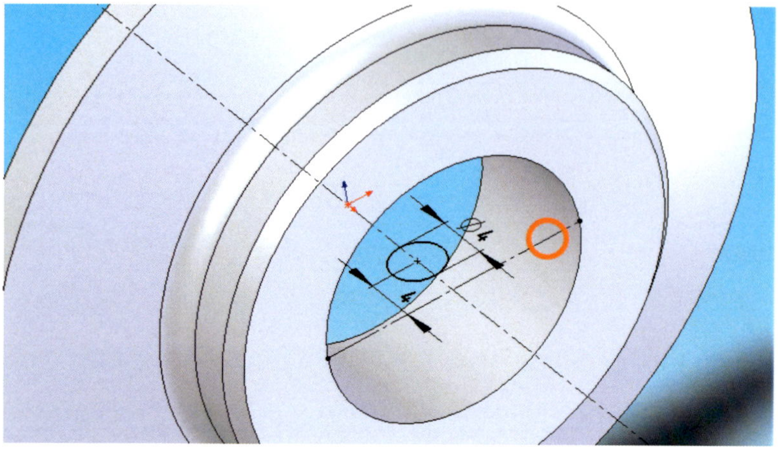

Bild 3.53: Zauberei: Die Werkzeuge arbeiten unabhängig von der Ansicht!

- Drehen Sie die Ansicht so, dass Sie die Skizze räumlich sehen. Die Skizzenwerkzeuge funktionieren nun immer noch genau wie vorher, auch Gitter, Fangfunktionen und Bemaßung sind noch exakt dieselben.

Allerdings müssen Sie hier umdenken: Eine horizontale Bemaßung ist nicht mehr waagerecht, die Kreise sehen wie Ellipsen aus, die Arbeit mit einer frei schwebenden Skizze ist gewöhnungsbedürftig, und Ihnen stehen mehr Freiheitsgrade für Fehler zur Verfügung. Dafür aber ist das Auffinden verdeckter Elemente umso leichter.

3.5.4 Auswahl von Elementen

Es gibt aber noch andere Methoden, die Auswahl zu präzisieren. Sie haben vielleicht schon die Option *Anderes auswählen* in der Kontext-Symbolleiste gesehen (Bild 3.54).

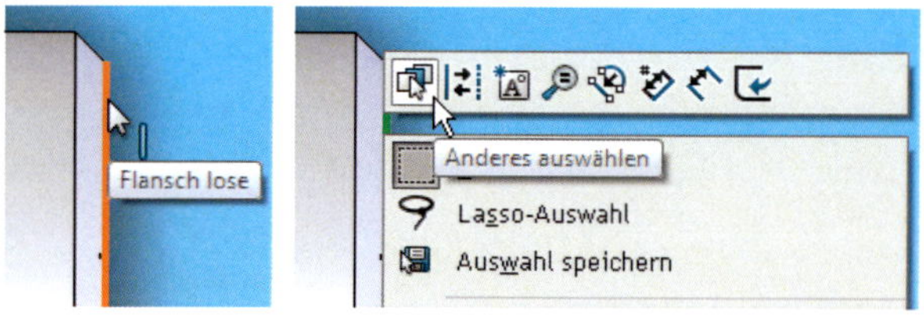

Bild 3.54: Erste Hilfe für die zweite Wahl: *Anderes auswählen*

Diese Funktion hilft Ihnen, an verdeckte Objekte heranzukommen:

- Kehren Sie in die Normalansicht zurück.

- Zeigen Sie auf die übernommene Kante: Sie wird rot oder je nach Farbeinstellung auch orange hervorgehoben (Bild 3.54 links).

So werden Objekte angezeigt, die zur Auswahl bereit sind: Ein Linksklick wählt das Objekt, ein Rechtsklick öffnet sein Kontextmenü. Je nachdem, worauf genau Sie zeigen, können sich aber auch andere Objekte angesprochen fühlen, wie hier die Innenkante der Bohrung *20 mm* oder die innere Kante der Fase. Solche Situationen erzwingen just das „Auswählen von Anderem“:

- Klicken Sie nun auf die übernommene Kante, und die Kontext-Symbolleiste erscheint (Bild 3.54 rechts). Wählen Sie *Anderes auswählen.*

Daraufhin erscheint eine Auswahlliste mit allen Objekten, also z. B. Punkten, Linien, Kanten und Flächen, die einander in der aktuellen Ansicht überdecken. In Bild 3.55 sehen Sie die vier Möglichkeiten in der Zusammenschau.

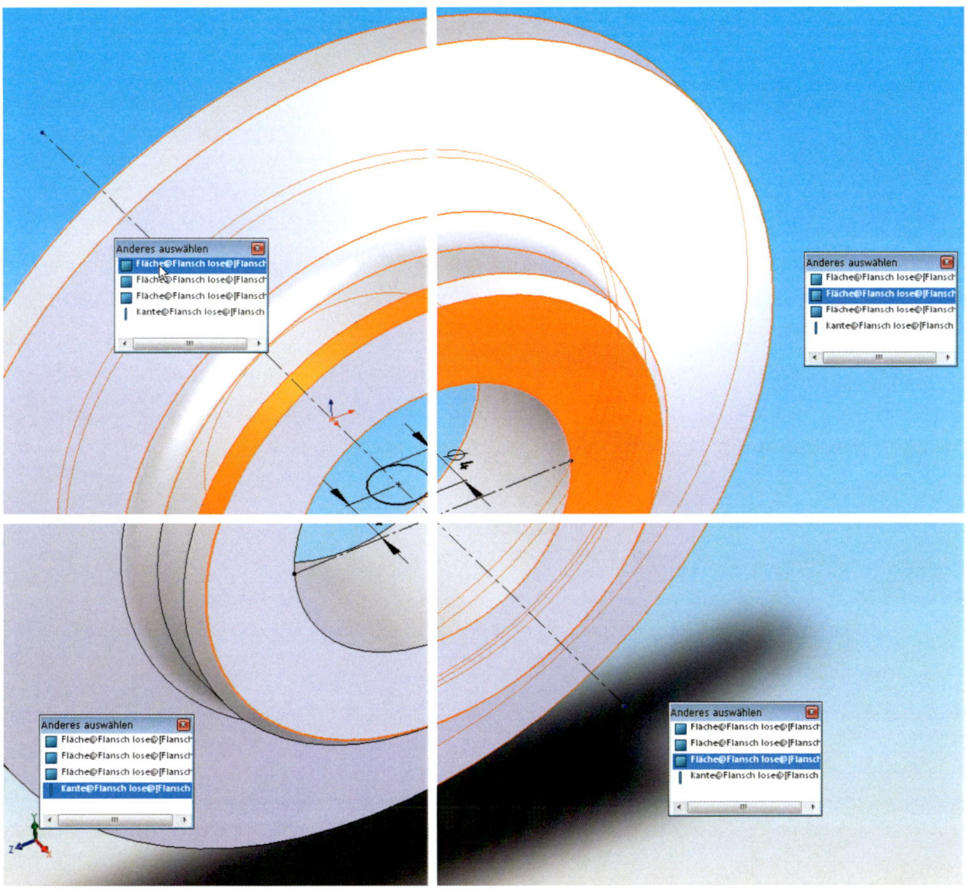

bit.ly/3eXGsle
Video 10

Bild 3.55: *Anderes auswählen* – eine segensreiche Erfindung!

Solange der Modus *Anderes auswählen* aktiv ist,

- können Sie durch Rechtsklicks über den Flächen sukzessive das gesamte Modell ausblenden – zum Beispiel, um eine innen liegende Kante freizulegen. Der Cursor zeigt dabei eine Maus mit einem Auge auf der rechten Taste (Bild 3.56).

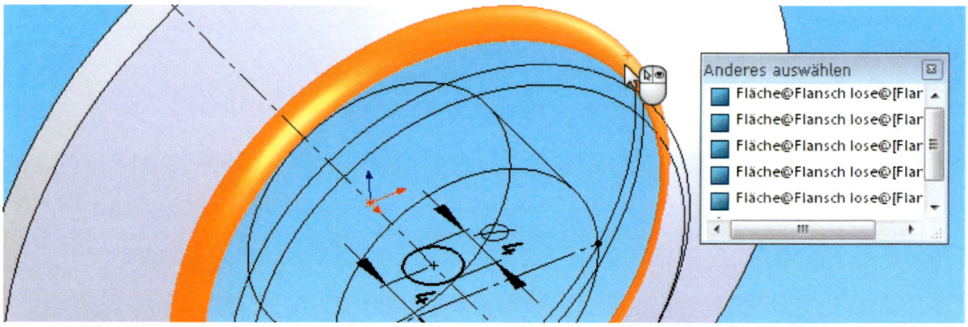

Bild 3.56: Temporäres Ausblenden von Flächen während des Modus *Anderes auswählen*

> Sie können auch Objekte wählen, die ursprünglich gar nicht in der Liste standen, zum Beispiel die Zylinderfläche der Aussparung auf der Unterseite. Falls Sie dies grundsätzlich tun wollen, aktivieren Sie unter *Optionen, Systemoptionen, Anzeige/Auswahl* die Option *Auswahl in Modi Drahtdarstellung und Verdeckte Kanten sichtbar erlauben*. Die andere lassen Sie tunlichst deaktiviert, andernfalls werden Sie auf die Dauer einen Schatten kriegen.

- Sobald Sie die Wahl der übernommenen Kante durch Linksklick vollenden, wird sie gewählt und die ursprüngliche Ansicht wieder hergestellt.

3.5.5 Variationen des Mauspfeils

Der Mauspfeil nimmt unterdessen je nach Objekt und Aufgabe alle möglichen Formen an. In Bild 3.57 sind die Icons für *Ecke, Kante, Fläche, Punkt* und *Kreis* dargestellt.

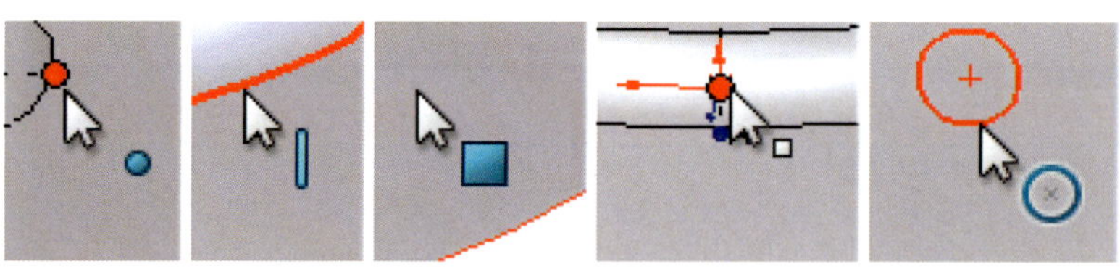

Bild 3.57: Der Zeiger variiert je nach dem unterliegenden Objekt

3.5.6 Wahlmodi

Neben dem Anklicken gibt es noch weitere Möglichkeiten, Objekte – und vor allem mehrere Objekte auf einmal – zu wählen:

- Mit einer *Rahmenauswahl* schließen Sie alle Objekte ein, die Sie wählen wollen. Der Rahmen wird wie üblich von links nach rechts aufgezogen. Objekte, die nicht vollständig im Rahmen sind, bleiben ungewählt. Die Rahmenlinien sind durchgezogen, der Rahmen ist blau gefüllt (Bild 3.58, links).

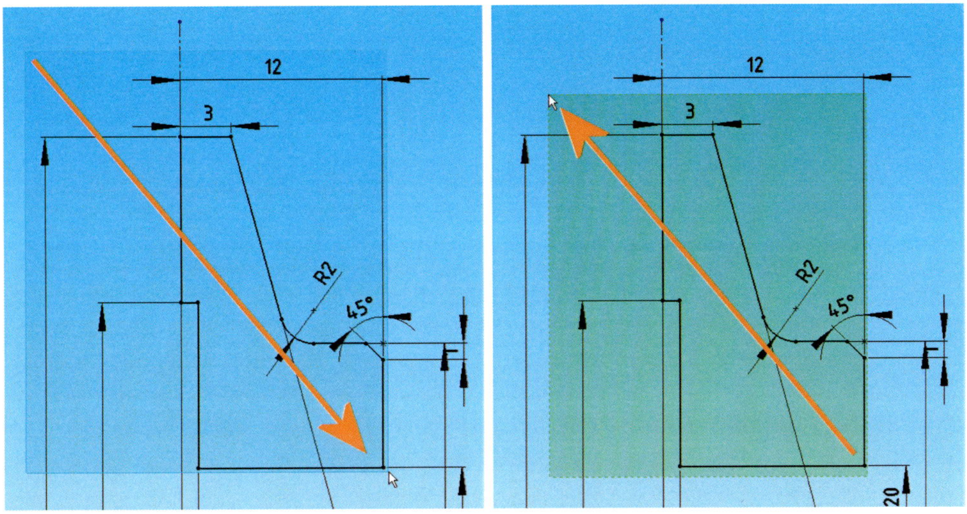

Bild 3.58: Der Unterschied zwischen Rahmen- und Querauswahl

- Ziehen Sie den Rahmen dagegen von rechts nach links auf, so treffen Sie eine *Querauswahl*. Das bedeutet, alle enthaltenen und alle *berührten* Objekte werden gewählt. Der Zugrahmen ist gestrichelt und grün gefüllt (rechts).

3.5.7 Auswahlfelder

Die gewählten Objekte werden dann üblicherweise in einem so genannten *Auswahlfeld* angezeigt. Dies sind Listenfelder, die Sie durch Anklicken aktivieren, wodurch sie blau unterlegt werden (Bild 3.59). Auch die Höhe können Sie verstellen, wenn sich die Elemente häufen.

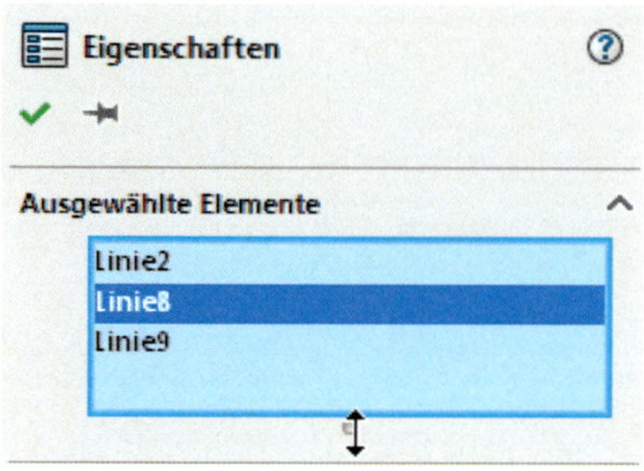

Bild 3.59: Ein Auswahlfeld, höhenverstellbar

- Um Objekte zum Auswahlfeld hinzuzufügen, drücken Sie bei der Wahl STRG. Manchmal ist das aber auch nicht erforderlich – das Programm verhält sich hier inkonsistent.
- Sie können einen Eintrag aus der Liste entfernen, indem Sie ihn markieren und ENTF drücken oder über sein Kontextmenü *Löschen* wählen.

3.5.8 Auswahlfilter

Bestimmte Arten von Objekten wählen Sie dagegen mit den Auswahlfiltern. Die gleichnamige Symbolleiste finden Sie unter *Ansicht, Symbolleisten* (Bild 3.60).

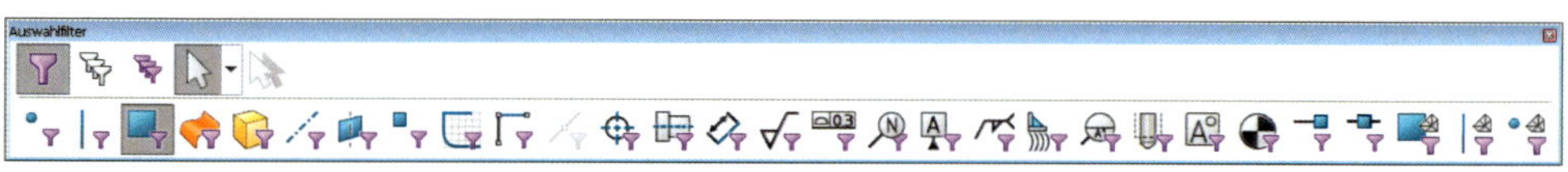

Bild 3.60: Auswahlfilter in reicher Auswahl

Diese Toggles dienen dazu, Ihnen in komplexen Modellen, Baugruppen und Zeichnungen eine auf Anhieb korrekte Objektauswahl zu ermöglichen. Vertreten sind Modell- und Hilfsobjekte, Skizzen- und Zeichnungselemente.

- Sie können zum Beispiel die Schaltfläche *Filter Kanten* aktivieren (sie bleibt gedrückt), um so ausschließlich Körperkanten im Editor zu wählen. Der Shortcut lautet E.

- Sie können auch Kombinationen einstellen, indem Sie etwa *Kanten* und *Eckpunkte* aktivieren.

- Mit der ersten Schaltfläche der oberen Reihe, *Schalter Auswahlfilter* oder F6 schalten Sie die gesamte Kombination ein und aus, sodass sie nicht gleich wieder verlorengeht.

- Die zweite Schaltfläche *entfernt alle Filter,*

- die dritte dagegen *wählt alle Filter aus.*
- Die vierte Schaltfläche *invertiert die Auswahl* in der Skizze. So können Sie beispielsweise mit dem *Filter Eckpunkte* und *Invertieren* alles *außer* den Eckpunkten wählen.

Vorherige Kombinationen gehen dabei allerdings verloren; diese können leider auch nicht gespeichert werden.

3.5.9 Weiter im Modell

- Schließen Sie die Skizze und nennen Sie sie **Sk Bohrung**.
- Tragen Sie die Skizze dann mit einem *Linear ausgetragenen Schnitt* und der Endbedingung *Bis nächste* zur Bohrung aus. Verwenden Sie wieder die Schaltfläche *Richtung umkehren,* um einen Schnitt nach oben zu erzwingen.
- Nennen Sie das Feature dann **Bohrung**.

Den fertigen Flansch sehen Sie in Bild 3.61. Sehr schön ist die komplexe Form der Lochkante zu sehen, die durch den Schnitt des Bohrungs-Zylinders mit dem Torus der Ausrundung entsteht.

Bild 3.61: Die Bohrung führt durch die Ausrundung

Bild 3.62 zeigt den vollständigen Historienbaum des Flansches.

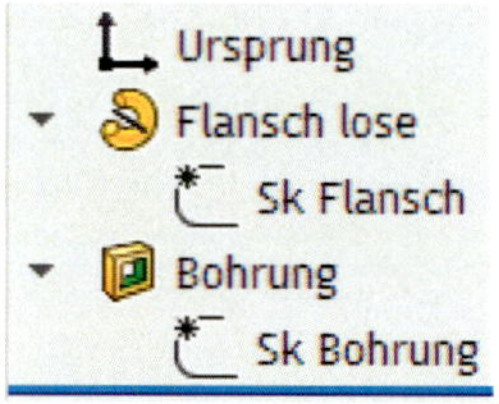

Bild 3.62: Der Hierarchiebaum von *Flansch lose*

- Speichern und schließen Sie FLANSCH LOSE.

3.6 Die Distanzhülse

Das letzte der kleineren Bauteile besteht in einer Abstandhülse mit einem Bund und einem Gewinde:

- Erstellen Sie ein neues Bauteil und nennen Sie es **Distanzhülse**.
- Legen Sie auf der *Ebene vorne* eine Skizze mit liegender Mittellinie an.
- Zoomen Sie mit Hilfe des Gitters auf eine Breite von etwa 90 mm.
- Zeichnen Sie die Kontur nach Bild 3.63. Beachten Sie auch ihre Lage: Der Ursprung liegt an der linken Seite des großen Durchmessers.

bit.ly/3d1TmDc
Video 11

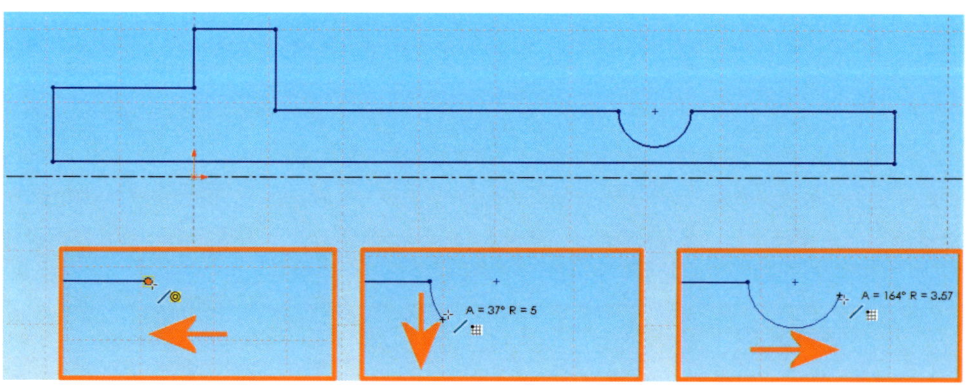

Bild 3.63: Überraschung: Die Linie verfügt über einen eingebauten Bogen

3.6.1 Funktionale Alternativen: Der Bogenmodus

Manche Funktionen in SolidWorks verfügen über mehrere sogenannte Alternativ-Modi. Diese Modi toggeln Sie mit der Taste A.

Die *Linie* können Sie zum Beispiel auf *Bogen* umschalten, und zwar tangentiale und lotrechte Bogen beiderlei Krümmung, je nachdem, in welche Richtung Sie den Stift vom Anschlusspunkt wegziehen: nach rechts, links, nach oben oder unten. Und jede dieser Richtungen birgt wiederum zwei Krümmungsrichtungen: Uhrzeiger- oder Gegenuhrzeigersinn.

Wenn Sie die ersten drei Linienstücke nach Bild 3.63 gezeichnet haben,

- schalten Sie entweder mit A auf den Bogenmodus um, oder
- Sie ziehen den Stift auf den Anschlusspunkt zurück, wodurch Sie ebenfalls den Bogenmodus einschalten (Kasten links).
- Indem Sie den Cursor vom letzten Punkt nach unten wegziehen, entsteht ein rechtwinklig angesetzter Bogen (Kasten Mitte).
- Setzen Sie dann wie in der Abbildung beschrieben einen Halbbogen an (Kasten rechts). Danach schalten Sie wieder zurück in den Linienmodus und zeichnen den Rest der Kontur.
- Schalten Sie dann das Gitter wieder ab, um sich die Bemaßungsarbeit zu erleichtern.
- Bemaßen Sie zunächst die drei Breiten (Bild 3.64):

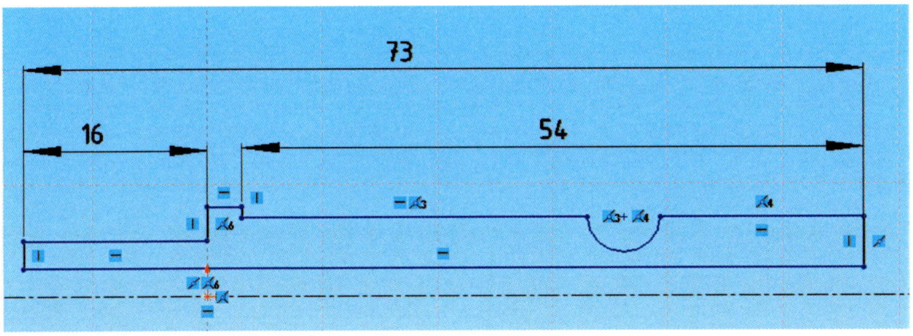

Bild 3.64: Die Breitenmaße

> Schon seit Längerem fällt Ihnen folgendes auf: Wenn Sie das erste Maß ansetzen, verändert sich die Skizze nicht – kein Stück! Falls doch, dann haben Sie die Einstellung *Skizze bei Erstellung der ersten Bemaßung skalieren* noch nicht aktiviert. Sie finden sie in den *Optionen, Systemoptionen,* Rubrik *Skizze*. Sie verhindert ein Verzerren der Skizze bei der Bemaßung. Daher auch die Empfehlung, immer mit dem größten Maß anzufangen.

- Bringen Sie zwischen der zweiten Vertikalen von links und dem Ursprung eine Beziehung *Deckungsgleich* an.
- Auf der linken Seite bemaßen Sie zunächst die drei Durchmesser. Setzen Sie an der linken oberen Ecke eine *Skizzenfase* **1 x 45°** an.
- Löschen Sie das Maß *1 mm* der Fase und bemaßen Sie die untere Ecke stattdessen über die Mittellinie mit einem Durchmesser von **7** mm (Bild 3.65, Kreis).

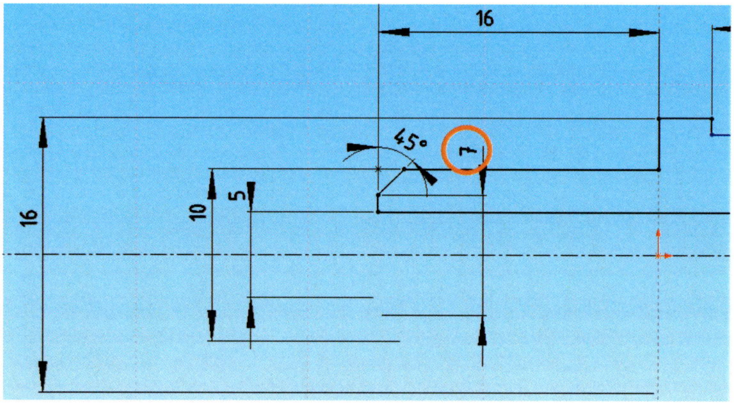

Bild 3.65: Die linke Seite, vollständig bemaßt

> **!** Sollte das nicht möglich sein, prüfen Sie bitte, ob zwischen dem linken und rechten Endpunkt des Radius bzw. den angrenzenden Horizontalen eine *Kollinear*-Beziehung oder etwas Ähnliches besteht. Falls ja, löschen Sie diese Beziehung.

Auf der rechten Seite der Skizze sieht es etwas komplexer aus, denn sie hat *zwei* Außendurchmesser:

- Löschen Sie zunächst die Beziehung *Deckungsgleich,* die sich höchstwahrscheinlich zwischen der Linie rechts vom Halbbogen und dessen Zentrum eingenistet hat (Bild 3.66).

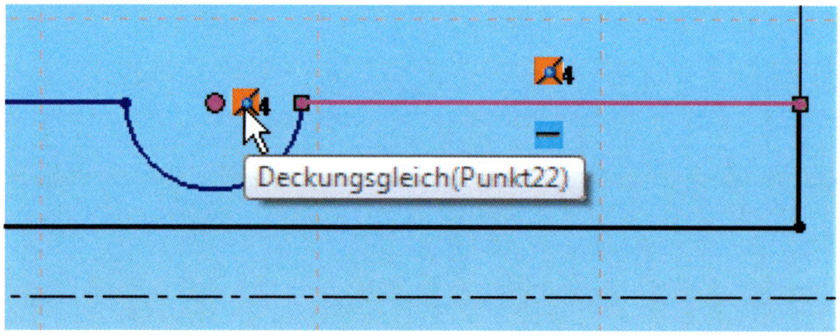

Bild 3.66: Der Nachteil der *automatischen Beziehungen* ist deren unerwünschte Bildung.

- Bemaßen Sie dann die beiden Durchmesser, und zwar die Seite links vom Halbbogen mit **10** mm, die rechte Seite dagegen mit **9** mm (Bild 3.67).

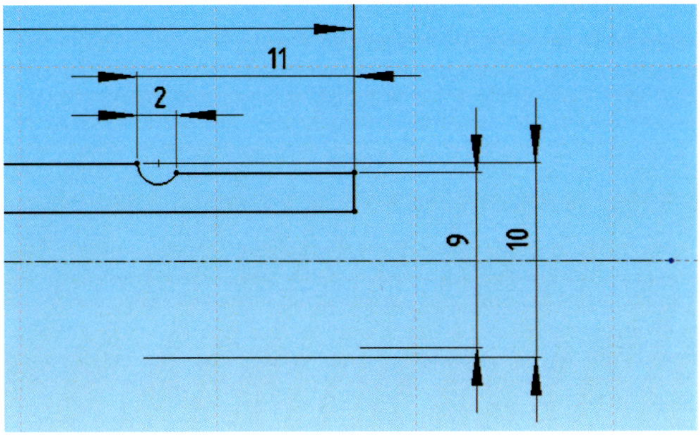

Bild 3.67: Rätselhaft: Die Skizze ist voll bestimmt, obwohl noch ein Maß fehlt

- Bemaßen Sie die Breite des Radius mit **2** mm horizontal, und zwar von Endpunkt zu Endpunkt.
- Der linke Endpunkt erhält dann noch einen Abstand von **11** mm von der rechten Endseite.

Die Skizze scheint nun voll bestimmt, obwohl wir eigentlich noch den Abstand des Radius von der Mittellinie definieren müssten – wir wollen schließlich den Innendurchmesser mitliefern, damit der Dreher nicht ins Rotieren kommt. Aber wir können eine Bemaßung nicht einfach tangential an einen Bogen ansetzen – wir brauchen dazu einen Fangpunkt:

- Setzen Sie einen *Punkt* auf den Radius, und zwar sowohl *deckungsgleich* als auch *vertikal* unter sein Zentrum – oder einfach auf den unteren Quadranten. Definieren Sie *nicht* über den Mittelpunkt des Bogenstücks, denn der ist nicht, was Sie suchen. Achten Sie genau auf die Indikatoren (Bild 3.68).

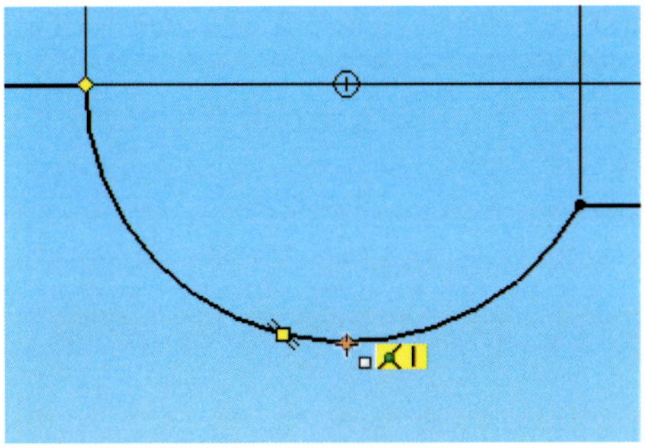

Bild 3.68: Ein Kunstgriff zur Definition des Tangentenmaßes

- Fügen Sie dann eine Durchmesser-Bemaßung ein, indem Sie diesen Punkt gegen die Mittellinie bemaßen. Der Restdurchmesser betrage **8** mm **...**

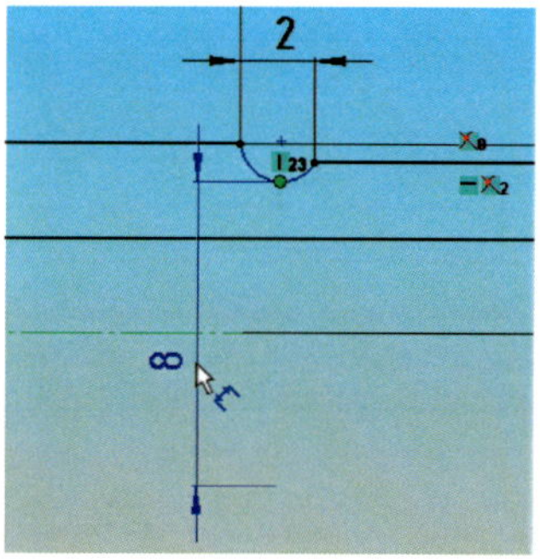

Bild 3.69: Die Tangentenbemaßung führt vom Punktobjekt zur Mittellinie – und darunter

... doch leider kommt es anders!

3.6.2 Überbestimmte Skizzen

SolidWorks meldet sich entweder mit einer Fehlermeldung nach Bild 3.70, die Sie in diesem Fall bitte *abbrechen*, oder der PropertyManager erscheint mit einer langen Liste rot unterlegter Einträge. Löschen Sie dann einfach das zuletzt gesetzte Maß.

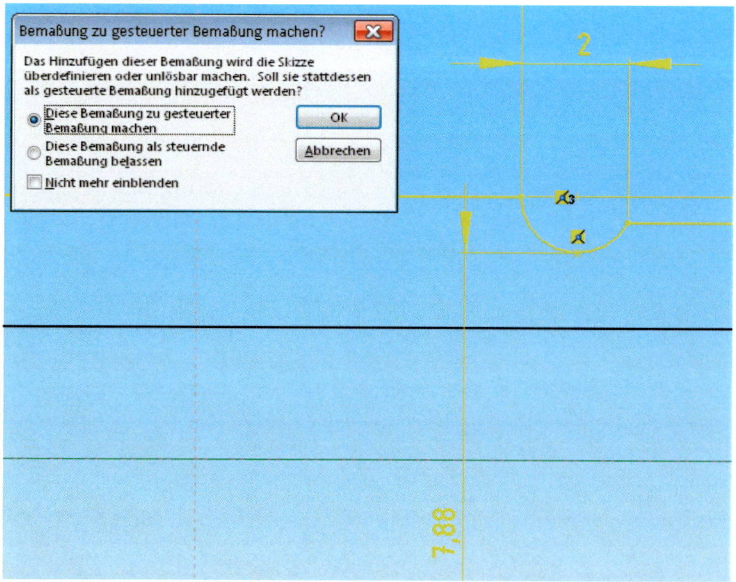

Bild 3.70: Alles gelb: Dieser Durchmesser ist einer zuviel!

In jedem Fall aber sind einige der Maße ebenfalls gelb eingefärbt – dies ist die Farbe für **überbestimmte** Skizzen. Der Begriff bedeutet, dass redundante Parameter in der Skizze sind.

- Des Rätsels Lösung finden Sie, wenn Sie den Mittelpunkt des Radius anklicken.

Wenn bei seiner Entstehung die automatischen Skizzenbeziehungen eingeschaltet waren, so wurde der Mittelpunkt möglicherweise nicht nur mit einer der beiden angrenzenden Horizontalen verknüpft, sondern gleich mit *beiden* (Bild 3.71)!

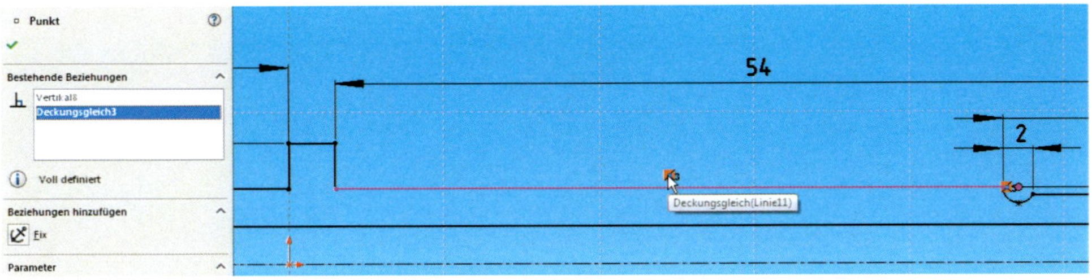

Bild 3.71: Doppelt geklebt: Das Bogenzentrum ist horizontal beschränkt.

Im vorliegenden Fall ist es die Deckungsgleichheit, die verhindert, dass das Zentrum über die Horizontale steigt, was wegen der ungleichen Niveaus der Endpunkte erforderlich ist.

- Löschen Sie diese Beziehung, und SolidWorks wird Ihnen das zusätzliche Maß gestatten. Bemaßen Sie auf **8** mm Durchmesser. Verfahren Sie dabei wie in Bild 3.72 beschrieben.

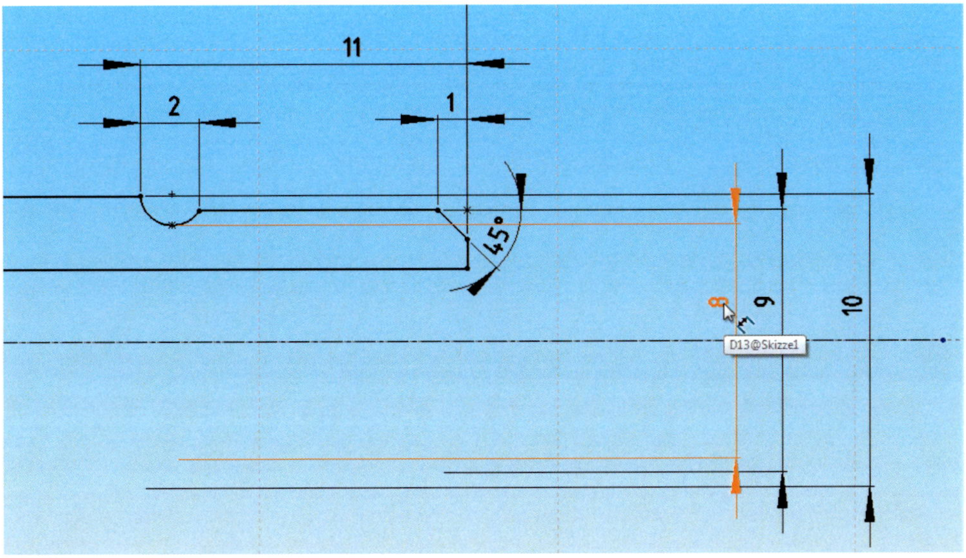

Bild 3.72: Eine kleine Herausforderung: Die rechte Seite

- Bringen Sie dann noch eine *Skizzenfase* **1 x 45** am rechten Ende an. Das Maß *54* könnte hierdurch verlorengehen. Definieren Sie es einfach neu.

Der Rest ist einfach:

- Schließen Sie die Skizze, benennen Sie sie mit **Sk Hülse** und rotieren Sie sie mit *Aufsatz/Basis rotiert* um die Mittelachse.
- Nennen Sie das Feature **Distanzhülse**.

Das vorläufige Ergebnis sehen Sie in Bild 3.73.

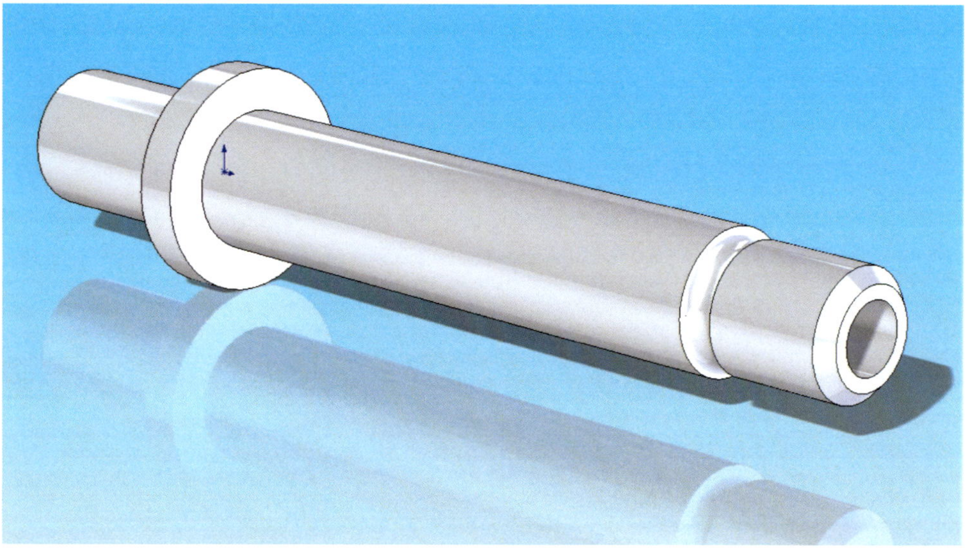

Bild 3.73: Glanzstück: Die Hülse als Rohling

3.6.3 Und wieder: Eine Bohrung

Das folgende Prozedere kennen Sie bereits vom letzten Bauteil, dem losen Flansch:

- Legen Sie auf der *Ebene oben* eine neue Skizze an.
- Legen Sie eine horizontale Mittellinie durch den Skizzenursprung und *übernehmen* Sie die *Kante* der Bohrung auf der rechten Seite *Für Konstruktion* (Bild 3.74).

> Die Abbildung wurde mit der *Schnittansicht* erstellt. Diese sehr praktische Funktion ermöglich Ihnen die Arbeit am Innenleben von Hohlkörpern.

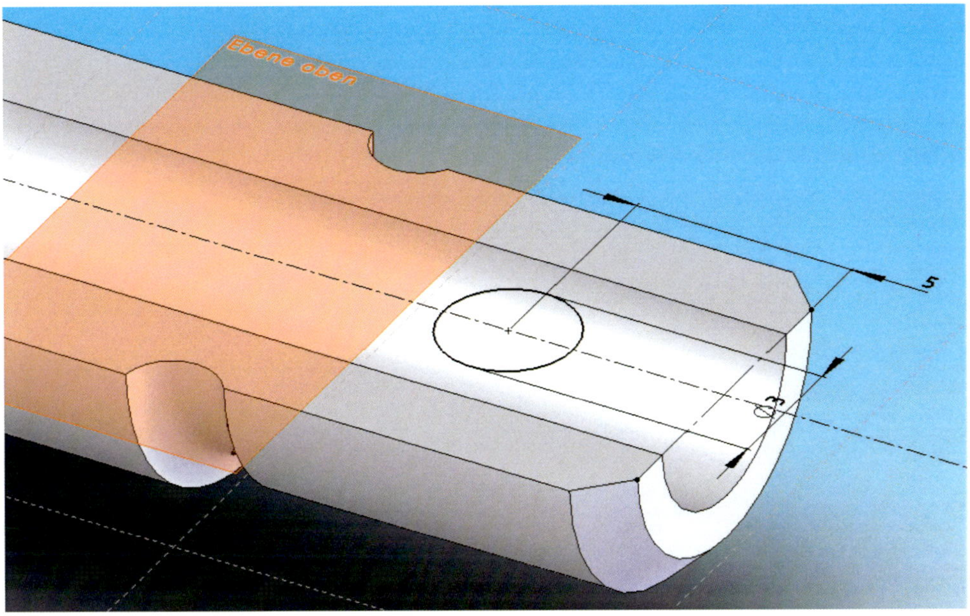

Bild 3.74: Alles wie gehabt: Eine Bohrskizze für das rechte Hülsen-Ende.

- Zeichnen Sie einen Kreis *deckungsgleich* auf die Mittellinie und bemaßen Sie ihn mit **3** mm.
- Der Abstand von der übernommen Kante beträgt **5** mm.
- Benennen Sie die Skizze **Sk Bohrung**.
- Tragen Sie sie mit einem *Linear ausgetragenen Schnitt* und *Richtung umkehren* durch die positive Hälfte der Hülse (oberhalb von *Ebene oben)*.

In Bild 3.75 sehen Sie Hülse und Bohrung von unten.

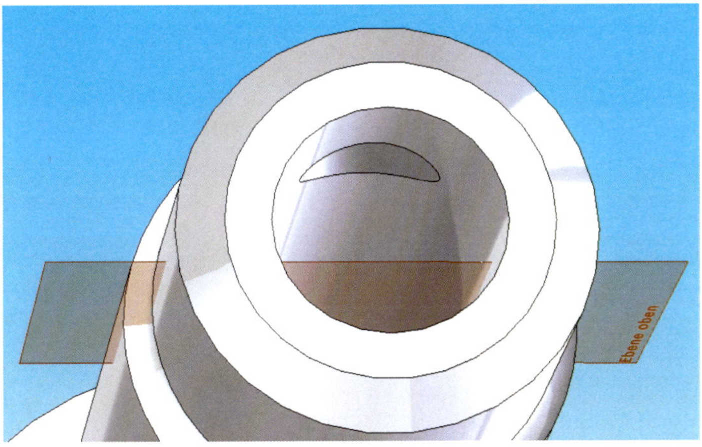

Bild 3.75: Die gebohrte rechte Seite der Hülse

3.6.4 Ein Gewinde M10

Auch die linke Seite versehen wir noch mit einem bekannten Feature: Ein Gewinde ist zu schneiden.

- Rufen Sie *Einfügen, Beschriftung, Gewindedarstellung* auf.
- Klicken Sie für die *runde Kante* auf die Außenkante der Fase. Belassen Sie die Option *Bis nächste* und geben Sie als *Beschreibung* **M10 x 1** ein (Bild 3.76).
- Bestätigen Sie und nennen Sie das Feature **Gewinde M10x1**.

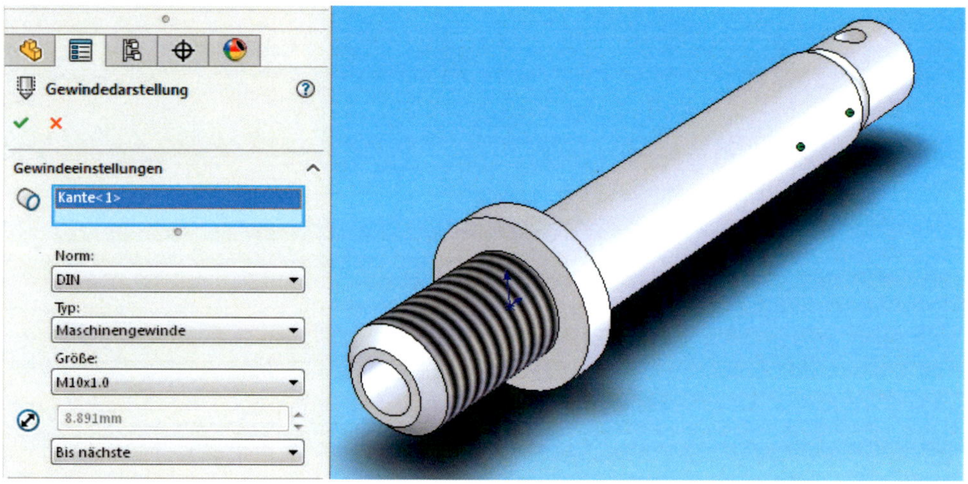

Bild 3.76: Ein Gewinde M10 für die Nutmutter

In Bild 3.77 ist noch einmal der vollständige Baum abgebildet. Damit ist auch die Distanzhülse fertig.

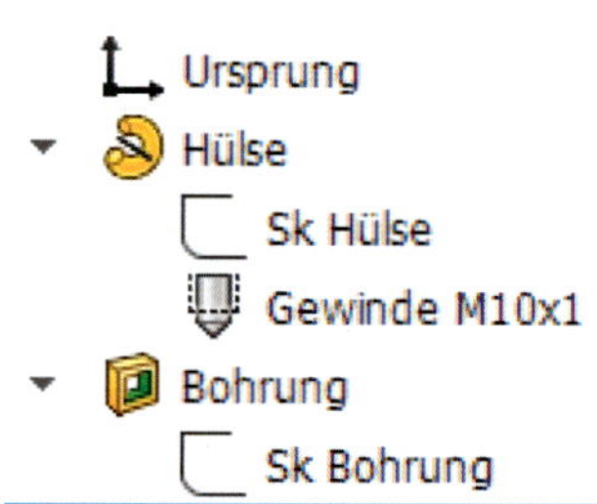

Bild 3.77: Die Hierarchie der Distanzhülse

- Speichern und schließen Sie das Bauteil.

3.7 Vorbereitung für die Baugruppe

Sie ahnen es schon, diese Bauteile sind Bestandteile eines Ganzen, einer Baugruppe. Im nächsten Kapitel werden wir die komplexeren Teile der Spindel modellieren und im *darauf* folgenden alles zusammenbauen. Da die Baugruppe Verweise auf die Bauteildateien enthält, ist eine gewisse Ordnung sinnvoll:

- Starten Sie den Windows-Explorer.
- Legen Sie mit *Datei, Neu, Ordner* einen Ordner an. Nennen Sie ihn **Einsatzdorn**. Verschieben Sie die fünf Bauteildateien und alle noch folgenden in diesen Ordner.

4 Gezogen, nicht gedreht

Dass nicht jedes Drehteil unbedingt rotiert werden muss, zeigt die Nutmutter, mit der die Schleifscheibe aufgespannt wird. Es gibt gute Gründe, die trotz der Form für ein anderes Verfahren sprechen: Die Extrusion dieses Bauteils ermöglicht es uns, den Löwenanteil der Details, Maße und Parameter in einer einzigen Skizze unterzubringen. Das fertige Teil zeigt, warum: Die meisten Details sind nicht rotationssymmetrisch, sondern prismatisch.

4.1 Die Konstruktion der Nutmutter

- Erzeugen Sie ein neues Teil und nennen Sie es **Nutmutter**.
- Zoomen Sie auf einen Ausschnitt von etwa 40x40 mm. Legen Sie auf der *Ebene vorne* eine *Skizze* an.
- Zeichnen Sie nun ein Kreuz aus *Mittellinien,* deren Mittelpunkte mit dem Skizzenursprung verknüpft sind (Bild 4.1).

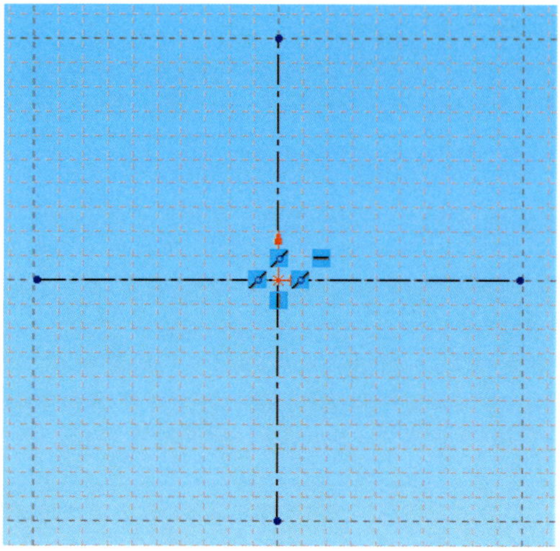

Bild 4.1: Gitter und Mittellinien der Nutmutter

> Sie erinnern sich, dass Sie den letzten Befehl mit EINGABE wiederholen können? Gut.

- Zeichnen Sie dann einen *Kreis* deckungsgleich mit dem Ursprung und bemaßen Sie ihn mit einem Durchmesser von **41** m (Bild 4.2).
- Benennen Sie dieses Maß über das Kontextmenü, *Wert verknüpfen* mit **Außendurchmesser**.

Automatisch wird für den Namen eine Globale Variable des gleichen Wertes definiert, die im FeatureManager unter *Gleichungen* erscheint und die mit diesem Maß verknüpft ist. So meldet es das Kettenglied.

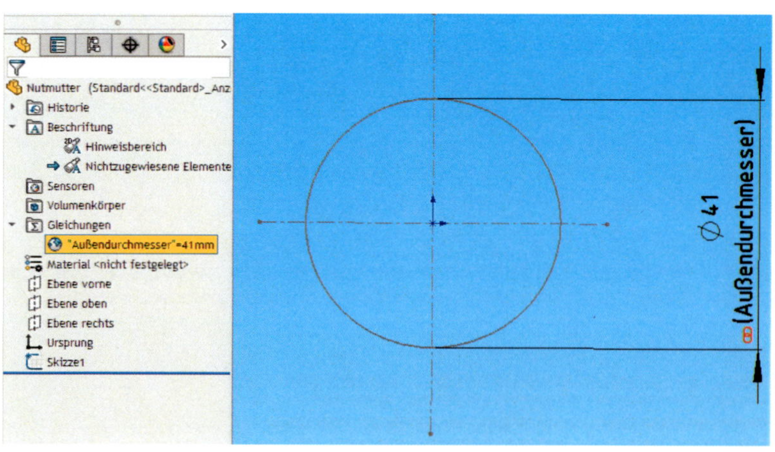

Bild 4.2: Auffrischung: Bilden einer globalen Variablen und Verknüpfen von Maßen

- Zeichnen Sie dann den L-förmigen Linienzug nach Bild 4.3 ein. Er soll den Kreisradius und die Mittellinie *deckungsgleich* berühren. Widerstehen Sie den Polaren, zeichnen Sie stattdessen *Vertikal* und *Horizontal*.

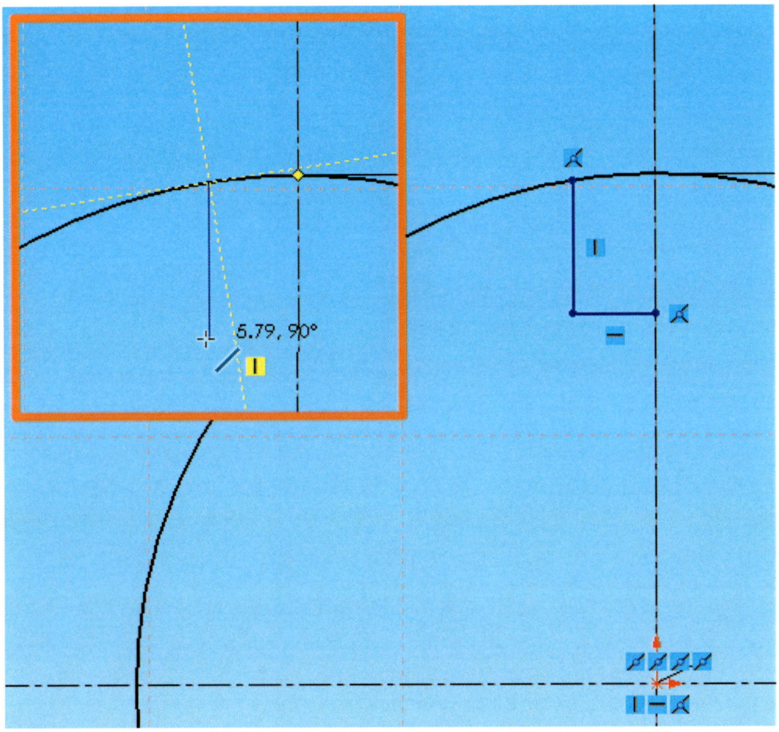

Bild 4.3: Ein Kreis und die halbe Aussparung einer Nut. Links verlocken die Polaren ...

- *Spiegeln* Sie das „L“ dann an der vertikalen Mittellinie (Bild 4.4). 
- Den entstandenen Punkt können Sie löschen, wir brauchen ihn nicht mehr.

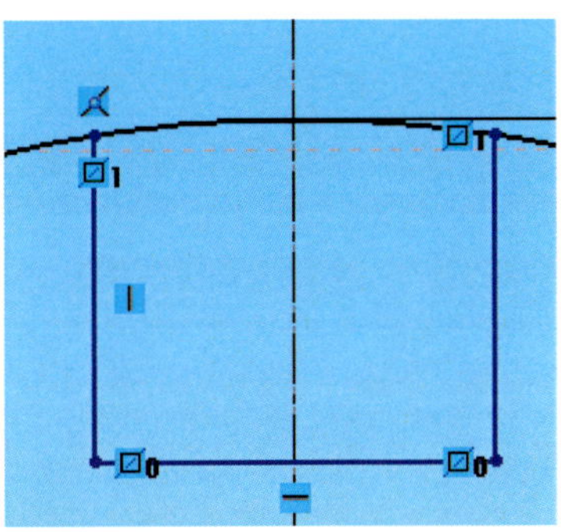

Bild 4.4: Die Skizze der ersten Nut

4.2 Kreismuster

Die vier Nuten dieser Mutter dienen dazu, einen Nutenschlüssel einzuhaken und die Mutter festzuziehen – sie sind identisch. Aus diesem Grund können wir sie mit einer Funktion abbilden, die als *Kreismuster* bekannt ist:

- Wählen Sie die drei geraden Linienstücke und aktivieren Sie *Extras, Skizzieren, Kreismuster*.

SolidWorks erkennt normalerweise Ihre Absicht und legt das Zentrum der Anordnung in den Skizzenursprung. Falls nicht,

- ziehen Sie den Punkt unter dem dicken Zentrumspfeil einfach dorthin oder tragen Sie unter *Mitte X* und *Mitte Y* jeweils eine **0** (Null) ein.
- Der *Abstand* oder besser der Gesamtwinkel beträgt **360** Grad; setzen Sie die Option *Gleicher Abstand*. Die *Anzahl* der Elemente beträgt **4**.

Damit sollte die Reihe so aussehen wie in Bild 4.5.

bit.ly/2yVDxzg
Video 12

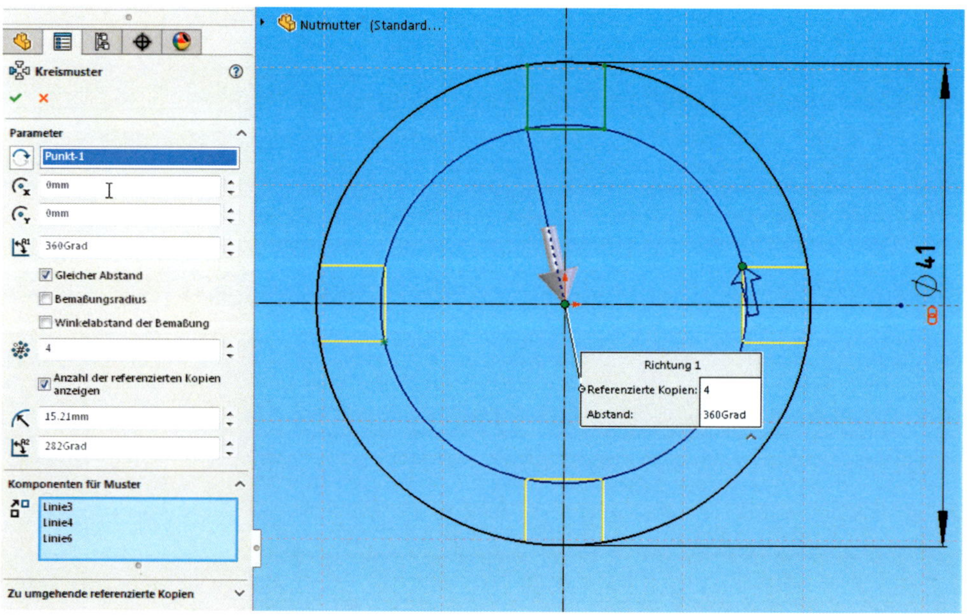

Bild 4.5: Definition eines Kreismusters

Die Reihen-Definition von *Bemaßungen* für Abstand und Winkel kann leicht zu falschen, unpraktischen oder überdefinierenden Bemaßungen führen. Dimensionieren Sie die Reihe daher besser nachträglich.

Die vier Nuten sehen sauber aus, doch wenn Sie eine der Kopien wegziehen, wird deutlich, dass es hier noch einiger Verknüpfungen bedarf (Bild 4.6).

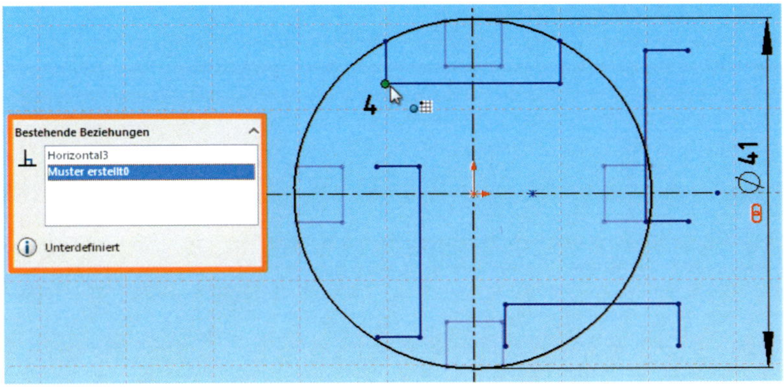

Bild 4.6: Wackelkandidaten: Die Bestandteile des Musters sind eigenwillig...

- Blenden Sie die Skizzenbeziehungen ein.

Offenbar wurden die Skizzenbeziehungen *Deckungsgleich* nicht von der *Reihe* mitkopiert, nur *Muster erstellt* ist zu sehen. Um diesen Mangel zu beheben, brauchen Sie sich zum Glück nur *eine* der drei Kopien vorzunehmen – eine weitere Folge der unerbittlichen MCAD-Logik:

- Verknüpfen Sie bei einer beliebigen Kopie beide Endpunkte jeweils *deckungsgleich* mit dem Kreis (vgl. Bild 4.8, Kreise).

Damit sollten sich alle vier „Nuten" korrekt verhalten, in jeder Position mit dem Kreis verbunden bleiben und sich stets synchron verhalten, egal, wie heftig Sie daran ziehen (Bild 4.7)!

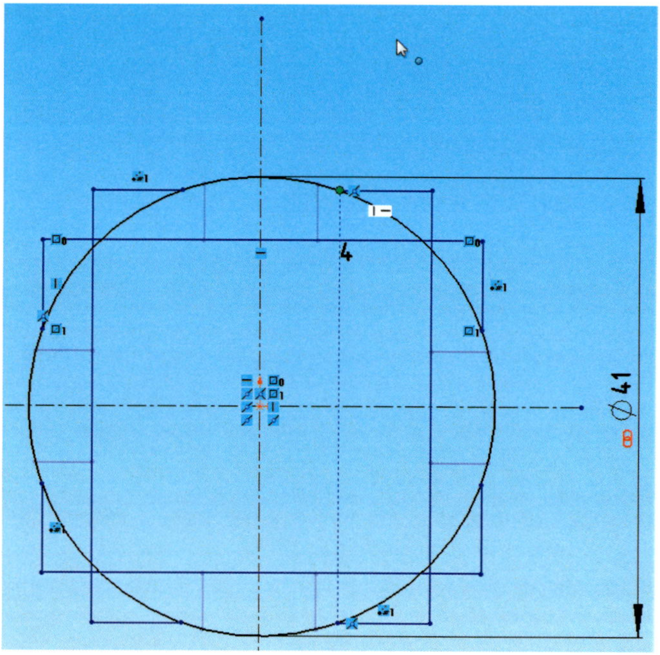

Bild 4.7: *Stresstest:* Das Verknüpfen nur zweier weiterer Endpunkte behebt das Problem

- Bemaßen Sie nun die Breite einer Nut mit **6** mm und den Abstand zwischen zwei „Nutböden“ mit **31** mm (Bild 4.8).

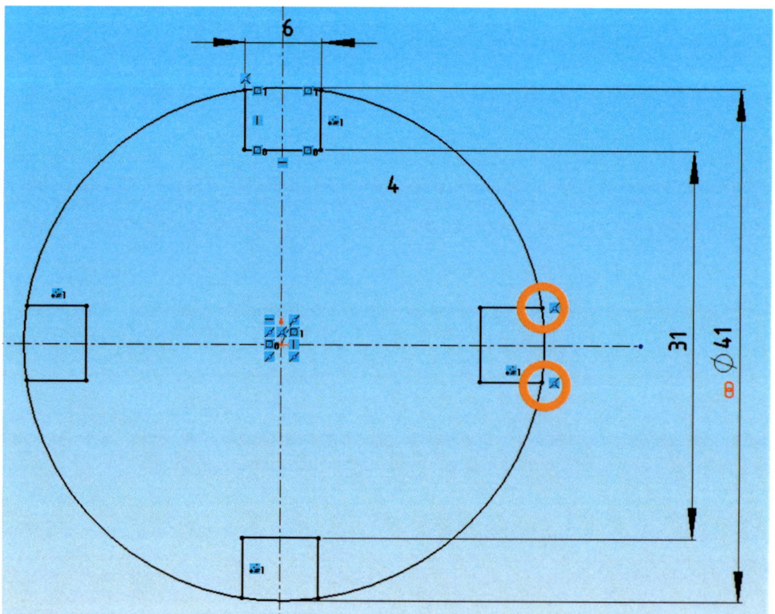

Bild 4.8: Mit nur drei Maßen ist die Skizze fixiert!

Damit ist die Skizze voll definiert. Es bleibt, die Kreissegmente auszuschneiden:

- Aktivieren Sie *Elemente trimmen* und trennen Sie die Segmente aus dem Kreis heraus, sodass ein einteiliger Kurvenzug entsteht (Bild 4.9).

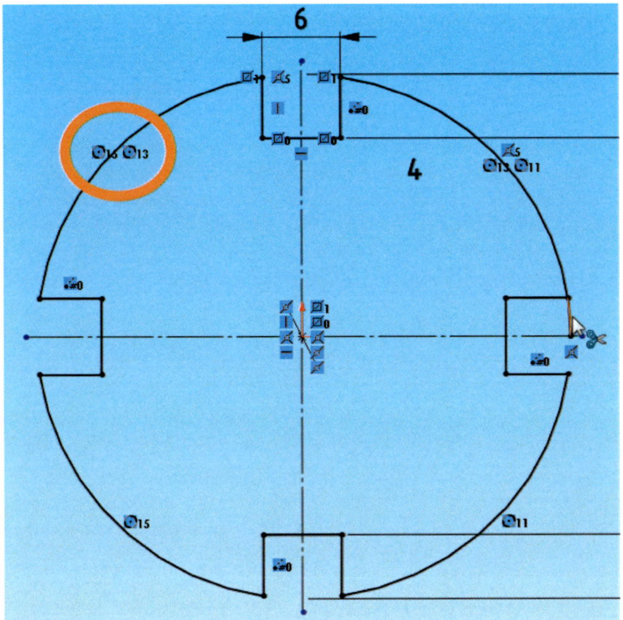

Bild 4.9: Die Nuten werden ausgeschnitten – der Kreis bleibt erhalten.

Die vier verbleibenden Segmente des Kreises würden normalerweise jeden Zusammenhalt verlieren. Doch beim Trimmen werden automatisch konzentrische Beziehungen zwischen je zwei Segmenten gebildet (Ellipse). Die Bogenstücke haben also nicht nur immer den gleichen Radius, sondern auch das gleiche Zentrum. Somit können Sie sie auch weiterhin mit einem einzigen Durchmesser bestimmen – ganz so, als ob der Kreis noch existierte.

- Schließen Sie die Skizze und nennen Sie sie **Sk Nutmutter**.
- Tragen Sie sie mit einem *Linear ausgetragenen Aufsatz* und der Endbedingung *Blind* um **9** mm aus (Bild 4.10).
- Nennen Sie das Feature **Nutmutter**.

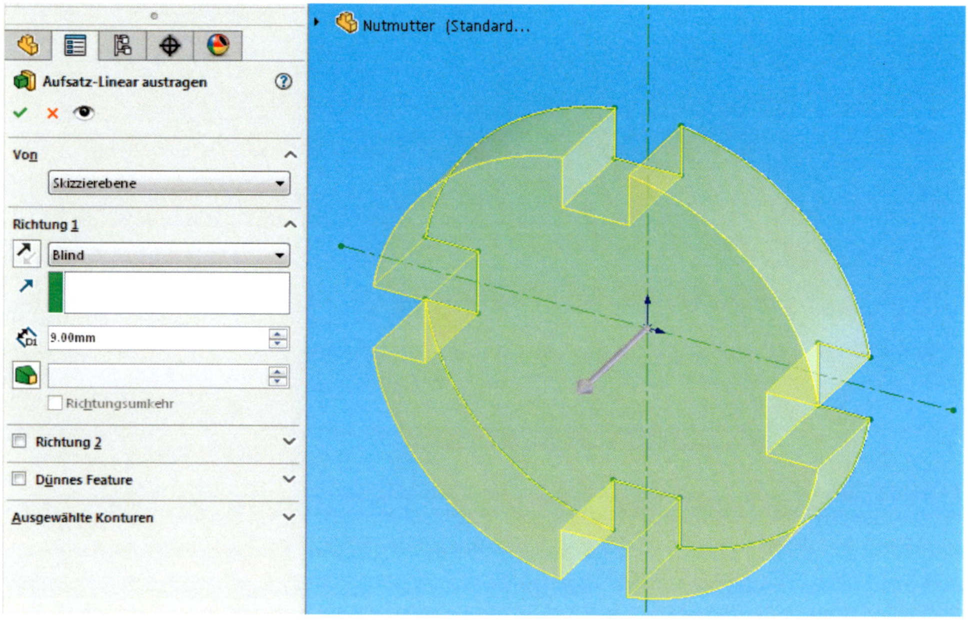

Bild 4.10: Das 3D ist immer leicht: Die Nutmutter wird ausgetragen.

Den fertigen Grundkörper sehen Sie in Bild 4.11.

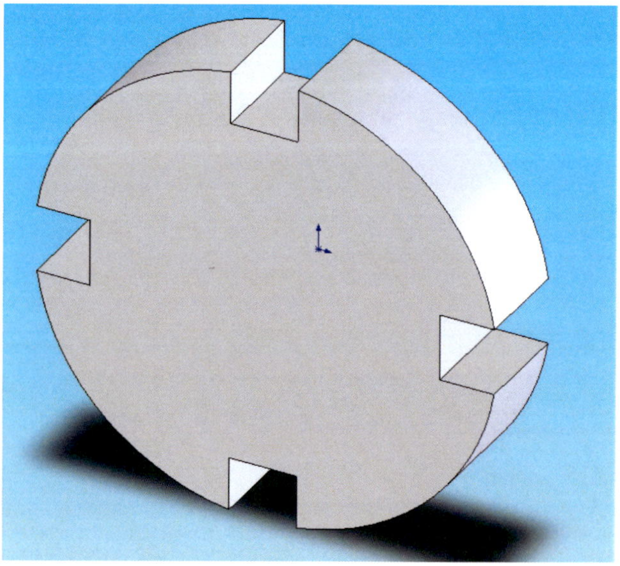

Bild 4.11: Die prismatische Nutmutter in Grundausstattung

4.3 Referenzgeometrie

Die Nutmutter soll nach dem Festziehen auf dem Gewinde arretiert werden, um ein Losdrehen durch Vibrationen zu verhindern. Dies erreichen wir, indem wir einen Sägeschnitt parallel zur Grundebene legen. Von ihm sollen allerdings nur zwei der vier Nuten betroffen sein - der Schnitt muss also gedreht werden.

Die Skizze des Schnittes liegt also ebenfalls auf einer gedrehten Ebene, was sich mit den drei Hauptebenen nicht realisieren lässt: Wir nutzen dazu eine sogenannte Referenzebene. *Referenzgeometrie* ist derart gebräuchlich, dass sie eine eigene Symbolleiste besitzt (Bild 4.12).

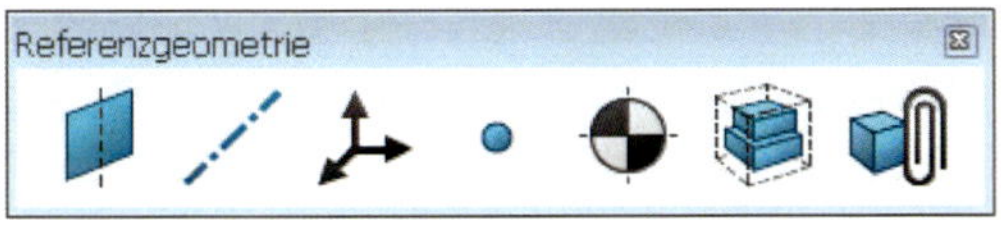

Bild 4.12: Die Symbolleiste *Referenzgeometrie,* links die *Referenzebene.*

Hierbei kann es sich um zusätzliche *Ebenen, Achsen, Koordinatensysteme, Punkte* und anderes handeln. Ebenen und Achsen werden Sie am häufigsten brauchen.

4.3.1 Temporäre Achsen

Um die Ebene definieren zu können, lernen Sie gleich noch eine weitere Objektart kennen: die temporären Achsen. Diese werden für rotationssymmetrische Objekte automatisch erzeugt - zum Beispiel für die Achse der Nutmutter:

- Wechseln Sie in die *isometrische* Ansicht.
- Über *Elemente einblenden/ausblenden* zeigen Sie die *temporären Achsen* an (Bild 4.13).

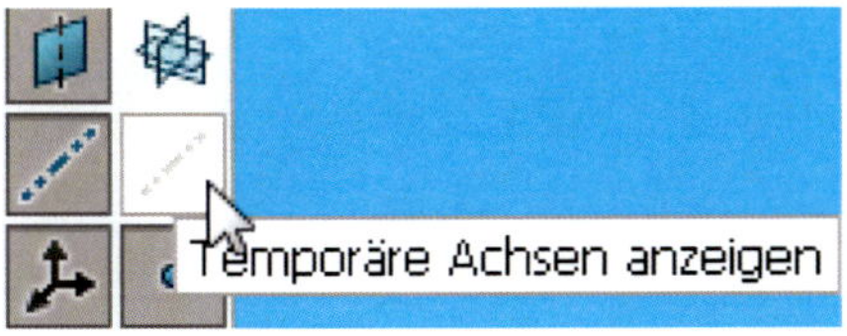

Bild 4.13: Anzeige der temporären Achsen.

Hierauf erscheint eine dünne, blaue, gestrichelte Linie, die durch das Zentrum des Nutmutter-Zylinders verläuft. Sie lässt sich nicht bearbeiten.

4.3.2 Die Referenzebene definieren

- Wählen Sie im FeatureManager die *Ebene oben*. Sie ist eines von zwei Bezugsobjekten für die Platzierung der neuen Ebene – die Referenz der Referenz also.
- Aktivieren Sie in der Symbolleiste *Referenzgeometrie* das Feature *Ebene* (Bild 4.14).

bit.ly/2xpmTrw
Video 13

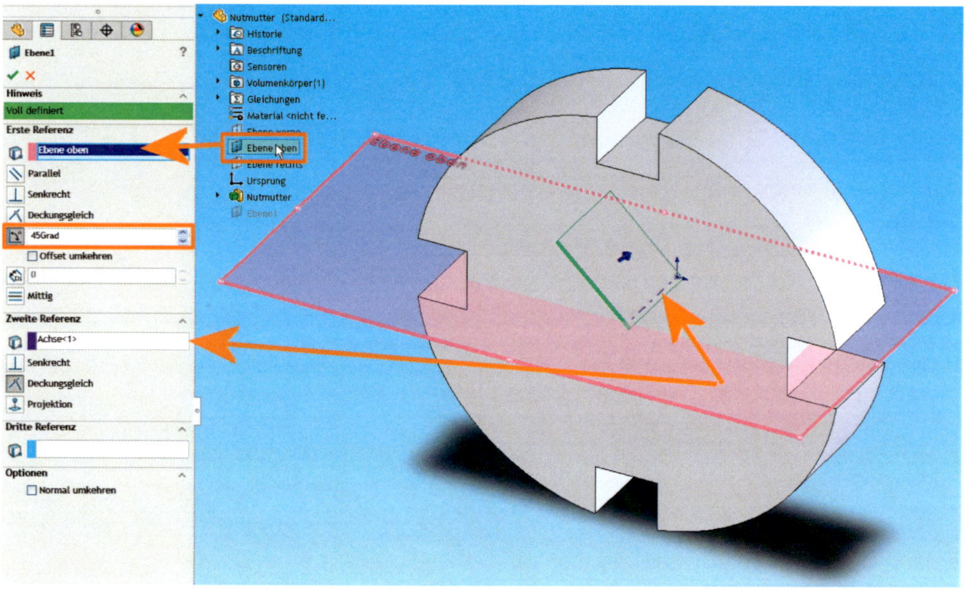

Bild 4.14: Referenzebenen lassen sich auf vielerlei Art definieren

Die *Ebene oben* sollte bereits im Auswahlfeld *Referenzelemente* eingetragen sein. Falls nicht,

- aktivieren Sie die Liste unter *Erste Referenz* und wählen die Ebene im Editor oder aus dem sogenannten *Aufschwingenden FeatureManager* (Kasten oben).

Doch das genügt noch nicht, denn zur Definition einer Ebene im Raum gehören laut Geometriebuch wechselweise

- drei Punkte,
- zwei Punkte und eine Linie,
- zwei nicht kollineare Linien,
- eine Ebene und ein Abstand,
- zwei Ebenen – bzw. eine Ebene plus Achse oder Kante – und ein Winkel,
- eine Kurve auf einer Ebene und ein Punkt oder
- eine geschwungene Fläche und ein Aufpunkt.

Alle diese Konstellationen finden Sie auch in SolidWorks. Die neue Ebene soll durch die Achse des Zylinders verlaufen, also wollen wir diese auch nutzen:

- Aktivieren Sie die Liste unter *Zweite Referenz* und klicken Sie auf die temporäre Achse der Nutmutter. Diese verläuft genau durch den Skizzenursprung (Pfeile).
- Aktivieren Sie die Schaltfläche *Im Winkel* (Kasten unten) und tragen Sie **45°** ein, also die Drehung *um* die gewählte Achse.

Damit sollte die Ebene als grüne Fläche angezeigt werden – das Hinweisfenster beweist mit dem Text *Voll definiert,* dass die Indizien zur Fertigstellung ausreichen.

- Bestätigen Sie, und die Ebene wird eingefügt (Bild 4.15).

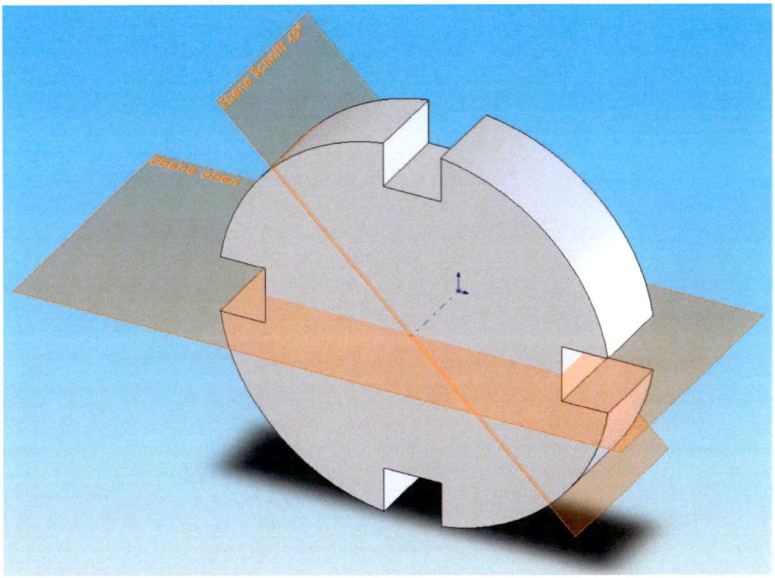

Bild 4.15: Die neue Ebene ist 45° gegen die *Ebene oben* geneigt

Die Referenzebene ist ein Feature, also besitzt sie auch einen Eintrag im Feature-Manager. Sie können sie daher auch jederzeit ändern, löschen und umbenennen (Bild 4.16).

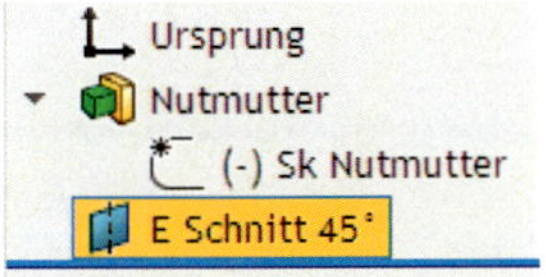

Bild 4.16: Auch Referenzobjekte sind Features.

Der Feature-Baum ist umso übersichtlicher, je weniger Zeichen Sie zu lesen haben. Andererseits ist sinnvoll, dass Sie ein Feature auch ohne den FeatureManager oder das Icon zuordnen können. Um die Gegensätze zu vereinen, können Sie Kürzel für die Objektart verwenden, etwa **Sk** für eine Skizze, **Sch** für einen Schnitt, **Ex** für Extrusion, **Ro** für Rotation und **E** für Ebene. Mit der Zeit werden Ihnen eigene Kürzel für weitere Feature-Arten einfallen.

- Nennen Sie das Feature **E Schnitt 45°**. Benennen Sie das Feature *Nutmutter* in **Ex Nutmutter** um.
- Wählen Sie nun die neue Ebene und legen Sie eine *Skizze* darauf an.
- Zeichnen Sie ein *Rechteck* ein, dessen untere Seite *deckungsgleich* mit der temporären Achse verbunden ist (Bild 4.17).

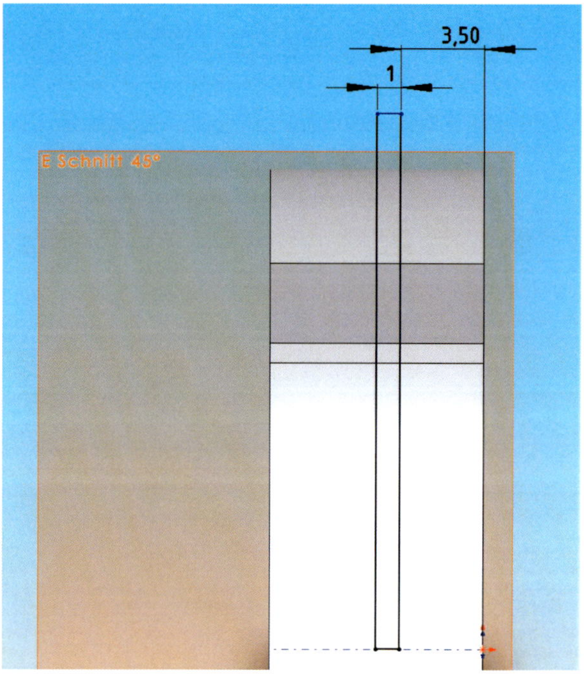

Bild 4.17: Die Schnittskizze: Zur Definition fehlt noch die Höhe …

- Bemaßen Sie den Abstand vom Ursprung mit **3.5** mm und die Breite mit **1** mm.
- Ziehen Sie die Höhe vorerst einfach nach oben über die Kante der Mutter hinaus. Schließen Sie die Skizze und nennen Sie sie **Sk Schnitt.**

4.4 Ein Schnitt in zwei Richtungen

Die Möglichkeiten, die manche Features bieten, sind schier unüberschaubar. Auch der lineare Schnitt ist so ein Fall:

- Markieren Sie *Sk Schnitt* und rufen Sie den *Linear ausgetragenen Schnitt* auf.
- Definieren Sie als Endbedingung *Bis nächste* (Bild 4.18).

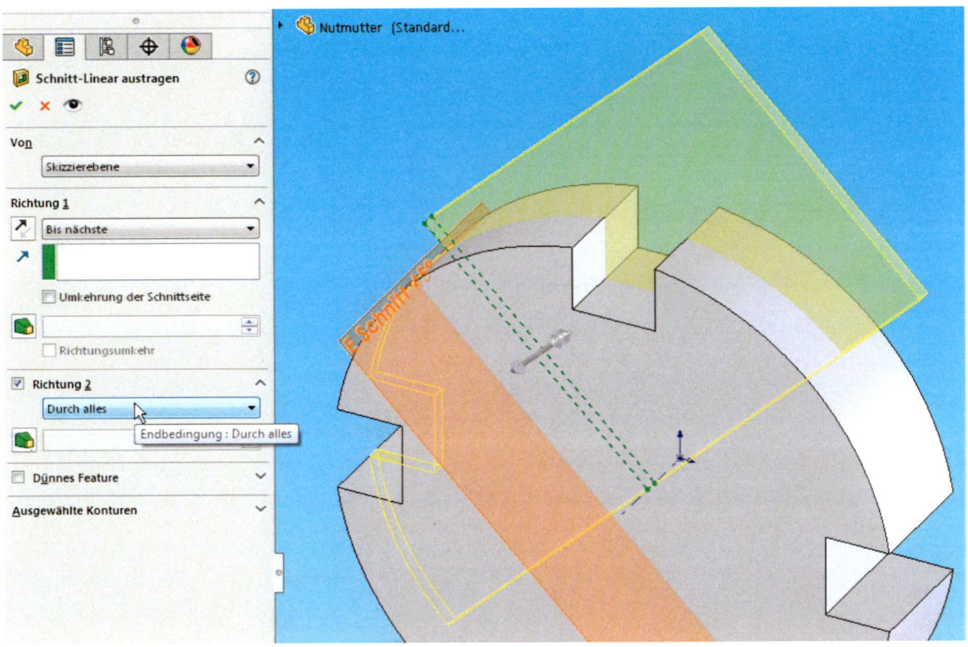

Bild 4.18: Die Grund-Features sind sozusagen vielseitig.

Der Schnitt wird bis zu derjenigen nächsten Fläche angedeutet, die ihn vollständig abdeckt. Das ist in diesem Fall die Zylinderfläche des Grundkörpers. Ändern Sie später dessen Skizze, so wird auch dieser Schnitt nachgeführt. Es fehlt jedoch noch die Gegenrichtung:

- Aktivieren Sie das Optionsfeld *Richtung 2*. Das Gruppenfeld wird erweitert, es bietet ähnliche Optionen wie das von *Richtung 1*.
- Stellen Sie hier probehalber die Endbedingung *Durch alles* ein.

Dieser Schnitt wird ganz anders angedeutet: Erstens füllt sein gelbes Volumen die gesamte Skizze aus, zweitens reicht er weit über den Grundkörper hinaus – unendlich weit, um genau zu sein: Befindet sich in seinem Volumen ein weiteres Solid, so wird es geschnitten, und läge es auf dem Mond.

Der Schnitt geht nun von beiden Seiten der Skizze aus, das Teil wird vollständig geschnitten. Die beiden *Richtungen* sind trotzdem unabhängig voneinander.

- Stellen Sie die Endbedingung der *2. Richtung* auf *Bis nächste* ein. Bestätigen Sie das Feature und nennen Sie es **S Schnitt** (Bild 4.19).

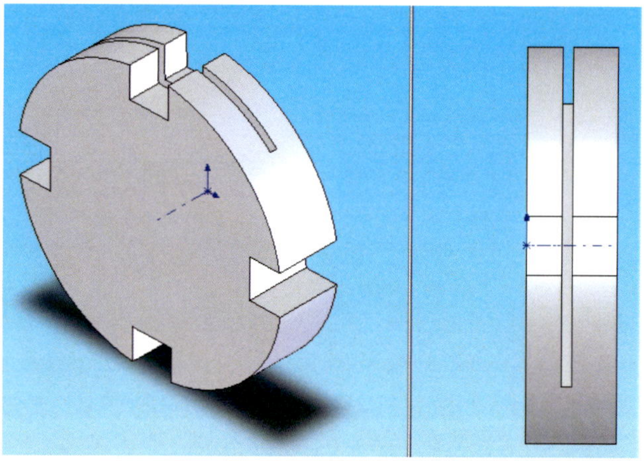

Bild 4.19: Die *Nutmutter* mit dem gesägten *Schnitt*

- Speichern Sie das Bauteil.

In Bild 4.20 sehen Sie noch einmal den Hierarchiebaum bis hierher. *Sk Schnitt* ist noch unterdefiniert, was durch das Minuszeichen angezeigt wird.

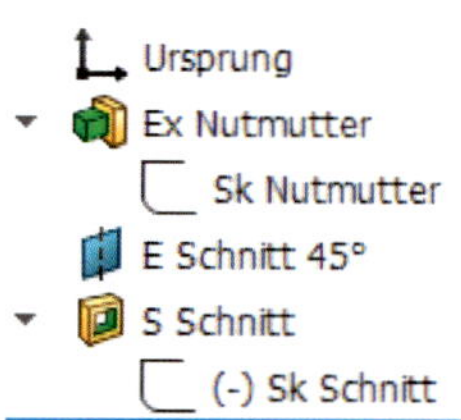

Bild 4.20: Der Baum der Nutmutter

■ 4.5 Die Schnittansicht

Mit der Schnittansicht verschaffen Sie sich einen Einblick ins 3D-Modell. Besonders interessant ist sie natürlich bei hohlen Werkstücken. Sie schneidet das Bauteil jedoch nicht permanent – sie ist eine Ansichtsfunktion.

Im Fall der Nutmutter beschäftigt uns natürlich vor allem die Form und Natur des Einschnittes. Denn der ist so schmal, dass wir kaum hineinsehen können, um seine korrekte Form und Lage zu überprüfen.

- Wechseln Sie in die *Isometrieansicht*. Klicken Sie die vordere Endfläche der Nutmutter an.

- Aktivieren Sie dann *Schnittansicht* aus der Symbolleiste *Ansicht*.

Die Ebene wird Blau gefärbt, der Farbe der *ersten Schnittebene*, die Sie auch im PropertyManager der Schnittansicht sehen und ändern können (Bild 4.21).

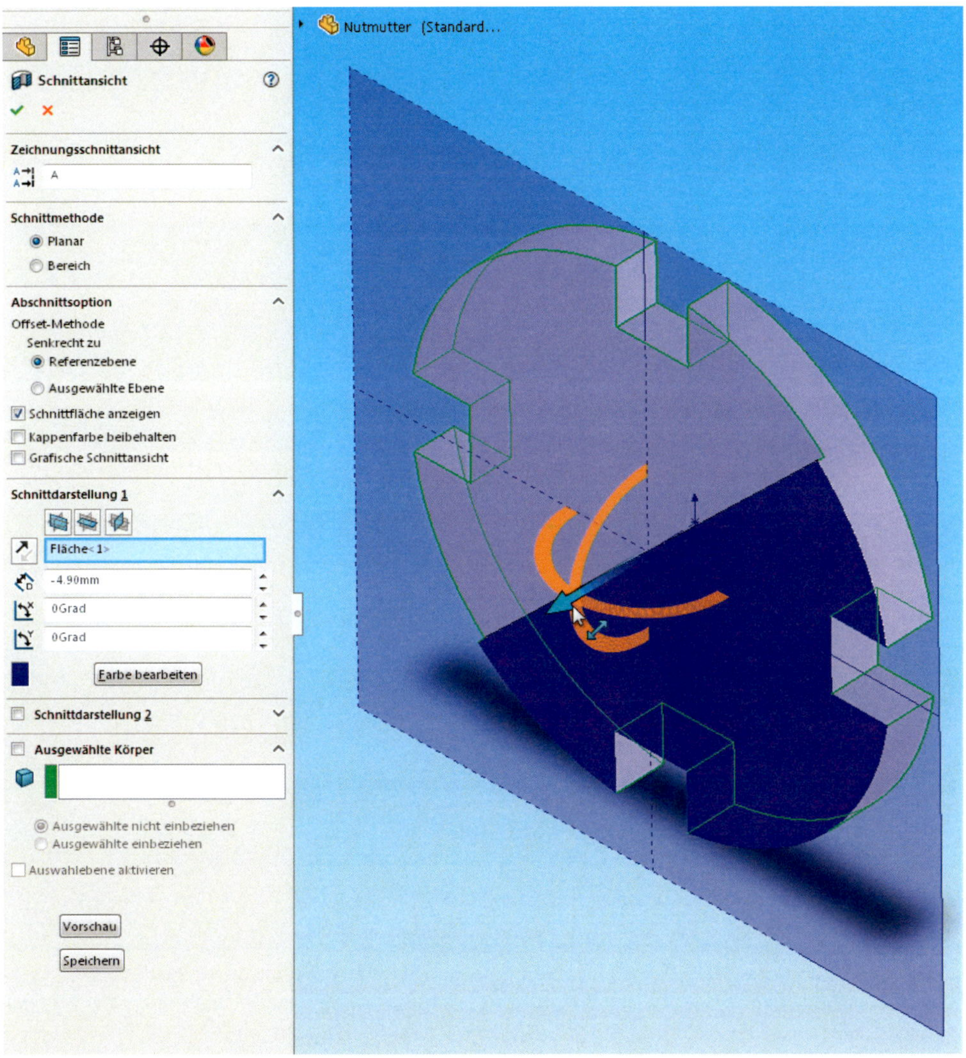

Bild 4.21: Die Einstellungen der Schnittansicht

- Sie können nun die Schnittebene am orangefarbenen Pfeil durch das Werkstück ziehen, ähnlich wie Sie es von den Features her kennen. Mit den Bogen drehen Sie die Schnittebene um die jeweilige Bogenachse.

Sobald Sie auf den *Schnitt* stoßen, verschwindet auch die blaue Schnittfläche an dieser Stelle: Hier schneiden Sie Luft.

- Wenn Sie die Ansicht bestätigen, so wird das Modell dauerhaft im geschnittenen Zustand angezeigt. Die Schaltfläche *Schnittansicht* erscheint gedrückt (Bild 4.22).

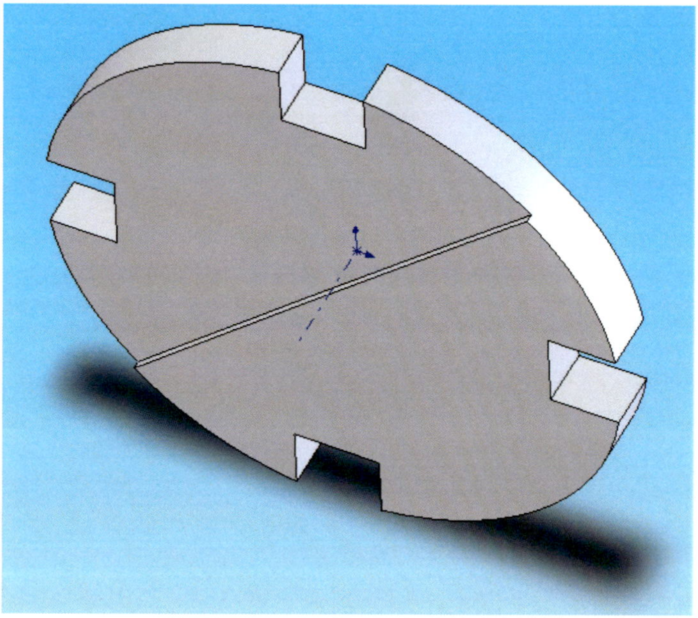

Bild 4.22: Die Nutmutter in der Schnittansicht. Die Schnittfläche ist nicht wählbar, ...

> Sie können nun wie gewohnt am Modell weiterarbeiten, z. B. um etwas in den dünnen Einschnitt einzubauen. Die Schnittfläche jedoch ist von der Bearbeitung ausgeschlossen, da sie kein Bestandteil des Modells ist.

Wenn Sie die Schnittansicht im Nachhinein ändern wollen,

- rufen Sie über das Kontextmenü der Schnittfläche *Eigenschaften Schnittansicht* auf, oder Sie wählen im Menü *Ansicht, Modifizieren, Schnittansicht* (Bild 4.23).

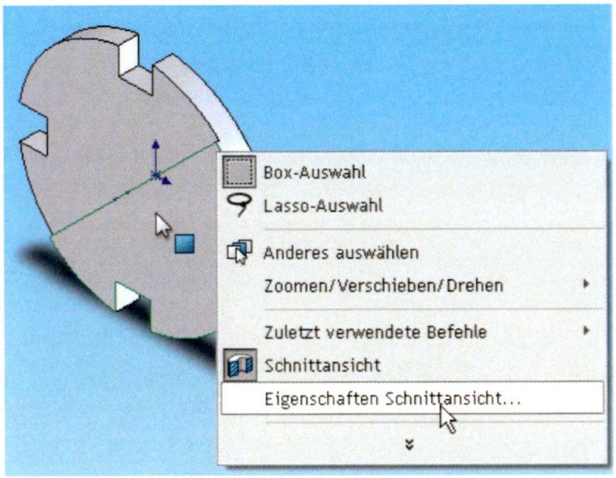

Bild 4.23: ... sie lässt sich aber trotzdem editieren.

- Klicken Sie dagegen nochmals auf die Schaltfläche *Schnittansicht*, so wird die Funktion beendet. Ein erneutes Aktivieren stellt sie mit den letzten Einstellungen wieder her.
- Eine zweite und dritte Schnittebene definieren Sie, indem Sie im PropertyManager die entsprechenden Gruppenfelder *Schnittdarstellung 2* und *3* aktivieren. Die Schnittflächen lassen sich unabhängig voneinander steuern (Bild 4.24).

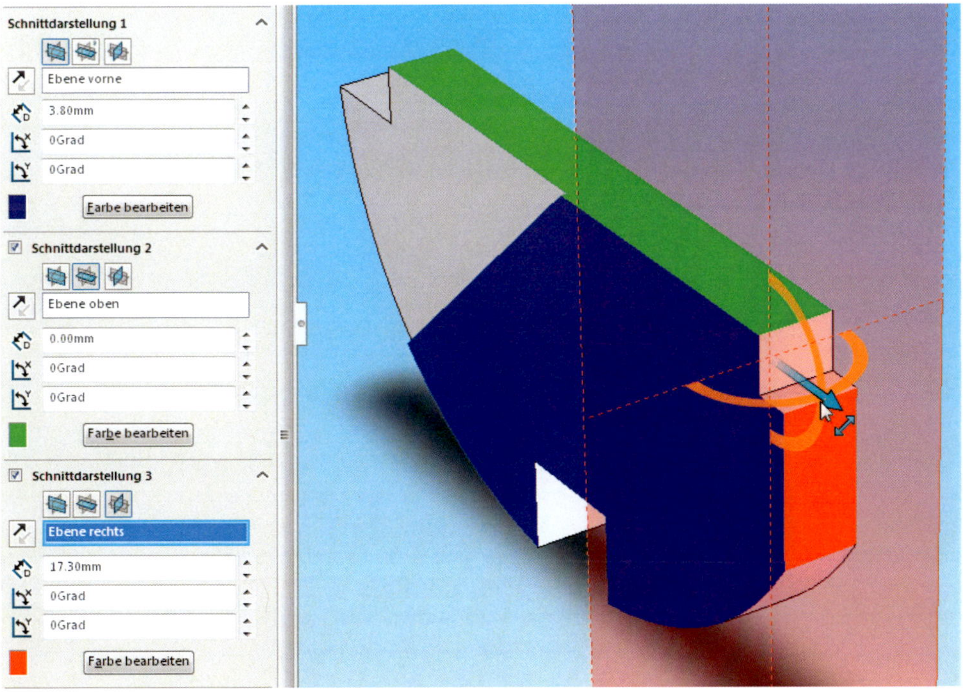

Bild 4.24: Default: Die drei Schnittflächen liegen parallel zu den Hauptebenen.

Nachdem Sie sich von der korrekten Lage des Einschnitts überzeugt haben – 45° Neigung und Durchgang durch den Ursprung –, können Sie die Schnittansicht wieder beenden.

■ 4.6 Parameter automatisieren

Ein Ende ist noch offen, im wörtlichen wie im übertragenen Sinne: Das obere Ende der Schnittskizze, das wir vorhin einfach über den Außendurchmesser hinausgezogen hatten. Der Hintergrund ist, dass wir keine Geometrie zur Verfügung hatten, um die obere Seite festzulegen (Bild 4.25).

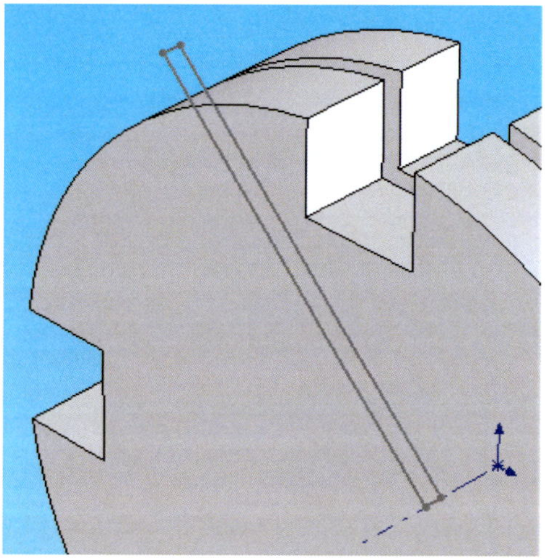

Bild 4.25: Notbehelf: Die Schnittskizze ragt über den Außenzylinder hinaus

4.6.1 Die Logik des Schnitt-Features

Das Feature *S Schnitt* muss über den Grundkörper hinausragen, um einen offenen Schnitt zu erzeugen. Doch was geschieht, wenn die Nutmutter variabel ist? Dann gibt es auch Durchmesser, die über die Schnittskizze hinausragen:

- Ein Doppelklick auf *Sk Nutmutter*, und Sie können den Durchmesser *41* auf **51** oder mehr vergrößern. Das Ergebnis ist, gelinde gesagt, kontraproduktiv (Bild 4.26).

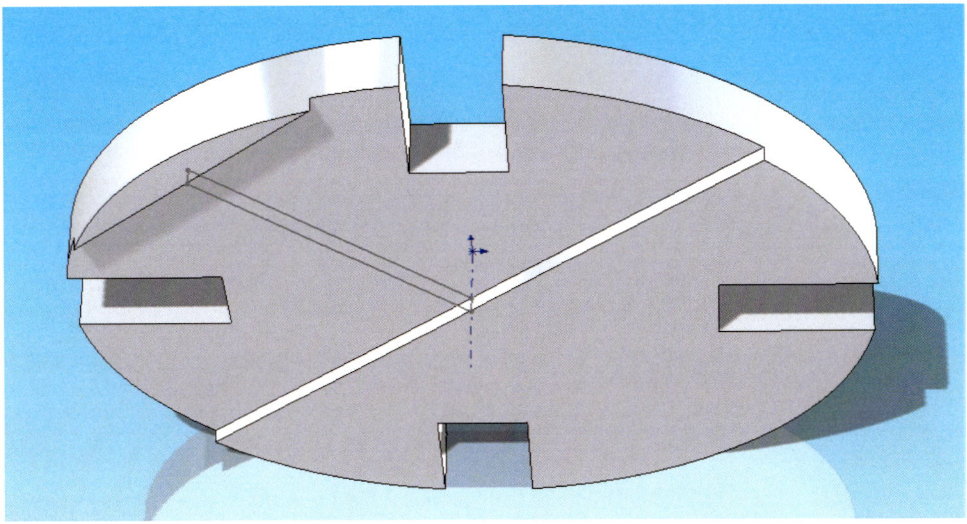

Bild 4.26: Virtuelle Konstruktionslehre: Die Funktion aller Features garantiert nicht die Funktion des Bauteils.

Wenn der Außendurchmesser den Schnitt übersteigt, bleibt ein Restquerschnitt stehen. Wir wollen den Schnitt aber zuverlässig durch die ganze Hälfte führen, egal wie groß der Durchmesser ist.

4.6.2 Maße koppeln

Erste Idee: wir koppeln die Höhe von *Sk Schnitt* an den Durchmesser. Wir hatten ja bereits eine globale Variable dafür erstellt. Die kommt uns jetzt zugute:

- Öffnen Sie *Sk Schnitt* und ergänzen Sie die fehlende Bemaßung der Höhe.
- Im Dialogfeld *Modifizieren* ersetzen Sie die Maßzahl durch ein Gleichheitszeichen. Hierauf erscheint ein kleines Menü unter dem Editierfeld. Wählen Sie *Globale Variablen, Außendurchmesser (52mm)* und bestätigen Sie (Bild 4.27).

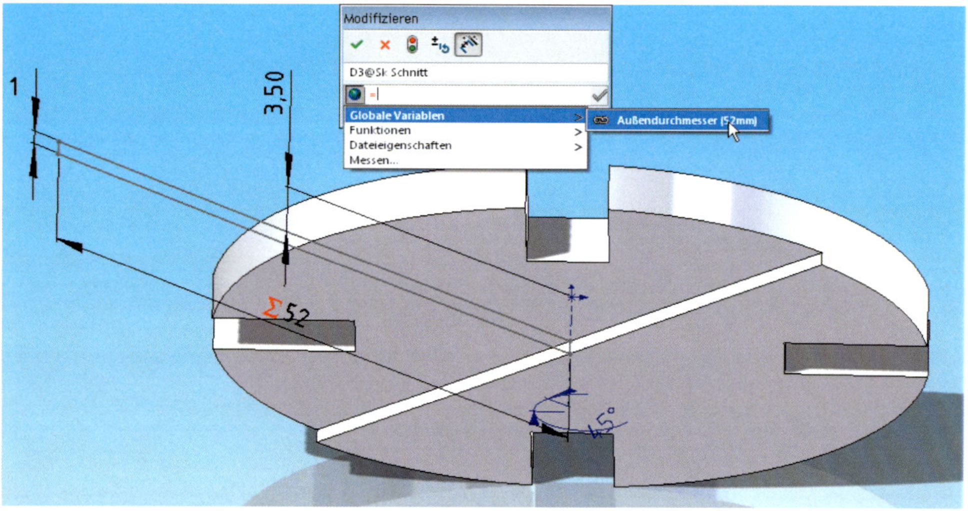

Bild 4.27: Einsatz einer Globalen Variablen als Maßwert

Die Maßnahme garantiert, dass der Schnitt stets doppelt so hoch sein wird wie der Radius der Mutter.

4.6.3 Parameter berechnen

Sie erinnern sich noch an die beiden verknüpften Maße des PRISMAS? Nun, das Summenzeichen vor dem Höhenmaß in Bild 4.27 informiert, dass dieses Maß nicht *verknüpft*, sondern als Gleichung definiert ist.

Eleganter wäre natürlich, den Überstand des Schnittes in der Nähe des Durchmessers zu halten. Genau genommen braucht die Höhe von *Sk Schnitt* immer nur einen Millimeter über den Radius hinauszustehen:

- Öffnen Sie *Sk Schnitt*. Über das Kontextmenü des Maßes rufen Sie *Gleichungen bearbeiten* auf (Bild 4.28).

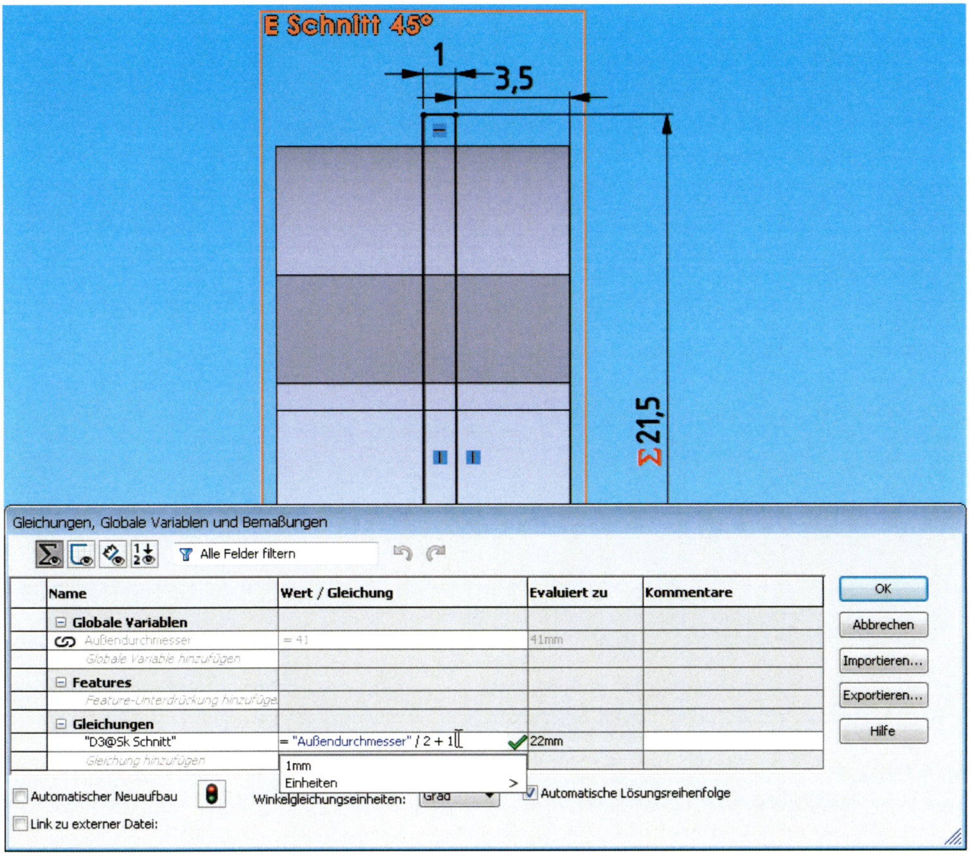

Bild 4.28: Ein Stück des Himmels: Hinter jeder Bemaßung kann ein beliebig komplexer algebraischer Ausdruck stehen!

Das extrem sparsam benannte Dialogfeld *Gleichungen, Globale Variable und Bemaßungen* erscheint, die Gleichung des aktuellen Maßes ist bereits markiert.

- Die Variable *Außendurchmesser* ergänzen Sie unter *Wert/Gleichung* einfach durch **/2 + 1**. Auch hier gilt: Punkt vor Strich.

In der Spalte *Evaluiert zu* sehen Sie das Ergebnis. Hier sollte *21.5* oder, gerundet, *22* stehen. Falls nicht, besitzt der Außendurchmesser noch den Experimentalwert:

- Bestätigen Sie das Dialogfeld *Gleichungen usw.*
- Schließen Sie dann auch die Skizze, blenden Sie sie jedoch ein.

> Bei Ihnen können die automatischen Bemaßungsnamen *D<n>* anders lauten, je nachdem, in welcher Reihenfolge sie erstellt wurden. Aber auch die können Sie umtaufen.

Vergrößern Sie nun probehalber den Wert des *Außendurchmessers*, diesmal *ohne* die Skizze zu öffnen:

- Im FeatureManager führen Sie einen Doppelklick auf die Skizze *Sk Nutmutter* aus. Die Maße werden sichtbar. Mit einem weiteren Doppelklick öffnen Sie das Maß des Außendurchmessers und ändern den Wert auf **61** mm (Bild 4.29).
- Denken Sie daran, dass Sie bei Gleichungen und Verknüpfungen stets das *Modell neu aufbauen* müssen.

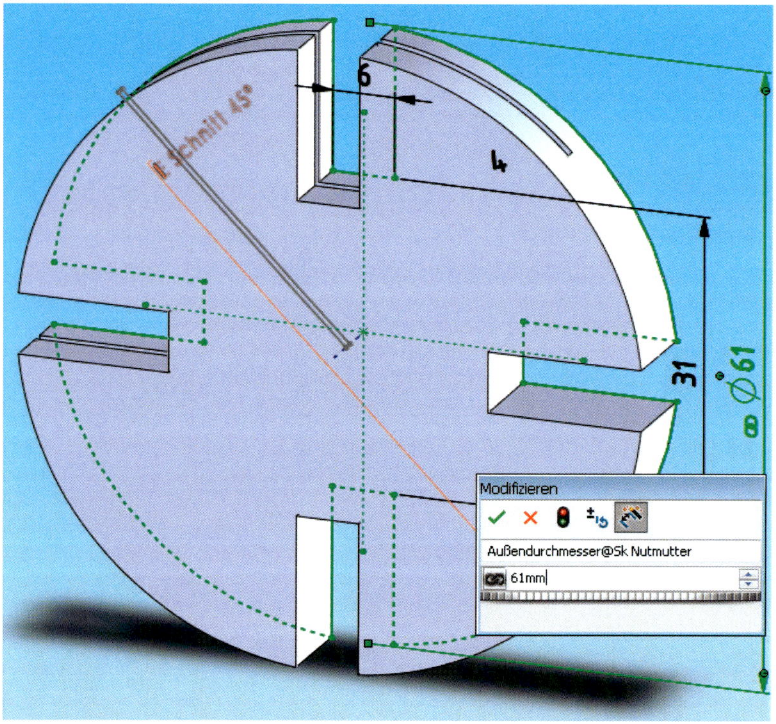

Bild 4.29: Durch Gleichungen erhält das Bauteil seine eigene Logik – es wird automatisiert.

Ergebnis: Die Schnittskizze ist stets einen Millimeter höher als der Radius des Grundkörpers.

- Setzen Sie den Wert des *Außendurchmessers* dann wieder auf **41** mm und regenerieren Sie das Modell.

In Bild 4.29 sehen Sie auch, dass sich die Tiefe der vier Schlüsselnuten ändert, denn sie ist nur durch den lichten Abstand definiert. Wenn Sie möchten, dass die Nuttiefe konstant 5 mm beträgt, können Sie dieses Maß mit der Gleichung **=„Außendurchmesser"-10** vom Außendurchmesser abhängig machen.

■ 4.7 Der Bohrungsassistent

Jede Mutter hat ein Gewinde – zumindest im Maschinenbau. In diesem Fall sogar zwei. Bisher bauten wir die Bohrungen immer mit Schnittfeatures auf. Doch SolidWorks bietet hierfür eine mächtige Funktion, den Bohrungsassistenten. Das Prozedere können Sie frei wählen: Entweder

- Sie wählen die Bezugsfläche, in die die Bohrung eingebracht wird. Dann bestimmen Sie den gewünschten Typ, platzieren eine oder mehrere Bohrungen und bestätigen.

Oder

- Sie rufen den Bohrungsassistenten auf, stellen die gewünschte Bohrung ein, wählen die Bezugsfläche, platzieren die Bohrung(en) und klicken auf *OK*.

Ganz wie Sie wünschen:

- Beenden Sie die Schnittansicht, blenden Sie *Sk Nutmutter* ein und drehen Sie die Nutmutter so, dass Sie auf die Fläche mit der Skizze blicken – oder eben auf die *Ebene vorne*. Die dünne Seite des Schnittes ist Ihnen zugewandt.
- Klicken Sie die Fläche an und rufen Sie den *Bohrungsassistenten* aus der Symbolleiste *Features* auf (Bild 4.30).

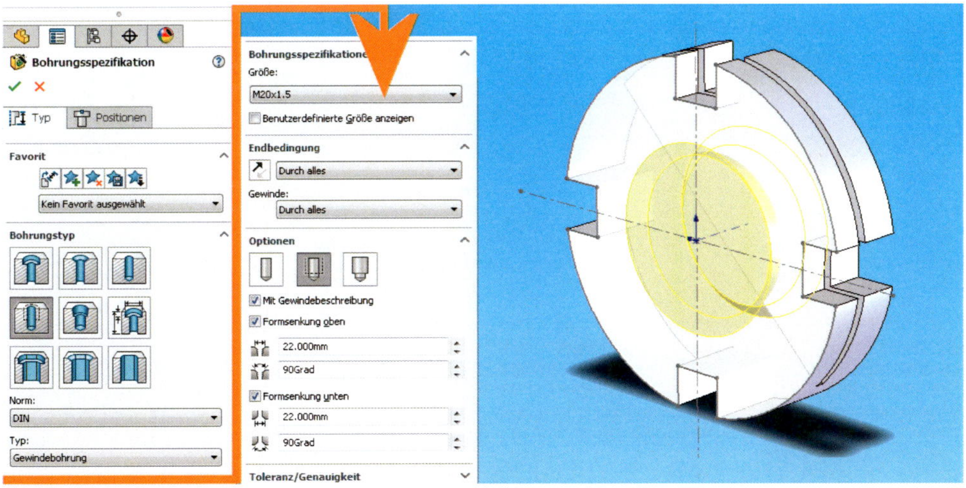

bit.ly/2SjiVrq
Video 14

Bild 4.30: Bohrungsassistent: Definition des Bohrungstyps

In Bild 4.30 wurde der Bohrungsassistent zweigeteilt. In Wirklichkeit scrollen Sie die Ansicht dieses arg in die Länge gezogenen Fensters auf und ab.

Sie werden ein Weilchen brauchen, bis Sie sich hier auskennen. Der Bohrungsassistent ist in zwei Registerkarten aufgeteilt: *Typ* und *Positionen*.

- Beginnen Sie mit der Registerkarte *Typ*.
- Unter *Bohrungstyp* aktivieren Sie die *Gerade Gewindebohrung*. Gemeint ist eine *zylindrische Bohrung*, wie Sie an der Schaltfläche erkennen.
- Wählen Sie dann die *Norm*, hier *DIN*.
- Der *Typ* lautet *Gewindebohrung*.
- Im Feld *Bohrungsspezifikationen* stellen Sie die Größe *M20 x 1.5 mm* ein.
- Als *Endbedingungen*, getrennt nach Bohrung und Gewinde, definieren Sie beide Male *Durch alles*.
- Unter *Optionen* wählen Sie Schaltfläche *Gewindedarstellung* und aktivieren *Mit Gewindebeschreibung*. Letztere dient der Zeichnungsableitung.
- Aktivieren Sie sowohl *Formsenkung oben* als auch *Formsenkung unten*. Stellen Sie beide *Formsenkungsdurchmesser* auf **22** mm und beide *Winkel* auf **90** Grad ein.

Bei diesen Senkungsdurchmessern handelt es sich um die Außendurchmesser der Senkkante.

- Bei einer angestrebten Fase *1x45°* messen sie 20 + 2x1 mm oder **22** mm, der Kegel besitzt einen Gesamtwinkel von 2x45° oder **90°**.

> Pflegen Sie die Favoriten-Liste – sie erspart Ihnen im Lauf der Zeit Klicks und Fehler. Sie speichern die aktuellen Einstellungen mit der zweiten der kleinen Schaltflächen, *Favoriten hinzufügen oder ändern*. Sie können auch die *Favoriten speichern* und in der Dokumentvorlage *laden*. Vorsicht bei der Wahl des Favoritennamens: Er ist zugleich Dateiname, also darf er weder Punkte noch sonstige Steuerzeichen des Dateisystems enthalten.

4.7.1 Die Bohrungspositionen

Die Verortung der Bohrungen ist dagegen erfreulich einfach:

- Schalten Sie auf die Registerkarte *Positionen* um.

Auch im Bohrungsassistent steht Ihnen der komplette Skizzenmodus zur Verfügung. Wohin Sie auch klicken, es entstehen Punkte und Bohrungen.

- Klicken Sie einen Punkt *deckungsgleich* auf den Ursprung.

Die Bohrung wird in Gelb angedeutet. Ist alles in Ordnung,

- klicken Sie im FeatureManager auf *OK*.

Das Gewinde wird als neues Feature eingefügt (Bild 4.31).

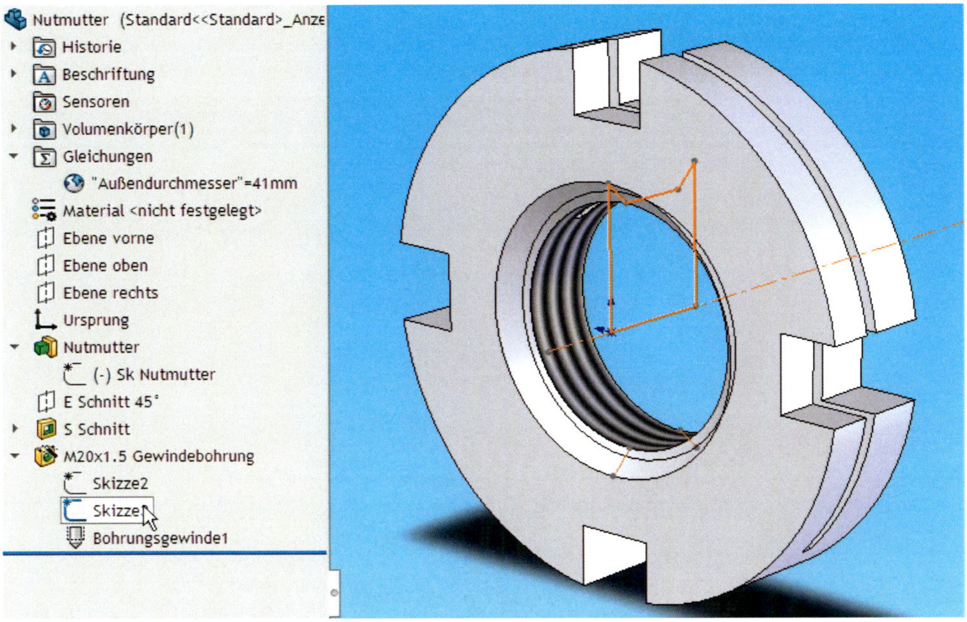

Bild 4.31: Ein Gewinde-Feature wird aus drei Skizzen gebildet

- Nennen Sie es **M20x1.5 Gewindebohrung**.

Wenn Sie nun das Gewindefeature aufklappen, erkennen Sie zwei Skizzen und die gewünschte *Gewindebeschreibung:*

- Die erste Skizze enthält nur den eingefügten Punkt.
- Die zweite Skizze birgt den Halbquerschnitt der Bohrung, also ihr Profil für den rotierten Schnitt.
- Die Beschreibung enthält die Andeutung der Gewindegänge sowie den Text, der in der Zeichnungsableitung angezeigt wird.

4.7.2 Gewinde-Features bearbeiten

Sie können das Gewinde jederzeit bearbeiten, indem Sie aus dessen Kontextmenü *Feature bearbeiten* aufrufen. Dann erscheint wieder der Bohrungsassistent mit den aktuellen Daten (Bild 4.32).

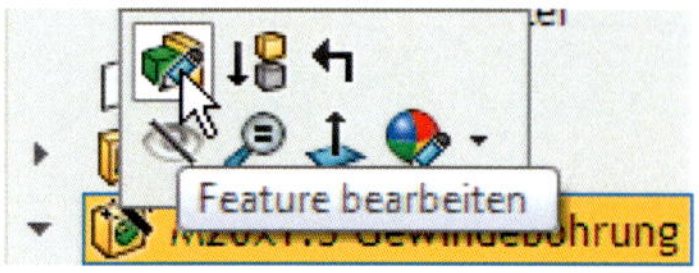

Bild 4.32: Auch Bohrungs-Features lassen sich bearbeiten

> **!** Bearbeiten Sie jedoch nie die Querschnittsskizze selbst, denn dadurch verlöre sie jede Verbindung mit dem Bohrungsassistenten!

4.8 Bohrungsskizzen

Die Nutmutter ist noch immer nicht komplett, denn die Arretierung – der Schnitt – benötigt zum Spannen ein Durchgangsloch mit Gewinde. Das Durchgangsloch befindet sich auf der schmalen Seite des Einschnitts. Wir brauchen also eine Senkung mit Durchgangsloch auf der schmaleren und das Gewinde auf der breiteren Seite – *zwei* Bohrungs-Features, die koaxial sind.

Zeichnen wir zunächst eine Bohrskizze, die wir dann für die Konstruktion beider Bohrpunkte verwenden:

- Blenden Sie *Sk Nutmutter* wieder aus, ebenso die Ebene *E Schnitt*.
- Sie können das Teil per FeatureManager *transparent* schalten, sodass Sie die Position und Lage des Schnittes erkennen (Bild 4.33).

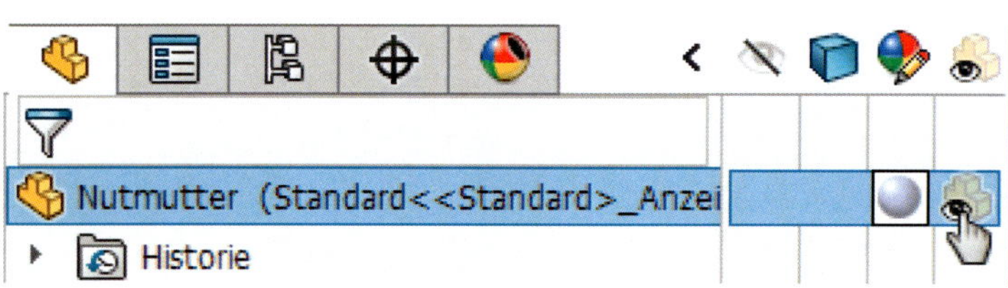

Bild 4.33: Durchblick: Die Nutmutter wird transparent

- Drehen Sie die Mutter so, dass Sie auf die dünne Seite des Einschnitts blicken. Dann klicken Sie auf die Endfläche und wechseln in die Normalansicht.

- Legen Sie auf dieser Fläche eine Skizze an.
- Zeichnen Sie die einfache Skizze **Sk Arretierung** nach Bild 4.34. Sie besteht aus einem konzentrischen Kreis und zwei Linien, die einen Winkel von **45°** ein-

schließen. Auf den *Schnittpunkt* zwischen Kreis und Schräge setzen Sie noch einen *Punkt*. Alle Elemente sind *für Konstruktion* gedacht.

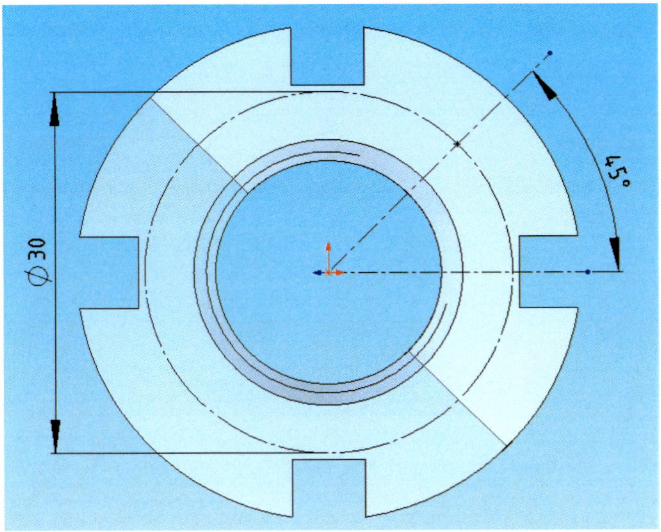

Bild 4.34: Eine Bohrskizze für die Senkschraube. Der hellere Bereich deutet die Lage des Schnittes an

Achten Sie auf die Lage des Schnittes, in der Abbildung die rechte, obere Hälfte – die Bohrung soll natürlich durch den *geschnittenen* Teil verlaufen.

- Nachdem Sie die Skizze abgeschlossen haben, blenden Sie sie ein.
- Markieren Sie dann die Endfläche nochmals und rufen Sie den *Bohrungsassistenten* auf.

- Definieren Sie eine *Formsenkung* nach *DIN*, Typ *Linsensenkschraube mit Kreuzschlitz DIN EN ISO 7047*, Größe *M4*, Ausführung *Mittel*, Endbedingung *Bis nächste* (Bild 4.35).

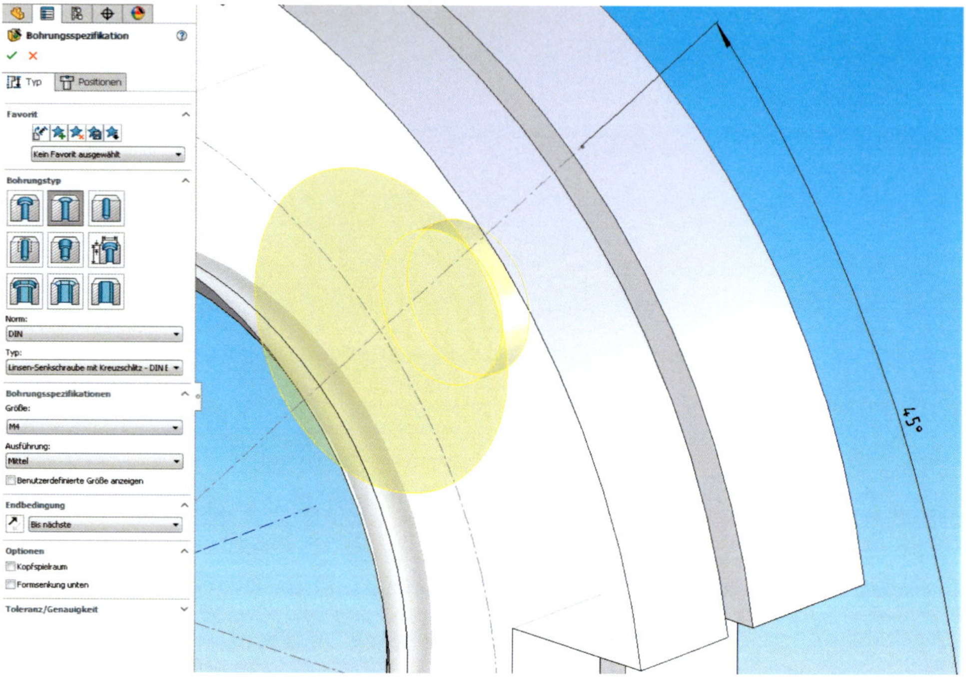

Bild 4.35: Die Senkseite der Arretierverschraubung

- Deaktivieren Sie die letzte Option, *Formsenkung unten,* da wir eine solche unmöglich anbringen könnten.
- Wechseln Sie dann zur Registerkarte *Position* und setzen Sie die Bohrung *deckungsgleich* auf den Punkt von *Sk Arretierung*. Bestätigen Sie und nennen Sie das Feature **M4 Senkung.**

Wenn die Bohrung nur bis zum Einschnitt verläuft, haben Sie es richtig gemacht. Aber da gibt es noch eine Unschönheit: Die beiden Senkungen überlagern einander. Dies beheben wir, indem wir die Senkung der großen Bohrung verkleinern – der angedeutete Gewindeaußendurchmesser ist ohnehin wesentlich kleiner:

- Öffnen Sie *M20x1.5 Gewindebohrung* und verkleinern Sie die Durchmesser beider *Formsenkungen* von *22* auf **20** mm. Bestätigen Sie dann.

Damit bleibt ein dünner Steg zwischen den beiden Senkungen (Bild 4.36).

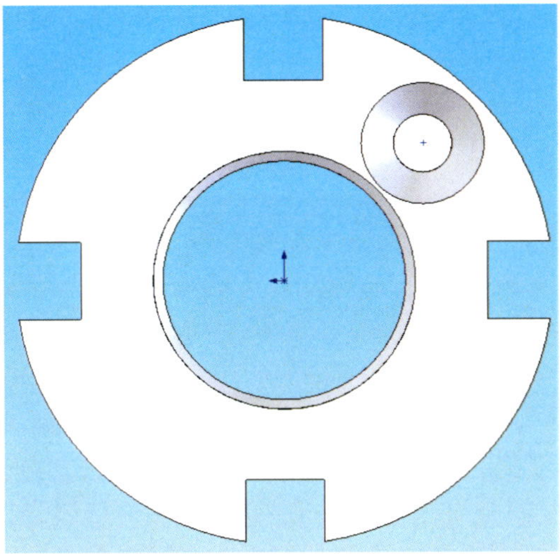

Bild 4.36: Die große Senkung wurde verkleinert, um eine Überlappung zu verhindern

- Drehen Sie Modell entsprechend Bild 4.37 und legen Sie eine *Schnittansicht* auf die *Ebene oben*. Drehen Sie diese dann noch um 45° um die *X-Achse*.

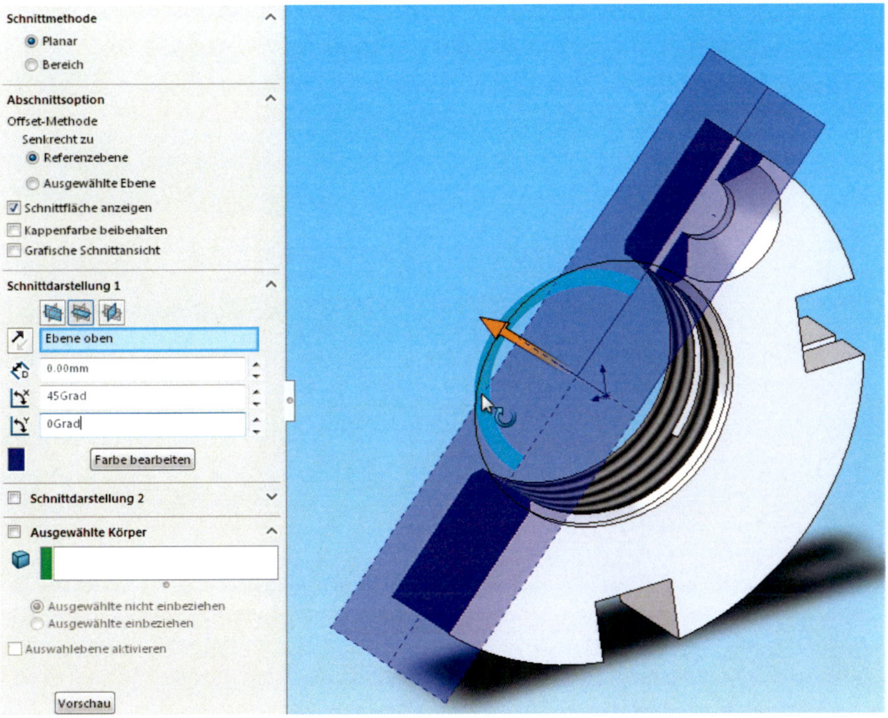

Bild 4.37: Die Schnittansicht ist besonders praktisch zur Verifikation des Modells

- Drehen Sie die Nutmutter dann so, dass Sie auf die dicke Seite des Einschnitts blicken *(Ebene vorne)*. Klicken Sie die Endfläche an und rufen Sie nochmals den *Bohrungsassistenten* auf (Bild 4.38).

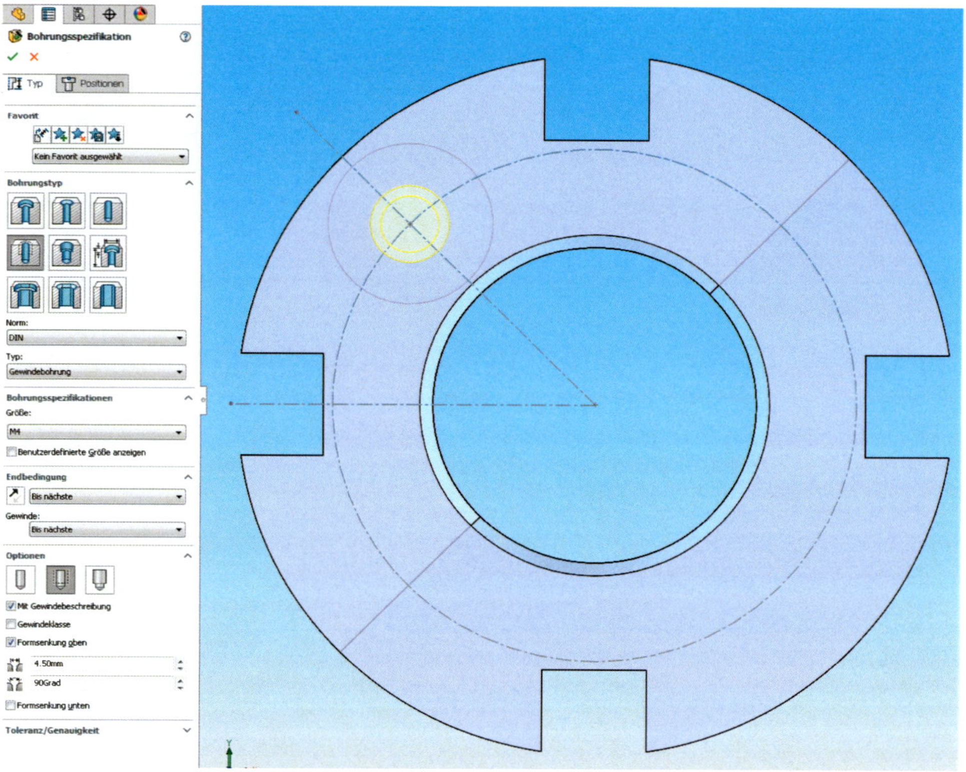

Bild 4.38: Typ und Position des Gewindes für die Arretierung in der Ansicht *von vorn*.

- Definieren Sie hier eine *Gerade Gewindebohrung* nach *DIN*, Größe *M4*, Endbedingung beide Male *Bis Nächste*. Wir benötigen eine *Gewindedarstellung* mit *Beschreibung* und eine *Formsenkung oben*, Maße **4.5 x 90°**.
- Wechseln Sie zu den *Positionen*. Klicken Sie wieder auf den Punkt von *Sk Arretierung*.
- Stellen Sie die Gewindebohrung fertig. Nennen Sie das Feature **M4x0.7 Gewinde**. Blenden Sie *Sk Arretierung* dann aus und deaktivieren Sie auch die *Transparenz* des Teils.

In der Schnittansicht ergibt sich nun der Anblick nach Bild 4.39.

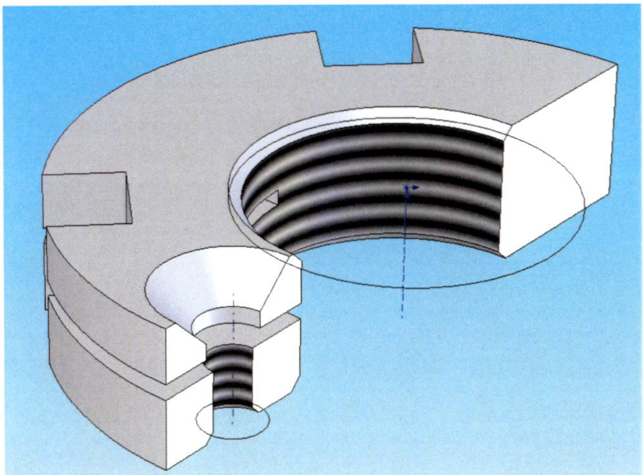

Bild 4.39: Was lange währt: Die fertige Nutmutter in der Schnittansicht

Bohrung und Senkung M4 sind zwar unabhängige Features, doch durch die Verknüpfung mit dem gleichen Skizzenpunkt in *Sk Arretierung* sind und bleiben Sie immer koaxial. In Bild 4.40 ist der recht beachtliche Hierarchiebaum der Nutmutter abgebildet.

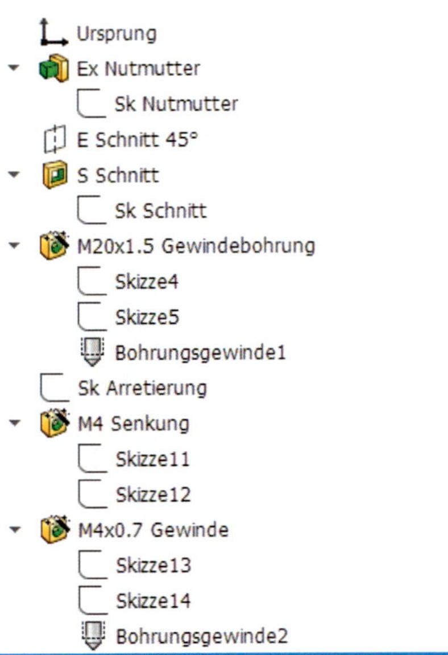

Bild 4.40: Der FeatureManager füllt sich zusehends

Das fertige Bauteil sehen Sie in Bild 4.41.

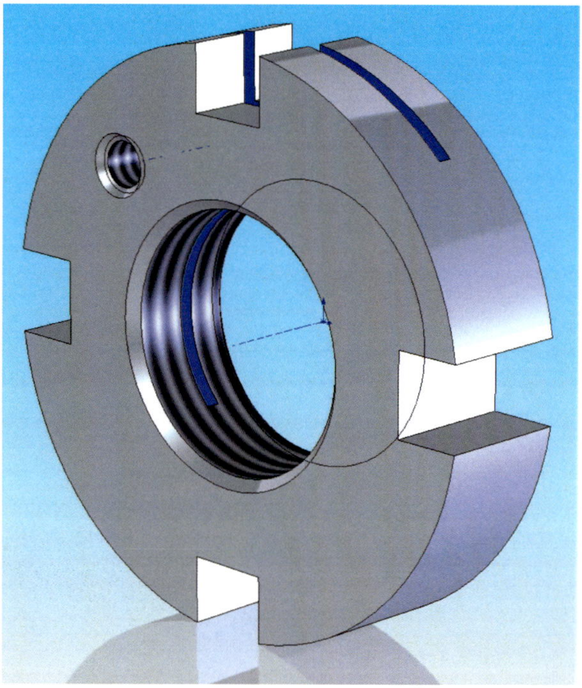

Bild 4.41: Die Nutmutter – das bisher aufwendigste Bauteil!

5 Zwei Gesellenstücke

Die letzten beiden Bauteile, der antriebsseitige Flansch und der Einsatzkegel, sind zugleich die schwierigsten des Buches.

5.1 Der feste Flansch

Beim antriebsseitigen Flansch handelt es sich wieder um ein Drehteil, allerdings mit Finessen:

- Erstellen Sie ein neues Teil und nennen Sie es **Flansch fest**.
- Öffnen Sie auf der *Ebene vorne* eine Skizze mit liegender Mittellinie.
- Erstellen Sie dann die Kontur nach Bild 5.1. Der Skizzenursprung ist wieder deckungsgleich mit der linken Linie der Kontur verbunden. Bringen Sie dann die ersten Maße an, wobei Sie mit dem größten Längenmaß anfangen.

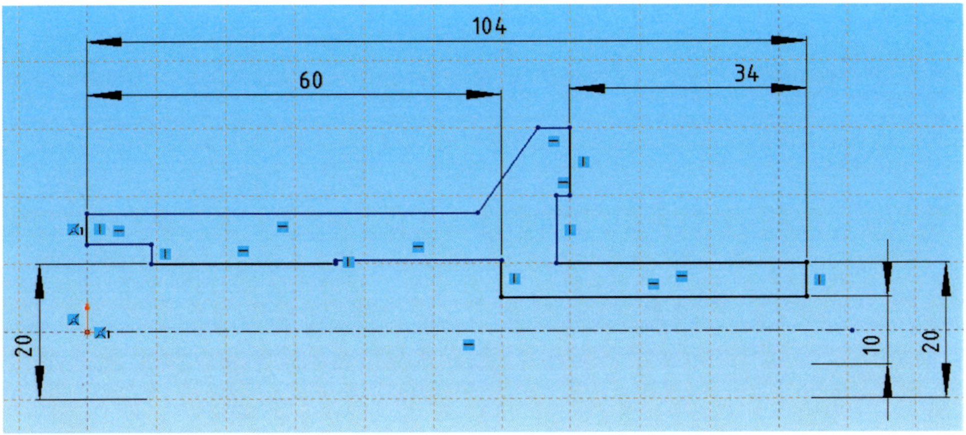

Bild 5.1: Kontur und erste Abmessungen

- Dann kommen die Durchmesser an die Reihe. Hier ist die Reihenfolge egal, wichtig ist nur, dass Sie gegen die Mittellinie bemaßen und die Maßzahl auf die der Kontur abgewandte Seite klicken (Bild 5.2).

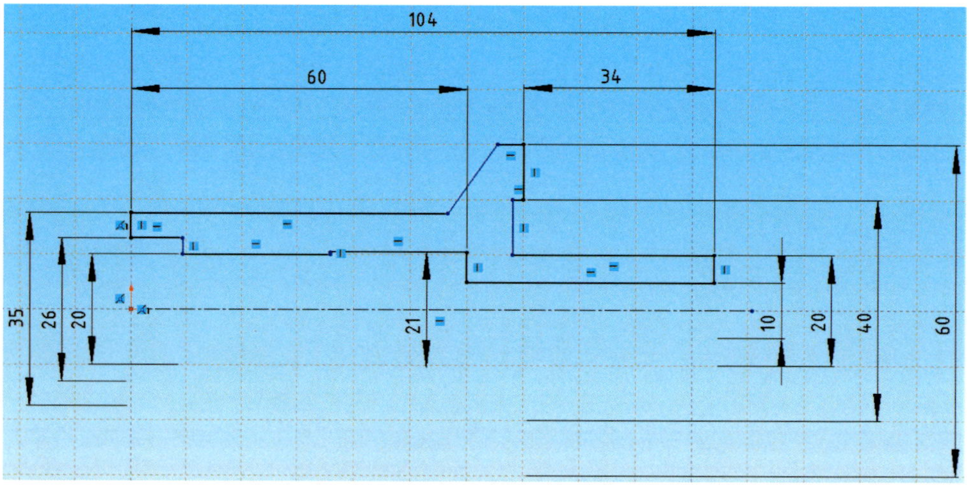

Bild 5.2: Acht Durchmesser legen die Höhen fest

Denken Sie daran, die Maße nicht mit den Ecken, sondern mit den ganzen Seiten zu verbinden – auf diese Art gehen sie beim Fasen und Verrunden nicht verloren.

- Die beiden Fasen erstellen Sie in einem Arbeitsgang (Bild 5.3).

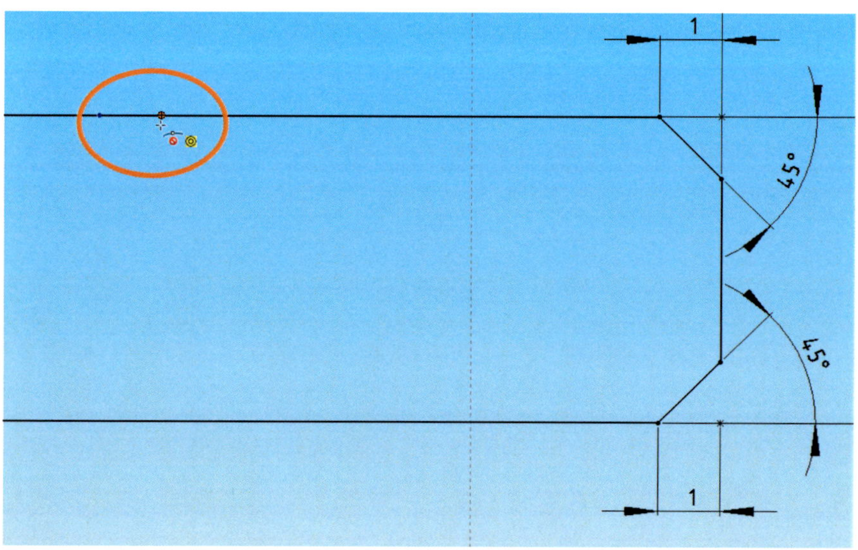

Bild 5.3: Zwei Fasen und Heraustrennen eines Stückchens Linie

> Die erste Seite, die Sie mit *Fase* anklicken, erhält das Längenmaß. Wollen Sie also, dass beide Längen horizontal bemaßt werden, so klicken Sie jeweils zuerst die Horizontale an.

Etwa 15 mm links von der rechten Kante entfernt unterbrechen Sie nun die obere Seite an zwei Stellen. Diese sind etwa 2 mm voneinander entfernt:

- Rufen Sie dazu aus dem Kontextmenü der Linie *Teilen* auf. Sie können die Trennstellen in einem Arbeitsgang anbringen (Ellipse).
- Löschen Sie das mittlere Stück, verbinden Sie die beiden Linien *kollinear* und bemaßen Sie die Lücke mit **2** mm (Bild 5.4).

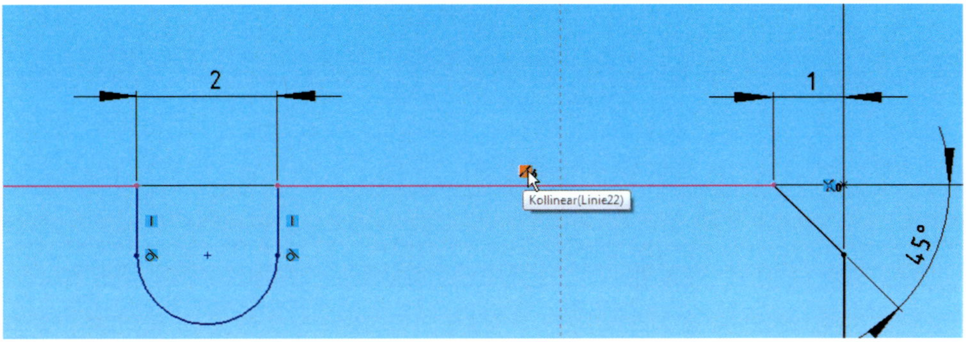

Bild 5.4: Einschnitt des Profils

- Zeichnen Sie den u-förmigen Linienzug mit *Linie* in einem Arbeitsgang. Nutzen Sie den Bogenmodus (A), um den tangentialen Kreisbogen einzubauen.

Stellen Sie sicher, dass beide Enden *tangential* mit den Vertikalen verbunden sind.

- Bemaßen Sie den Abstand der linken Linie von der rechten Seite mit **15** mm (Bild 5.5).
- Setzen Sie einen *Punkt* auf den *Mittelpunkt* des Bogens. Bemaßen Sie auf bekannte Art den Restdurchmesser von der Mittellinie zum Bogen mit **17** mm.

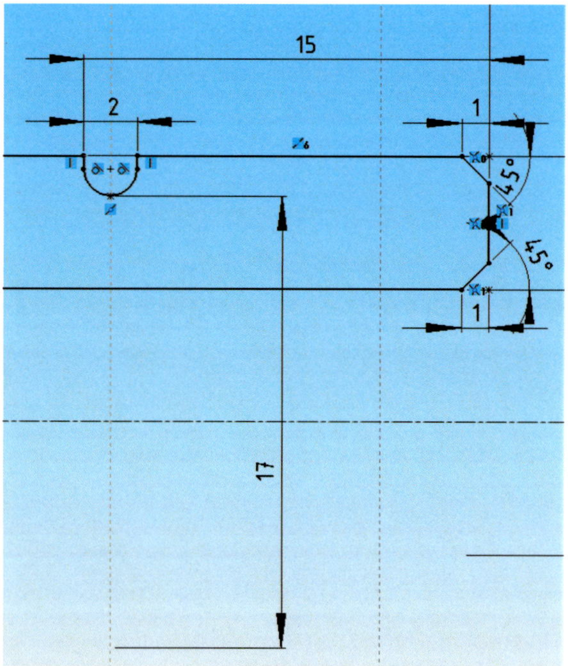

Bild 5.5: Die Bemaßung des Einstichs

Die linke Seite der Kontur bietet nicht viel Neues, bis auf die Reihenfolge:

- Definieren Sie zunächst den Winkel **15°** des Flansches, dann die Kantenbreite mit **3** mm. Die Tiefe der Ausdrehung rechts beträgt **1** mm (Bild 5.6).
- Fügen Sie dann eine *Skizzenverrundung* mit einem Radius von **2** mm zwischen der Schrägen und der Horizontalen ein.

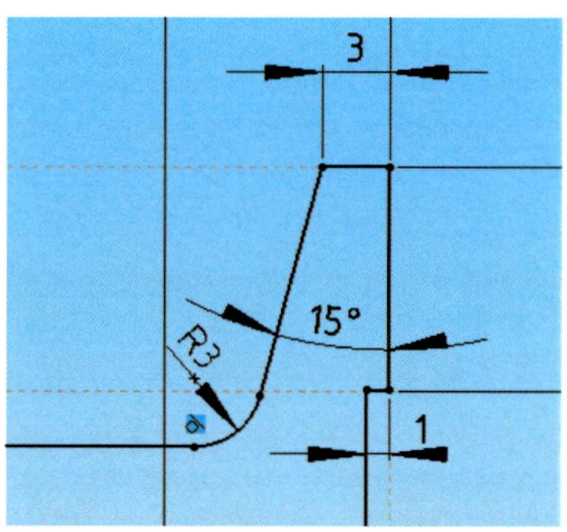

Bild 5.6: Der Flansch wird bemaßt

- Bemaßen Sie dann noch den linken, inneren Absatz mit **9** mm und den rechten mit **4** mm (Bild 5.7, Ellipsen).

Da letzterer nur einen halben Millimeter hoch ist, zoomen Sie zur Bemaßung nahe heran, denn auch hier wollen Sie die Linie bemaßen, nicht nur eine Ecke.

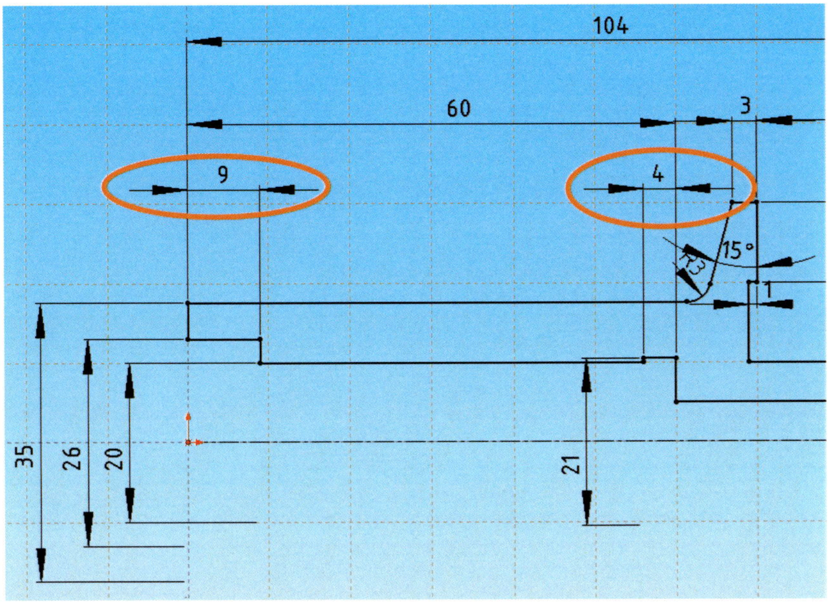

Bild 5.7: Die letzten beiden Maße betreffen die Innenabsätze des Drehteils

- Sollte die Skizze danach immer noch nicht *voll definiert* sein, überprüfen Sie, ob die linke Vertikale *deckungsgleich* mit dem Skizzenursprung verknüpft ist (Bild 5.8).

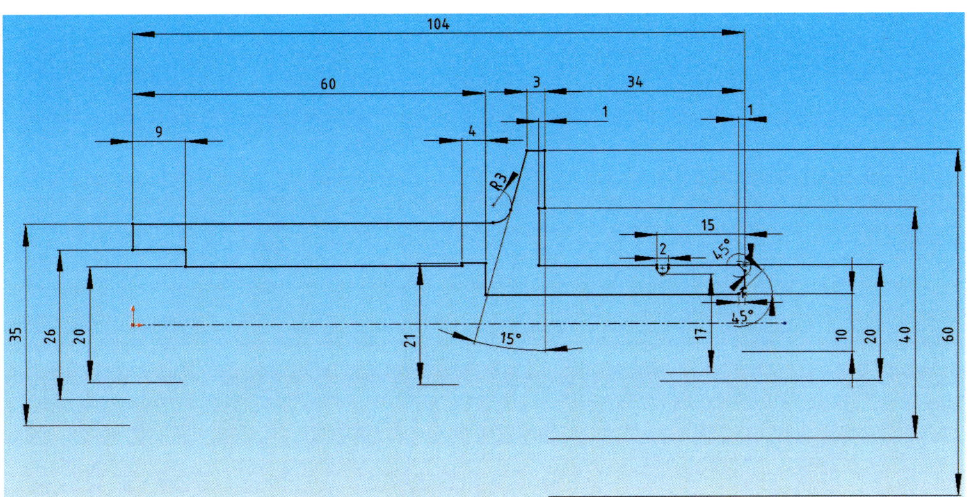

Bild 5.8: Diese komplexe Kontur ist voll definiert

- Beenden Sie die Skizze und nennen Sie sie **Sk Flansch fest**.
- Tragen Sie sie dann mit *Aufsatz/Basis rotiert* **360** Grad um die Mittellinie aus. In Bild 5.9 ist das Feature **Flansch fest** in *Schnittansicht* dargestellt.

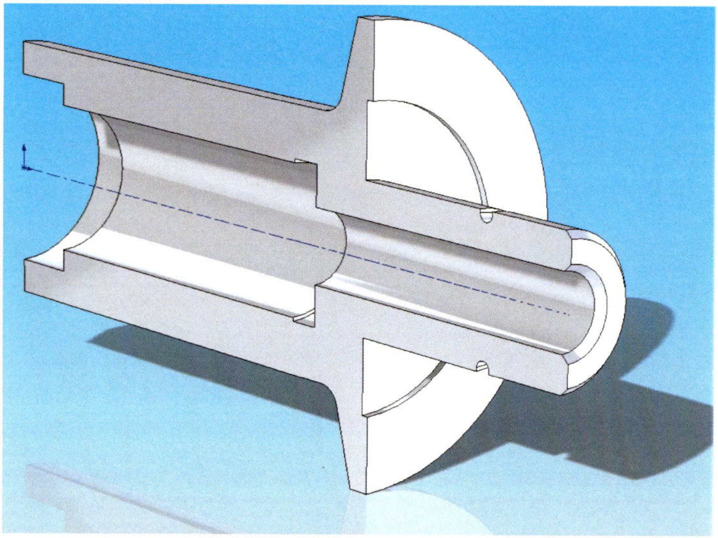

Bild 5.9: Der Grundkörper des festen Flansches im Halbschnitt

- Rufen Sie nun noch *Einfügen, Beschriftungen, Gewindedarstellung* auf und bringen Sie ein Gewinde **M20 x 1.5** auf dem rechten Ende an. Die Endbedingung *Bis nächste* funktioniert hier gut (Bild 5.10).

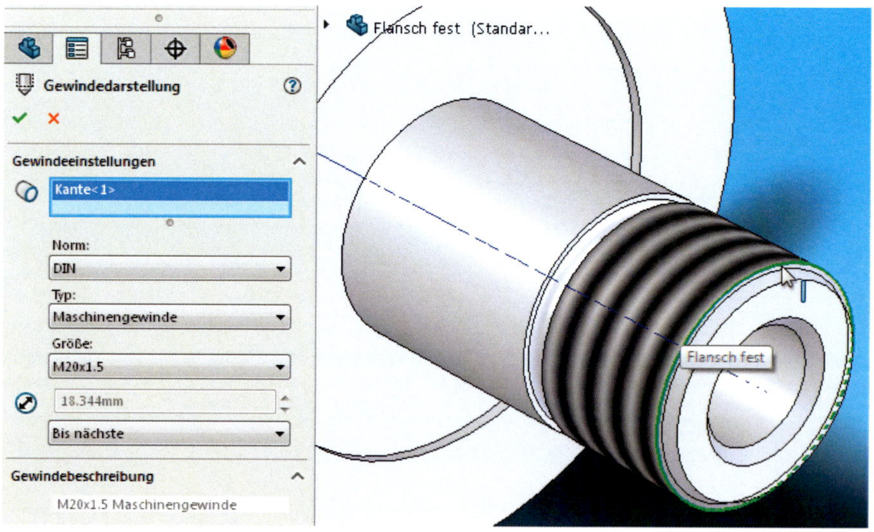

Bild 5.10: Ein Gewinde für das rechte Ende

5.1.1 Eine Nut für den Passstift

Zwei Features fehlen uns indessen noch: eine Nut und eine Bohrung für den Zylinderstift. Die Nut ist ähnlich geformt wie eine Passfedernut, daher nennen wir sie im Folgenden einfach so. Zuerst die Nut – Bohrungen sind ja eh kein Thema mehr für Sie:

- Wechseln Sie in die Isometrieansicht. Aktivieren Sie dann die *Ebene vorne* und rufen Sie *Ebene* aus der Symbolleiste *Referenzgeometrie* auf.

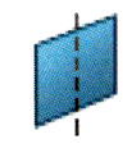

Ebene vorne wird damit zur *ersten Referenz*. Die neue Ebene soll jedoch nicht auf der alten, sondern tangential auf einer Zylinderfläche liegen:

- Aktivieren Sie das Wahlfeld unter *Zweite Referenz*. Klicken Sie dann auf die Zylinderfläche links des Einschnitts, um sie ins Auswahlfeld zu übernehmen. Jetzt erscheint die grüne Ebene – 90° gedreht – auf der Zylinderfläche (Bild 5.11).

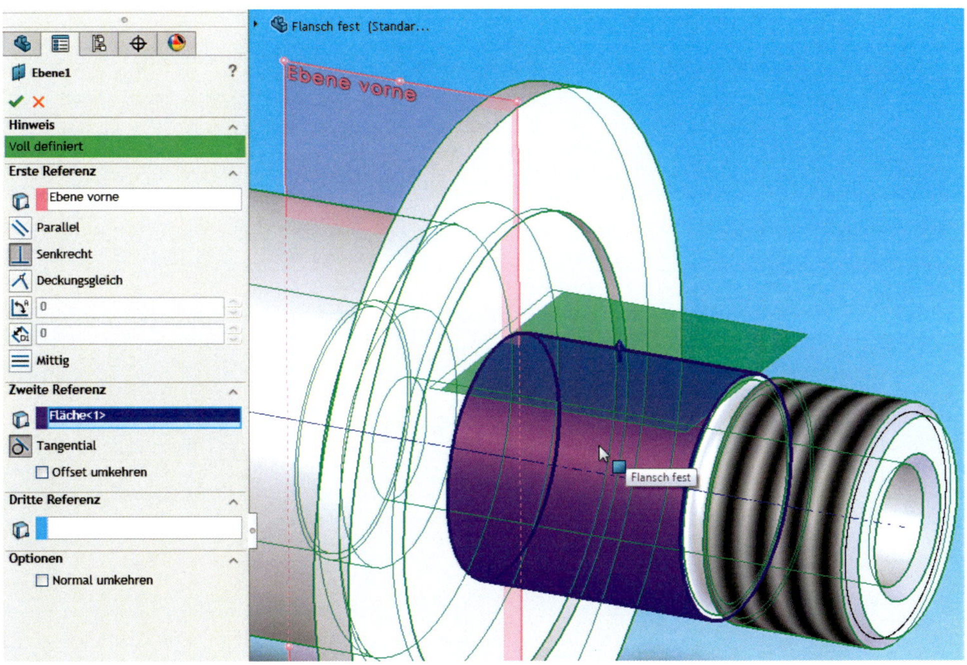

Bild 5.11: Die Referenzebene der Nut liegt tangential auf der Zylinderfläche

Die neue Ebene liegt dadurch senkrecht auf der *ersten Referenz*, was auch durch die Option *Senkrecht* angezeigt wird. Die erste Referenz wurde also lediglich dazu verwendet, die Schnittlinie zwischen Zylinder und *Ebene vorne* als Tangente der neuen Ebene zu definieren.

> Die intensiven Farben sind Codes für (hier) die *Erste, Zweite* und *Dritte Referenz*. Dieses Verhalten treffen Sie in SolidWorks sehr häufig an.

- Bestätigen Sie und nennen Sie die neue Ebene **E Passfeder** (Bild 5.12).

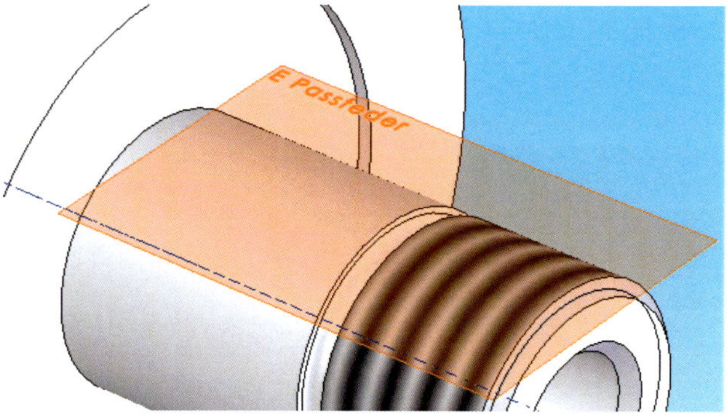

Bild 5.12: Die neue Referenzebene

- Wählen Sie die Ebene *E Passfeder* und fügen Sie eine neue Skizze ein.

Wenn Sie der sichtbare Körper des Flansches irritiert, können Sie ihn mit *Verdeckte Kanten* etwas zurücktreten lassen. Eine andere Möglichkeit ist, den gesamten Volumenkörper übers Kontextmenü oder den FeatureManager auszublenden. Aber dann verlieren Sie die Orientierung.

- Zeichnen Sie eine liegende *Mittellinie* durch den Skizzenursprung (Bild 5.13).

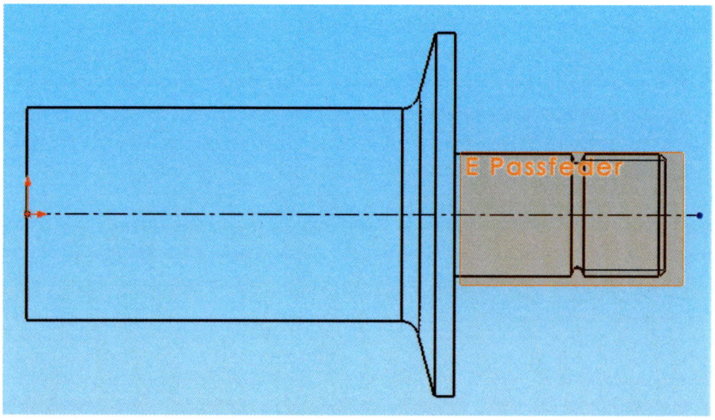

Bild 5.13: Die Zeichenebene mit dem Modell. Eine liegende Mittellinie ist bereits eingezeichnet.

- Zeichnen Sie dann den Linienzug nach Bild 5.14 ungefähr symmetrisch zur Mittellinie. Lassen Sie das flache Ende etwas über den Volumenkörper hinausstehen. Verknüpfen Sie das Bogenzentrum deckungsgleich mit der Mittellinie.

Sie können hier wieder die Bogen-Funktion des Linienbefehls nutzen (Umschalten mit A). Ein Vorteil dieser Arbeitsweise ist, dass die Linienanschlüsse automatisch *tangential* beschränkt sind.

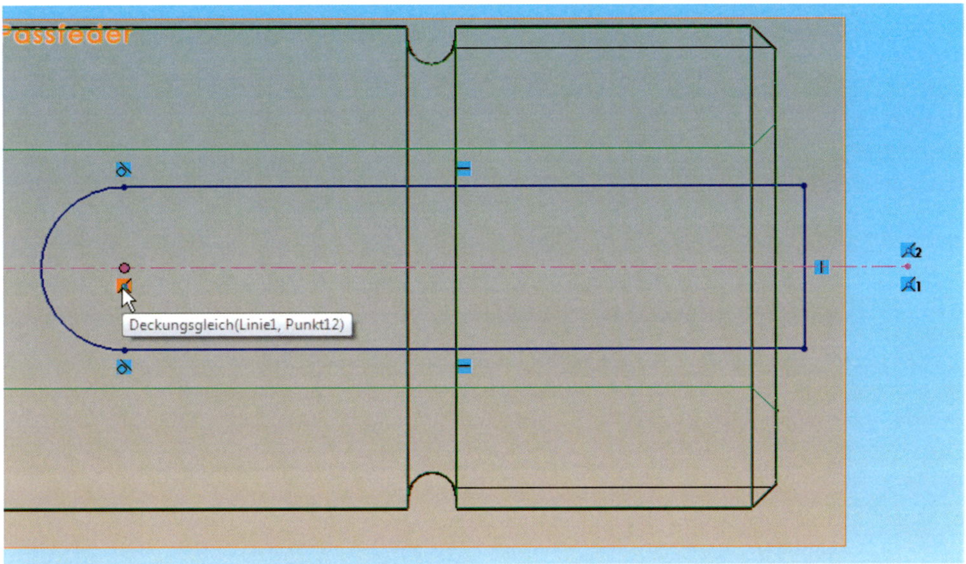

Bild 5.14: Die Kontur der Passfedernut

Wenn Sie es richtig gemacht haben und am Bogenzentrum ziehen, verändert sich die Figur achsensymmetrisch (Bild 5.15).

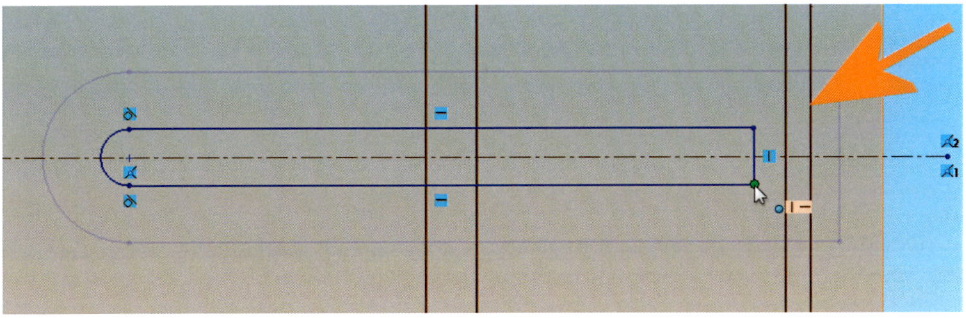

Bild 5.15: Automatische Symmetrie durch Tangenten

Sie fragen sich jetzt wahrscheinlich, warum sich die Figur symmetrisch verhält, ohne dass Sie Symmetrie definiert hätten. Dies ist eine Folge der vorhandenen Skizzenbeziehungen: Wenn das Bogenzentrum auf der Konstruktionslinie liegt und beide Seiten tangential mit den Bögen verbunden sind, dann *muss* jede Änderung symmetrisch sein.

> **!** Aus dem gleichen Grund sollten Sie keine Symmetrie für die beiden Seiten der Passfedernut definieren, denn das wird zu rätselhafter Überbestimmung führen.

Bemaßen Sie dann die Skizze nach Bild 5.16. Das Maß **25** mm tragen Sie ausnahmsweise von der linken Körperkante ab, denn das Schnitt-Feature bezieht sich ausschließlich auf sie:

- Übernehmen Sie die Endkante des Zylinders (Bild 5.15, Pfeil) in die Skizze und bestimmen Sie sie *zur Konstruktion*. Blenden Sie den Volumenkörper aus, um Fehlgriffe zu vermeiden und bemaßen Sie alles von dieser Konstruktionslinie aus.

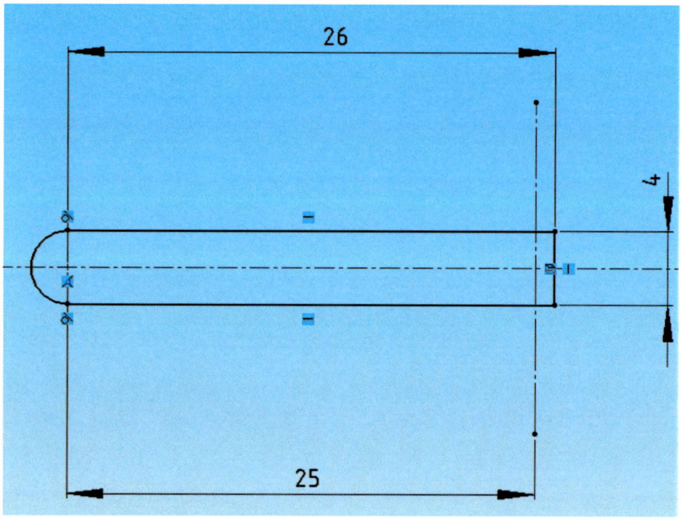

Bild 5.16: Drei Bemaßungen bestimmen die Skizze der Passfeder. Die Vertikale ist die übernommene Kante des Zylinders.

5.1.2 Eigenschaften einer Bemaßung

Das Maß *26 mm*, also den Überhang der Skizze über den Flansch, automatisieren wir wieder mit einer Gleichung. Für eine ähnliche Konstruktion wie bei der Nutmutter taufen wir zur besseren Kenntlichkeit zunächst unsere Bezugsmaße um:

- Öffnen Sie das Maß *25 mm* und ändern Sie über die Dialogbox *Modifizieren* den Namen auf **LängePF**. Der Name der Skizze wird automatisch angefügt (Bild 5.17). Nennen Sie auf gleiche Art das Maß *26 mm* **Überhang**.

bit.ly/3f6pGqD
Video 15

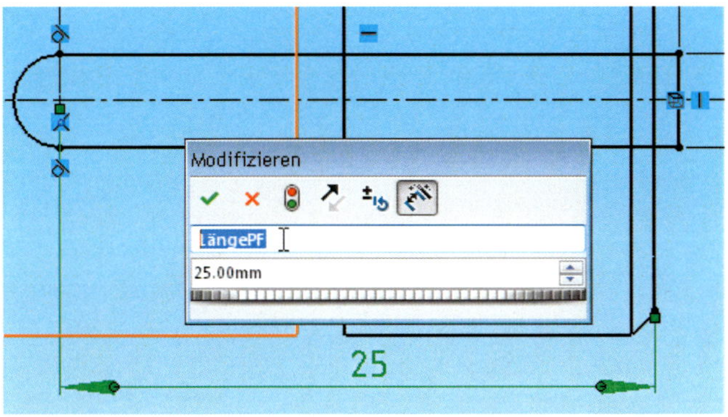

Bild 5.17: Hilfreich: Ein sprechender Name für die Bemaßung

- Wählen Sie im Menü *Extras, Gleichungen*.
- Finden Sie in der Liste das Maß *Überhang@Sk Passfeder*. Geben Sie in dessen Feld unter der Spalte *Wert/Gleichung* ein Gleichheitszeichen ein. SolidWorks erwartet jetzt eine Text- oder Objektangabe (Bild 5.18).

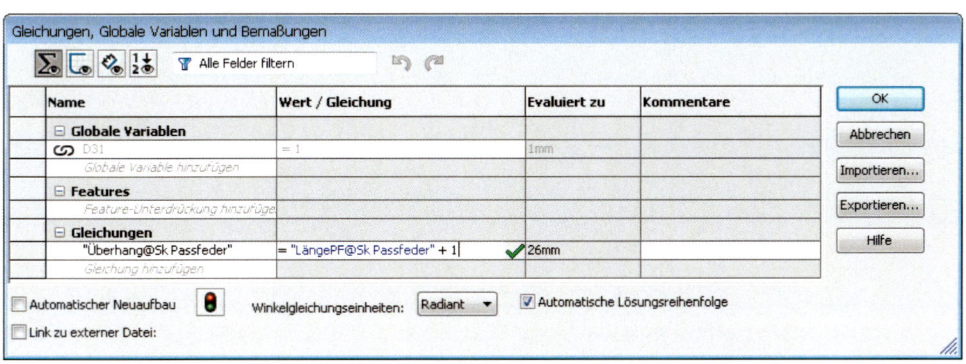

Bild 5.18: Variable werden durch simples Anklicken eingefügt

- Klicken Sie in der Skizze auf den Namen *LängePF*. Die Variable wird unter *Wert/ Gleichung* von *Überhang* eingefügt. Setzen Sie noch **+1** an und bestätigen Sie.

Der neue Wert wird berechnet und durch ein Summenzeichen als Gleichungsergebnis ausgewiesen. Damit sollte das Maß der Passfeder-Skizze immer um einen Millimeter länger sein als der Einschnitt in den Volumenkörper (Bild 5.19).

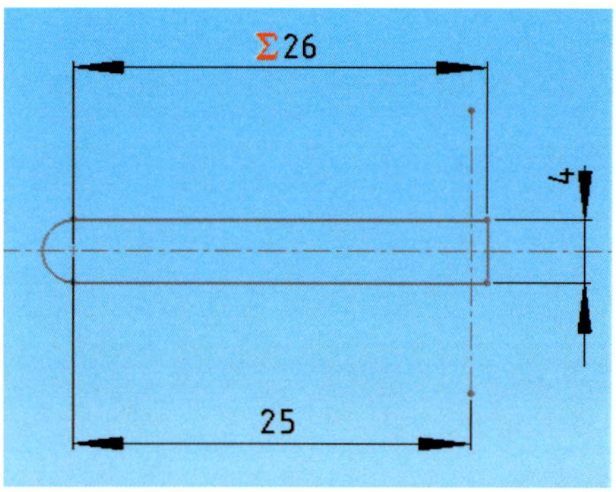

Bild 5.19: Sigma lässt grüßen: Dieses Maß wird berechnet

- Schließen Sie die Skizze und nennen Sie sie **Sk Passfeder**. Blenden Sie den Volumenkörper wieder ein, falls nötig.
- Schneiden Sie *Sk Passfeder* mit einem *Linear ausgetragenen Schnitt* **3.5** mm *blind* ins Bauteil ein (Bild 5.20). Nennen Sie das Feature **S Passfeder**.

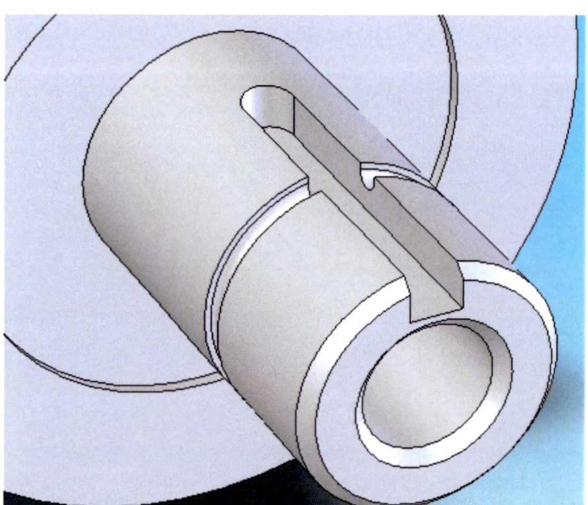

Bild 5.20: Feinarbeit: Die Passfedernut ist fertig

5.1.3 Die Shortcut-Leisten

Leider ist die Verbindung zwischen Skizzen und Gleichungen nicht mehr das, was sie einmal war. Früher konnte man Gleichungen und globale Variable direkt aus dem Dialogfeld *Modifizieren* heraus erstellen. Um dies zu beheben, nutzen Sie die Shortcut-Leisten, eine Einrichtung, mit der Sie häufig benötigte Funktionen direkt neben dem Mauszeiger griffbereit halten:

- Wählen Sie *Extras, Anpassen* und wechseln Sie auf die Registerkarte *Shortcut-Leisten* (Bild 5.21).

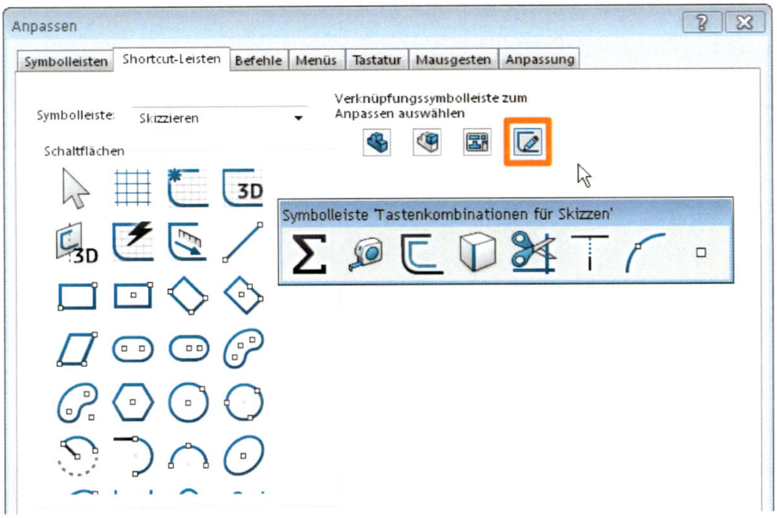

Bild 5.21: Die Shortcut-Leisten stellen ambulante Symbolleisten dar

Hier können Sie für die Modi *Skizze, Feature, Baugruppe* und *Zeichnung* je eine Leiste konfigurieren. Diese Leisten erscheinen nur entsprechend dem gewählten Modus, aber was Sie dort einfügen, bleibt gänzlich Ihnen überlassen.

- Klicken Sie auf die Schaltfläche *Skizze* (Kasten).

Die aktuelle Konfiguration wird eingeblendet. Sie ist reichlich überladen, da sie sämtliche Schaltflächen der Symbolleiste *Skizze* enthält. Aber dafür haben wir ja bereits die Symbolleiste *Skizze*.

- Löschen Sie die Flyouts und ersetzen Sie sie durch einfache Schaltflächen etwa nach dem obigen Vorbild.

Mit Hilfe des Listenfeldes *Symbolleiste* dieser Registerkarte fügen Sie Funktionen ein, die Sie häufig zur Bearbeitung nutzen, etwa *Elemente übernehmen, Trimmen, Verlängern* und *Teilen* aus der Rubrik *Skizze* und eben auch *Gleichungen* aus der Rubrik *Extras*.

- Die Form, in die Sie die Leiste ziehen, wird ebenfalls gespeichert, etwa einreihig horizontal, vertikal, zweireihig usw.
- Bestätigen Sie die Dialogbox *Anpassen*.

Wenn Sie im Skizzenmodus auf ein Maß zeigen und den Shortcut S drücken, so erhalten Sie den heißen Draht zu den Gleichungen (Bild 5.22). Den gleichen Shortcut nutzen Sie auch für die anderen drei Modi.

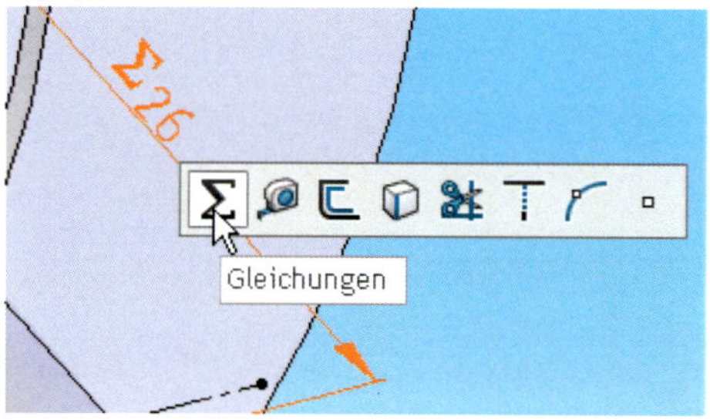

Bild 5.22: *Lost & found:* Der rasche Zugriff auf die Gleichungen bei der Arbeit mit Bemaßungen.

5.1.4 Eine Bohrung

Auch der Flansch erhält eine Bohrung für einen Passstift:

- Blenden Sie die *temporären Achsen* ein.
- Öffnen Sie auf der *Ebene oben* eine neue Skizze. Zeichnen Sie den Kreis deckungsgleich auf die Mittelachse und bemaßen Sie seinen Durchmesser sowie den Abstand vom Skizzenursprung (Bild 5.23).

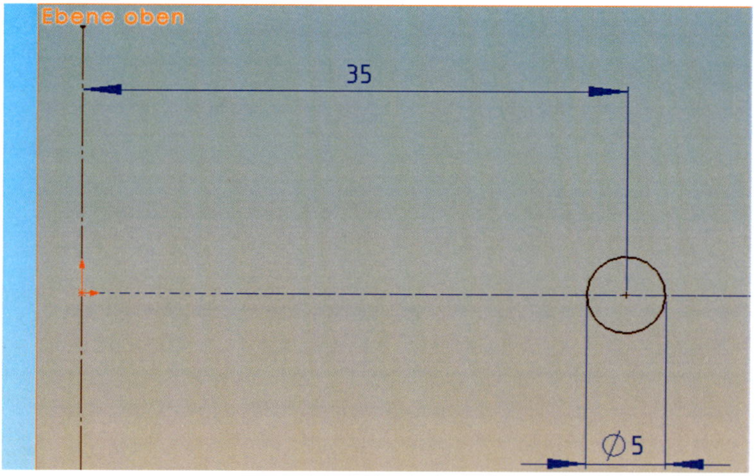

Bild 5.23: Routine: Die Skizze der Bohrung

> Wenn die Gefahr besteht, dass Sie für Maßbezüge Kanten statt Skizzen und Ecken statt Punkten erwischen, blenden Sie den *Volumenkörper* aus.

- Schließen Sie die Skizze **Sk Bohrung** und tragen Sie sie mit einem weiteren *linearen Schnitt* und den Optionen *Richtung umkehren* und *Bis nächste* nach oben aus.
- Nennen Sie das Feature **S Bohrung 5mm**.
- Den fertigen Flansch sehen Sie in Bild 5.24.

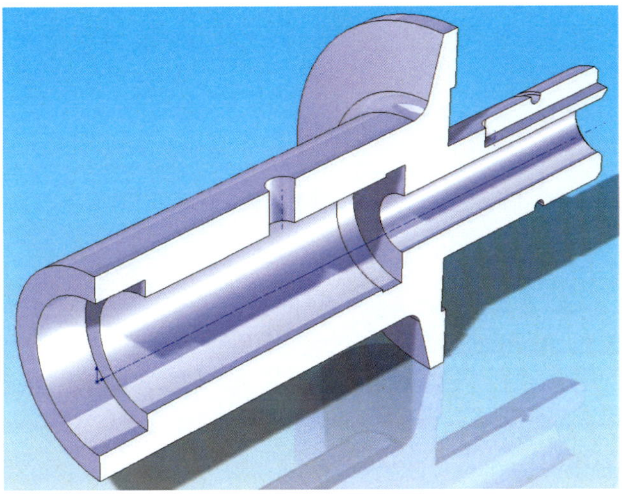

Bild 5.24: Der antriebsseitige Flansch im Halbschnitt

- Speichern und schließen Sie das Bauteil.

In Bild 5.25 ist wieder der komplette Hierarchiebaum des Flansches abgebildet.

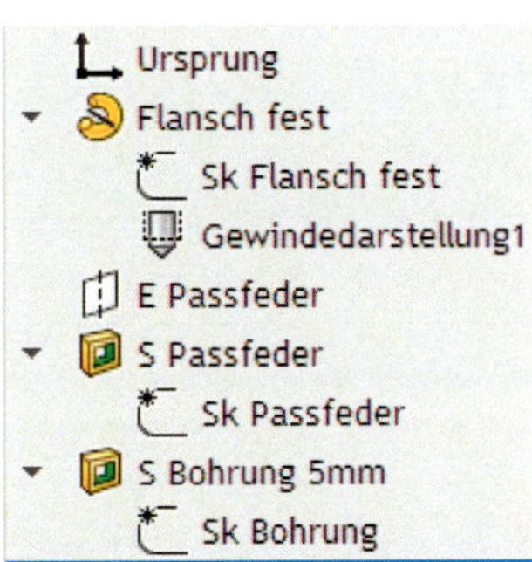

Bild 5.25: Der FeatureManager des festen Flansches

5.1.5 Modelle einfärben: Das Erscheinungsbild

In Bild 5.24 erkennen Sie, dass die Farbe des Modells geändert wurde. Dies erreichen Sie über das **Erscheinungsbild**: Sie können sowohl ganze Modelle als auch einzelne Volumenkörper, Features und sogar Flächen einfärben:

- Klicken Sie auf die gewünschte Fläche und wählen Sie in der Kontext-Symbolleiste das Flyout *Erscheinungsbilder*. Der Hierarchiebaum der Fläche erscheint. Klicken Sie auf *Fläche* (Bild 5.26, rechts).
- Jetzt können Sie den Globalwert mit einer eigenen Farbe überschreiben (links).

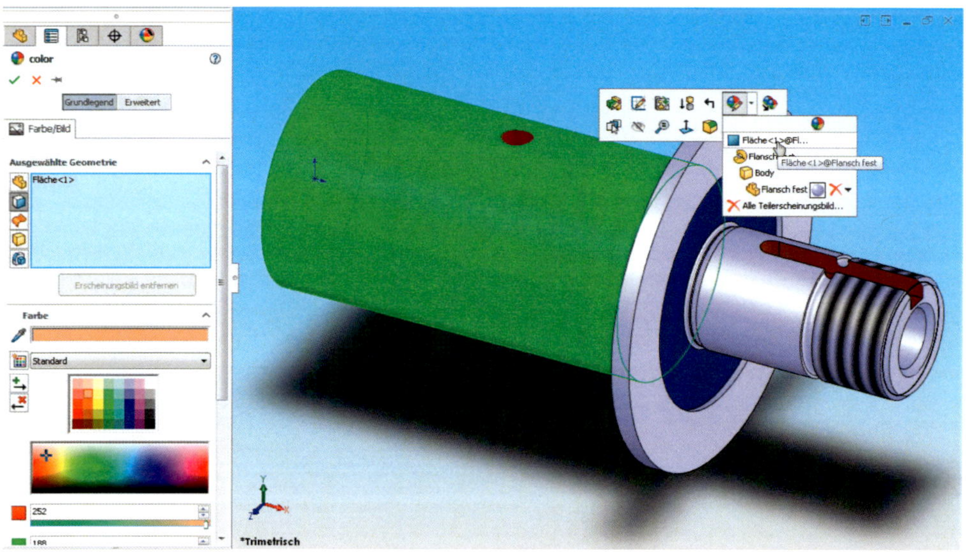

Bild 5.26: Modelle, Features und sogar einzelne Flächen lassen sich einfärben

- Die Einzelfarbe entfernen Sie mit dem roten „X“ am Ende dieses Eintrags. *Alle* Farben hingegen entfernen Sie mit dem letzten Menüeintrag.

Das Resultat sieht nicht nur interessanter aus, es erleichtert auch die Zuordnung von Render-Texturen für den Fall, dass Sie das Modell später in *PhotoView, KeyShot* oder einem anderen Renderer präsentieren wollen. Denn SolidWorks-Exportformate wie *.OBJ und *.3DS übertragen diese Flächen-Information als sogenannte **Materialgruppen**, und das bedeutet: Jeder Farbe wird beim Import ins Render-Programm automatisch eine gesonderte Textur zugeteilt, und Sie brauchen sich nicht mehr mit der Auswahl einzelner Flächen zu plagen (Bild 5.27)!

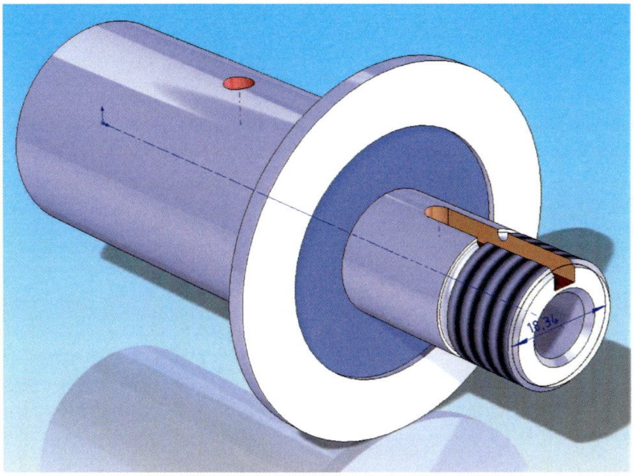

Bild 5.27: Die Farbgruppierung erleichtert die Zuordnung von Materialien beim Rendern

- Speichern und schließen Sie das Modell.

5.2 Der Einsatzkegel

Der Einsatzkegel bildet die kraftschlüssige Verbindung der Spindel mit der Antriebsmaschine. Wir legen zunächst wieder die Skizze für dieses Drehteil an:

- Erstellen Sie ein neues Teil und speichern Sie es unter **Einsatzkegel**.
- Legen Sie auf der *Ebene vorne* eine Skizze mit liegender Mittellinie durch den Skizzenursprung an.
- Zeichnen Sie die Kontur nach Bild 5.28, wobei Sie die dritte Vertikale von links deckungsgleich mit dem Ursprung verbinden. Bringen Sie dann die Längenmaße und den Durchmesser an, wobei Sie … bitte *womit* anfangen? Genau!

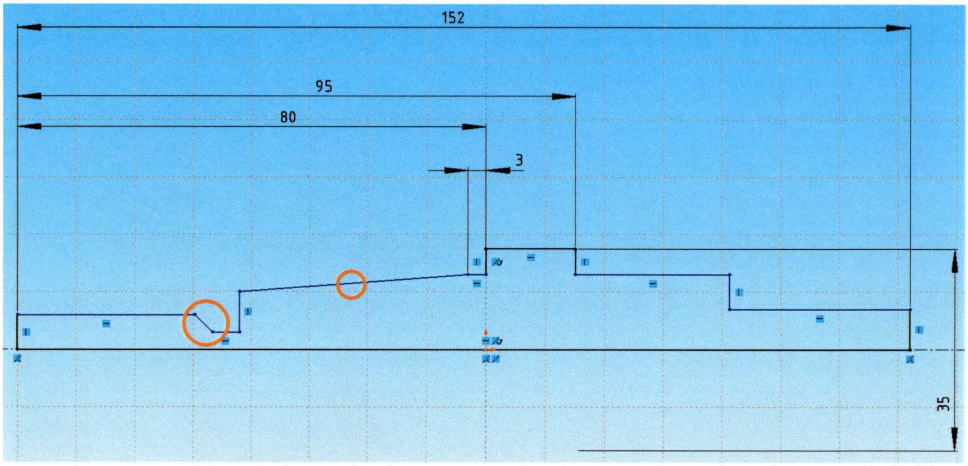

Bild 5.28: Die Kontur des Einsatzkegels mit ersten Abmaßen

> **!** Denken Sie daran, dass Sie Durchmesser ausschließlich über Mittellinien, nicht über Konturlinien bemaßen können – selbst wenn diese *auf* der Mittellinie liegen! Lassen Sie schon deshalb die Mittellinie immer über die Kontur hinausragen.

Die Kontur liegt diesmal auf der Mittellinie, denn wir streben einen Vollquerschnitt an.

- Links von der fixierten Vertikalen liegt eine kurze, **3** mm breite *Horizontale*.
- Beachten Sie die beiden Schrägen, die durch Kreise gekennzeichnet sind. Hier sollen die Skizzenbeziehungen *Horizontal* und *Vertikal* vermieden werden.
- Hinzu kommen die Durchmesser und Längen nach Bild 5.29.

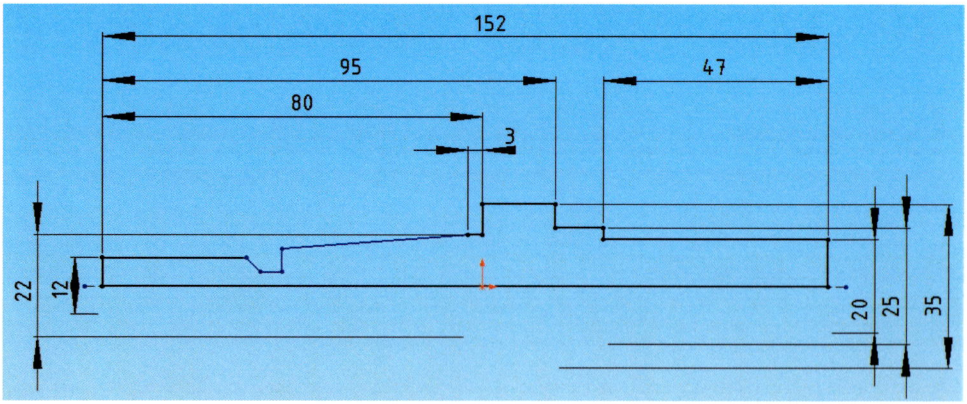

Bild 5.29: Die Bemaßung des Rohteils

5.2.1 Finessen des Skizzierens

Dieser Querschnitt erhält noch einiges an Feinheiten, die wir von rechts anfangend einbauen:

- Zunächst bringen Sie eine *Fase* **1x45** am rechten Ende an (Bild 5.30).

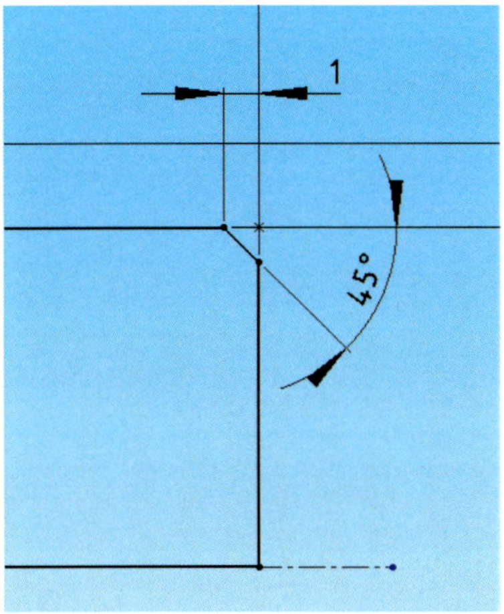

Bild 5.30: Fase Nummer eins; am Schnittpunkt wird automatisch ein Punkt eingefügt.

Bei der Bildung der Fase passiert folgendes: Am Schnittpunkt der beiden Hauptlinien – der zukünftigen Ex-Ecke – wird ein Punkt eingefügt. Er wird zur Definition einer Schnittpunktbeziehung benötigt, die ihrerseits den Definitionsstatus der Skizze aufrechterhält.

5.2.2 Ein Freistich nach DIN …

Normalerweise gibt es in jeder CAM-Software Makros für Standardformen wie Gewinde und Freistiche – Sie brauchen solche Standards eigentlich nicht zu modellieren. Aber das hier ist schließlich ein Lehrbuch.

Fügen wir nun einen Freistich nach DIN 509 F1x0,2 ein. In der Angabe bedeutet *F* die Grundform, *1* ist der Radius und *0,2* die relative Tiefe, beides in Millimetern:

- Verschieben Sie die Ansicht auf den ersten Absatz von rechts. *Teilen* Sie dann die zwei angrenzenden Linien nach Bild 5.31 so, dass drei weitere Stücke entstehen. 

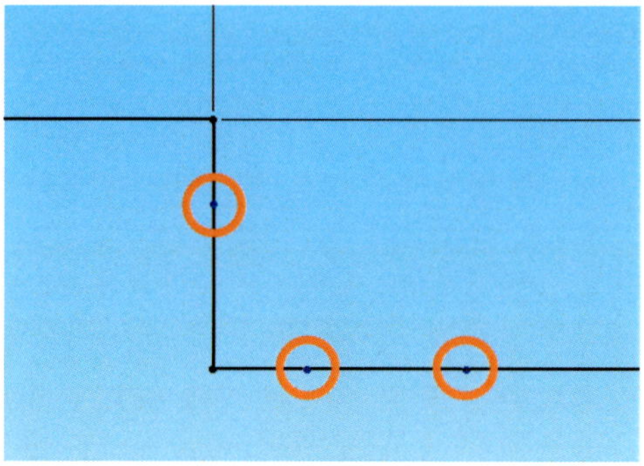

Bild 5.31: Einfügen dreier Linien durch Teilen

5.2.3 ... und ein Problem!

Um die Linienstücke verwenden zu können, müssen wir zunächst die Mehrzahl ihrer Skizzenbeziehungen löschen. Beim linken, horizontalen Stück könnten Sie indessen auf weitere Überraschungen stoßen: Der Durchmesser *20* und die Schnittpunktbeziehung der Fase sind ebenfalls daran angeknüpft (Bild 5.32).

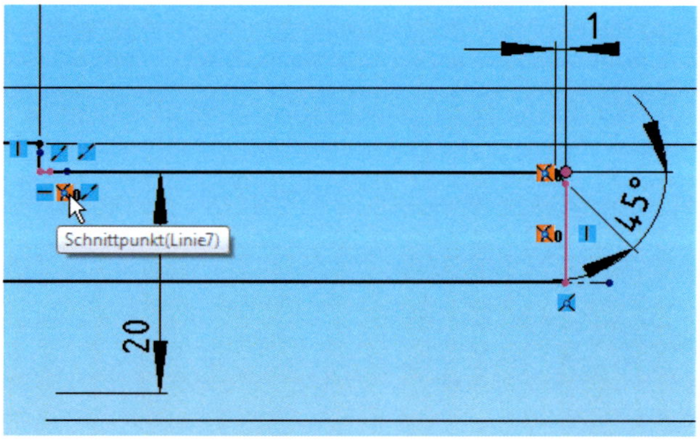

Bild 5.32: Die Beziehungen häufen sich auf der neuen Baustelle.

Die letzten beiden Beziehungen löschen Sie nicht ungestraft - die Skizze wird einige Definitionen verlieren. Es hilft aber nichts:

- Löschen Sie die drei *Kollinear*-Beziehungen, im Bild 5.32 in der linken Ecke zu sehen, dann den Durchmesser *20* und ebenso die *Schnittpunkt*-Beziehung der Fase, die im Bild hervorgehoben ist.

Dadurch verliert die Fase ihre Definition (Bild 5.33).

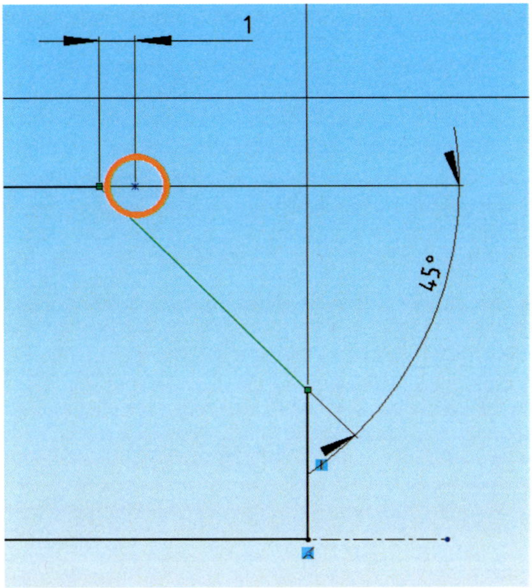

Bild 5.33: Haltlos: Dieses Breitenmaß funktioniert nicht mehr.

- Setzen Sie das Durchmessermaß **20** mm jetzt einfach neu an.
- Flicken Sie die Fase, indem Sie ihre Maße löschen und den Abstand **1** mm sowie den Winkel **45°** neu definieren.

Damit sollte am rechten Ende wieder alles schwarz sein. Wir können mit der eigentlichen Arbeit am Freistich fortfahren.

5.2.4 Bemaßen des Freistichs

- Ziehen Sie die drei kurzen Stücke so in Position, dass das vertikale und das rechte horizontale Stückchen schräg stehen. Setzen Sie, wo nötig, auch die Skizzenbeziehungen *Horizontal* und *Vertikal* (Bild 5.34).

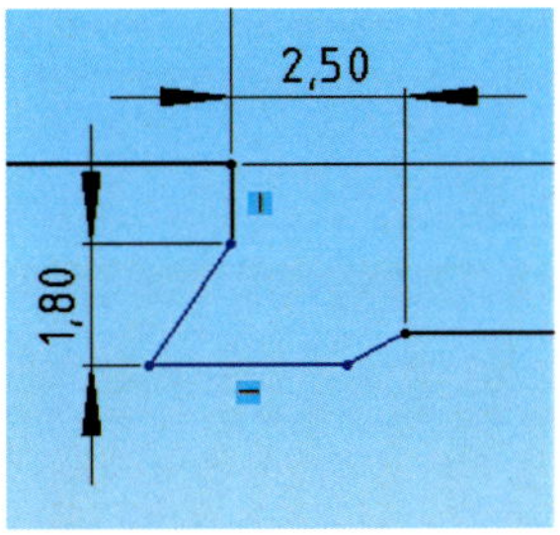

Bild 5.34: Erste Dimensionierung des Freistichs

- Setzen Sie dann die beiden Maße über alles. Nach Form F sind dies **1.8** mm für die Höhe und **2.5** mm für die Breite.
- Bemessen Sie auch die Winkel nach Vorschrift: Der Winkel zum vertikalen Stück beträgt **8°**, der Anschluss zur Horizontalen **15°** (Bild 5.35).

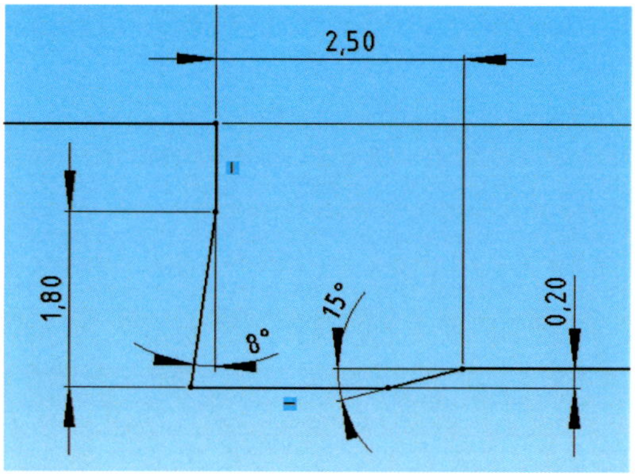

Bild 5.35: Zielwasser trinken: Bemaßen der Winkel

Zoomen Sie nahe heran. Setzen Sie die Maßzahlen jeweils in die sehr schmalen Regionen im Bild, sonst entstehen Komplementärwinkel.

- Definieren Sie dann noch die Tiefe, laut DIN sind dies **0.2** mm.

Damit ist dieser Bereich voll definiert. Es fehlen nur noch zwei Radien:

- Setzen Sie zwei *Gleiche Skizzenverrundungen* – Stichwort: „Stecknadel" – mit einem Radius von **1** mm an die markierten Stellen in Bild 5.36.

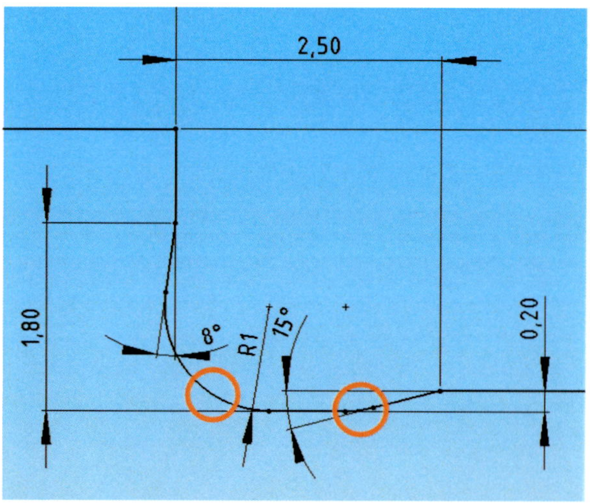

Bild 5.36: Zwei gleiche Radien runden den Freistich ab.

Scrollen wir zur nächsten Station, weiter links:

- Die linke Ecke des größten Durchmessers erhält wieder eine *Fase* **1 x 45°** (Bild 5.37).

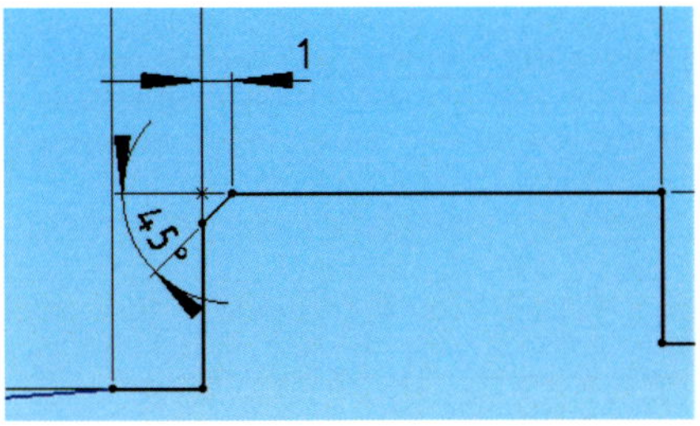

Bild 5.37: Standardübung: Fase Nr. 2

5.2.5 Der Kegel – ein Rechenexempel

Der Einsatzkegel bietet eine hervorragende Gelegenheit, unser Wissen über Gleichungen zu erweitern. Laut Gerätenorm entspricht das Steigungsverhältnis *C* dieses Kegels dem Verhältnis der Differenz der Durchmesser zur Länge:

$$C = \frac{D - d}{l} = 1{:}10$$

Wie wäre es nun, wenn wir das Verhältnis *rechnerisch* in direkte Maße umsetzen würden? Wir kennen ja den großen Durchmesser, nämlich *22 mm*. Die Länge des Kegelstücks können wir leicht einführen. Den kleinen Durchmesser errechnen wir dann nach Umstellung der obigen Formel ganz einfach zu

$$d = D - C \cdot l$$

Bestimmen wir also zunächst die Länge des Kegels:

- Bemaßen Sie die Entfernung zwischen dem linken Ende und der zweiten Vertikalen – dem Beginn des Kegels – mit **21** mm (Bild 5.38).

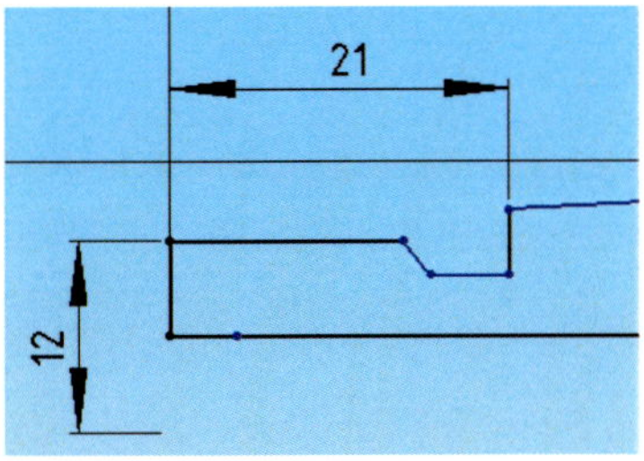

Bild 5.38: Ein Maß mehr, und das Drama nimmt seinen Lauf!

- Wenn Sie nun den Kegel selbst bemaßen, erscheint der Katastrophenalarm nach Bild 5.39.

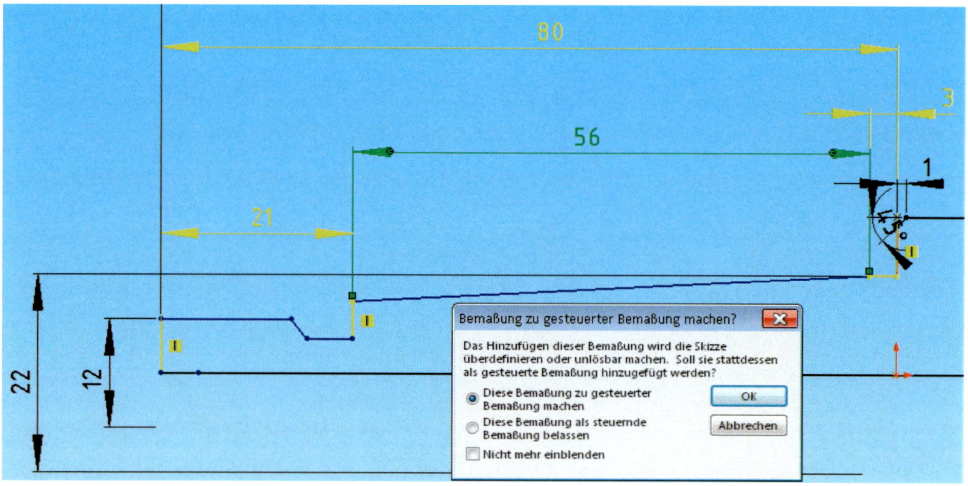

Bild 5.39: Das Längenmaß wird als Überbestimmung entlarvt. Alle an der Misere Beteiligten ergilben vor Scham ...

SolidWorks hat herausgefunden, dass die Bemaßung der Kegellänge eine Überbestimmung bedeuten würde und fragt Sie vorsichtshalber, ob Sie dieses Maß zur *gesteuerten Bemaßung* machen wollen.

- Beantworten Sie die Abfrage mit *OK*. Damit ist die Welt wieder in Ordnung.

Das Maß *56* wird in Grau eingeblendet, der Farbe für eine **gesteuerte Bemaßung:** Dieses Maß hat keinen Einfluss auf die Geometrie der Skizze, es dient lediglich zur Ablesung. Setzen Sie es via PropertyManager vorsichtshalber noch *in Klammern*, um es als Hilfsmaß auszuweisen (Bild 5.40).

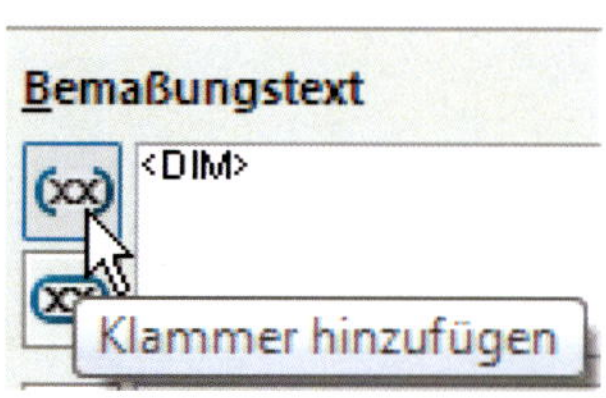

Bild 5.40: Hilfs- und Prüfmaße lassen sich über den PropertyManager deklarieren.

- Führen Sie dann den kleinen Kegeldurchmesser links der Schräge ein. Bestätigen Sie den Maßwert.
- Benennen Sie nun die drei Maße über ihre *Eigenschaften* nach Bild 5.41 mit **Groß D Kegel**, **Klein D Kegel** und **Länge Kegel.**

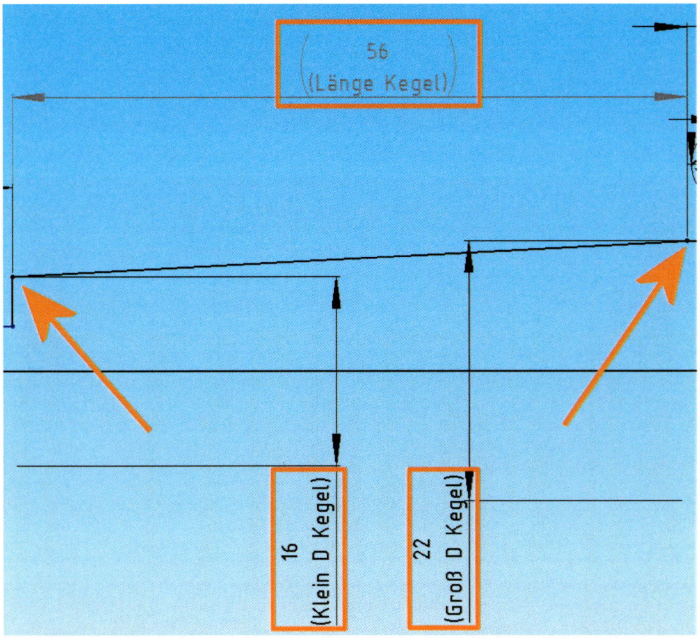

Bild 5.41: Benennung der drei Kegelmaße für die Nutzung als Variable

- Rufen Sie dann die *Gleichungen* auf. Wenn Sie die *Shortcut-Leiste* nutzen, drücken Sie einfach S und wählen die erste Schaltfläche.
- Verschieben Sie das Formelfenster so, dass Sie auf alle drei Maße Zugriff haben.
- Klicken Sie dann in die Zelle *Wert/Gleichung* von *Klein D Kegel*, geben Sie ein Gleichheitszeichen ein und klicken Sie mit Hilfe der Liste die folgende Formel zusammen (Bild 5.42):

```
"Klein D Kegel@Skizze1" = "Groß D Kegel@Skizze1"
- "Länge Kegel@Skizze1" / 10
```

wobei Sie als Kegelverhältnis einfach/**10** oder auch * **0.1** einsetzen.

- Bestätigen Sie die Warnung über Zirkelbezug in der Skizze oder die Anfrage, ob ein … *gesteuertes Maß verwendet* … werden soll (Bild 5.42). Die beiden Fragen hängen zusammen.

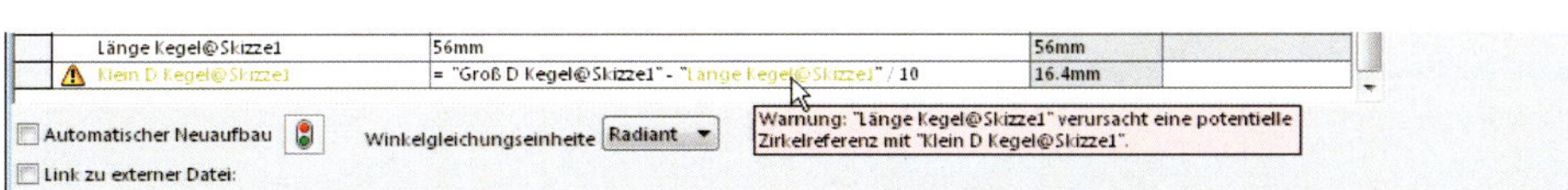

Bild 5.42: Warnung vor der Runde: der Zirkelbezug meint das gesteuerte Maß in der Gleichung

Die Warnung kommt nicht von ungefähr: Gesteuerte Maße können iterative Schleifen verursachen – *Zirkelreferenzen* – und damit zu unsinnigen Ergebnissen führen. Statt der expliziten Kegellänge können Sie auch „Länge<k> – (Länge<m> + Länge<n>)“ einsetzen, also nur steuernde Maße verwenden, um die Warnung zu vermeiden. Doch das liefe aufs Gleiche hinaus, da keine weiteren Einflussgrößen vorhanden sind. In diesem Fall können wir uns zurücklehnen.

Wenn Sie die Gleichung korrekt formuliert haben, lautet das Ergebnis *16.4 mm*.

- Bestätigen Sie, und das neue Maß wird eingesetzt (Bild 5.43).

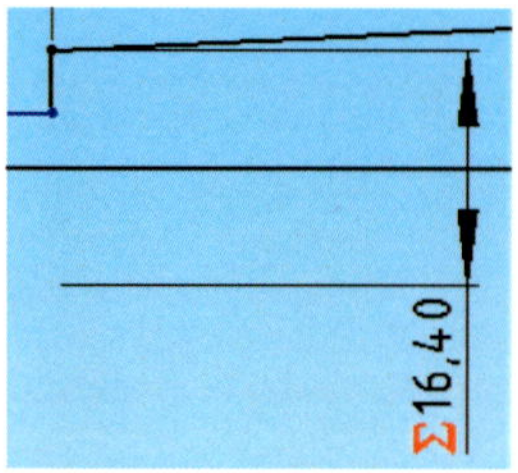

Bild 5.43: Geometrisch präzis: Dieser Kegel wird immer die richtige Steigung haben!

Das Schöne an dieser Lösung ist, dass wir die Skizze nach Belieben ändern können, der Kegel jedoch stets die Steigung 1:10 beibehalten wird.

5.2.6 Maßeinheiten anpassen

Ein Letztes können Sie noch für den Leser der Skizze bzw. Zeichnung tun: Sie können den Steigungswinkel angeben. Der ist rasch erstellt:

- Definieren Sie ein Winkelmaß zwischen der Horizontalen *3 mm* und der Schrägen. Bestätigen Sie wiederum die Abfrage nach der *gesteuerten Bemaßung* und setzen Sie das Maß über den PropertyManager *in Klammern* (Bild 5.44).

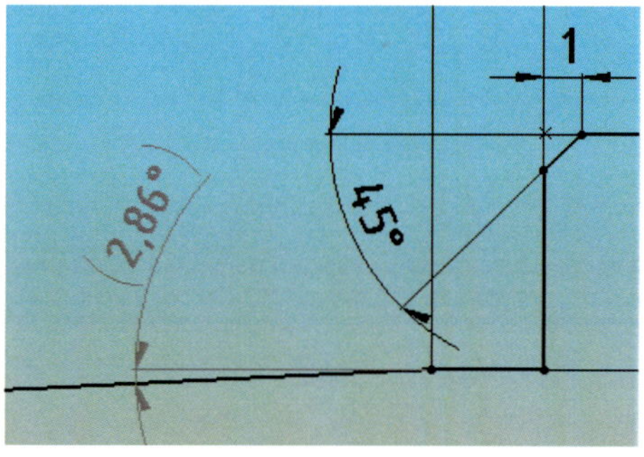

Bild 5.44: Der Winkel als Hilfsmaß, normgerecht in Klammern

Der Winkel wird in Dezimalgrad angegeben. Um die Anzeige in Grad, Minuten und Sekunden umzuwandeln,

- aktivieren Sie das Maß. Der PropertyManager öffnet sich.
- Aktivieren auf der Registerkarte *Sonstiges* die Option *Einheiten außer Kraft setzen.*
- Wählen Sie aus dem Listenfeld *Winkeleinheiten* den Punkt *Grad/Min.*

Nun erscheint das Hilfsmaß in Grad und Minuten (Bild 5.45).

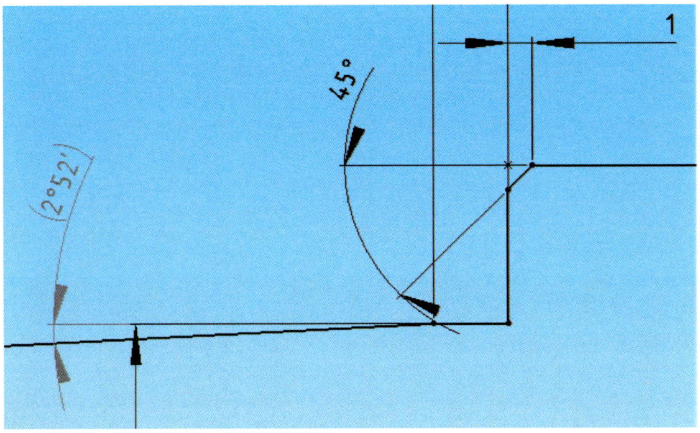

Bild 5.45: Ändern der Maßeinheit eines einzelnen Maßes

5.2.7 Der Gewindefreistich

Verschieben Sie den Bildausschnitt weiter nach links, denn Sie haben noch ein letztes Blau zu schwärzen: Den Übergang vom Kegel zum Gewindezapfen. Wir formen ihn wieder nach Vorschrift, und zwar diesmal als Gewindefreistich nach *DIN 76-1, Form A*:

- Bemaßen Sie zunächst die Gesamtbreite des Übergangs mit **4** mm (Bild 5.46).

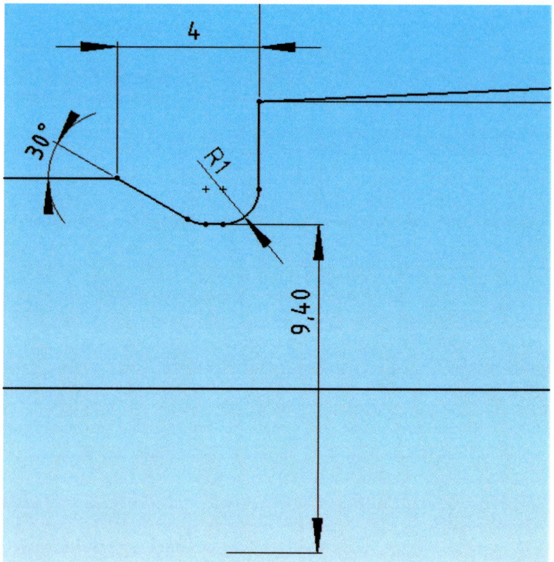

Bild 5.46: Der Gewindefreistich wird ebenfalls modelliert

- Geben Sie der Schräge dann einen Winkel von **30°** gegenüber der angrenzenden Horizontalen.
- Bemaßen Sie den Restdurchmesser zu **9.4** mm.
- Führen Sie dann noch zwei *Skizzenverrundungen* **1** mm an den Übergängen ein.

Damit ist die Skizze endlich voll bestimmt. Es fehlt aber noch der Gewindeansatz nach *DIN 78, Ks:*

- Definieren Sie eine *Fase* **1x45°** am linken Ende. Löschen Sie dann das Maß *1* und ersetzen Sie es durch einen Durchmesser von **8.5** mm nach Bild 5.47.

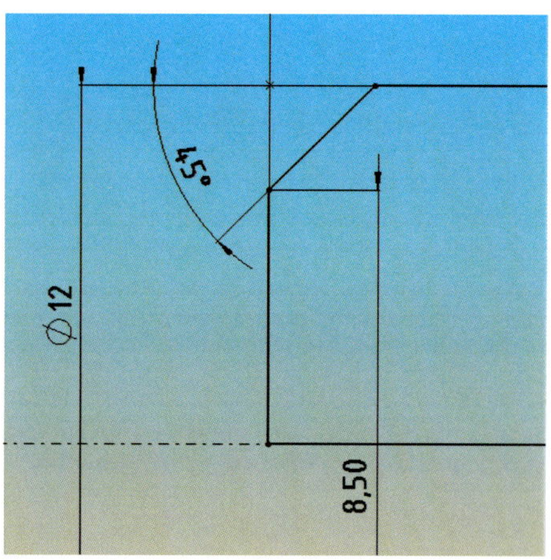

Bild 5.47: Der Gewindeauslauf schließt den Grundkörper ab

Damit ist die Skizze des Drehteils fertig.

- Schließen Sie sie und nennen Sie sie **Sk Einsatzkegel**.
- Rotieren Sie die Kontur mit *Aufsatz/Basis rotiert* um die Mittellinie. Nennen Sie das Feature **Einsatzkegel**.

In Bild 5.48 sehen Sie den Einsatzkegel bis hierher.

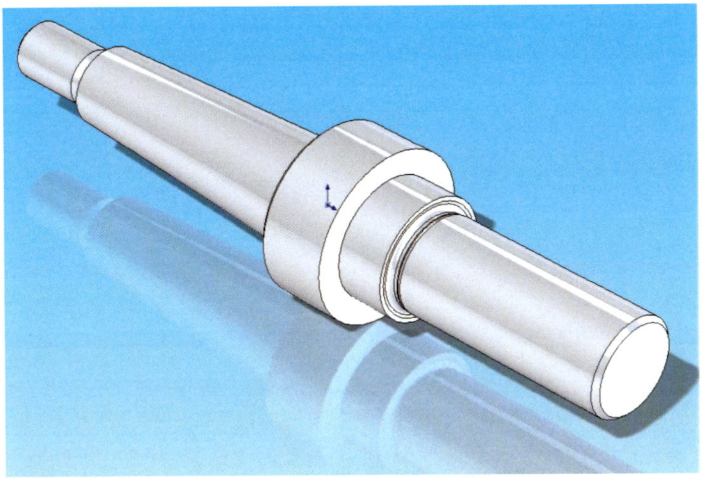

Bild 5.48: Der Einsatzkegel im Rohzustand

5.2.8 Gewindebeschreibung

- Versehen Sie den Gewindezapfen über *Einfügen, Beschriftungen, Gewindedarstellung* mit einem Gewinde der *M12 x 1,5*. Nutzen Sie die Endbedingung *Bis nächste* und geben Sie als Kerndurchmesser **9.80** mm an.

5.2.9 Noch eine Nute

Auch der Einsatzkegel erhält eine Nut, die als Führung für einen Zylinderstift dient:

- Drehen Sie das Bauteil in die Isometrie. Das breite Ende sollte Ihnen jetzt zugewandt sein.
- Definieren Sie eine Referenz-*Ebene* mit der Bedingung *auf Oberfläche* und wählen Sie als Referenzelemente die *Ebene vorne* und die Mantelfläche des rechten Wellenendes (Bild 5.49).

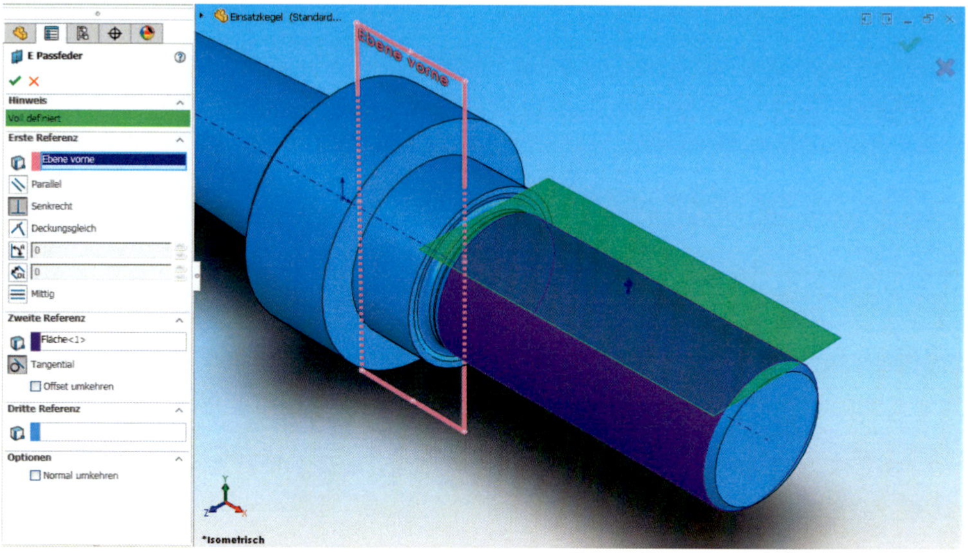

Bild 5.49: Eine neue Referenzebene für die Passfeder

- Benennen Sie die Ebene mit **E Passfeder**.
- Erstellen Sie auf dieser Ebene eine neue Skizze und zeichnen Sie die Kontur nach Bild 5.50. Das Bogenzentrum soll *deckungsgleich* mit der temporären Achse verbunden sein, die angrenzenden Horizontalen jeweils *tangential* mit dem Kreisbogen.

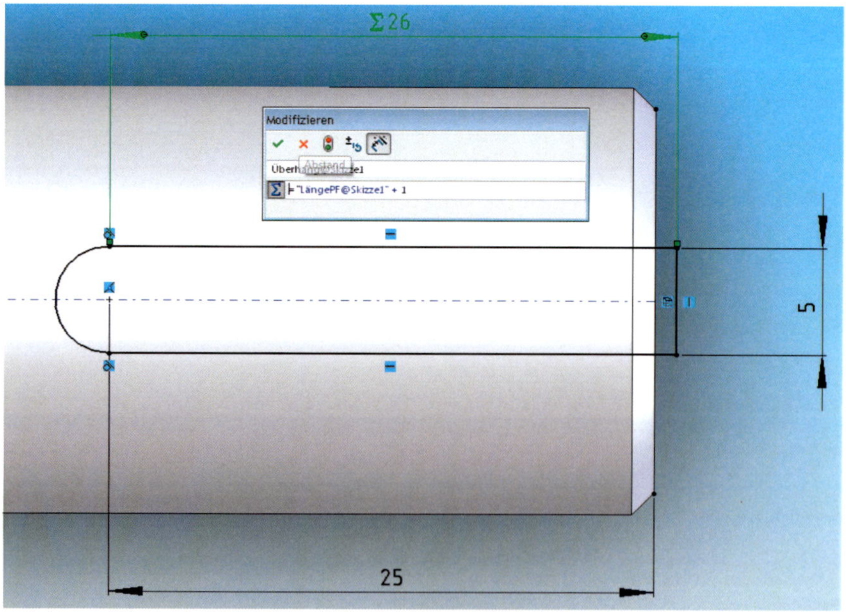

Bild 5.50: Wie gehabt: Die Skizze der Passfedernut

- Bemaßen Sie die Breite mit **5** mm, die Distanz des Bogenzentrums zur rechten Körperkante - **LängePF** - mit **25** mm, die Länge der Kontur - **Überhang** - mit **26** mm.
- Definieren Sie eine Gleichung, wonach *Überhang* um **1** mm größer ist als *LängePF* (vgl. Bild 5.16 auf S. 184).
- Schließen Sie die Skizze und nennen Sie sie **Sk Passfeder**.
- Schneiden Sie die Skizze mit einem *Linear ausgetragenen Schnitt* und der Endbedingung *Blind* **3.5** mm tief ins Material ein. Nennen Sie das Feature **S Passfeder** (Bild 5.51).

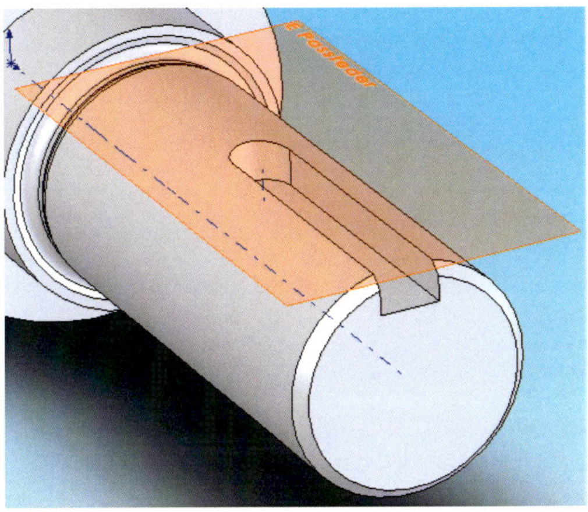

Bild 5.51: Die fertige Passfedernut

5.2.10 Der Schlüsselansatz

Da der Einsatzkegel demontierbar sein muss, fehlt noch der Ansatz für den Maulschlüssel. Hierzu leisten wir wieder eine kleine Vorarbeit:

- Öffnen Sie die Skizze *Sk Einsatzkegel* und benennen Sie den größten Durchmesser - 35 mm - mit **D Schlüssel**. Schließen Sie die Skizze.
- Legen Sie auf dem kegelseitigen Absatz des größten Durchmessers eine neue Skizze an (Bild 5.52).

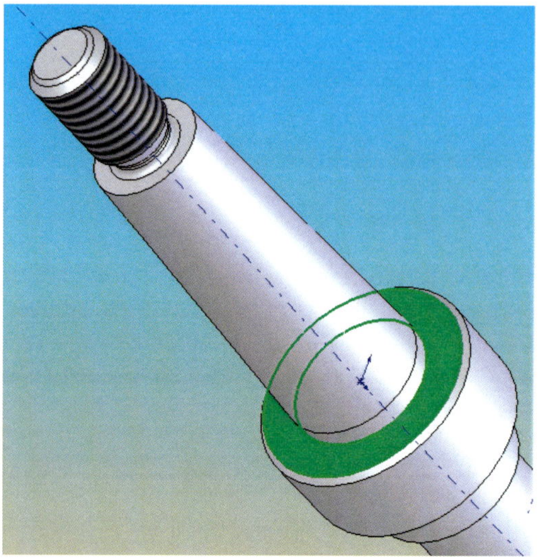

Bild 5.52: Eine neue Skizze auf einer Körperfläche

- Wechseln Sie in die Draufsicht und zeichnen Sie die einfache Kontur nach Bild 5.53. Da Sie den Mittelpunkt des Rechtecks mit dem Ursprung verknüpfen wollen, können Sie dies mit der Option *Mittelpunkt-Rechteck* im PropertyManager in einem einzigen Arbeitsgang erledigen (Kasten). Mittels der Diagonalen besitzt das Rechteck automatisch doppelte Symmetrie.

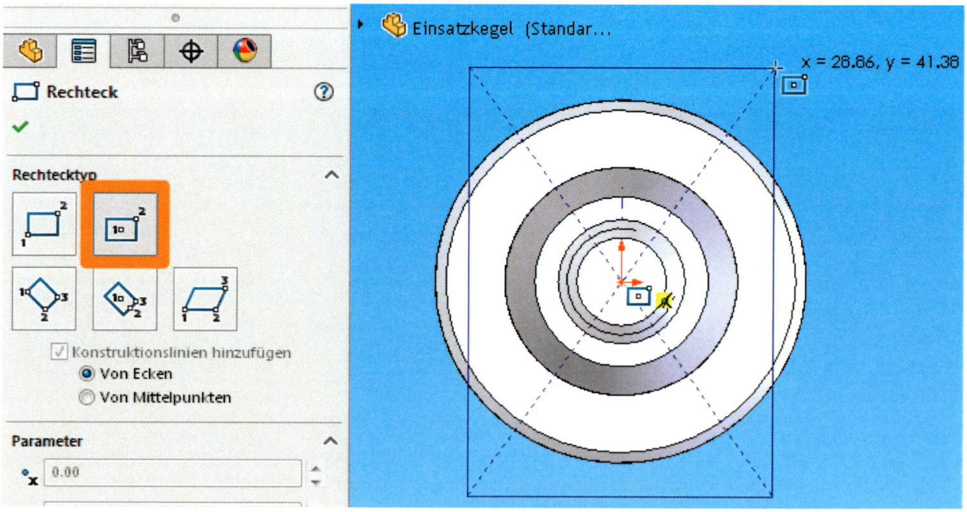

Bild 5.53: Das Mittelpunkt-Rechteck ist ideal für Mittelpunktverknüpfungen

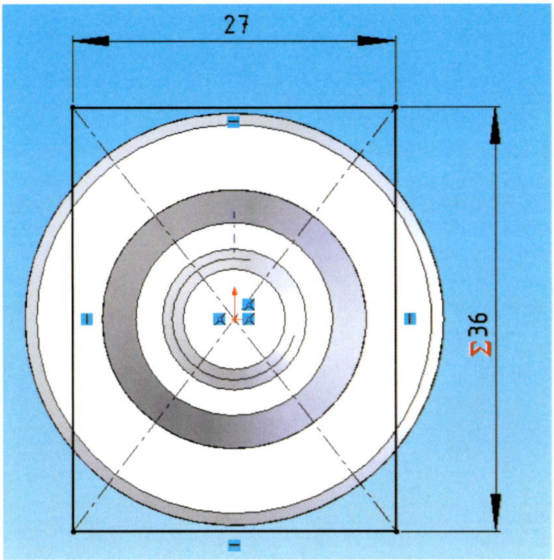

Bild 5.54: Die voll definierte Skizze des Schlüsselansatzes

- Bemaßen Sie die Breite mit der Schlüsselweite **27** mm.

Bemaßen Sie die Höhe und definieren Sie eine neue Gleichung dafür: Diese Höhe entspreche dem Durchmesser *D Schlüssel* aus *Sk Einsatzkegel* plus **1** mm. Hier die Gleichung:

```
"D2@Sk Schlüsselweite" = "D Schlüssel@Sk Einsatzkegel"+1
```

Auf diese Art wird der anschließende Schnitt, unabhängig vom Durchmesser, vollständig ausgeführt. Damit ist die Skizze voll definiert.

- Schließen Sie sie und nennen Sie sie **Sk Schlüsselweite**.
- Schneiden Sie die Skizze mit einem *Linear ausgetragenen Schnitt* und der Endbedingung *Blind* um **11** mm ins Material ein. Aktivieren Sie die Option *Umkehrung der Schnittseite,* damit nur die kleinen Außensegmente wegfallen.
- Nennen Sie dieses Feature **S Schlüsselweite** (Bild 5.55).

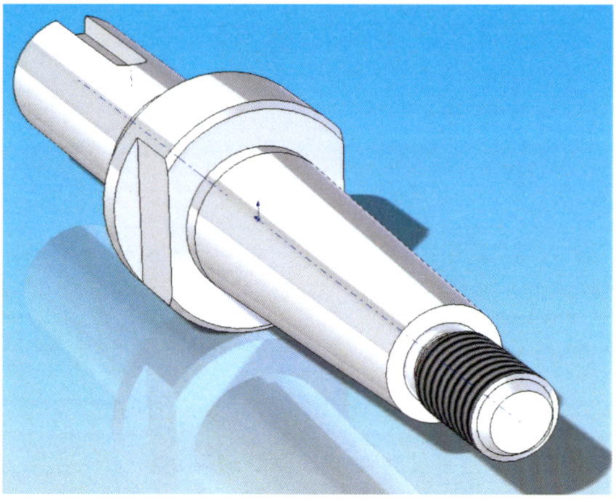

Bild 5.55: Stilecht: Ein Absatz für den 27er Maulschlüssel

Die Außenarbeiten an der Welle sind abgeschlossen.

- Speichern Sie das Bauteil.

5.2.11 Zwei Gewindebohrungen

Es fehlen nur noch die Gewindebohrungen an den Stirnflächen. Diese werden koaxial angeordnet:

- Aktivieren Sie die breite Stirnfläche nach Bild 5.56 und rufen Sie den *Bohrungsassistenten* auf.
- Wählen Sie eine *Gewindebohrung M10x1.0* nach *DIN*.
- Endbedingung ist *Blind*, wobei Sie hier nur die *nutzbare Gewindetiefe* vorgeben, und zwar zu **18** mm (Rahmen). Die *Blindbohrungstiefe* berechnet der Bohrungsassistent automatisch.
- Wählen Sie als *Formsenkungsdurchmesser* den Gewindeaußendurchmesser, also **10** mm und wie immer **90°** als Kegelwinkel.

> Wenn Sie nach dieser Einstellung ins unterste Gruppenfeld *Benutzerdefinierte Größe* schauen, so ist dort eine neue Schaltfläche zu sehen, nämlich *Standardwerte wiederherstellen*. Betätigen Sie sie, wird die Gewindetiefe wieder auf *Blind (2*DIA)* gesetzt, nämlich 20 mm – der Assistent berät Sie sogar in Norm-Fragen!

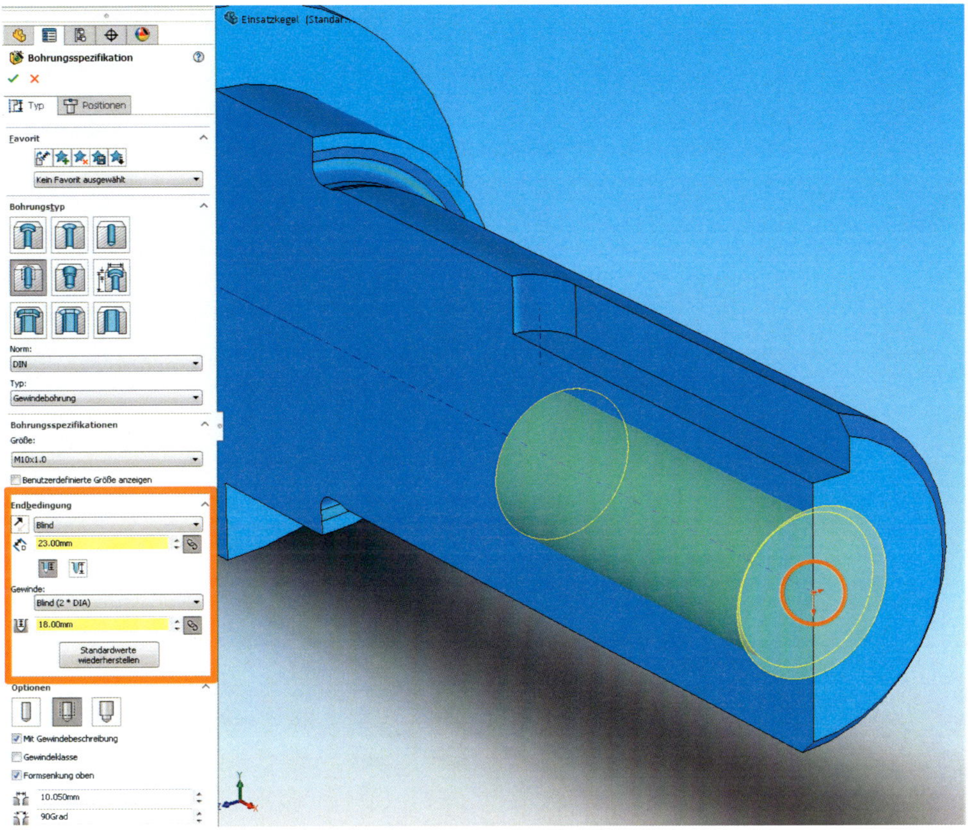

Bild 5.56: Definition der ersten Gewindebohrung M10x1mm. Der temporäre Skizzenursprung ist normalerweise nur im Modus *Positionen* zu sehen

- Wenn Sie mögen, speichern Sie diese Einstellung als *Favoriten* (Bild 5.57).

Bild 5.57: Die Favoritenleiste kann viel Zeit sparen.

- Wechseln Sie zu den *Positionen*. Setzen Sie einen Punkt *deckungsgleich* auf den temporären Skizzenursprung.
- Bestätigen Sie, die Bohrung wird eingefügt. Nennen Sie sie **M10x1.0 Gewinde**.

Mit der *Schnittansicht* können Sie den korrekten Sitz der Bohrung überprüfen: Die Gewindelänge ist wunschgemäß kleiner als die Bohrungstiefe (Bild 5.58).

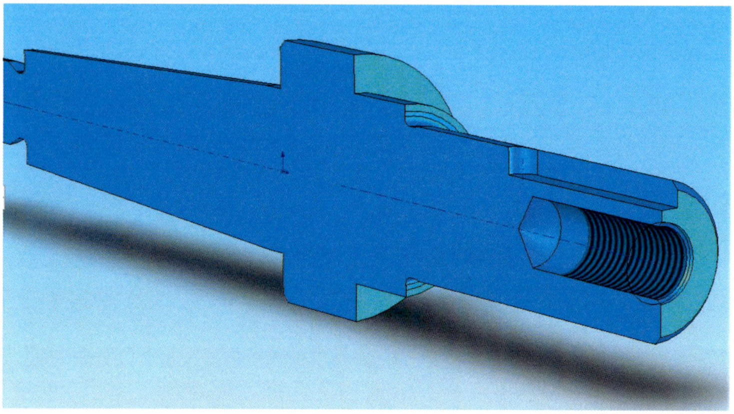

Bild 5.58: Das erste Gewinde ist fertig

Die zweite Bohrung, ein M5-Gewinde, liegt koaxial zur ersten:

- Klicken Sie erneut auf die Stirnfläche und rufen Sie den *Bohrungsassistenten* auf (Bild 5.59).

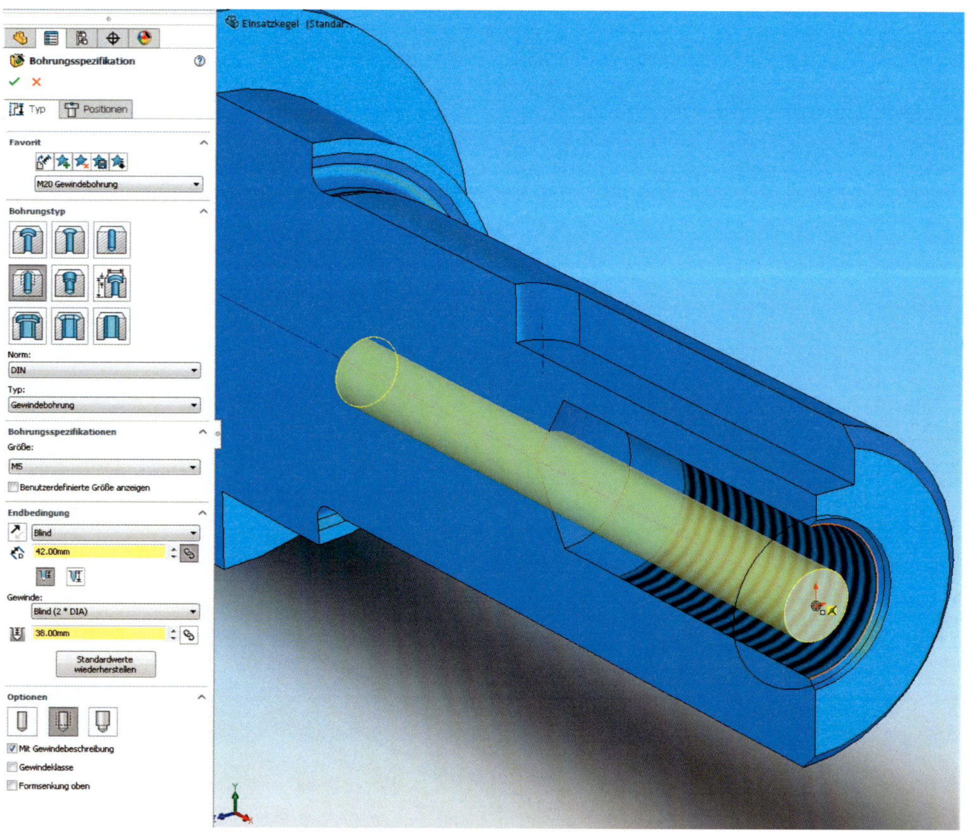

Bild 5.59: Einstellungen für das M5-Gewinde

- Erstellen Sie eine *Gewindebohrung M5* nach *DIN*, Endbedingung *Blind*, *Gewindetiefe* **38** mm, diesmal ohne Formsenkung, da die Bohrung im Leeren beginnt.
- Wechseln Sie zu den *Positionen* und platzieren Sie den einzelnen Punkt wieder *deckungsgleich* auf dem temporären Skizzenursprung.
- Bestätigen Sie und nennen Sie das Feature **M5 Gewinde**.
- Speichern Sie den *Einsatzkegel*.

Nach Fertigstellung sollte Ihre Schnittansicht so aussehen wie Bild 5.60.

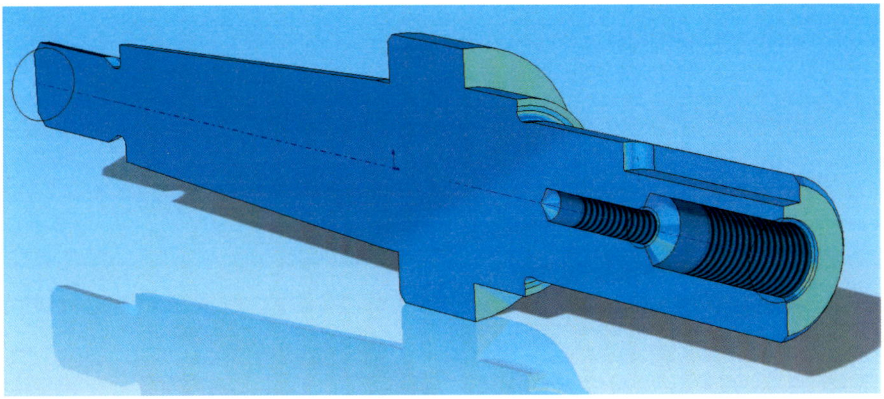

Bild 5.60: Die fertige Gewinde-Kombination im Schnitt

Damit ist der Einsatzkegel fertiggestellt. In Bild 5.61 ist noch einmal der komplette Baum dargestellt.

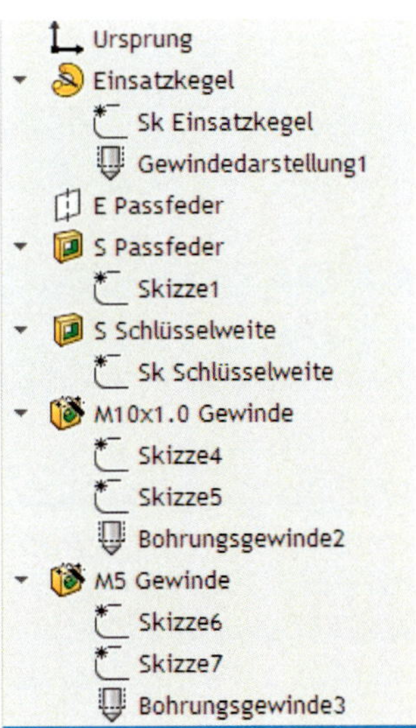

Bild 5.61: Der komplette Baum des Einsatzkegels

5.3 Nacharbeiten

Nun, da Sie im Modellieren von Freistichen fit sind, können Sie - wenn Sie wollen - noch drei kleine Korrekturen an den anderen Bauteilen vornehmen. Dabei lernen Sie auch wieder ein paar neue ...

5.3.1 Beziehungs-Tricks

Sie erinnern sich noch an den Abschnitt „... und ein Problem!" ab S. 194 und die Mühsal, die Sie auf das nachträgliche Teilen und Reparieren der voll definierten Skizze verwenden mussten.

SolidWorks bietet zwar vielversprechende Funktionen im PropertyManager, die explizit Skizzenbestandteile als Partner für Beziehungen austauschen sollen, nur waren sie in Version 2016 einfach nicht zum Funktionieren zu bewegen. Es gibt aber eine wesentlich elegantere Methode, mit der Sie Skizzen ohne Reparatur teilen:

- Schließen Sie den EINSATZKEGEL. Öffnen Sie FLANSCH FEST und darin Skizze *Sk Flansch fest.*

Am Übergang der Hohlwelle auf die Druckscheibe fügen wir einen Freistich DIN 509 Form E 0,6x0,3 ein, um einem Einreißen durch die Wechselbelastung vorzubeugen (Bild 5.62, Kreis).

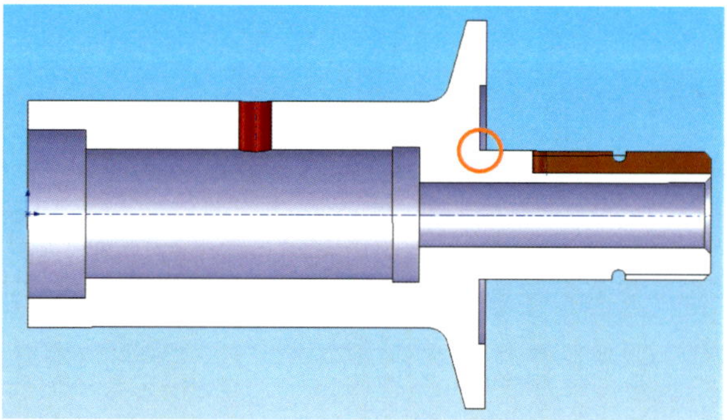

Bild 5.62: Diese Kehle braucht einen Freistich

Der Trick: Bevor Sie irgendetwas löschen,

- zeichnen Sie den erwünschten Linienzug einfach neu, indem Sie ihn deckungsgleich an die alte Kontur anhängen. Verlängern Sie dann die Vertikale bis zum Ende des neuen Linienzugs (Bild 5.63 links).

- Sobald die Kontur wieder geschlossen ist, trennen Sie das nun überflüssige alte Stück heraus (rechts).

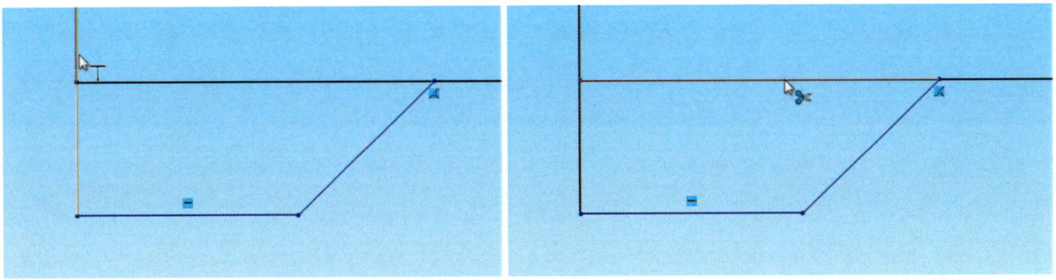

Bild 5.63: *Cutting corners:* Mit dieser Methode müssen nur die neuen Elemente definiert werden!

Der Effekt: Diese zwei blauen Linien sind die einzigen in der Skizze – alle bestehenden Beziehungen und Bemaßungen sind intakt!

- Bemaßen Sie nun nach Bild 5.64, wobei Sie die Radien zuletzt einfügen.

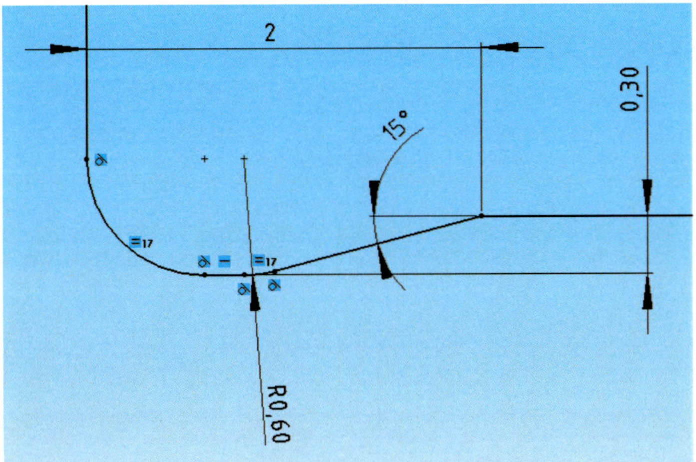

Bild 5.64: Form E ist wesentlich einfacher als Form F

- Schließen Sie die Skizze. Der neue Querschnitt wird eingepflegt (Bild 5.65).

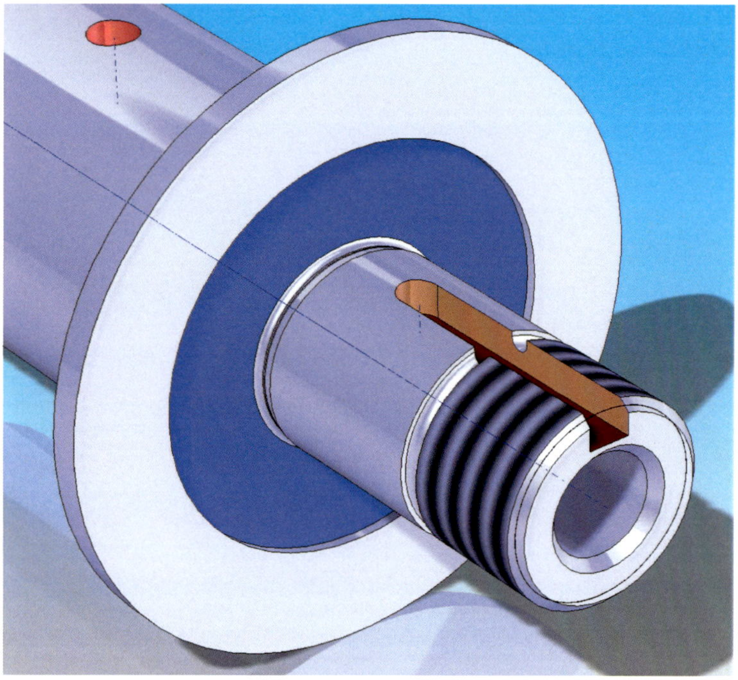

Bild 5.65: Der feste Flansch mit Freistich

5.3.2 Was der FeatureManager uns zuflüstert

Aus dieser Geschichte und vielen anderen, die Sie noch erleben werden, können Sie allerhand lernen:

Erstens: Features, die auf einem geänderten Feature basieren, ändern sich ebenfalls und können ungültig werden. In Bild 5.66 sehen Sie die Auswirkungen eines Versuchs nach der alten Methode, den Freistich einzubauen: Die neue Kegelfläche erhielt zufällig den gleichen Namen, den zuvor die Zylinderfläche getragen hatte. Infolgedessen wurde das Feature *S Passfeder* beschädigt, das auf der Ebene *E Passfeder* basierte, die wiederum auf der Zylinderfläche basierte. Auf die interne Benennung der Objekte haben wir keinerlei Einfluss, Parametrik hin oder her!

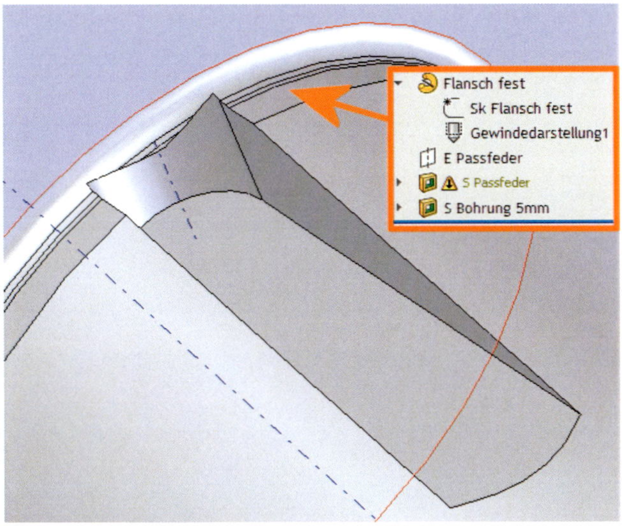

Bild 5.66: Logischer Un-Fall: Die Kegelfläche tritt an die Stelle der Zylinderfläche.

Die Farbe für ungültige Features ist eine Art kränklichen Dunkelgelbs. Im FeatureManager sind ihren Namen Warnzeichen vorangestellt.

Zudem sehen Sie in der Liste des FeatureManagers, dass nicht die Ebene *E Passfeder* als Übeltäter markiert wurde, sondern das unschuldige Schnitt-Feature. Wenn Sie diesem Hinweis blind folgen, dann werden Sie sicher ein Weilchen auf der verzweifelten Suche nach dem Fehler in *S Passfeder* sein, bis Sie endlich auf die definierende Ebene kommen. Fazit: Der „Feature-Baum“ ist zugleich ein Kartenhaus!

Zweitens: Je höher ein Feature oder eine Skizze im FeatureManager steht, desto größer können die Auswirkungen bei seiner Änderung sein. Analysieren wir:

- Die Skizze *Sk Flansch fest* ist zwar vom Rotationsfeature absorbiert, doch folgt jenes in Wahrheit der Skizze, es untersteht ihr also.
- Dieser Rotation untersteht wegen der Zylinderfläche die Ebene *E Passfeder*,
- dieser untersteht wegen der Skizzierebene die Skizze des Nut-Features.
- Dieses ist zwar vom *Schnitt Passfeder* absorbiert, doch untersteht ihm dieser, ebenso wie vorhin die Rotation.

Über diese lange Kette - *Sk Flansch fest* - *Flansch fest* - *E Passfeder* - *Sk Passfeder* - *S Passfeder* läuft die kleine Änderung still und unbemerkt entlang wie ein Mäuschen. Und bei der Passfedernut beißt es zu.

Aus diesem Grund ist es keine gute Idee, Objekte auf Elemente eines Volumenkörpers zu beziehen. Diese sind stets von etwas anderem abgeleitet, und es ist schwierig, sie im Auge zu behalten.

5.3.3 Eine letzte Änderung

Die schlanke Distanzhülse benötigt noch zwei kleine Korrekturen:

- Öffnen Sie das Bauteil DISTANZHÜLSE.

An den in Bild 5.67 markierten Stellen werden wir links und rechts vom Bund, dem größten Durchmesser, je einen Freistich einfügen.

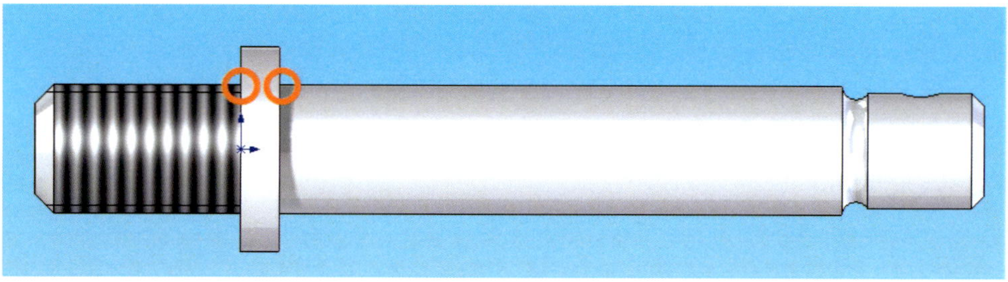

Bild 5.67: Zwei Freistiche verlängern das Leben dieses Bauteils.

- Öffnen Sie die Skizze *Sk Hülse* zur Bearbeitung. Zoomen Sie an den Bund heran. Zeichnen Sie dann, wie gehabt, die beiden Linienzüge nach Bild 5.68 ein (Ellipsen). *Verlängern* und *trimmen* Sie dann entsprechend die Kontur.
- Hierbei kann das Maß *16 mm* verschwinden, das mit dieser Kante verbunden ist. Bestätigen Sie die Frage (Kasten) und erstellen Sie die Bemaßung neu.

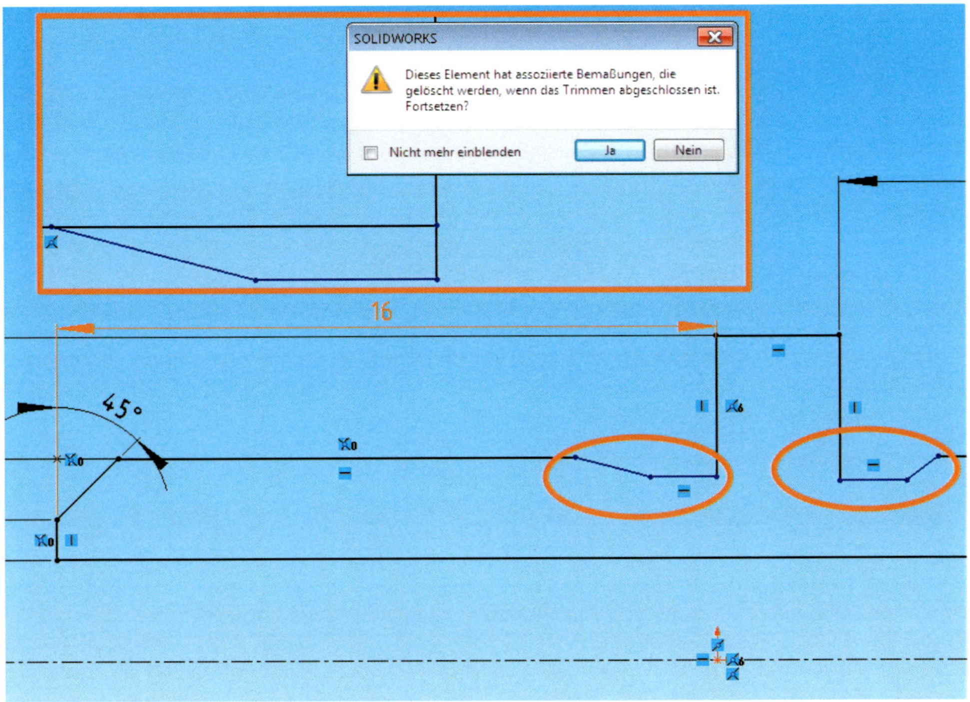

Bild 5.68: Die elegante Methode: Ergänzen statt teilen

Bemaßen Sie dann die Skizze nach DIN 76-A für Gewinde M10 (Bild 5.69):

- Zunächst setzen Sie die Abstände, wobei der Rest-Durchmesser **7.7** mm durch die Differenz aus Gewindedurchmesser und -tiefe entsteht.
- Dann fügen Sie zwei Skizzenverrundungen mit dem Radius **0.8** mm ein.

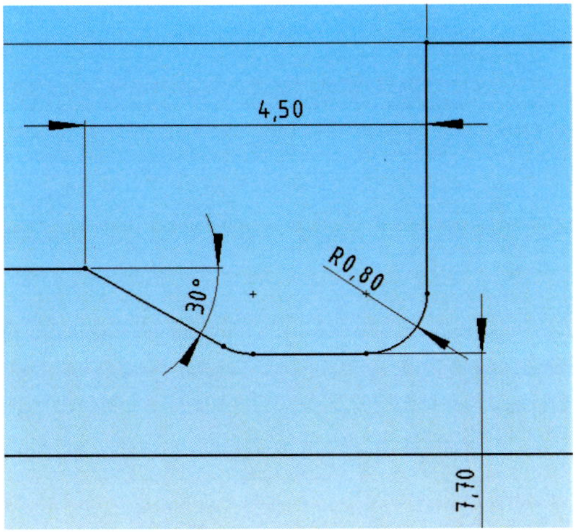

Bild 5.69: Bemaßen des Gewindefreistichs DIN 76-A

Auf der rechten Seite des Bundes ergänzen Sie noch einen Freistich DIN 509 E 0,6x0,3:

- Verfahren Sie genau wie eben, beachten Sie jedoch die etwas anderen Abmessungen (Bild 5.70).

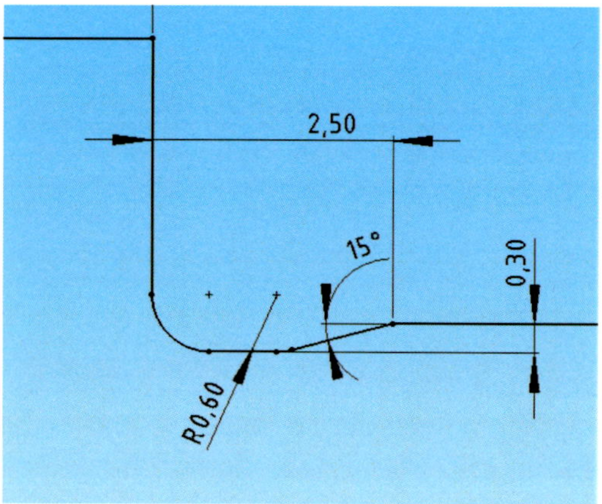

Bild 5.70: Routine: Der Freistich ohne Gewinde

Das stressfreie Ergebnis bewundern Sie in Bild 5.71 – und auf Ihrem Bildschirm!

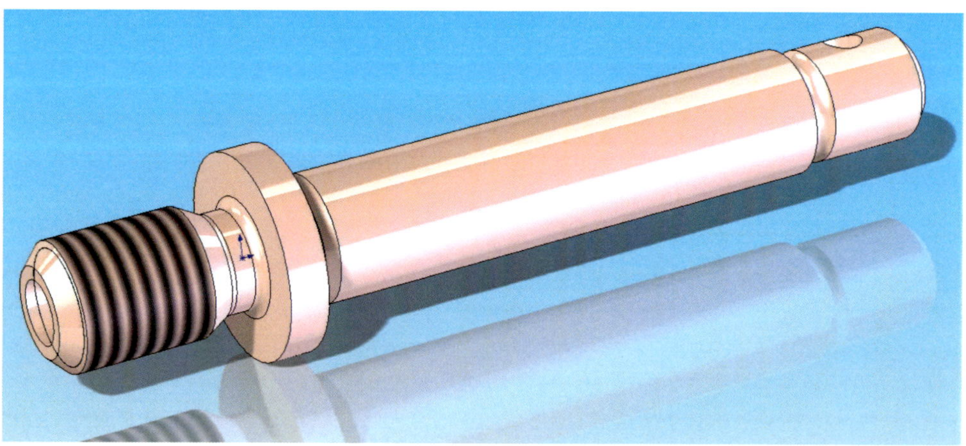

Bild 5.71: Die Hülse mit Freistichen

Damit haben wir die Bauteile komplett – nur ein paar Normteile fehlen noch: drei Zylinderstifte und eine Senkschraube. Wir benötigen ein ganzes Kapitel, um sie zu beschreiben.

Und treten ein in die größere Welt der Variantenkonstruktion.

6 Modellieren mit Excel

Wer das Leistungsspektrum von SolidWorks kennt, wird jetzt sicher fragen, warum wir die Zylinderstifte und Schrauben unserer Spindel nicht einfach aus der *Toolbox* holen, dem ab SolidWorks *Office* mitgelieferten Normteilkatalog.

Nun, erstens werden einige von Ihnen *Office* nicht haben. Zweitens kommen wir nun auf ein in der Konstruktionspraxis ungemein wichtiges Thema zu sprechen: Die **Variantenkonstruktion**, die **Konfigurationen** und die Steuerung von Bauteilen durch **Tabellen**.

> Alles, was Sie für dieses Kapitel zusätzlich benötigen, ist ein installiertes *Microsoft Excel* ab Version 2010. Für die genannte Version installieren Sie am Besten noch das Service Pack 2, andernfalls wird die OLE2-Kommunikation mit SolidWorks nicht oder nicht richtig funktionieren! ■

6.1 Konfigurationen

In SolidWorks wird jede Variante eines Bauteils in ein und derselben Datei als **Konfiguration** bezeichnet - selbst die Unikate, die Sie bis hierher modelliert haben, sind technisch gesehen je eine Konfiguration. Konfigurationen können Sie für Bauteile, Baugruppen und Zeichnungen definieren. Sie können beliebig viele Konfigurationen schaffen, und zwar sowohl manuell als auch mittels Tabellen.

- Erzeugen Sie nun eine neue Bauteildatei und speichern Sie sie im Ordner EINSATZDORN unter dem Namen **Zylinderstift**.
- Klicken Sie im FeatureManager auf die dritte Registerkarte, den *ConfigurationManager* (Bild 6.1).

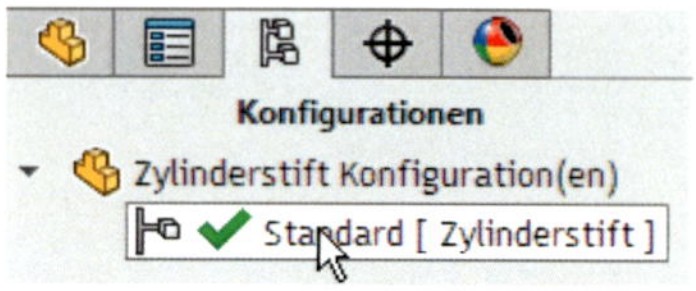

Bild 6.1: Der *ConfigurationManager,* Standard-Ansicht

Hier sind alle Konfigurationen des Bauteils verzeichnet, ebenso eventuelle Tabellen. Im Moment steht hier unter der Wurzel *Zylinderstift Konfiguration(en)* nur ein einziger Eintrag, nämlich *Standard [Zylinderstift].* Dieser Name ist Standard für die erste Konfiguration, die in jedem SolidWorks-Teil existiert. Fügen wir eine neue hinzu:

- Wählen Sie aus dem Kontextmenü des Wurzeleintrags den Unterpunkt *Konfiguration hinzufügen.*
- Es erscheint der PropertyManager, um sich nach den Parametern der neuen Konfiguration zu erkundigen (Bild 6.2).

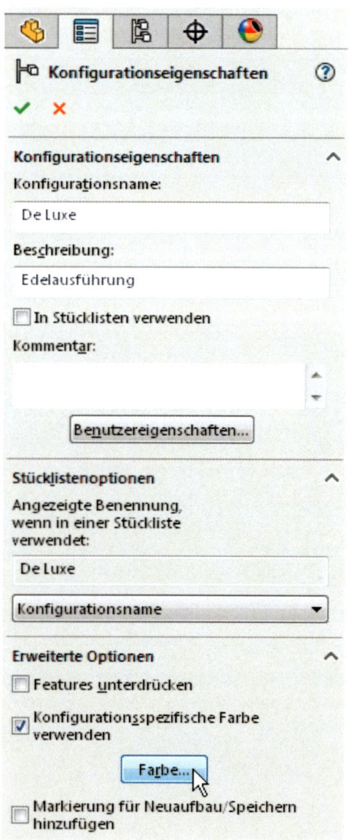

Bild 6.2: Der PropertyManager einer Konfiguration

- Tragen Sie den *Konfigurationsnamen* **De Luxe** und die *Beschreibung* nach der Abbildung ein – diese Merkmale finden Sie später auf Wunsch in der *Stückliste* oder in einer Modelldatenbank wieder.
- In den *Stücklistenoptionen* wählen Sie, was genau in der Stückliste angezeigt wird, wenn Sie diese Konfiguration verwenden: der *Dokumentname* – also der Dateiname, der für jede Konfiguration konstant ist –, der *Konfigurationsname* aus der ersten Zeile oder ein beliebiger *benutzerdefinierter Name*. Wählen Sie hier den *Konfigurationsnamen*.
- In den *Erweiterten Optionen* deaktivieren Sie *Features unterdrücken*, damit alle neuen Features, die Sie in der aktuellen Konfigurationen einfügen, auch in allen anderen wirksam sind. Andernfalls werden neue Features zwar übernommen, aber *unterdrückt*, d.h. sie sind wirkungslos und unsichtbar.

> *Features unterdrücken* deaktivieren Sie im Entstehungsstadium des Modells, wenn Sie das Grundgerüst bauen. Später schalten Sie sie ein, denn schließlich wollen Sie mit Varianten ja genau diese Unterschiede definieren.

- Wählen Sie ruhig eine *Konfigurationsspezifische Farbe*, so dass Sie die neue Konfiguration auch im Editor und der Baugruppe leicht identifizieren können – zum Beispiel ein sattes Orange.
- Wenn Sie alle Einstellungen getroffen haben, bestätigen Sie. Die neue Konfiguration wird erstellt, eingetragen und aktiviert.
- Erstellen Sie eine weitere Konfiguration namens **Professional** mit ansonsten gleichen Einstellungen, aber in der *Farbe* Grün (Bild 6.3).

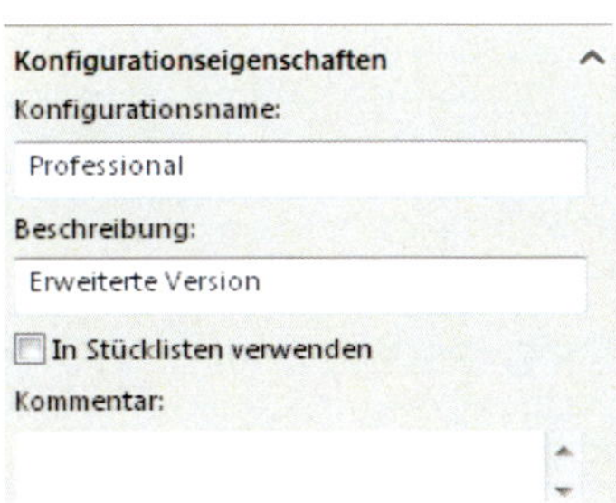

Bild 6.3: Die Werte der zweiten Konfiguration

- Alle Konfigurationen werden in der Liste angezeigt, die aktive erscheint hervorgehoben (Bild 6.4).

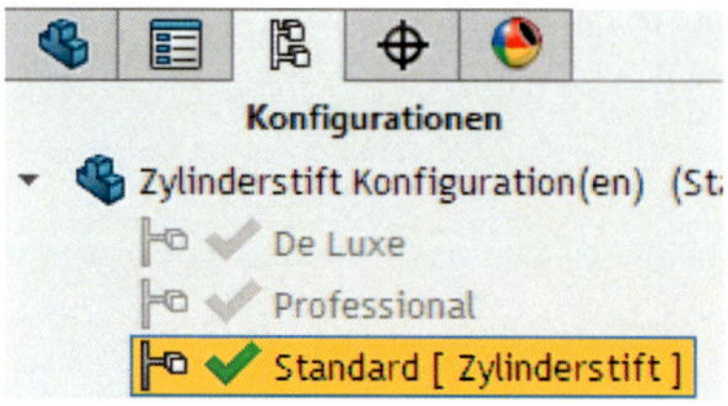

Bild 6.4: Die neuen Konfigurationen stehen zur Verfügung

> Sie erkennen bereits das Schema: Sie können immer nur in einer Konfiguration zugleich arbeiten. Sie haben also mehrere Bauteile in der gleichen Datei.

6.1.1 Der Modus *Diese Konfiguration*

- Aktivieren Sie nun durch Doppelklick wieder die Konfiguration *Standard*.
- Wechseln Sie in den FeatureManager.
- Erstellen Sie eine Skizze auf der *Ebene vorne*. Zeichnen Sie einen Kreis auf den Skizzenursprung, bemaßen Sie ihn mit **3** mm und lassen Sie die Modifikationsbox geöffnet (Bild 6.5).

Wenn Sie sich diese genauer ansehen, dann erkennen Sie, dass SolidWorks jetzt offenbar in einem anderen Modus arbeitet.

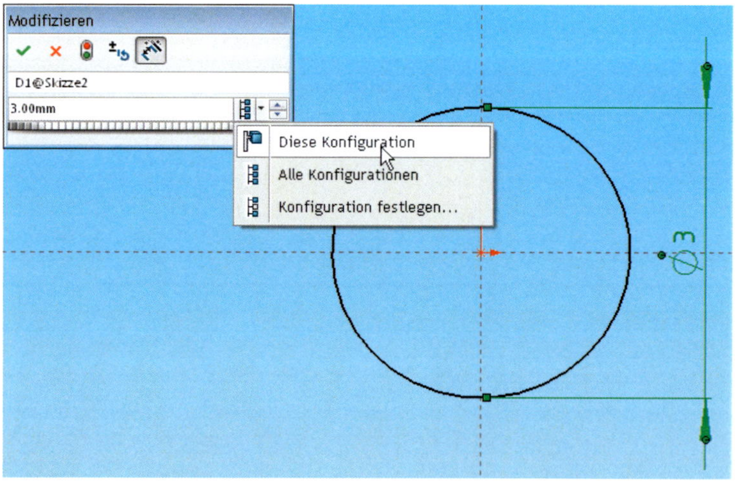

Bild 6.5: Unerwartet: Die Dialogbox *Modifizieren* wurde selber modifiziert!

Denn dort befindet sich ein neues Flyout namens *Alle Konfigurationen*. Klappen Sie es auf, so entdecken Sie noch zwei weitere Einträge, nämlich *Diese Konfiguration* und *Konfiguration festlegen*.

- Schalten Sie um auf *Diese Konfiguration*.
- Benennen Sie das Maß mit **Durchmesser** und bestätigen Sie (Bild 6.6).

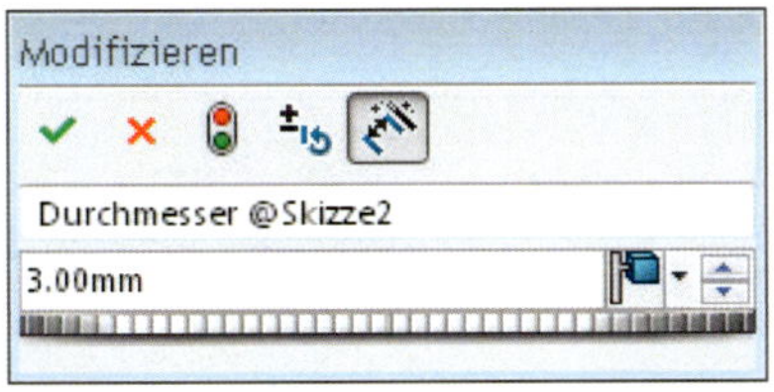

Bild 6.6: Ein unscheinbarer Kreis offenbart den Unterschied

- Beenden Sie die Skizze und nennen Sie sie **Sk Zylinderstift.**
- Wechseln Sie in den ConfigurationManager und aktivieren Sie die Konfiguration *De Luxe* durch Doppelklick.
- Öffnen Sie jetzt noch einmal die Skizze, deren Name in die neue Konfiguration übernommen wurde.

Sie sehen, dass auch hier Kreis, Maß und Name existieren, der Maßwert jedoch nicht stimmt: Er entspricht dem zufälligen Maß, das durch das Aufziehen des Kreises entstand. Genau so ist es in der Konfiguration *Professional*. Sie erinnern sich jedoch, dass wir die drei Millimeter auch nur für *Diese Konfiguration* definiert hatten. Die anderen Parameter stehen also noch aus. Schauen wir uns einmal die anderen Möglichkeiten an.

6.1.2 Modus *Alle Konfigurationen*

- Schalten Sie wieder zurück auf die Konfiguration *Standard*.
- Öffnen Sie die Skizze und ändern Sie den Wert in **5** mm, doch aktivieren Sie diesmal *Alle Konfigurationen*, bevor Sie bestätigen.
- Beenden Sie den Skizzenmodus – es geht nicht anders! – und schalten Sie wieder auf die anderen Konfigurationen um.

Ergebnis: Der alte Wert wurde in allen drei Konfigurationen mit *5 mm* überschrieben. Sie sehen schon, das Arbeiten mit Konfigurationen ist einfach, aber gefährlich!

6.1.3 Modus *Konfiguration festlegen*

- Kehren Sie abermals nach *Standard* zurück, ändern Sie den Maßwert erneut auf **3** mm, schalten Sie diesmal jedoch auf die Option *Konfiguration festlegen*. Bestätigen Sie dann.

Es erscheint ein neues Dialogfeld mit dem Namen der Datei. Hier wählen Sie diejenigen Konfigurationen, die die Änderung erhalten sollen. Gewähltes ist farbig unterlegt, wie immer in Explorer-Fenstern (Bild 6.7).

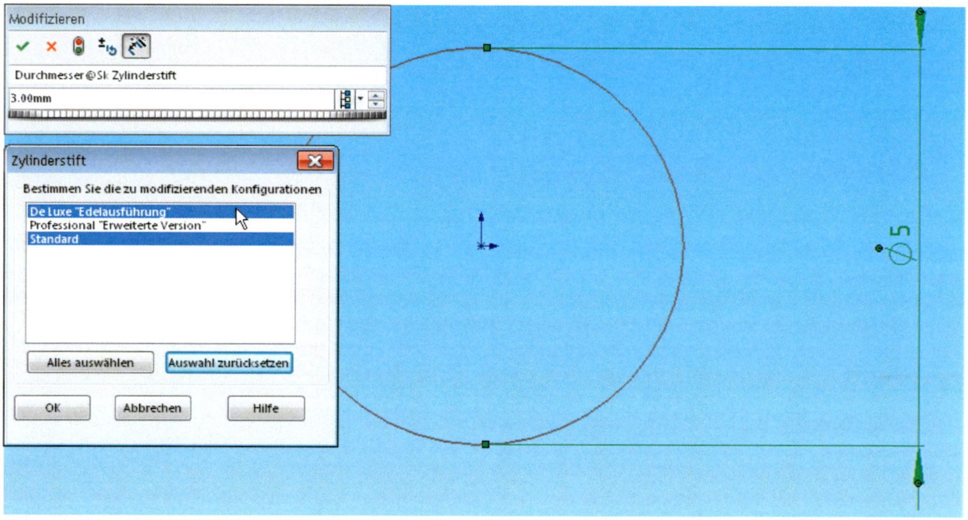

Bild 6.7: Spielen bildet: Die Auswirkungen von *Konfigurationen wählen*

Sie können hier *alle* Einträge auswählen – was der Einstellung *Alle Konfigurationen* entspricht – oder nur denjenigen der aktiven Konfiguration – also *Diese Konfiguration* – oder fast jede beliebige Kombination davon.

Die aktive Konfiguration können Sie nicht abwählen. Der Versuch wird mit einer Fehlermeldung geahndet.

- Wählen Sie nur die Konfiguration *De Luxe* und bestätigen Sie. Beenden Sie den Skizzenmodus.

Betrachten Sie daraufhin die drei Konfiguration der Reihe nach:

- In der aktuellen Konfiguration *Standard* hat sich das Maß erwartungsgemäß auf *3 mm* geändert.
- Schalten Sie auf *De Luxe* um, so zeigt auch diese Konfiguration das neue Maß.

- Die Konfiguration *Professional* hingegen ist leer ausgegangen, sie steht noch auf *5 mm*.
- Die Modifikationsbox teilt Ihnen mit: Für alle Konfigurationen gilt jetzt der Status *Diese Konfiguration*, und das bedeutet Einzelsteuerung.

Dies ändert sich erst dann wieder, wenn Sie in irgendeiner Konfiguration *Alle Konfigurationen* wählen. Dann werden die Individualwerte überschrieben. Daraus folgt aber auch, dass Sie eine Konfiguration nicht zu aktivieren brauchen, um sie zu versemmeln!

> Das Arbeiten mit Konfigurationen ist einfach, aber *wirklich* gefährlich!

6.1.4 Eine neue Konfiguration

Nach diesem einleitenden Teil beginnen wir nun vernünftig zu konfigurieren:

- Wechseln Sie in den ConfigurationManager und rufen Sie über das Kontextmenü die Eigenschaften von *Standard* auf. Ändern Sie diese Konfiguration nach Bild 6.8. Verleihen Sie auch ihr eine eigene *Farbe*, etwa Flieder.

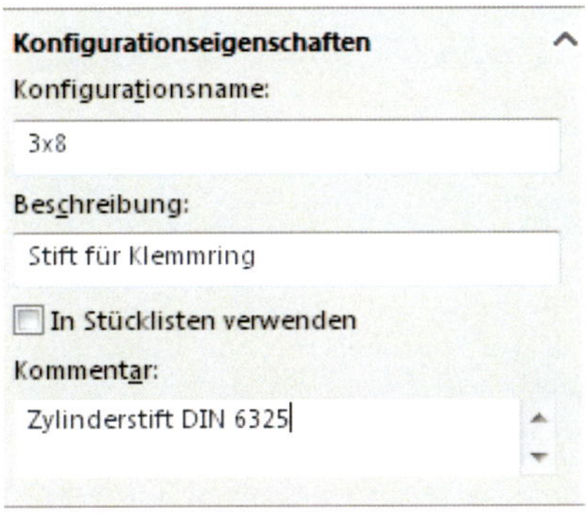

Bild 6.8: Aus *Standard* wird 3x8, ...

- Ändern Sie dann die Daten von *De Luxe* entsprechend Bild 6.9. Deaktivieren Sie auch hier die Option *Features unterdrücken*.

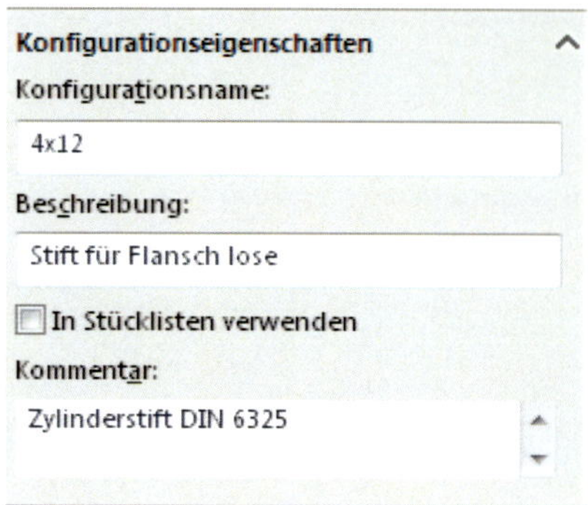

Bild 6.9: ... und aus *De Luxe* wird 4x12

- Löschen Sie dann die Konfiguration *Professional* über ihr Kontextmenü (Bild 6.10).

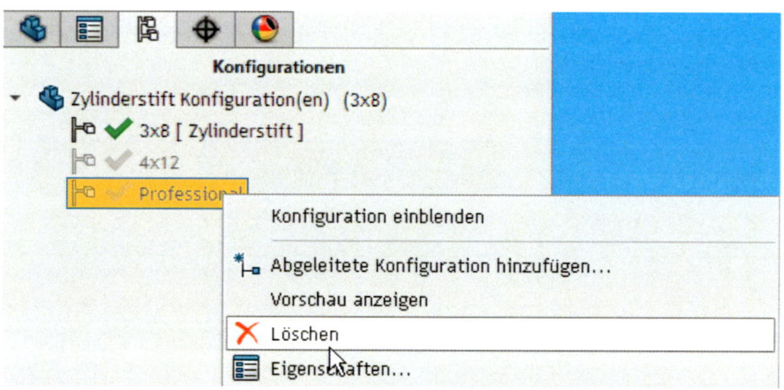

Bild 6.10: Das Löschen einer Konfiguration gelingt nur, wenn sie nicht aktiv ist

Die vorstehenden Ziffern bezeichnen Durchmesser und Länge unserer Zylinderstifte, also ändern Sie nun noch die beiden Skizzen, wobei Sie stets die Option *Diese Konfiguration* benutzen:

- Bemessen Sie den *Durchmesser* der Konfiguration *3x8* mit **3** mm.
- Ändern Sie den *Durchmesser* der Konfiguration *4x10* auf **4** mm.
- Wenn Sie nun zwischen den beiden Konfigurationen hin- und her schalten, sollte der Kreis entsprechend seinen Durchmesser ändern (Bild 6.11).

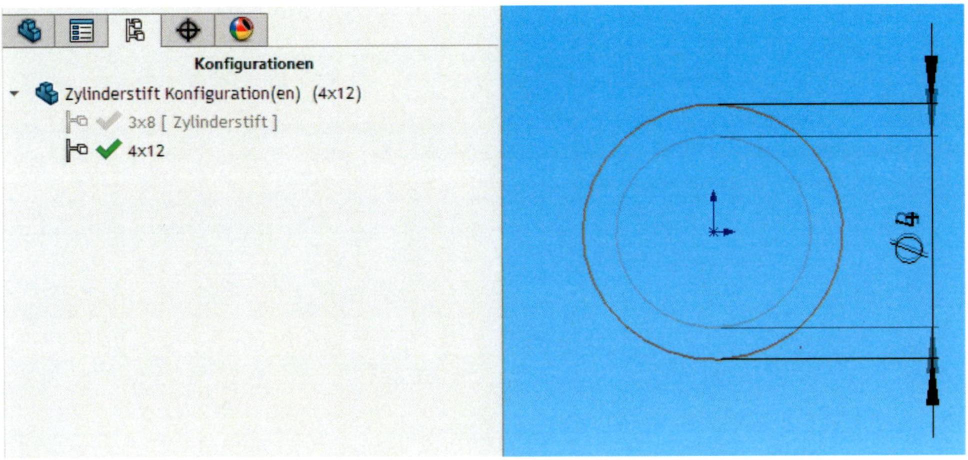

Bild 6.11: Der Konfigurationen Kern: Unabhängige Versionen des gleichen Teils.

- Der Neuaufbau ist normalerweise bei Konfigurationen ausgeschaltet. Daher erscheint die folgende Dialogbox, wenn Sie eine Konfiguration aktivieren, die im inaktiven Zustand geändert wurde (Bild 6.12).

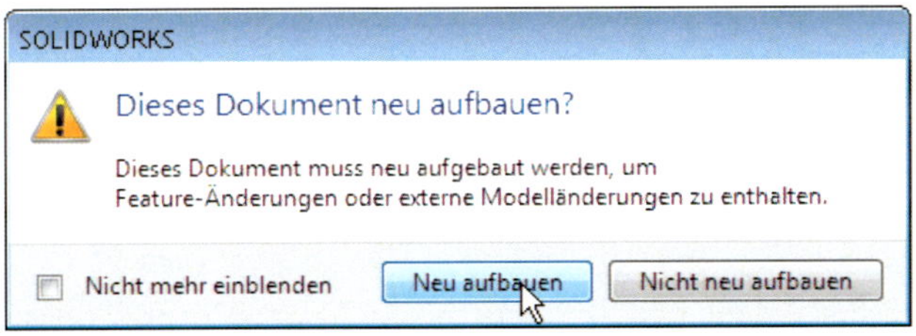

Bild 6.12: Konfigurationen müssen erst auf automatischen Neuaufbau geschaltet werden

- Klicken Sie auf *Neu aufbauen*. Wenn Sie dies nicht erneut tun möchten, aktiveren Sie *Nicht mehr einblenden*.
- Speichern Sie dann die Datei.

6.1.5 Ein linearer Aufsatz mit Formschrägen

- Schalten Sie auf die Konfiguration *3x8* um.
- Wählen Sie die Skizze und rufen Sie den *Linear ausgetragenen Aufsatz* auf.
- Stellen Sie für die Endbedingung *Blind* eine *Tiefe* von **8** mm ein.
- Schalten Sie dann das Gruppenfeld *Richtung 2* ein. Definieren Sie bei Endbedingung *Blind* eine *Tiefe* von **0.8** mm.

- Klicken Sie auf die Schaltfläche *Formschräge Ein/Aus* und stellen Sie hier **15°** ein. Das kurze Stück verjüngt sich zum Ende hin (Bild 6.13).

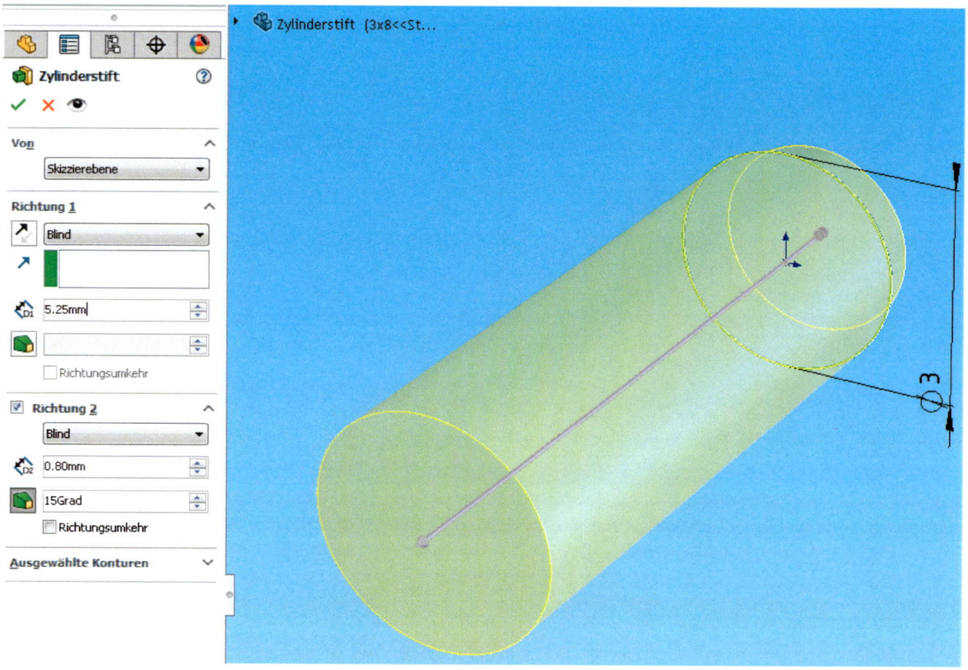

Bild 6.13: Der Zylinderstift erhält seine Grundform

- Schließen Sie das Feature und öffnen Sie es erneut.

Dadurch kommt ganz unten im PropertyManager ein neues Gruppenfeld hinzu: Die Konfigurationsauswahl für dieses Feature. Diese werden Sie von nun an in jedem Feature finden – die Bedienung ist mit der beschriebenen Vorgehensweise identisch.

- Wählen Sie *Diese Konfiguration*. Bestätigen Sie dann das Feature und nennen Sie es **Zylinderstift** (Bild 6.14).
- Schalten Sie um auf die Konfiguration *4x12*.
- Öffnen Sie das Feature *Zylinderstift* zur Bearbeitung und stellen Sie hier **12** mm für die *Richtung 1* sowie **1** mm *Tiefe* und **15°** *Formschräge* für *Richtung 2* ein. Kontrollieren Sie, dass auch hier *Diese Konfiguration* eingestellt ist. Bestätigen Sie dann.

Bild 6.14: Das neue Feature ist für alle erhältlich, aber nur für diese Konfiguration bemessen

Wenn Sie nun zwischen den Konfigurationen hin und herschalten, sollte sich bereits ein sehr deutlicher Unterschied abzeichnen (Bild 6.15).

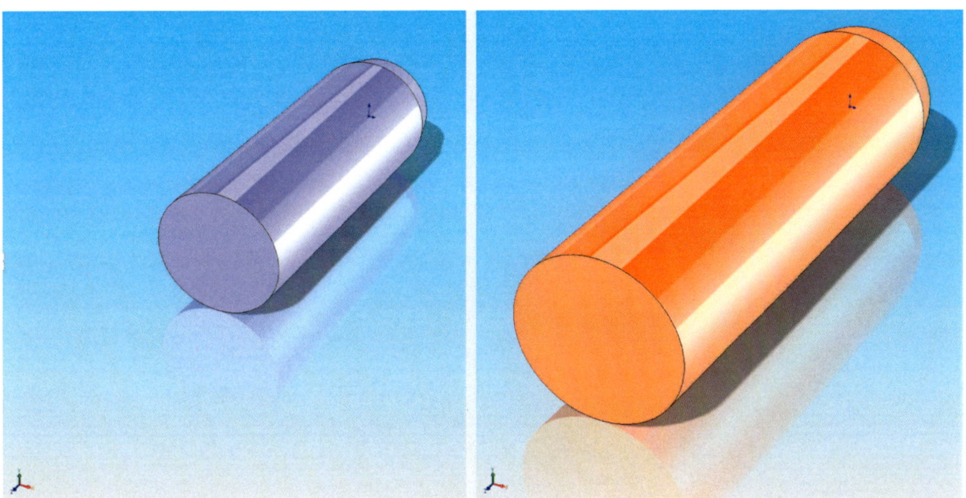

Bild 6.15: Ähnlich, aber nicht identisch: Den Zylinderstift gibt es nun in zwei Varianten.

6.1.6 Eine Kuppe(l)

Zylinderstifte nach DIN 6325 verfügen nicht nur über einen Konus als Führung, sondern auch über eine Kuppe auf der anderen Seite für den Hammer. Hierfür setzen wir eines der neueren Features ein:

- Schalten Sie zurück auf die Konfiguration *3x8* und markieren Sie die Endfläche von *Richtung 1*.

- Rufen Sie *Einfügen, Features, Kuppel* auf. Das Kuppelfeature wird auf der Fläche angedeutet (Bild 6.16).

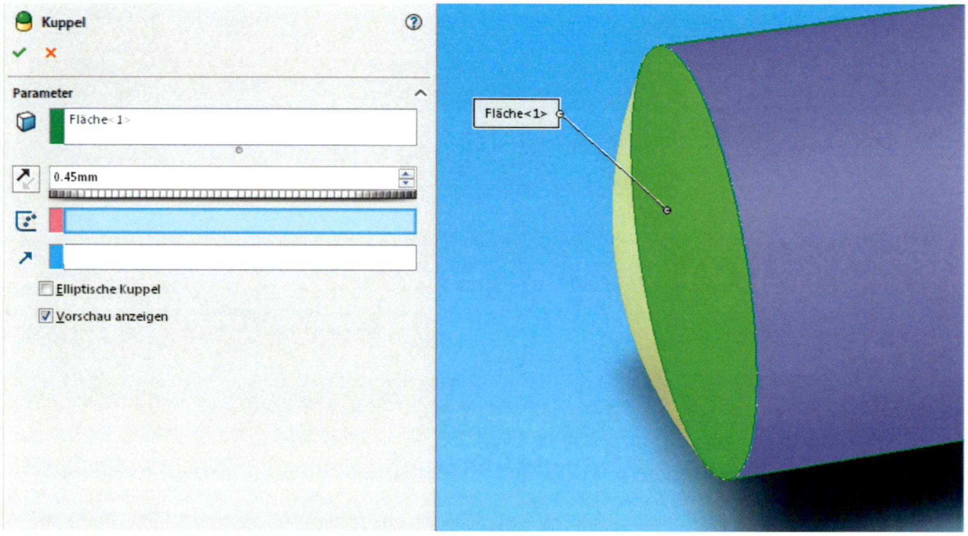

Bild 6.16: Eine Kuppel ist leichter angebaut als skizziert

- Stellen Sie den *Abstand* auf **0.45** mm ein und bestätigen Sie. Nennen Sie das Feature **Kuppe** (Bild 6.17).

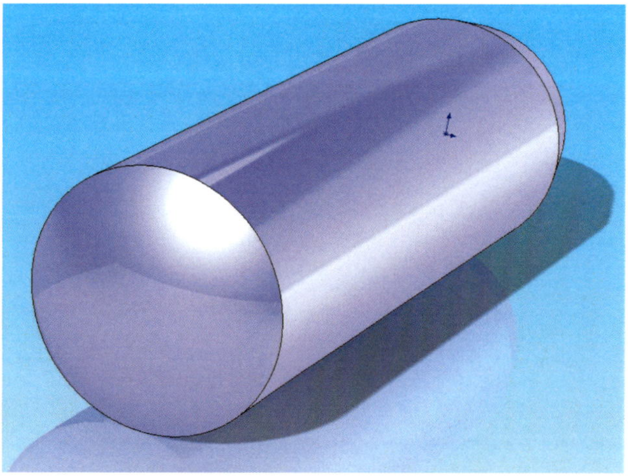

Bild 6.17: *RealView* beweist: Diese Frontfläche ist gewölbt.

> Die *Kuppel* ist keine exakte Wissenschaft, und so ist auch ihr Radius nicht genau zu definieren. Sie können sie natürlich mit einer Skizze des linsenförmigen Halbprofils ersetzen, das Sie dann um 360 Grad rotieren - aber nur, wenn Sie Zylinderstifte *konstruieren*. Und wer macht sowas schon?

6.1.7 Unabhängige Konfigurationen erzwingen

Haben Sie's gemerkt? Hier gab es keine Konfigurations-Steuerung, auch nicht nach erneutem Öffnen des Features *Kuppe*. Aber hier hilft uns SolidWorks wie so oft, SolidWorks zu überlisten.

Sie erinnern sich, dass Sie Feature-Bemaßungen wie etwa die *Tiefe* eines Aufsatzes als Bemaßung anzeigen können, indem Sie im FeatureManager auf das Feature doppelklicken. Verschaffen uns also Zugriff auf ein weiteres „konfigurables" Maß:

- Doppelklicken Sie auf den Eintrag *Kuppe* des FeatureManagers. Die Bemaßung *0.45* erscheint.
- Doppelklicken Sie wiederum auf diese Bemaßung oder rufen Sie aus deren Kontextmenü *Eigenschaften* auf.
- Die Modifikationsbox erscheint. Wählen Sie hier einfach *Diese Konfiguration* und bestätigen Sie (Bild 6.18).

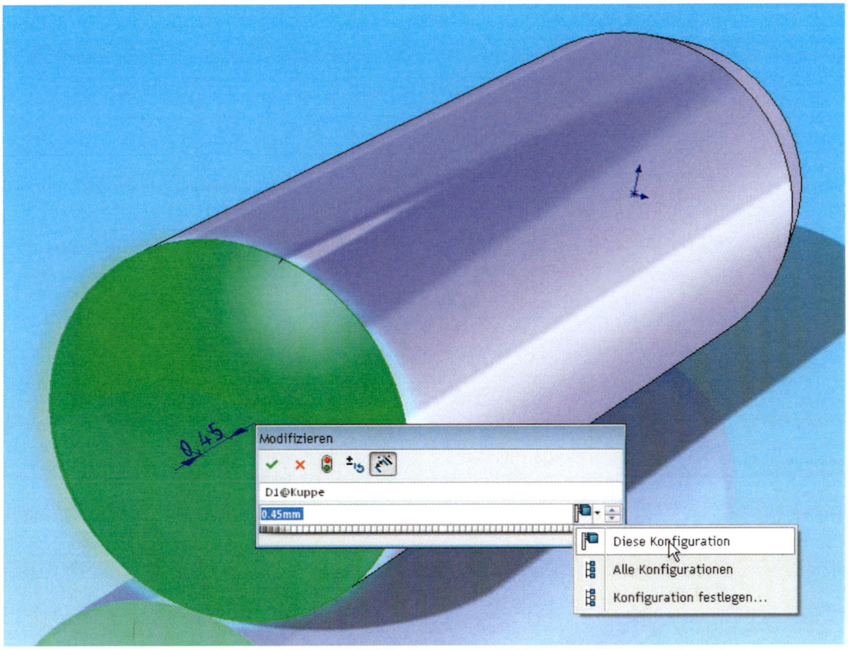

Bild 6.18: Trick 17 für schüchterne Parameter ...

Jetzt können Sie auch die *Kuppe* per Konfiguration steuern:

- Wechseln Sie zur Konfiguration *4x12* und stellen Sie hier die Kuppenhöhe auf **0.6** mm ein (Bild 6.19). Sie wurde automatisch auf *Diese Konfiguration* umgeschaltet, also brauchen Sie nichts weiter zu tun.

Bild 6.19: ... sorgt für individuelle Kuppen

6.1.8 Feature-Bemaßungen benennen

In unseren beiden Norm-Stiften steckt ein Fehler: Die Norm-Länge bezeichnet die Länge über alles, nicht die des Zylinderteils allein. Leider kommen wir hier nicht einmal mit den Gleichungen weiter. Die gelten nämlich global und damit konfigurationsübergreifend, obwohl es eine Schaltfläche *Konfigurationen* im Gleichungseditor gibt. Wir werden das Problem programmatisch lösen. Ein paar Hausaufgaben stehen aber noch an, bevor Sie den Overdrive einschalten:

- Ein Doppelklick auf das Feature *Zylinderstift* im FeatureManager, und die Bemaßungen werden einblendet.
- Benennen Sie die Länge von *Richtung 1* – also *8 mm* bzw. *12 mm* – mit **L Rest**, und zwar für *Alle Konfigurationen* (Bild 6.20).

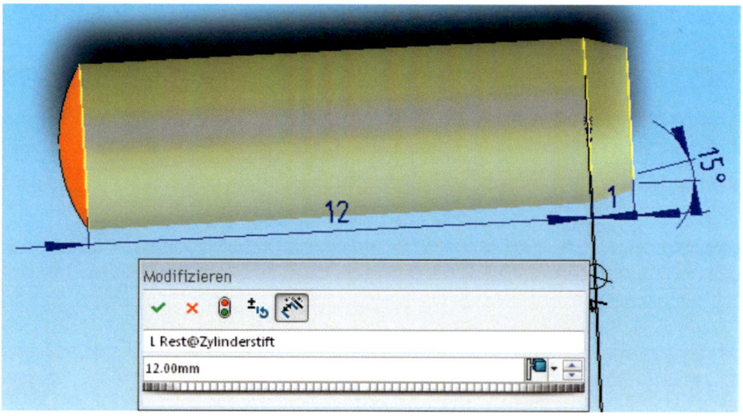

Bild 6.20: Umbenennen einer Feature-Bemaßung

Um die Nomenklatur des Normblatts abzubilden,

- taufen Sie die Höhe von *Richtung 2* auf gleiche Weise **z**.
- Die soeben „konfigurisierte" Höhe der *Kuppe* nennen Sie **a**.

In Excel erscheinen diese drei Parameter als *L Rest@Zylinderstift*, *z@Zylinderstift* und *a@Kuppe*.

Und jetzt: *Overdrive*.

6.2 Konfigurieren per Tabellensteuerung

Wir haben bis jetzt zwei Stiftgrößen, benötigen aber noch eine dritte. Statt uns wieder mühselig durch die Menüs zu klicken – was ja auch fehlerträchtig ist –, überlassen wir SolidWorks die Arbeit. Für den Fall, dass Sie über eine funktionierende Installation von Microsoft *Excel verfügen*, können Sie die OLE-Fähigkeiten dieses Gespanns nutzen:

- Speichern Sie das Bauteil. Schalten Sie um auf die Konfiguration *3x8*.
- Wählen Sie *Einfügen, Tabellen, Tabelle*. Der PropertyManager wird eingeblendet, um die Tabelle zu konfigurieren (Bild 6.21).

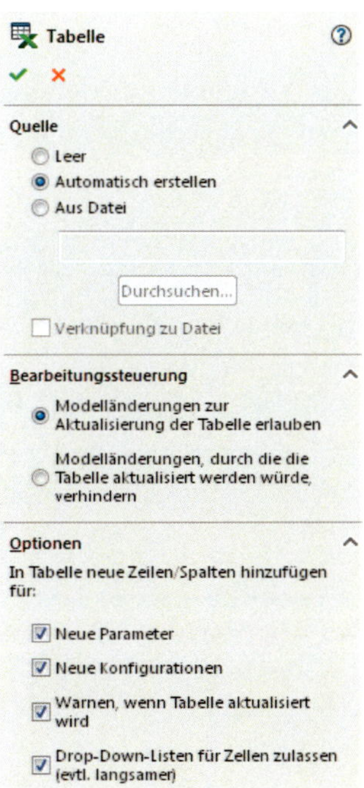

Bild 6.21: Konfiguration der neuen Tabelle

- Übernehmen Sie die Einstellungen nach der Abbildung und bestätigen Sie.

Die Tabelle wird als OLE-Objekt in den Editor gelegt. **Object Linking and Embedding** bedeutet: In der Client-Anwendung wird ein Dokument der Server-Anwendung angezeigt und bearbeitet. Aus diesem Grund wechseln Menü und Symbolleisten zum Layout von *Excel*, wenn Sie eine Tabelle in SolidWorks bearbeiten.

Solange Sie nicht *neben* die Tabelle klicken, wird dies auch so bleiben. Falls doch, finden Sie im ConfigurationManager einen neuen Eintrag: *Tabelle* (Bild 6.22). Aus dessen Kontextmenü heraus können Sie

- das *Feature bearbeiten*, wodurch Sie zum PropertyManager nach Bild 6.21 gelangen, oder aber
- Sie öffnen die *Tabelle* selbst.

bit.ly/2xoyNBW
Video 16

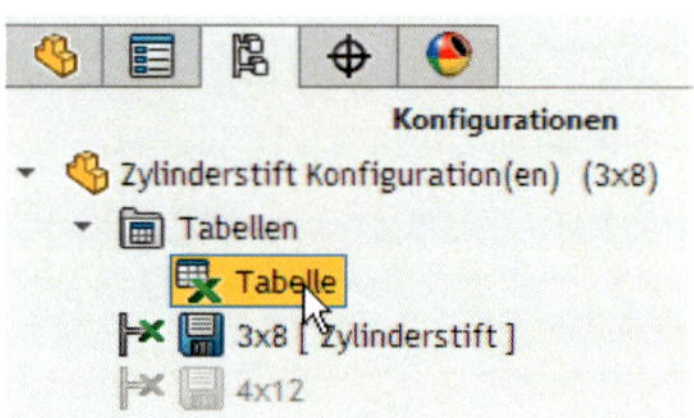

Bild 6.22: Einfügen einer Konfigurationstabelle

Sie können mit dieser Tabelle alles tun, was Sie von einem Excel-Worksheet gewohnt sind: Sie können die Farben ändern und die Schriftart, Sie können Zellen, Zeilen und Spalten verschieben, kopieren und löschen. Das Beste jedoch: Sie können die volle Rechen-Power von *Excel* auf Ihr Bauteil, Ihre Baugruppe und Ihre Zeichnung fokussieren!

Doch zunächst schaffen wir die gesuchte dritte Konfiguration. Die kostet Sie insgesamt vier Linksklicks, zwei Rechtsklicks und einen Tastendruck:

- Ein Rechtsklick über dem Eintrag der Tabelle im ConfigurationManager und *Tabelle in neuem Fenster bearbeiten* wird eine neue Excel-Sitzung mit der Konfigurationstabelle laden (Bild 6.23).

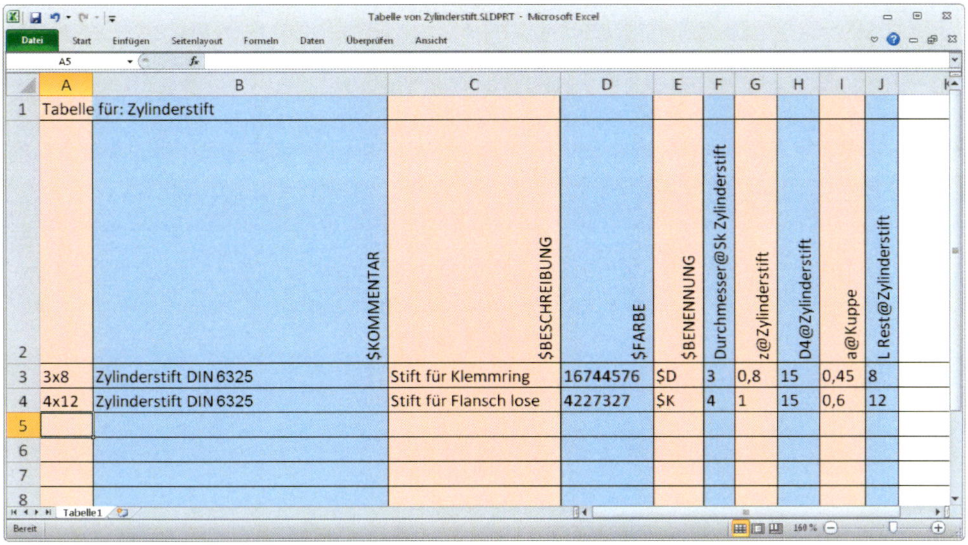

Tabelle für: Zylinderstift									
	$KOMMENTAR	$BESCHREIBUNG	$FARBE	$BENENNUNG	Durchmesser@Sk Zylinderstift	z@Zylinderstift	D4@Zylinderstift	a@Kuppe	L Rest@Zylinderstift
3x8	Zylinderstift DIN 6325	Stift für Klemmring	16744576	$D	3	0,8	15	0,45	8
4x12	Zylinderstift DIN 6325	Stift für Flansch lose	4227327	$K	4	1	15	0,6	12

Bild 6.23: Die beiden bestehenden Konfiguration in Tabellenform. Die Spalten wurden eingefärbt

Diese Methode ist wesentlich zuverlässiger als *Tabelle bearbeiten*, welcher die Tabelle als Inline-Fenster im Editor von SolidWorks anzeigt. Klicken Sie dort daneben, wird die Tabelle geschlossen. Zudem neigt diese Funktion zu Abstürzen!

Von links nach rechts erkennen Sie alte Werte: Den Konfigurationsnamen, den Kommentar, die Beschreibung, den Durchmesser der Skizze, die Höhe des kurzen Endes und dessen Winkel, die Höhe der Kuppe und die Länge des Extrusions-Features. Und jetzt verstehen Sie auch, warum manchmal die Benennung von Features, Skizzen und sogar Maßen so wichtig ist.

- Kopieren Sie nun die gesamte zweite Datenzeile in die leere dritte Zeile.
- Editieren Sie die in Bild 6.24 gelb unterlegten Werte.

Tabelle für: Zylinderstift									
	$KOMMENTAR	$BESCHREIBUNG	$FARBE	$BENENNUNG	Durchmesser@Sk Zylinderstift	z@Zylinderstift	D4@Zylinderstift	a@Kuppe	L Rest@Zylinderstift
3x8	Zylinderstift DIN 6325	Stift für Klemmring	16744576	$D	3	0,8	15	0,45	8
4x12	Zylinderstift DIN 6325	Stift für Flansch lose	4227327	$K	4	1	15	0,6	12
5x12	Zylinderstift DIN 6325	Stift für Flansch lose	4227327	$K	5	1,2	15	0,75	12

Bild 6.24: Eine neue Konfiguration wird durch die erste Spalte definiert

Der Name ist alles: Sobald sich der Inhalt der Zelle in Spalte A von den anderen unterscheidet, haben Sie eine neue Konfiguration geschaffen.

- Speichern Sie dann die Tabelle und beenden Sie *Excel.*

Dabei erhalten Sie die Meldung von SolidWorks, dass eine neue Konfiguration erstellt wurde. Sie wird automatisch in den ConfigurationManager aufgenommen (Bild 6.25). Dies wird von nun an immer dann geschehen, wenn Sie einen Parameter oder eine Konfiguration ändern.

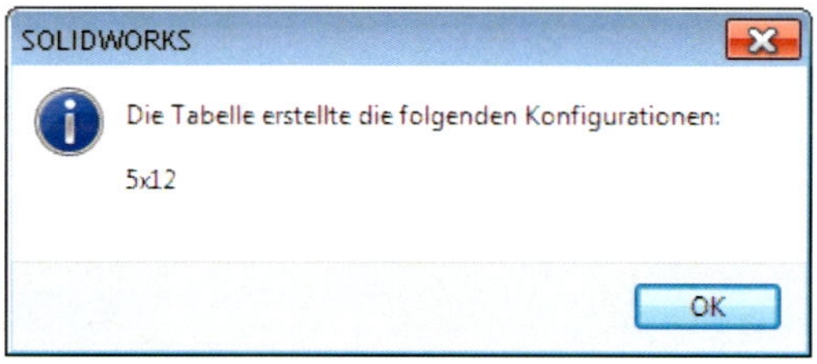

Bild 6.25: Paradox: Neue Konfigurationen erstellt man am Schnellsten in einem anderen Programm.

- Hierbei wurde der Name aus Spalte A übernommen. Die Farbe könnten Sie auch ins Excel-Sheet eingeben, aber der Wert ist kodiert. Besser, Sie erledigen das wieder über den ConfigurationManager und das Kontextmenü, *Eigenschaften* (Bild 6.26).

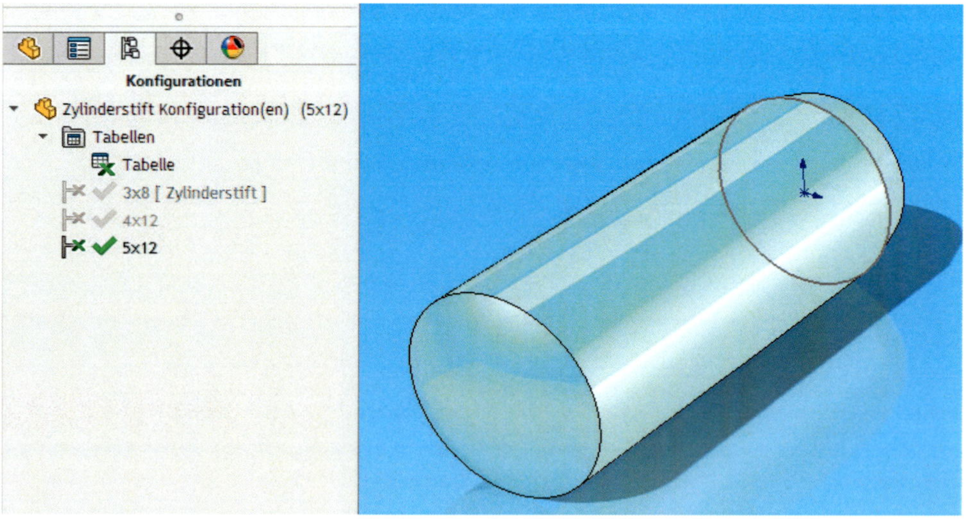

Bild 6.26: Die neue Konfiguration wurde geladen und nachträglich eingefärbt

6.2.1 Modelle fernsteuern

Halten wir fest: Die Verbindung von Tabelle und Bauteil ist zweispurig. Änderungen des Bauteils werden in die Tabelle eingepflegt, Änderungen der Tabelle fließen ins Bauteil ein. Daraus folgt, dass Sie Ihr Bauteil künftig überhaupt nicht mehr zu bearbeiten brauchen - Sie können es ebenso gut von der Tabelle aus fernsteuern. Wir sind bereits in den Gefilden des PDM oder Product Data Management.

6.2.2 Eine Tabelle bearbeiten

Natürlich benötigen wir nicht jeden Parameter in der Tabelle. Folgende Spalten können Sie löschen, um die Übersicht zu verbessern:

- *D4@Zylinderstift* stellt den konstanten Konuswinkel 15° dar, und der *$Kommentar* ändert sich ebenfalls nie. Löschen Sie diese Spalten. Dies betrifft nur die Tabelle, die Einstellungen in SolidWorks bestehen auch weiterhin!

Dazu klicken Sie auf den Spaltenkopf und rufen aus dem Kontextmenü *Zellen löschen* auf. Die anderen Spalten rücken auf (Bild 6.27).

	A	B	C	D	E	F	G	H
1	Tabelle für: Zylinderstift							
2		$BESCHREIBUNG	$FARBE	$BENENNUNG	Durchmesser@Sk Zylinderstift	z@Zylinderstift	a@Kuppe	L Rest@Zylinderstift
3	3x8	Stift für Klemmring	16744576	$D	3	0,8	0,45	8
4	4x12	Stift für Flansch lose	4227327	$K	4	1	0,6	12
5	5x12	Stift für Flansch lose	15191932	$K	5	1,2	0,75	12

Bild 6.27: Weniger ist mehr: Die bereinigte Tabelle, übersichtlich und kompakt!

Sie können demnach alle Spalten entfernen, die sich in keiner Konfiguration ändern. Dummerweise kann man das aber nicht immer wissen. Deshalb können wir Parameter auch in die Tabelle aufnehmen:

- Je nachdem, in welchem Modus Sie arbeiten, klicken Sie entweder neben die Tabelle oder „kehren Sie zum Bauteil zurück“.
- Rufen Sie die Tabelle nochmals auf.

Diesmal wird vor Einblendung der Tabelle die Dialogbox *Zeilen und Spalten hinzufügen* eingeblendet. Sie bietet die gelöschten Spalten an (Bild 6.28).

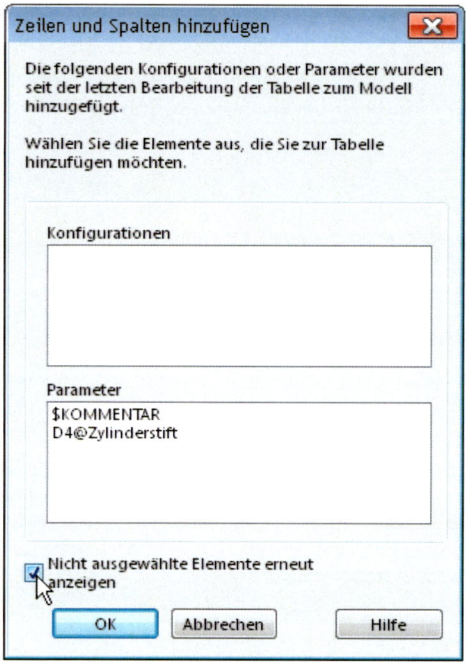

Bild 6.28: Auch gelöschte Parameter sind noch im Angebot

> Sollten Sie hier Parameter vermissen, beenden Sie die Tabelle, speichern Sie das Bauteil, schließen und öffnen Sie es erneut und bearbeiten Sie dann nochmals die Tabelle – wie gesagt: Manchmal müssen Sie SolidWorks Gelegenheit zum Nachdenken geben!

- Aktivieren Sie *D4@Zylinderstift* – die *Formschräge 15°* aus *Richtung 2* – und bestätigen Sie. Die neue Spalte wird in die Tabelle eingefügt.
- Wechseln Sie ins Bauteil und führen Sie einen Doppelklick auf das Feature *Zylinderstift* aus, dann einen weiteren auf das Winkelmaß. In der Dialogbox *Modifizieren* benennen Sie den Winkel *D4* in **Winkel** um.
- Starten Sie nun wieder die Tabelle. Der neu benannte Parameter wird übernommen, denn SolidWorks erkennt offenbar den Zusammenhang zwischen *D4@Zylinderstift* und *Winkel@Zylinderstift* (Bild 6.29 rechts).

	A	B	C	D	E	F	G	H	I
1	Tabelle für: Zylinderstift								
2		$BESCHREIBUNG	$FARBE	Durchmesser@Sk Zylinderstift	L Rest@Zylinderstift	Z@Zylinderstift	a@Kuppe	$prp@Länge	Winkel@Zylinderstift
3	3x8	Stift für Klemmring	16744576	3	5,75	0,8	0,45	7	15
4	4x12	Stift für Flansch lose	25284	4	10,4	1	0,6	12	15
5	5x12	Stift für Flansch lose	15191932	5	10,05	1,2	0,75	12	15

Bild 6.29: Der Parameter wurde mit neuem Namen angefügt

> In der Excel-Tabelle können Sie die Werte ändern, nicht aber die Namen. Dies führt – günstigstenfalls! – zu einer Fehlermeldung!

6.2.3 Externe Tabellen

Zu Beginn dieses Abschnitts hatten wir gesehen, dass SolidWorks auch von externen Tabellen aus gefüttert werden kann. Versuchen wir's:

- Klicken Sie rechts über dem Tabellenfeature und wählen Sie *Tabelle speichern*. Ein Speicherdialog erscheint (Bild 6.30).

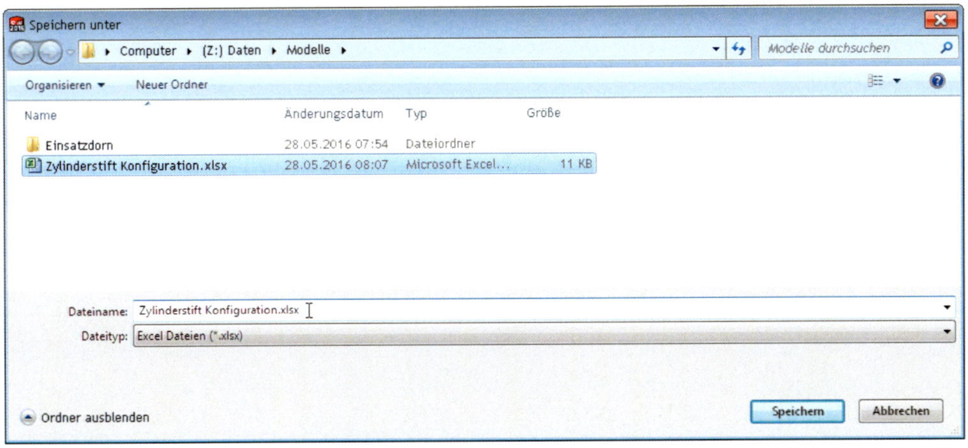

Bild 6.30: Speichern der Konstruktionstabelle als externe Excel-Datei

- Speichern Sie die Tabelle unter dem Namen **Zylinderstift Konfiguration** im Verzeichnis EINSATZDORN ab. Sie erkennen an der Endung, dass es sich um eine ganz normale *Excel*-Datei im Format MS-XML handelt.

6.2.3.1 Ein Bauteil mit einer Tabelle verknüpfen

Diese externe Tabelle verknüpfen wir mit unserem Bauteil:

- Rufen Sie aus dem Kontextmenü des Tabellenfeatures *Feature bearbeiten* auf.

Der PropertyManager erscheint mit der einzigen Option *Aus Datei*.

- Klicken Sie auf *Durchsuchen* und wählen Sie unsere soeben erstellte Datei ZYLINDERSTIFT KONFIGURATION.XLSX (Bild 6.31).

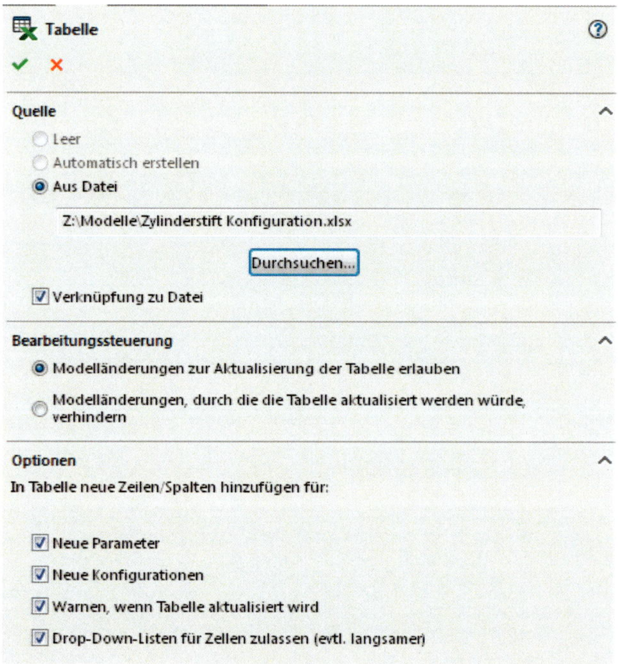

Bild 6.31: Das Bauteil wird ab jetzt von einer externen Tabelle gesteuert

- Aktivieren Sie die Option *Verknüpfung zu Datei* und bestätigen Sie.

6.2.3.2 Die Priorität der Datenquelle

Die interne Tabelle wird nun mit der externen verknüpft. Mit dieser Datei können Sie nicht nur die Parameter des Bauteils abrufen, Sie können Ihre Modelle damit auch „von außen“ bearbeiten und um Konfigurationen erweitern:

- Speichern und schließen Sie den ZYLINDERSTIFT.

- Ändern Sie in der externen Tabelle den *Winkel* der Konfiguration *3x8* zu **13** und speichern Sie sie.
- Öffnen Sie nun wieder das Bauteil ZYLINDERSTIFT.

SolidWorks bemerkt die Abweichung und fragt Sie, ob die Änderung der Tabelle ins Modell übernommen werden soll. Wählen Sie die erste Option (Bild 6.32).

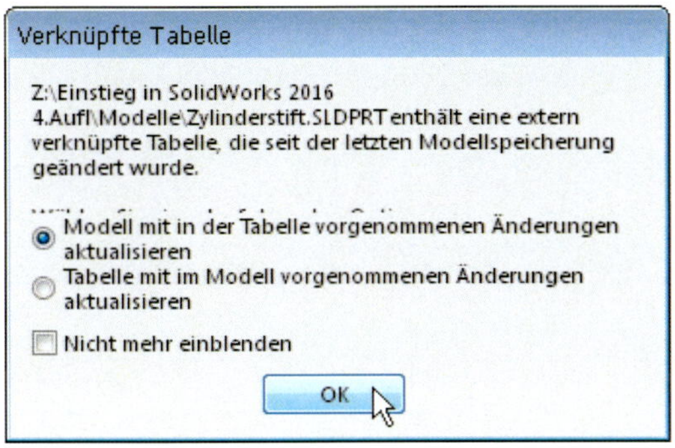

Bild 6.32: SolidWorks hat die Änderung der verknüpften Tabelle bemerkt

- Wenn Sie in der Konfiguration *3x8* das Feature *Zylinderstift* öffnen, so wird der neue Winkel der *Formschräge* in *Richtung 2* angezeigt (Bild 6.33).

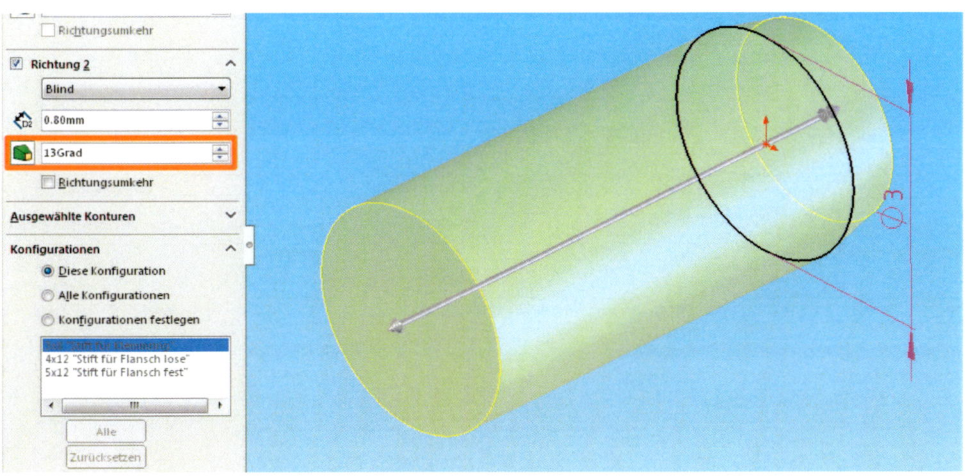

Bild 6.33: Der neue Winkel wurde von der Tabelle eingelesen

- Ändern Sie den betreffenden Winkel im Feature wieder auf den ursprünglichen Wert **15**. Rufen Sie dann die Tabelle auf: Diesmal werden *deren* Werte aktualisiert!

> Die externe Tabelle wird bei Änderungen allerdings erst dann aktualisiert, wenn Sie das Bauteil speichern. Hierzu kann eine Aufforderung über die Tabellenaktualisierung eingeblendet werden, die Sie dann einfach bestätigen.

6.2.4 Konfigurations-Eigenschaften

Die Überschrift sagt alles und nichts zugleich. In Bezug auf SolidWorks-Tabellen jedoch eröffnen benutzerdefinierte Eigenschaften eine neue Dimension der Bauteilsteuerung. Ja, Sie haben richtig gelesen: *noch* eine!

Heute versieht praktisch jede Software ihre Dateien mit *Dateieigenschaften* - eine der sinnvolleren Microsoft-Direktiven, die umgesetzt wurden. Auch SolidWorks zählt zu dieser Gruppe:

- Das zugehörige Dialogfeld finden Sie in SolidWorks unter *Datei, Eigenschaften*. Eine der Registerkarten ist mit *Konfigurationsspezifisch* betitelt. Hier befindet sich noch kein Eintrag.

Auf dieser Karte vermerken Sie alle möglichen Texte, Werte und sonstigen Größen, die in den Konfigurationen vermerkt werden sollen. Wir nutzen dies zur Behebung des vorhin genannten Längenfehlers:

- Schließen Sie die Box wieder. Öffnen Sie die Tabelle in *Excel*.
- Schreiben Sie in eine freie Spalte der Zeile 2 – also der Namenszeile – den Text **$prp@Länge**. Übernehmen Sie die Formatierung der Nachbarzelle.
- Übernehmen Sie in die Zellen darunter die Werte nach Bild 6.34, *Gelb*.

	A	B	C	D	E	F	G	H	I	J
1	Tabelle für: Zylinderstift									
2		$BESCHREIBUNG	$FARBE	Durchmesser@Sk Zylinderstift	L Rest@Zylinderstift	Z@Zylinderstift	a@Kuppe	$prp@Länge	Winkel@Zylinderstift	$prp@Länge
3	3x8	Stift für Klemmring	16744576	3	-1,25	0,8	0,5		15	8
4	4x12	Stift für Flansch lose	25284	4	10,4	1	0,6	12	15	12
5	5x12	Stift für Flansch lose	15191932	5	11,05	1,2	0,8	13	15	12

Bild 6.34: Ergänzen der Tabelle mit einer neuen Spalte

$prp ist das Kürzel für *Properties*, die erwähnte Registerkarte für Konfigurationen. Der Name hinter dem Klammeraffen „@“ ist der eigentliche Variablenname, hier *Länge*. Wir werden diesen Variablen in Kapitel 8 wieder begegnen, wenn wir die Zeichnung automatisieren.

- Klicken Sie nun in der Zeile *3x8* in die Zelle *L Rest@Zylinderstift*. Verfahren Sie dann nach Bild 6.35 oder

bit.ly/2KMgRUN
Video 17

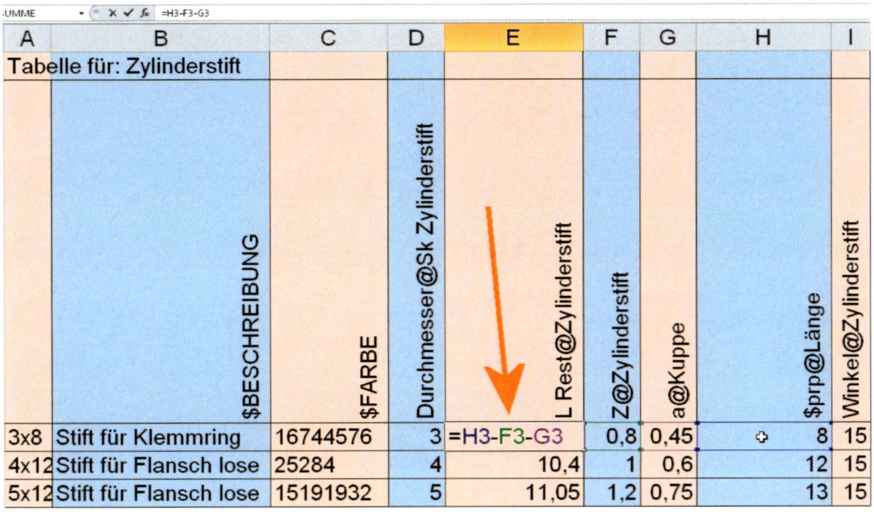

	A	B	C	D	E	F	G	H	I
1	Tabelle für: Zylinderstift								
2		$BESCHREIBUNG	$FARBE	Durchmesser@Sk Zylinderstift	L Rest@Zylinderstift	Z@Zylinderstift	a@Kuppe	$prp@Länge	Winkel@Zylinderstift
3	3x8	Stift für Klemmring	16744576	3	=H3-F3-G3	0,8	0,45	8	15
4	4x12	Stift für Flansch lose	25284	4	10,4	1	0,6	12	15
5	5x12	Stift für Flansch lose	15191932	5	11,05	1,2	0,75	13	15

Bild 6.35: Schnellkurs im Formelklicken

- geben Sie unter Beachtung der folgenden Warnung diesen Formeltext ein:

```
=H3-F3-G3
```

> **!** Achten Sie darauf, dass die Zellbezüge bei Ihnen anders lauten können: Gemeint ist folgendes: **L Rest = $prp@Länge - a@Kuppe - z@Zylinderstift**

Nachdem Sie die Formel mit EINGABE bestätigt haben, kann es sein, dass weiterhin nur die Formel zu sehen ist, da sie als reiner Text formatiert ist:

- Markieren Sie alle Zeilen und Spalten, die Zahlen enthalten, in Bild 6.35 sind dies C3 bis I5. Öffnen Sie dann das Kontextmenü dieser Zellen und wählen Sie *Zellen formatieren*.
- Wechseln Sie auf die Registerkarte *Zahlen* (Bild 6.36).

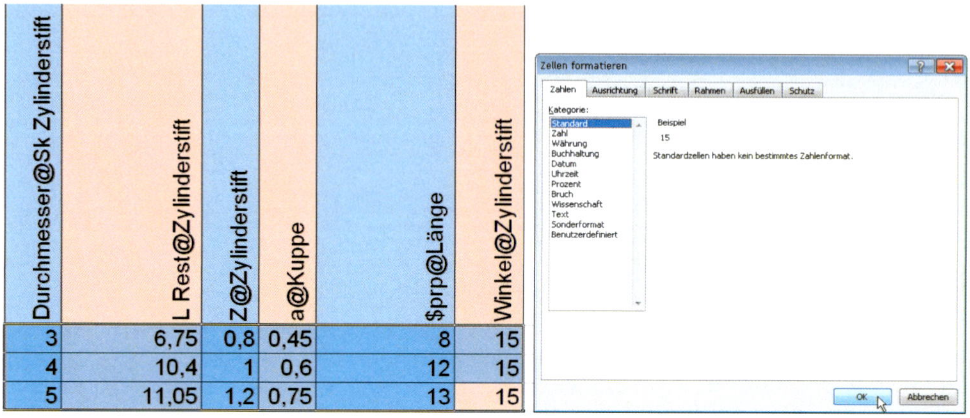

Bild 6.36: Die Formatierung der Zellen ist wichtig für die Berechnungen!

- Stellen Sie hier *Zahl* oder noch besser *Standard* ein und bestätigen Sie.

Damit lautet der Zellenwert *L Rest(3x8) = 6,75*. Die Gesamtlänge des Stiftes beträgt damit die normgerechten 8 Millimeter.

- Kopieren Sie die Formel in die beiden darunter liegenden Zellen, indem Sie die rechte untere Ecke – den *Knoten* – nach unten ziehen (Bild 6.37, Pfeil).

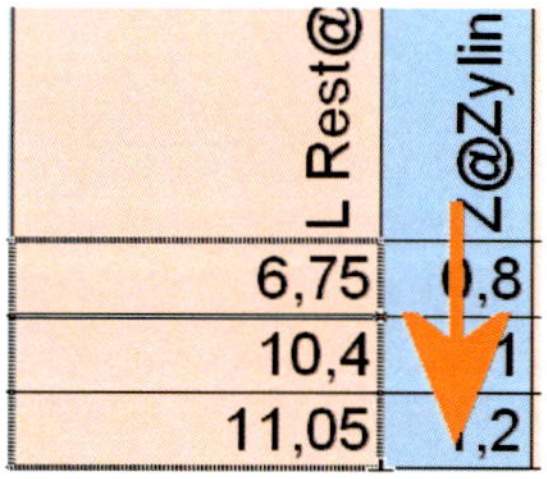

Bild 6.37: Schnellkurs im Formelkopieren

Die Formel wird dabei nicht einfach nur kopiert, sondern sinngemäß übertragen – die Zellenbezüge wandern ebenfalls nach unten. Die Ergebnisse lauten *10,40* und *10,05*.

- Speichern und schließen Sie die Tabelle. Die Konfigurationen werden aktualisiert.
- Sehen Sie sich jetzt noch einmal die Länge *L Rest* des *Zylinderstifts* in Konfiguration *3x8* an (Bild 6.38).

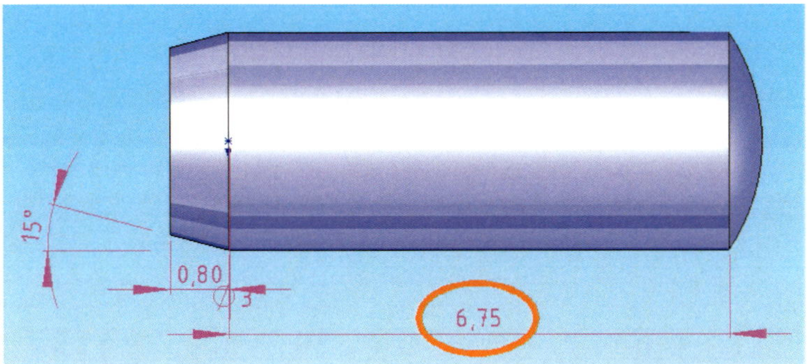

Bild 6.38: Automatisch überzeugt: das Bauteil mit den neuberechneten Maßwerten

Aber auch die Konfigurations-Eigenschaften sind durch die Tabelle aktualisiert worden:

- Wenn Sie *Datei, Eigenschaften* öffnen, so sehen Sie in der Registerkarte *Konfigurationsspezifisch* einen neuen Eintrag namens *Länge,* dessen *Evaluierter Wert* je nach gewählter *Konfiguration* im Listenfeld *Anwenden auf* die berechneten Ergebnisse zeigt. Der *Typ* lautet hier doch wieder *Text,* da die anderen wählbaren Formate keine Rationalzahlen erlauben (Bild 6.39).

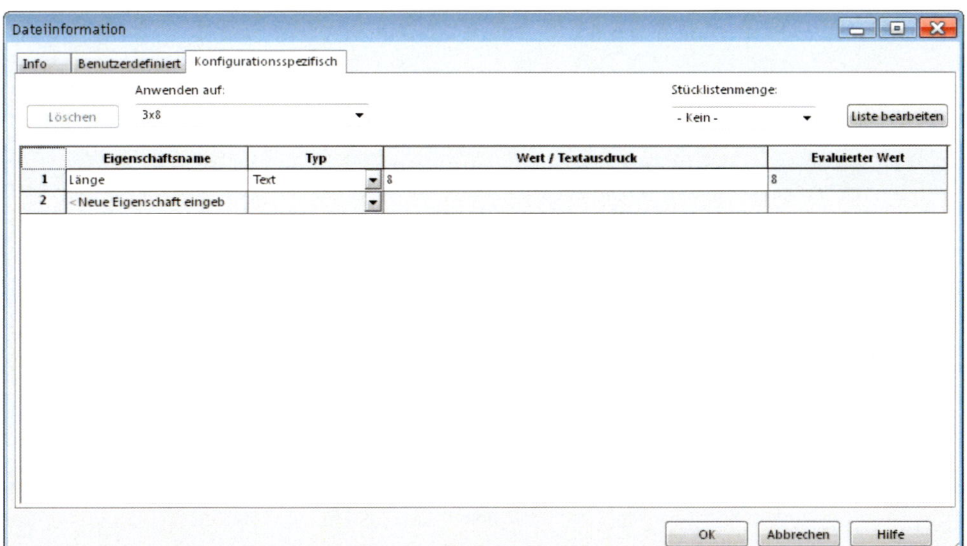

Bild 6.39: Die Eigenschaften wurden aktualisiert: Jede Konfiguration verfügt über einen eigenen Wert.

- Verleihen Sie nun noch der Konfiguration *5x12* die Beschreibung **Stift für Flansch fest** (Bild 6.40). Natürlich können Sie das jetzt auch über die Tabelle erledigen.

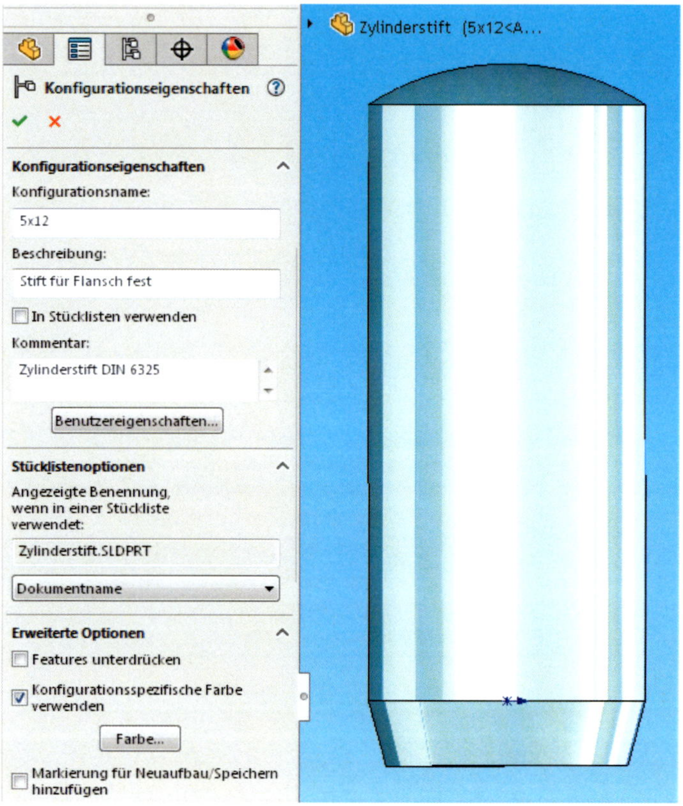

Bild 6.40: Ordnung muss sein, besonders wenn man ein paar tausend Teile hat ...

6.2.5 Passmaße

Abschließend verleihen wir unserem Stift noch die vorgeschriebene Passung. Es handelt sich bei allen Konfigurationen um die Größe m6, eine Übermaßpassung:

- Doppelklicken Sie auf *Sk Zylinderstift* und aktivieren Sie das Durchmessermaß.
- Wählen Sie im PropertyManager, Gruppenfeld *Toleranz/Genauigkeit* den *Toleranztyp Passung, Benutzerdefiniert* (Bild 6.41).

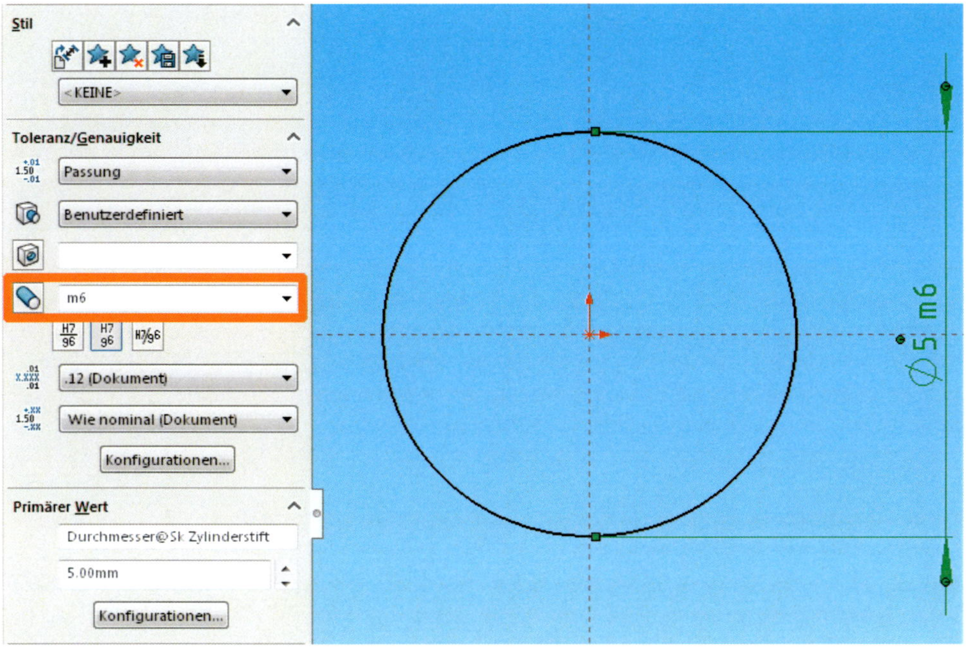

Bild 6.41: In der Toleranzbox ist die gesamte DIN ISO 286 enthalten. Unter anderem

- Lassen Sie *Bohrungspassung* leer und wählen Sie im Listenfeld *Wellenpassung m6*.
- Belassen Sie alle anderen Einstellungen auf ihren Defaults, wählen Sie über die Schaltfläche *Konfigurationen Diese Konfiguration* und bestätigen Sie.

Die Einstellung *Diese Konfiguration* ist wichtig, um einen Parameter in die Auswahlliste für die Tabelle zu befördern (vgl. Bild 6.42).

In der Skizze sollte jetzt das Passmaß *3 m6* prangen.

- Öffnen Sie die Tabelle zur Bearbeitung. Wählen Sie den zusätzlichen Parameter *Toleranz@Durchmesser@Sk Zylinderstift,* falls der Ihnen angeboten wird. Falls nicht,
- speichern, schließen und öffnen Sie das Bauteil und wiederholen den Vorgang (Bild 6.42).

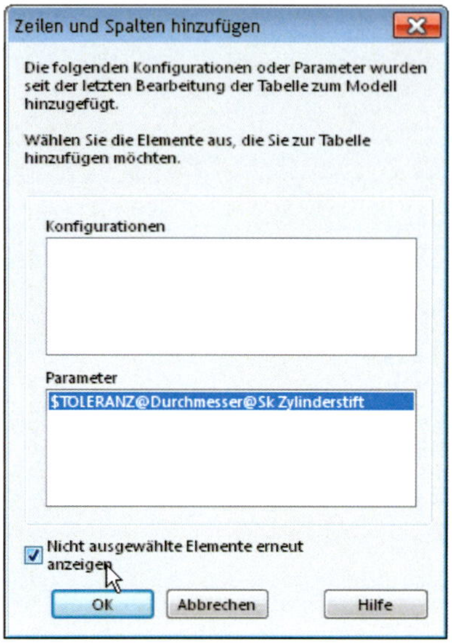

Bild 6.42: Gelegentlich etwas unkooperativ verhält sich diese Dialogbox.

In der Tabelle wird die Spalte *Toleranz@Durchmesser@Sk Zylinderstift* der Konfiguration *3x8* eingetragen (Bild 6.43).

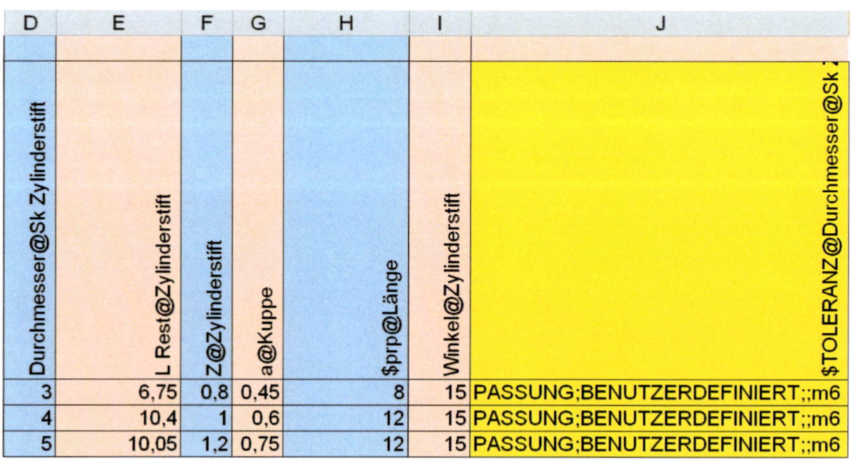

D	E	F	G	H	I	J
Durchmesser@Sk Zylinderstift	L Rest@Zylinderstift	Z@Zylinderstift	a@Kuppe	$prp@Länge	Winkel@Zylinderstift	$TOLERANZ@Durchmesser@Sk
3	6,75	0,8	0,45	8	15	PASSUNG;BENUTZERDEFINIERT;;m6
4	10,4	1	0,6	12	15	PASSUNG;BENUTZERDEFINIERT;;m6
5	10,05	1,2	0,75	12	15	PASSUNG;BENUTZERDEFINIERT;;m6

Bild 6.43: Eine ganze Reihe von Parametern ist in den Toleranzfeldern vereint

In der Spalte sind nicht nur Passmaße, sondern noch weitere Parameter aufgeführt, also die Art *(Passung)*, die Unterteilung *(Benutzerdefiniert)*, die Bohrungs- (nix) und die Wellenpassung *(m6)*, jeweils getrennt durch Semikola.

- Wenn Sie diese Schreibart genau einhalten, können Sie die Passungen für die anderen beiden Zeilen einfach hinüberkopieren.

6.2.6 Unterdrückung per Konfiguration

Sie können so gut wie alles konfigurieren – selbst den Unterdrückungsstatus:

- *Unterdrücken* Sie in der Konfiguration *3x8* das Feature *Kuppe*. Sie finden die Schaltfläche im Kontextmenü und in der Kontext-Symbolleiste (Bild 6.44).

Bild 6.44: Auch das Unterdrücken von Features lässt sich konfigurationsweise steuern

Das unterdrückte Feature wird grau dargestellt, die *Kuppe* verschwindet.

- Öffnen Sie nun die Tabelle zur Bearbeitung. Ein neuer Parameter namens *$STATUS@Kuppe* steht zur Wahl. Wählen Sie ihn zur Aufnahme in die Tabelle (Bild 6.45).

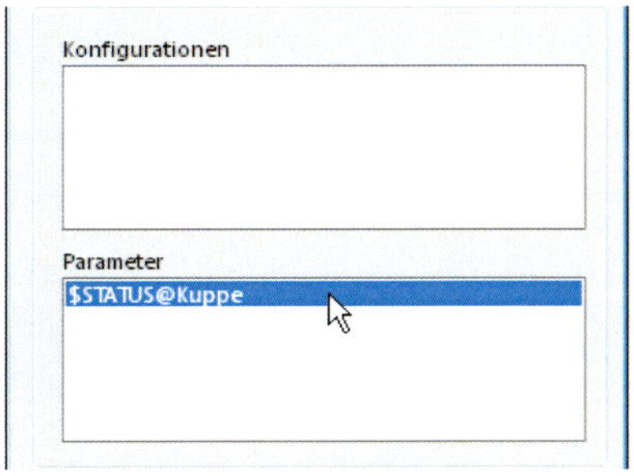

Bild 6.45: Einpflegen neuer Parameter in die Tabelle

- Eine neue Spalte gleichen Namens wird in die Tabelle eingefügt (Bild 6.46).

$prp@Länge	Winkel@Zylinderst	$TOLERANZ@Dur	$STATUS@Kuppe
8	15	PASSUNG;BENUTZERDEFINIERT;;m6	U
12	15	PASSUNG;BENUTZERDEFINIERT;;m6	NI
12	15	PASSUNG;BENUTZERDEFINIERT;;m6	NI

Bild 6.46: Extra-lässig: Status-Symbole rangieren irgendwo in Spalte L

- Die Kuppe besitzt den Status **U** für *Unterdrückt* in Konfiguration *3x8,* die anderen beiden Zellen sind leer.

Hierdurch ändert sich das Verhalten der anderen Konfigurationen nicht,

- doch wenn Sie die Tabelle schließen, die Konfigurationen der Reihe nach durchschalten und die Tabelle wieder öffnen, so sind ihre Status nach obigem Muster dort eingetragen: **NI** steht tatsächlich für „nicht unterdrückt". Alternativ dazu tragen Sie die Status einfach als Text in die Zellen ein.
- Setzen Sie den Status der Kuppe in allen Konfigurationen dann wieder auf **NI**. Die Kuppe wird wieder eingeblendet.

> Sie können Skizzen, Skizzenbeziehungen, Gleichungen, Features, Beleuchtungen und Baugruppen-Komponenten unterdrücken. Sie alle sind in der Tabelle mit dem Vorsatz $STATUS gekennzeichnet.

Das könnte uns auf völlig neue Ideen bringen: Wenn wir Skizzenbeziehungen konfigurieren können, dann könnten wir zum Beispiel in der einen Konfiguration die Radienbemaßung einschalten, in der anderen aber den Durchmesser. Die jeweils andere wäre dann natürlich unterdrückt, um Überbestimmung zu vermeiden. Oder wir könnten in einer Konfiguration der Symmetrie den Vorzug geben, in der anderen aber der Gleichheit. Wir können Bauteilvarianten schaffen, die sich sehr weitgehend voneinander unterscheiden. Die Möglichkeiten sind unbegrenzt.

Nun, unser fertiger Zylinderstift mit Passung ist jedenfalls in Bild 6.47 zu sehen.

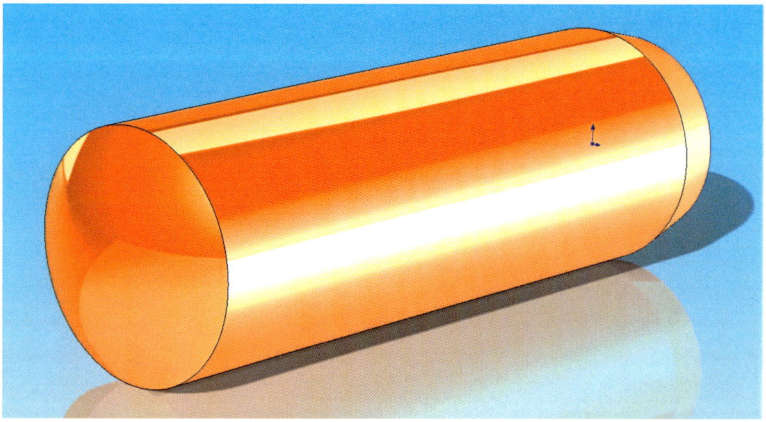

Bild 6.47: Kleines Bauteil, großes Know-How: Die Tabellierung kann eine Menge Arbeit sparen und umso mehr Ordnung schaffen

- Speichern und schließen Sie die Datei.
- Rufen Sie dann *Datei, Öffnen* auf und markieren Sie das Bauteil ZYLINDERSTIFT (Bild 6.48).

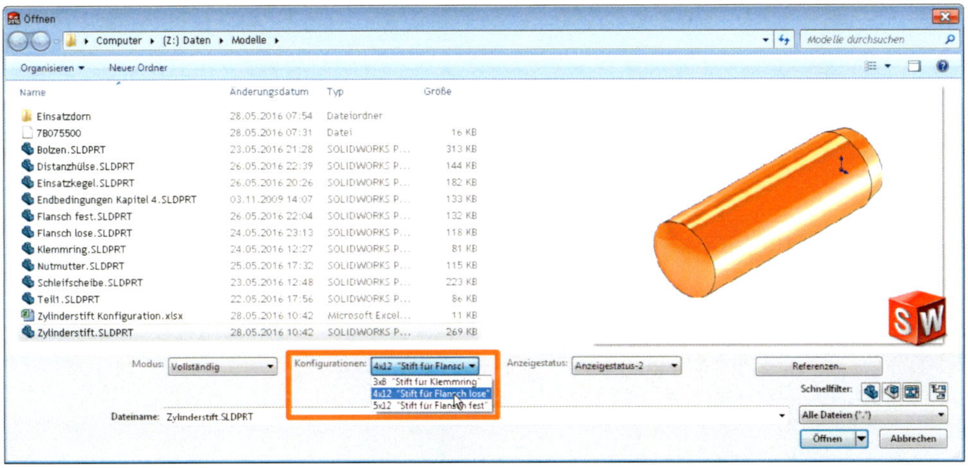

Bild 6.48: Mit allem Komfort: Die Konfigurationen können schon vor dem Öffnen gewählt werden

Unter der Liste sehen Sie ein Listenfeld mit den verfügbaren *Konfigurationen*.

- Diese können Sie der Reihe nach durchschalten, um die einzelnen Vorschaubilder zu betrachten.
- Außerdem können Sie die Datei gleich in der gewünschten Konfiguration öffnen, was bei komplexen Bauteilen eine Menge Zeit spart.

> Lesen Sie dieses Kapitel nochmals durch, um sich die Abläufe einzuprägen: Auf den ersten Klick wirkt alles viel komplizierter, als es wirklich ist!

6.3 Ein letztes Schräubchen

Ein kleines Bauteil haben wir noch vergessen: Es ist die Senkschraube M4, mit der die Nutmutter auf dem Gewinde arretiert wird.

- Erstellen Sie ein neues Bauteil namens **Senkschraube**.
- Erstellen Sie auf der *Ebene vorne* eine Skizze mit liegender Mittellinie.

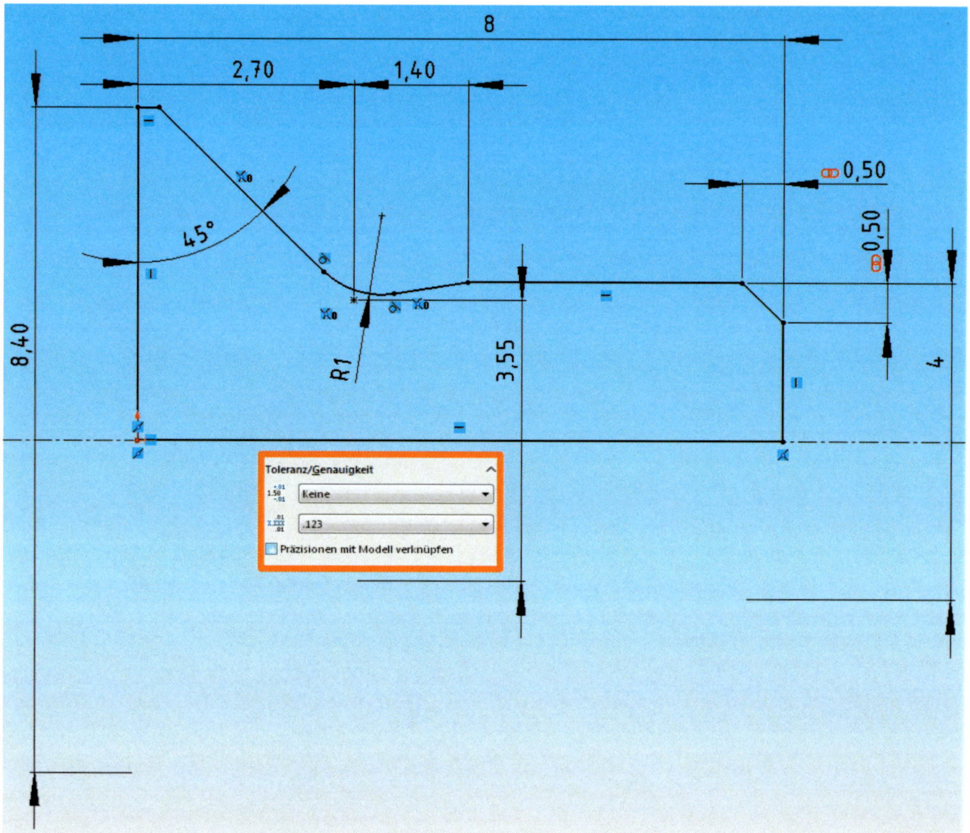

Bild 6.49: Der Halbschnitt der Schraube

Zeichnen Sie den Querschnitt nach Bild 6.49, wobei Sie folgendermaßen vorgehen:

- Die Schraube ist ein Vollquerschnitt, die untere Horizontale fällt also mit der Mittellinie zusammen. Der Skizzenursprung liegt ganz links unten am Querschnitt.
- Bemaßen Sie zunächst die Längen, dann die Durchmesser. Anstelle des *Radius R1* befindet sich zunächst eine Ecke, die Sie als Durchmesser bemaßen. Die dreistellige Anzeige erreichen Sie über den PropertyManager des Maßes, das untere Listenfeld in *Toleranz/Genauigkeit* (Kasten).
- Fügen Sie zuletzt den Winkel, die Fase – zur Abwechslung als *Abstand-Abstand* – und die *Skizzenverrundung* mit dem Radius **1** mm ein. Achten Sie darauf, dass die Skizzenbeziehungen erhalten bleiben.
- Rotieren Sie die Skizze **Sk Schraube** mit einem *Aufsatz/Basis rotiert* um **360°**, alles wie gehabt.
- Versehen Sie den Gewindeteil mit einer *Gewindedarstellung* M4x0,7 (*Einfügen, Beschriftung*). Das Ergebnis ist in Bild 6.50 dargestellt.

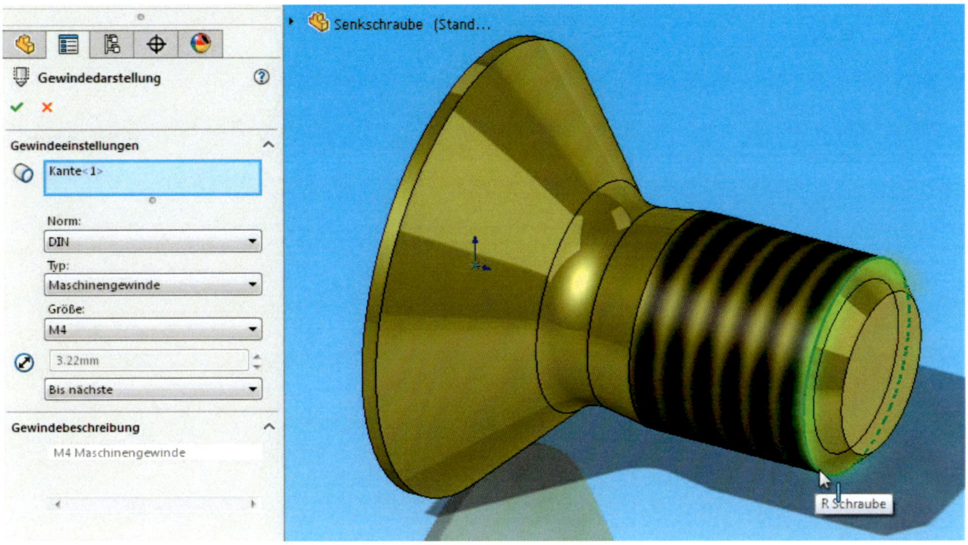

Bild 6.50: Die Schraube, galvanisch gerendert

Eine Schlitzschraube braucht einen Schlitz, und den schneiden wir mit einer Skizze:

- Erstellen Sie auf der *Ebene oben* eine Skizze, deren horizontale Mittellinie durch den Ursprung verläuft. Drehen Sie das Modell dann um 90° (Bild 6.51).

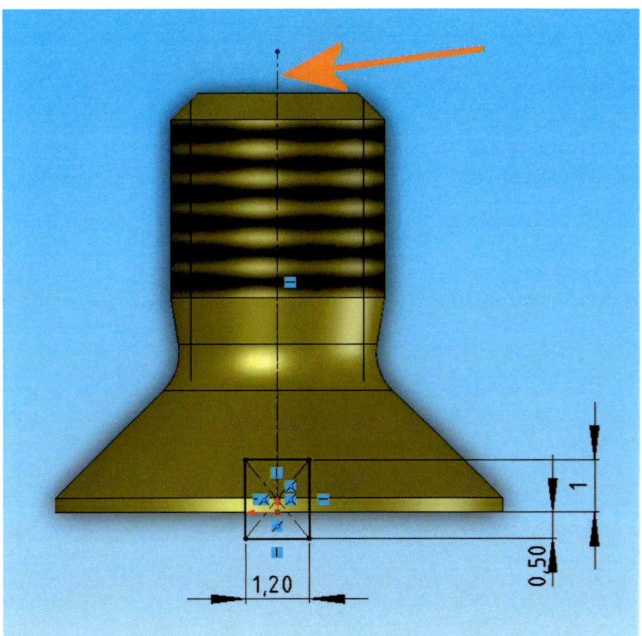

Bild 6.51: Der Schlitz entsteht durch eine Rechteckskizze

- Zeichnen Sie dann das Mittelpunkt-*Rechteck* (Modus *Ecken-Rechteck)* deckungsgleich auf die Mittellinie – vermeiden Sie dagegen eine Verknüpfung mit dem Ursprung. Bemaßen Sie unter Ausnutzung des Ursprungs nach dem Bild.
- Tragen Sie diese Skizze mit einem *Linear ausgetragenen Schnitt* aus, der zu **beiden** Richtungen die Endbedingung *Durch Alles* besitzt (Bild 6.52).

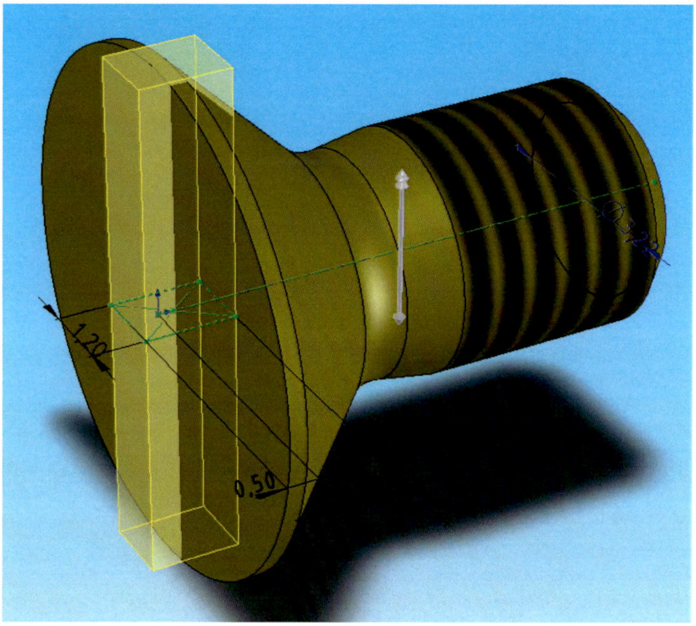

Bild 6.52: Der Schnitt reicht von der Mitte nach beiden Seiten

In Bild 6.53 sehen Sie den Hierarchiebaum der Schraube.

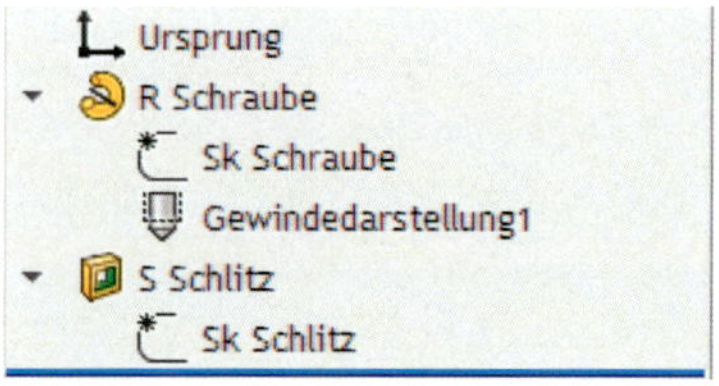

Bild 6.53: Der Hierarchiebaum der Senkschraube

Damit ist auch die Schraube fertig (Bild 6.54).

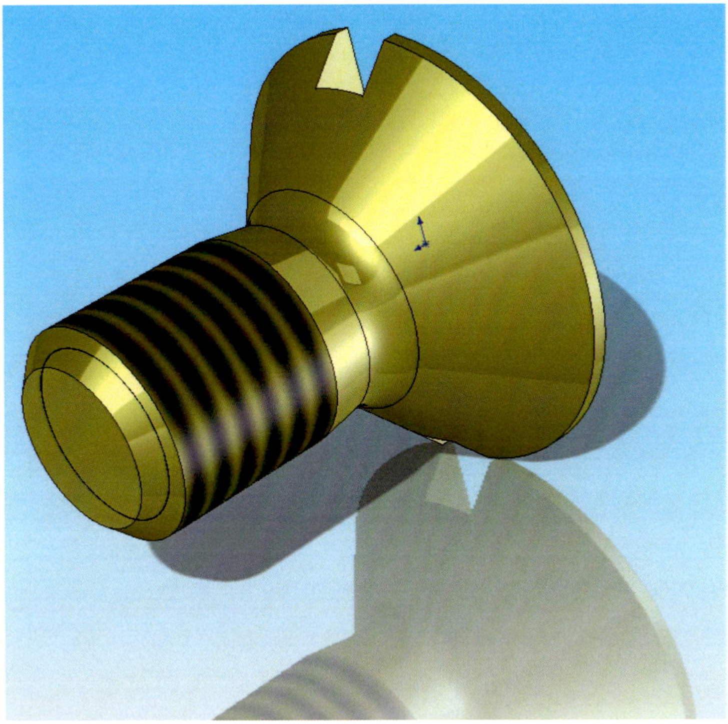

Bild 6.54: Auch ein kleines Bauteil kann kompliziert sein!

7 Die virtuelle Montagehalle

Sind die Teile fertig, geht es ums Ganze: Wie in einer richtigen Schlosserwerkstatt fügen Sie Ihre Bauteile – hier: die **Komponenten** – so zusammen, dass ihre sechs kinematischen **Freiheitsgrade** – rotatorisch X, Y, Z und translatorisch X, Y, Z – geometrisch korrekt und je nach gewünschter Funktion beseitigt werden. Die Kontrolle der Freiheitsgrade, die sinnvolle **Gliederung**, die Zusammenbauzeichnung und möglicherweise sogar eine Bewegungssimulation sind Ziele der **Baugruppe**.

In der Baugruppendatei besitzt jede Komponente zunächst *alle* Freiheitsgrade – die Taktik heißt also wieder mal Beschränkung: Wollen Sie ein Bauteil ausschließlich drehbar lagern, so eliminieren Sie seine fünf restlichen Freiheitsgrade. Eine auf einer Welle dreh- *und* verschiebbare Komponente hingegen muss sowohl einen rotatorischen als auch einen translatorischen Freiheitsgrad beibehalten.

Die zugehörigen **Baugruppenbeschränkungen** oder **Verknüpfungen** funktionieren ganz ähnlich wie vorhin die Skizzenbeziehungen, nur erfordern sie dreidimensionales Denken – Sie brauchen also drei zusätzliche Freiheitsgrade im Kopf! Dafür jedoch ist die Auswahl wesentlich kleiner – und damit auch das Fehlerpotenzial.

■ 7.1 Die Gliederung in Untergruppen

Die erste Überlegung beim Gestalten einer Baugruppe ist ihre Aufteilung in funktionale Untergruppen. Eine solche Gliederung ist fast immer sinnvoll: Sie dient dazu, eine übergroße Anzahl an Beschränkungen zu vermeiden – eine Art Schlankheitskur für Baugruppen, die Fehler vermeiden hilft und die Performance steigert. Tatsächlich finden Sie auch hier den FeatureManager, der diese hierarchische Einteilung ermöglicht.

Und bei unserer Schleifspindel – die fertige Baugruppe sehen Sie auf den Bildern 7.73 und 7.74 ab S. 310 – fallen zwei Funktionseinheiten ins Auge, die sich praktisch von selbst in Untergruppen gliedern, nämlich in

- die verstellbare Einheit mit den beiden Flanschen, der Schleifscheibe und der Nutmutter sowie
- den festen Einsatzkegel mit Aufnahmedorn und Verstellmechanismus, auf den die erste Untergruppe montiert wird.

Unser Plan: Wir bauen zunächst die Verstelleinheit als Untergruppe, dann fügen wir diese mit den restlichen Komponenten zur Gesamtgruppe zusammen.

7.2 Die Baugruppe *Flansch*

Beginnen wir mit der einfacheren Gruppe:

- Klicken Sie auf *Datei, Neu,* so erscheint der vertraute Dialog. Wählen Sie diesmal jedoch die mittlere Schaltfläche, *Baugruppe* (Bild 7.1).

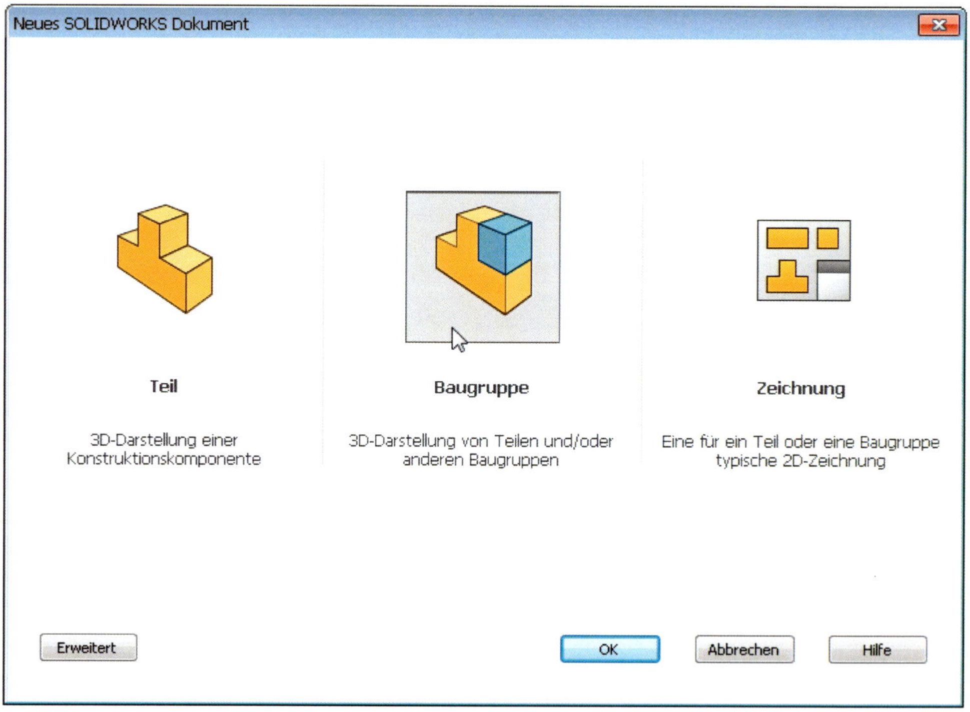

Bild 7.1: Ein kleiner Schritt: Die erste Baugruppe

SolidWorks öffnet das Baugruppendokument im Editor. Zugleich erscheint das Dialogfeld *Öffnen,* mit dem Sie Komponenten zum Einfügen auswählen.

- Brechen Sie es erst einmal ab. Speichern Sie das Dokument unter dem Namen **Flansch**. SolidWorks fügt die Endung SLDASM – für *Solid Assembly* – selbsttätig hinzu.

Die Baugruppe ist einer von drei Betriebsmodi in SolidWorks. In jedem dieser Modi wollen Sie den Editor sicherlich individuell und zweckmäßig einrichten:

- Das wichtigste Bedienelement für Baugruppen ist definitiv die Symbolleiste *Baugruppe*. Falls sie nicht zu sehen ist, öffnen Sie sie über *Ansicht, Symbolleisten* und legen sie am linken Bildrand ab.
- Blenden Sie auch *Ansicht* und *Standardansichten* ein und lassen Sie sie wie gewohnt unter der Menüleiste einschnappen.
- Schließen Sie alle anderen Symbolleisten.

7.2.1 Das Basisteil

Da Sie das Einfügen vorhin abgebrochen hatten, tun Sie dies jetzt manuell:

- Klicken Sie in der Symbolleiste *Baugruppe* auf *Komponente einfügen*. Der PropertyManager erscheint mit der gleichnamigen Funktion.
- Klicken Sie auf *Durchsuchen* und wechseln Sie in den Ordner EINSATZDORN, in dem sich all Ihre Bauteile … pardon, *Komponenten* befinden.
- Markieren Sie FLANSCH FEST und bestätigen Sie (Bild 7.2).

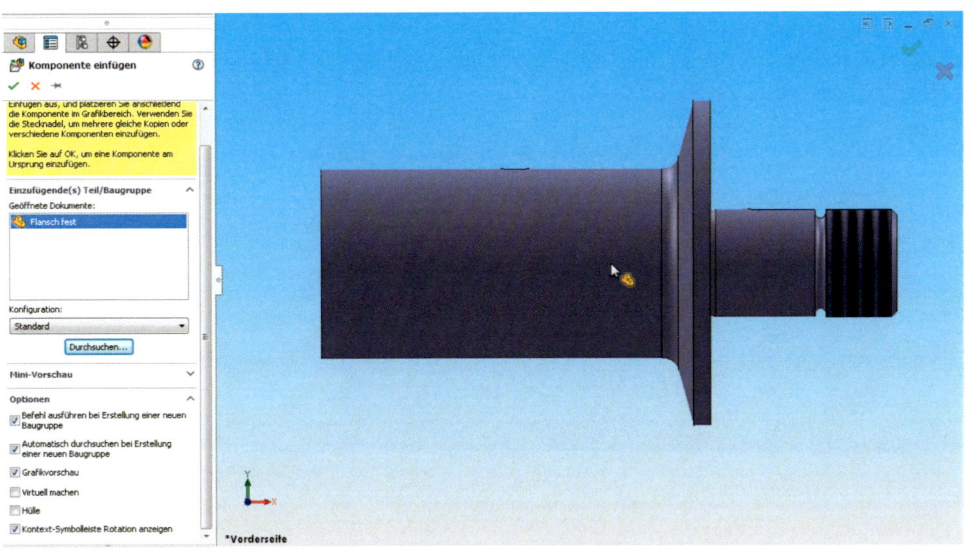

Bild 7.2: Die erste Komponente ist automatisch das Basisteil der Baugruppe

Der Flansch wird im Editor angezeigt – Sie *könnten* ihn nun mit einem Klick irgendwo platzieren. Er *soll* jedoch genau auf dem Ursprung landen, und so

- klicken Sie auf die Schaltfläche *OK*, das grüne Häkchen im PropertyManager.

Somit wird die Komponente mit *ihrem* Ursprung auf dem **Baugruppen-Ursprung** platziert – jawohl: In Baugruppen haben Sie jede Menge Ursprünge!

- Falls Bemaßungen angezeigt werden, deaktivieren Sie die Anzeige der *Komponentenbeschriftungen*. Die haben hier noch lange nichts verloren.

Die erste Komponente in jeder Baugruppe ist zugleich ihr **Basisteil**. Dieses ist im Gegensatz zu allen anderen *fixiert*, mit anderen Worten: Alle anderen werden daran befestigt, auf ihm baut die Hierarchie der Baugruppe auf. Diese kann ihrerseits jedoch Bestandteil einer anderen Baugruppe sein, in der sie dann wiederum ein bewegliches und zugleich starres Bauteil ist: Sie werden jetzt umdenken müssen!

Sie sehen, dass der FeatureManager die Komponente – das Bauteil – seinerseits als Feature auflistet. Klappen Sie *Flansch fest* auf, so erkennen Sie den vollständigen Baum Ihres Bauteils FLANSCH FEST wieder. Er ist nur um eine Hierarchieebene nach unten – oder nach rechts – gerückt (Bild 7.3).

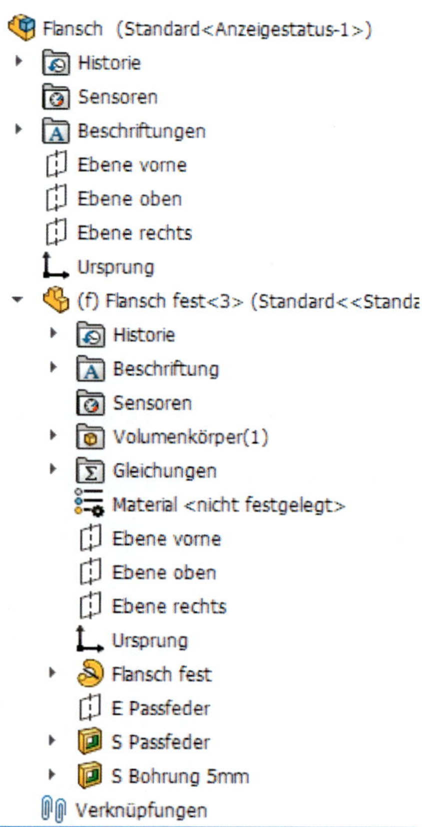

Bild 7.3: Der Hierarchiebaum der Baugruppe enthält die Hierarchiebäume der Komponenten

Ein „(f)“ vor dem Namen einer Komponente bedeutet, sie ist fixiert; ein „(-)“ heißt, dass sie beweglich ist.

Der Flansch wird allerdings nicht als Kopie in die Baugruppe eingesetzt, sondern als Instanz: Die Verbindung zum Referenzbauteil bleibt erhalten. Wird dort etwas verändert, so ändert es sich auch hier. Und umgekehrt.

- Setzen Sie nun als zweite Komponente die SCHLEIFSCHEIBE ein. Platzieren Sie sie in der Seitenansicht rechts vor dem Flansch.

7.2.2 Die Baugruppen-Verknüpfung

Die Schleifscheibe soll koaxial auf den Zapfen des Flansches geschoben werden und an der Druckscheibe anliegen. Wir beseitigen zunächst die überzähligen rotatorischen Freiheitsgrade:

- Klicken Sie in der Symbolleiste *Baugruppe* auf *Verknüpfung*.

Der PropertyManager erscheint (vgl. Bild 7.5). Verknüpfen Sie nun den Innenzylinder der Bohrung der Schleifscheibe *Konzentrisch* mit dem glatten Zapfenstück des Flansches:

- Dazu wählen Sie einfach die beiden Zylinderflächen nach Bild 7.4.

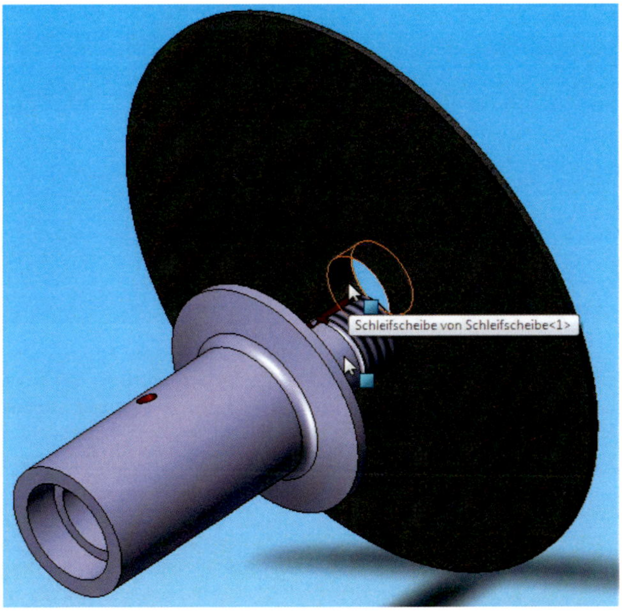

Bild 7.4: Die Verknüpfung von Bauteilen geschieht sehr komfortabel.

Das zuerst gewählte Bauteil wird transparent. SolidWorks richtet die Komponenten entsprechend derjenigen Verknüpfungsart aus, die sinnvoll erscheint – da Sie zwei Zylinderflächen gewählt haben, heißt sie *konzentrisch*.

- Bestätigen Sie mit *OK*, so wird die Verknüpfung im Ordner *Verknüpfungen* des FeatureManagers eingetragen (Bild 7.5).

bit.ly/2yYygXz
Video 18

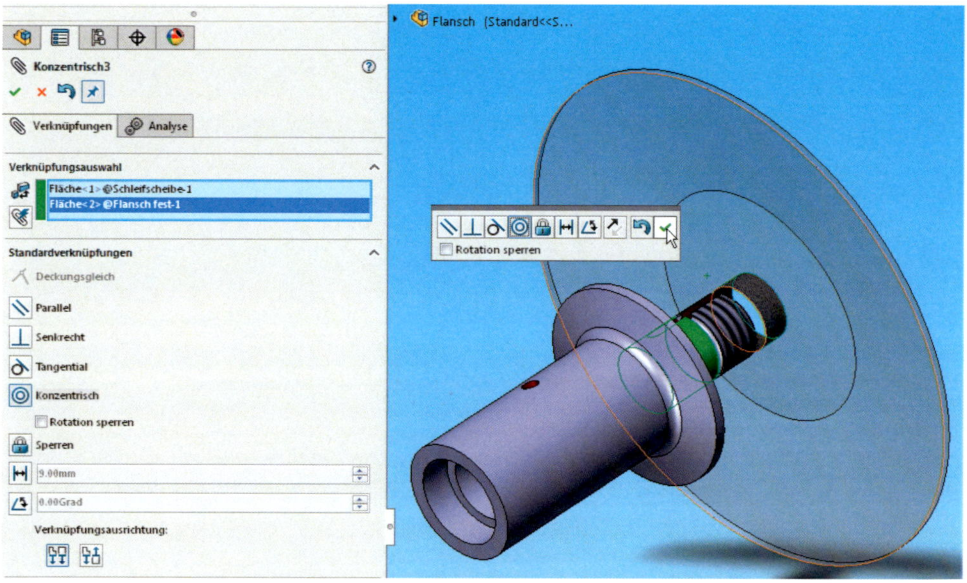

Bild 7.5: Bildung einer Baugruppenverknüpfung

Sobald die Verknüpfung gebildet wurde, können Sie gleich die nächste angehen, denn der PropertyManager bleibt geöffnet.

- Schließen Sie die Funktion jetzt, indem Sie ein zweites Mal auf *OK* klicken.

7.2.3 Komponenten manipulieren

Sehen wir uns erst einmal an, was die Aktion bewirkt hat:

- Wenn Sie nun an der Scheibe ziehen, so lässt sie sich zwar verschieben, doch ihre Bewegungen sind eingeschränkt: Durch die Verknüpfung *Konzentrisch* sind alle Positionen abseits der Zylinderachsen gesperrt.
- Auch die Drehung ist nur noch um eine einzige Achse möglich – die des Flansches nämlich.

Mit Hilfe der Baugruppenwerkzeuge *Komponente verschieben* und *Komponente drehen* können Sie die Art der Bewegung besser kontrollieren. Sie finden sie ebenfalls in der Symbolleiste *Baugruppe*.

Wir haben mit dieser einzelnen Verknüpfung also vier von sechs Freiheitsgraden eliminiert! Dass das nicht viel heißen will, zeigt Bild 7.6, denn wie alle 3D-Programme erlaubt auch SolidWorks die gegenseitige Durchdringung der Körper, was realiter nicht möglich ist.

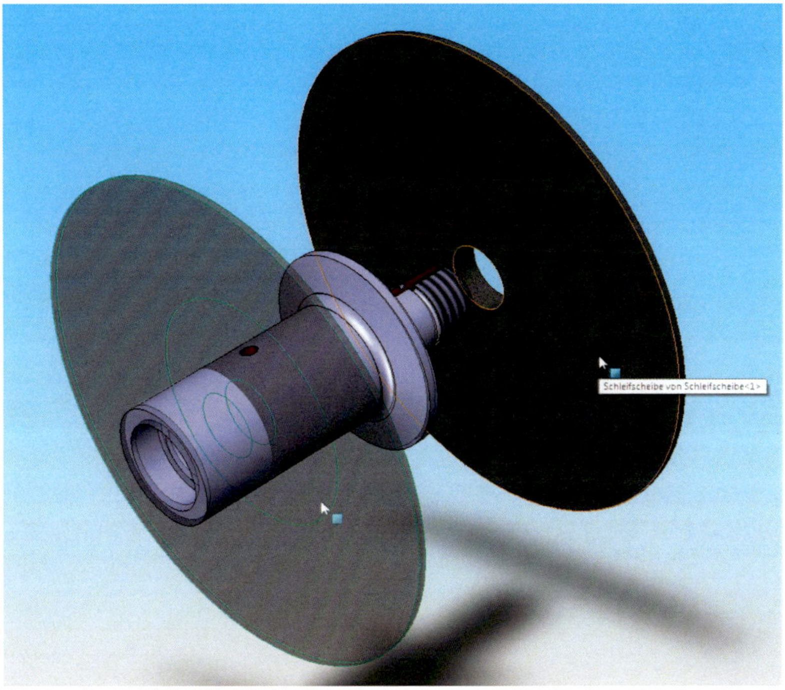

Bild 7.6: Auch SolidWorks kennt keine festen Körper.

- Starten Sie nun nochmals die *Verknüpfung*.
- Klicken Sie auf die plane Seite der Scheibe, drehen Sie die Ansicht um etwa 90° und klicken Sie dann auf die gegenüberliegende ringförmige Druckfläche des Flansches.
- Die Komponenten rücken zusammen. Akzeptieren Sie den Default der Verknüpfung *Deckungsgleich* (Bild 7.7).

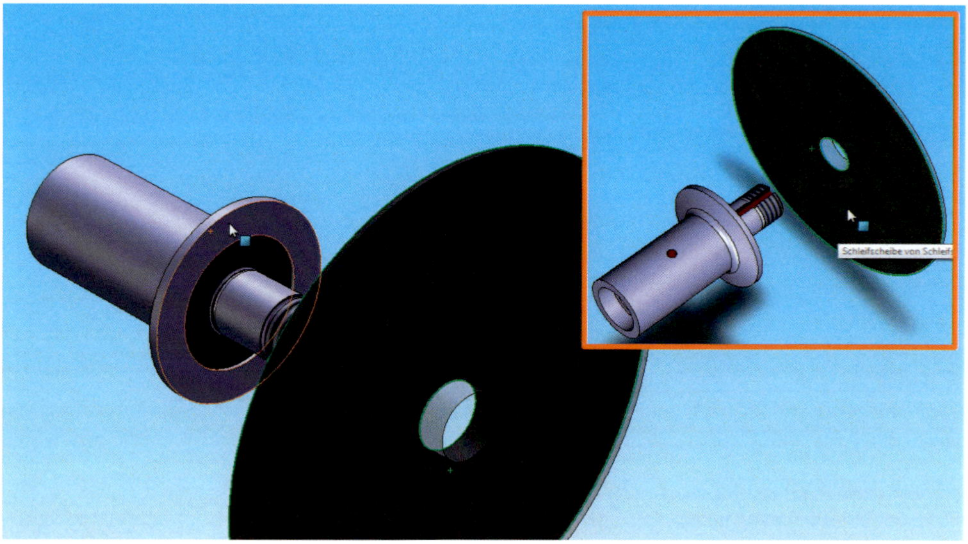

Bild 7.7: Baugruppen setzen die Beherrschung der Ansichtssteuerung voraus.

Besonders für die Verknüpfung gegenüberliegender Flächen benötigen Sie eine ausgefeilte Ansichtstechnik. Wenigstens klappen die Auswahlfelder nicht gleich wieder zu, sobald Sie einen Fehlklick tun.

Die Flächen werden durch die Verknüpfung *Deckungsgleich* miteinander verbunden. Dadurch eliminieren wir nun auch den dritten translatorischen Freiheitsgrad – die Scheibe lässt sich nur mehr auf der Achse drehen. Das entspricht der Realität, denn zwischen Scheibe und Flansch besteht in Drehrichtung nur Reibschluss, nicht jedoch Formschluss: Die Scheibe lässt sich theoretisch auch dann auf dem Flansch verdrehen, wenn sie eingespannt ist.

7.2.4 Arbeiten mit Brotkrümeln

Bei unseren recht einfachen Bauteilen war diese Neuerung in SolidWorks nicht sonderlich hilfreich, aber im Baugruppenmodus können Sie *jede* Hilfe gebrauchen: Die Rede ist von den Breadcrumbs, den „Brotkrümeln“, einer interaktiven Eltern-Kind-Ansicht für Baugruppen und Bauteile.

- Sie aktivieren sie über die Option *Optionen, Systemoptionen, Anzeige/Auswahl, Breadcrumbs in Auswahl anzeigen*. Für Interaktion am Ort des Geschehens aktivieren Sie auch noch *Breadcrumbs am Mauszeiger anzeigen*.

- Klicken Sie z. B. auf irgendeine Fläche oder Kante, so wird ihre gesamte hierarchische Kette vom Ursprung bis zur Baugruppe angezeigt – und zwar mit allen Zwischenstufen, welche hier als pfeilförmige **Labels** dargestellt sind. Jedes Label wiederum offeriert Abhängigkeiten von anderen Objekten (Bild 7.8)!

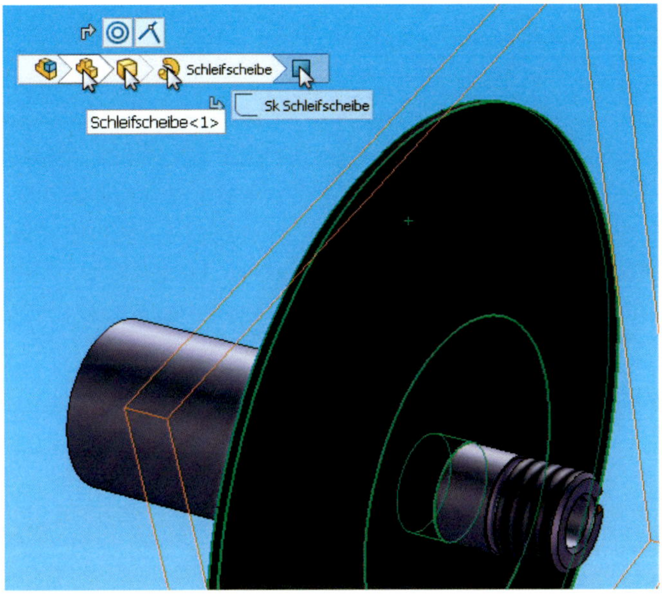

bit.ly/2y1u7SV
Video 19

Bild 7.8: Die *Breadcrumbs* öffnen den zentralen Zugang zur gesamten Objekt-Hierarchie!

- Die *Breadcrumbs* erscheinen auch durch Anklicken der Einträge im FeatureManager, allerdings nur unterhalb des Skizzenursprungs.
- Der ganze Sinn der *Breadcrumbs*-Leiste ergibt sich jedoch erst, wenn Sie mit der Maus über die einzelnen Labels fahren: *Baugruppe, Komponente, Volumenkörper, Feature*. Nicht nur wird das zugehörige Objekt im Editor markiert, Sie können es mit einem Klick direkt im PropertyManager bearbeiten – ohne Umweg über den FeatureManager!
- Zudem wird beim Anklicken eines Labels die zugehörige Kontext-Symbolleiste eingeblendet – Sie können von hier aus also z. B. Elemente ein- und ausblenden, das Rotations-Feature der *Schleifscheibe* oder auch dessen Skizze zur Bearbeitung öffnen (Bild 7.9).

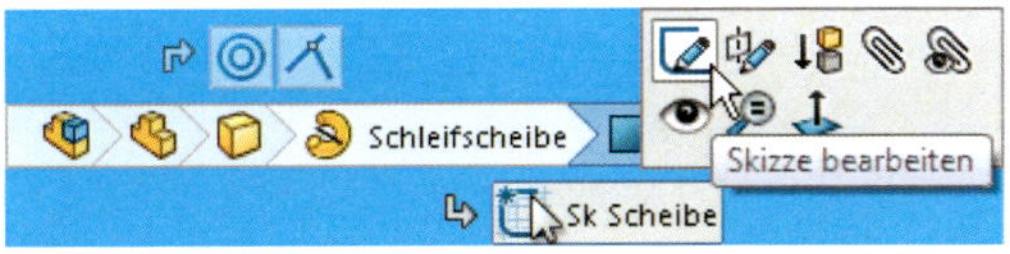

Bild 7.9: Komfortabler geht's immer: Öffnen von *Sk Scheibe* via Brotkrümel

- In Baugruppen werden außerdem auch die Verknüpfungen jedes Teils zur Auswahl präsentiert. Das ist besonders schön, wenn sich ein paar hundert Verknüpfungen in der Baugruppe befinden, was schneller geht, als Sie denken. (*Viel* schneller!)

7.2.5 Verknüpfungen bearbeiten

- Klicken Sie die Schleifscheibe an, so werden deren beide Verknüpfungen mit dem Flansch über der *Breadcrumbs*-Leiste angezeigt – hier also die *konzentrische* Verknüpfung der beiden Achsen und die *deckungsgleiche* der beiden Flächen.
- Ein Klick auf eins dieser Icons, und die Verknüpfung wird im Ordner *Verknüpfungen* des FeatureManagers gewählt (Bild 7.10). Somit wissen Sie nicht nur, welche die richtige ist, Sie können sie auch gleich zur Bearbeitung öffnen.

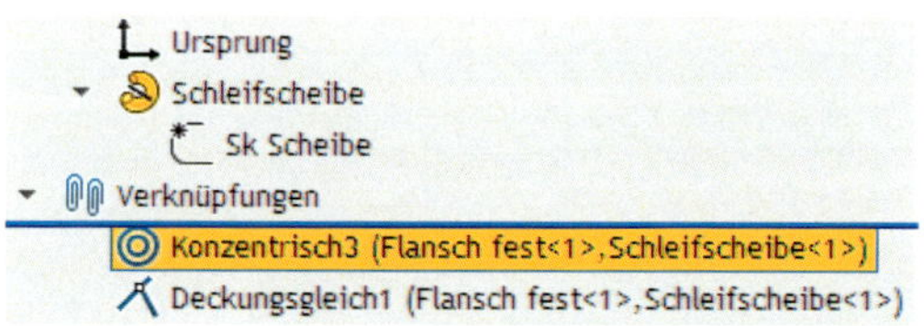

Bild 7.10: Das Auffinden der Verknüpfungen eines bestimmten Bauteils war früher mit viel Lesearbeit verbunden.

7.2.6 Verknüpfungen aufteilen

Die nächste Komponente wird uns etwas mehr Kopfzerbrechen bereiten:

- Fügen Sie die Komponente FLANSCH LOSE rechts vom Basisteil ein. Es schadet nichts, wenn Sie das Bauteil grob ausrichten, bevor Sie es verknüpfen: Der konkave Teil soll zur Schleifscheibe zeigen.
- *Verknüpfen* Sie die große Bohrung des Flansches *konzentrisch* mit dem glatten Wellenstück von *Flansch fest* (Bild 7.11).

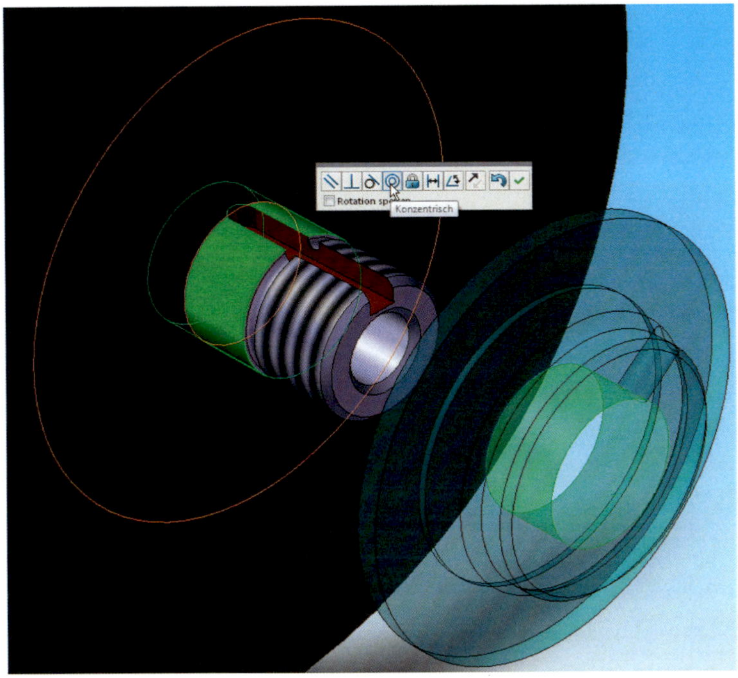

Bild 7.11: Welle und Achse der beiden *Flansche*

- Stellen Sie dann wieder eine *deckungsgleiche* Verknüpfung zwischen den beiden Flächen her (Bild 7.12).

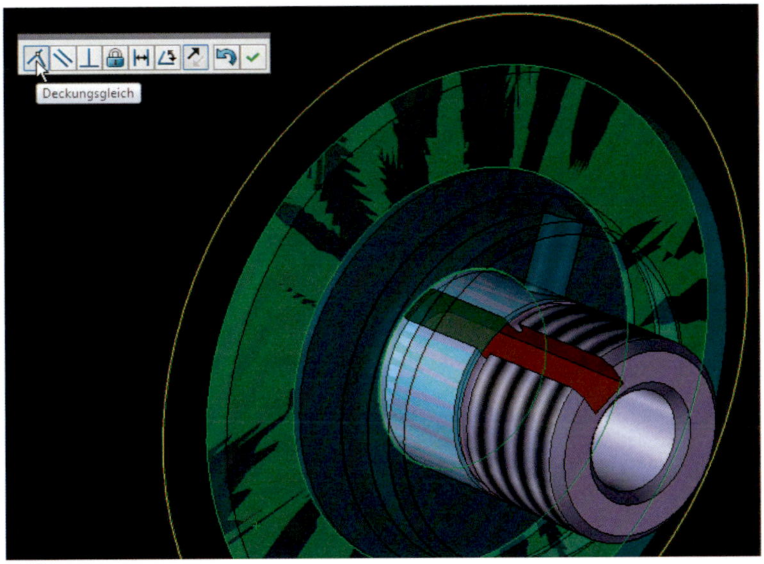

Bild 7.12: Die Auflagefläche der Schleifscheibe reicht gerade aus für den Druckring des Flansches

7.2.7 Komponenten mit Konfigurationen

So weit, so gut. Nun können wir den losen Flansch nur noch drehen. Doch auch das ist, wie Stiftbohrung und Nut andeuten, nicht im Sinne des Erfinders: Der Flansch muss formschlüssig gegen Verdrehen gesichert werden.

Sie erinnern sich sicher an den ZYLINDERSTIFT, unser Tabellenbauteil aus Kapitel 6. Wir hatten ihn ja bereits in drei Varianten/Konfigurationen gespeichert:

- Beenden Sie den Verknüpfungsmodus und fügen Sie als nächste Komponente den ZYLINDERSTIFT ein. Bevor Sie auf *Öffnen* klicken, wählen Sie jedoch noch die Konfiguration *4x12 „Stift für Flansch lose“* (Bild 7.13, Pfeil).

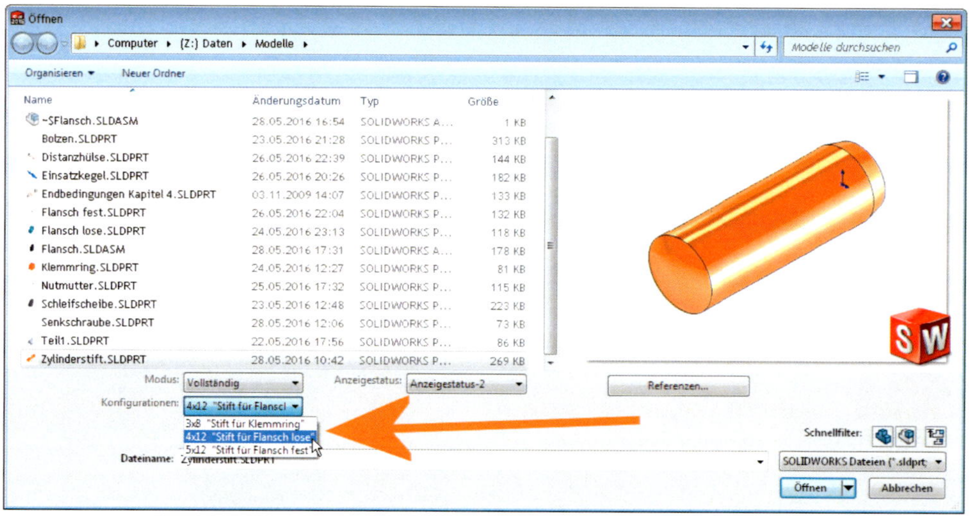

Bild 7.13: In der Dialogbox *Öffnen* stehen alle drei Konfigurationen des ZYLINDERSTIFTS zur Wahl

Hierdurch wird das Bauteil bereits mit der gewünschten Konfiguration in der Liste von *Komponente einfügen* angezeigt.

- Alternativ dazu können Sie aber auch dort noch die *Konfiguration* wechseln, bevor Sie das Teil einfügen – Sie haben sozusagen die Wahl der Wahlen (Bild 7.14).

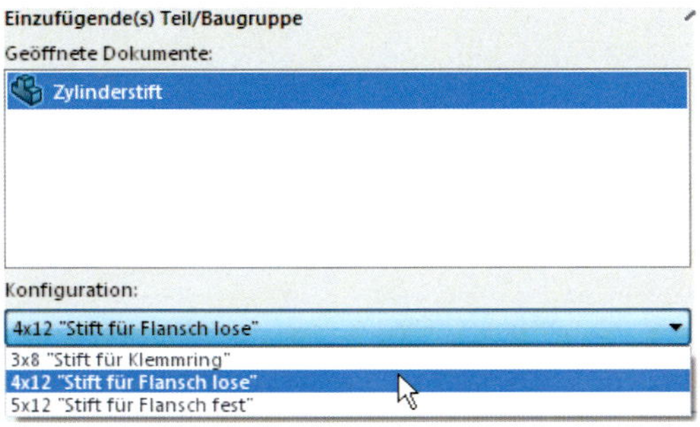

Bild 7.14: Die Auswahl der Konfiguration im Listenfeld *Geöffnete Dokumente*

- Den Stift legen Sie nun in der Nähe von *Flansch lose* ab. Definieren Sie dann eine *Schnittansicht* der *Ebene vorne,* um ins Innere sehen zu können.
- Falls die kleine Bohrung von *Flansch lose* nicht im Schnitt liegt, drehen Sie einfach den Flansch, bis sie die korrekte Lage besitzt (Bild 7.15 links, Kreis). Schalten Sie dann die Schnittansicht aus und gleich wieder ein (rechts).

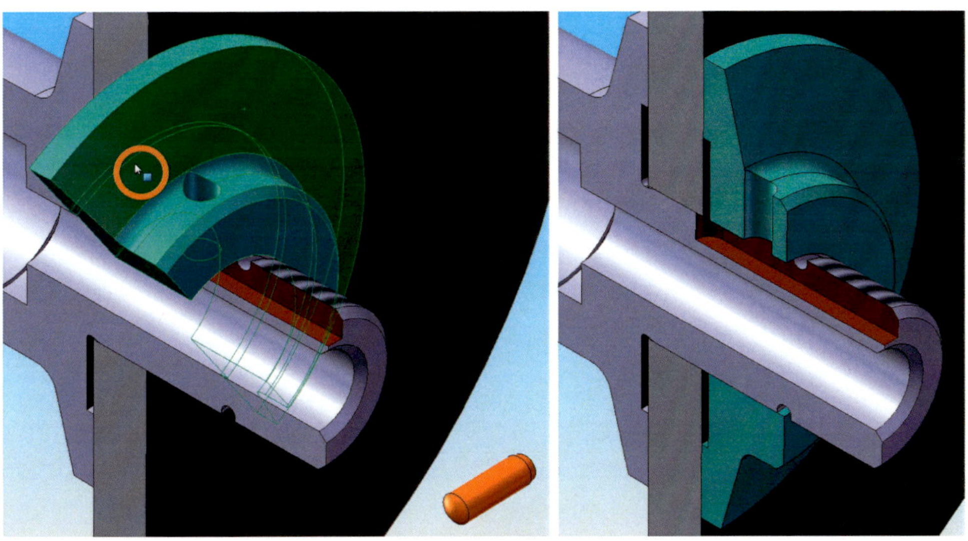

Bild 7.15: Unmögliches sofort: Auch geschnittene Objekte lassen sich noch bewegen

7.2.8 Verknüpfte Teile aneinander ausrichten

- Wenn Sie den Stift nun *konzentrisch* zur Bohrung in *Flansch lose* ausrichten, kann es passieren, dass er falsch herum gedreht wird: Der Konus soll zur Bohrung hin weisen, sodass er das Einfädeln des Stiftes erleichtert. Die Kuppe dagegen ist für den Niethammer gedacht (Bild 7.16 links).

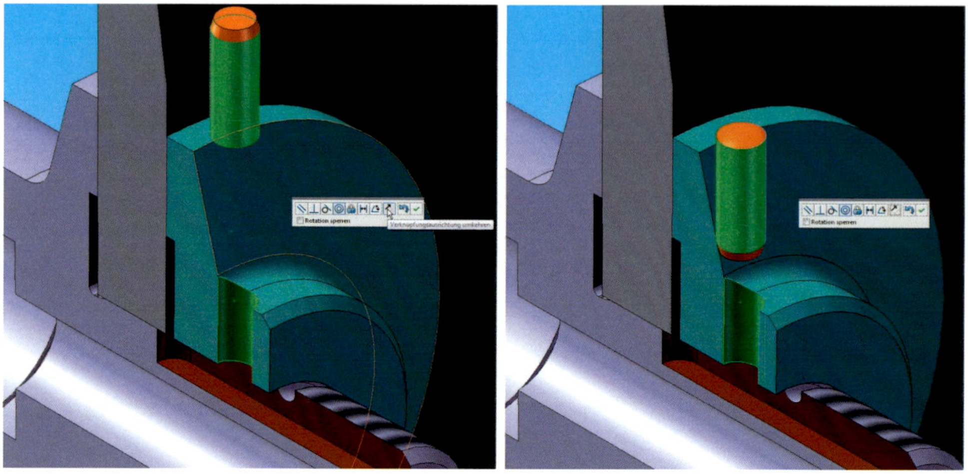

Bild 7.16: Die Verknüpfungsausrichtung dreht Komponenten um

- Hierfür gibt es im **Popup-Dialogfeld** – der kleinen Symbolleiste mit Verknüpfungssymbolen – die Schaltfläche *Verknüpfungsausrichtung umkehren*. Es kann sein, dass Sie diese Schaltfläche mehrmals betätigen müssen, bevor das Gewünschte passiert.

Die gleiche Funktion finden Sie auch im PropertyManager der Verknüpfung, auch wenn sie dort etwas anders aussieht (Bild 7.17).

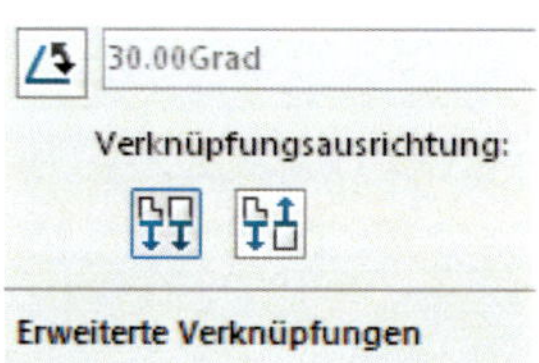

Bild 7.17: Die Entsprechung der Ausrichtungsfunktion im PropertyManager

Der Stift lässt sich nur noch axial zur Bohrung verschieben, so wie es auch in Wirklichkeit ist. Doch können wir immer noch den Flansch mitsamt Stift gegen den Zapfen verdrehen. Wir benötigen eine Verknüpfung des Stiftes mit der Passfedernut von *Flansch fest,* aber so, dass er immer noch darin verschoben werden kann – mit anderen Worten: Ein translatorischer Freiheitsgrad muss übrig bleiben.

- Erstellen Sie eine *tangentiale* Verknüpfung zwischen der Mantelfläche des Zylinders und einer der senkrechten Wandungen der Nut (Bild 7.18).

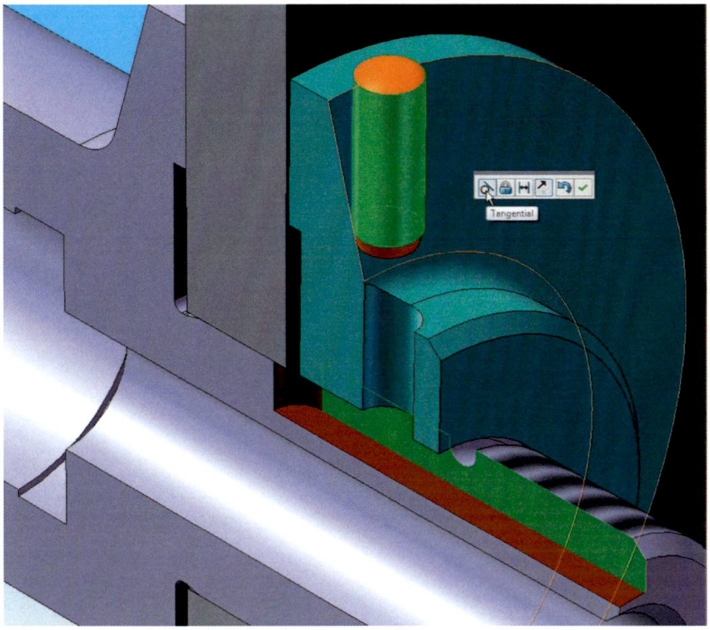

bit.ly/35fxoKu
Video 20

Bild 7.18: Drei Teile beweglich verknüpft: Der Zylinderstift verbindet Bohrung und Nut

Flansch lose ist damit gegen *Flansch fest* fixiert, wie man es von einem Scherelement wie dem Stift erwarten kann. Doch der Stift selbst kann noch herausgezogen werden, was wir nun auch noch vereiteln wollen, denn sonst könnte dies beim Verschieben und Drehen der anderen Komponenten unabsichtlich passieren:

- Definieren Sie eine *tangentiale* Verknüpfung zwischen der Kante des Konus und dem Boden der *Passfedernut* (Bild 7.19).

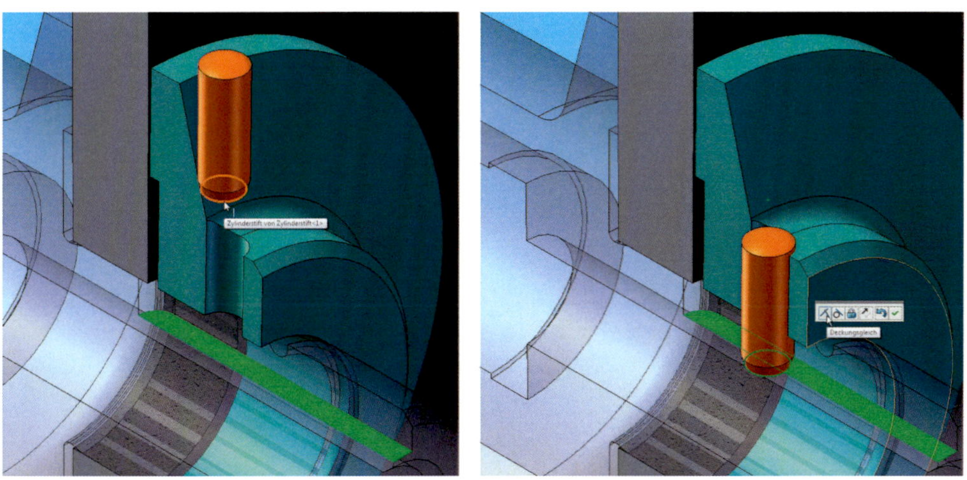

Bild 7.19: Der Zylinderstift wird virtuell eingeschlagen

Der Zylinderstift wird auf den Grund der Nut gezogen. Er lässt sich jetzt nur noch um seine Achse drehen, was auch in Wirklichkeit möglich, wenn auch wenig wahrscheinlich ist. Bis auf die drehbare Schleifscheibe ist die gesamte Konstruktion erstarrt.

- Wenn Sie jetzt den *Zylinderstift* im FeatureManager anwählen, finden Sie drei Verknüpfungs-Labels über der *Breadcrumbs*-Leiste. Wenn Sie darauf zeigen, wird die jeweilige Paarung auch in der Baugruppe hervorgehoben (Bild 7.20).

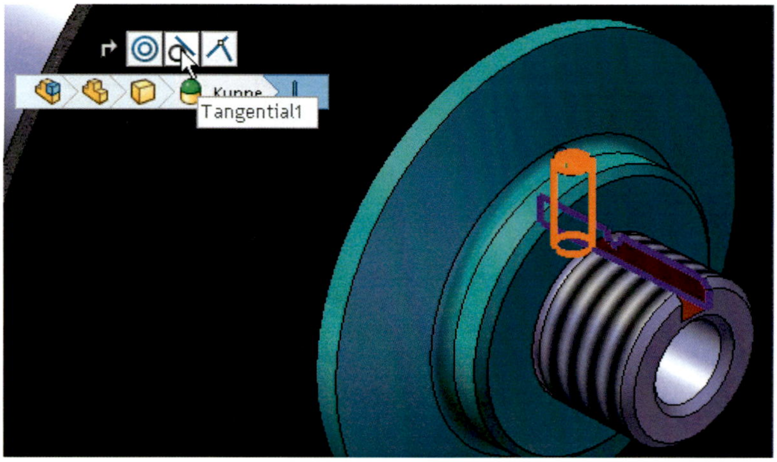

Bild 7.20: Den Überblick zu wahren, ist A und O in der Baugruppe!

- Fügen Sie nun die NUTMUTTER ein. Richten Sie sie so aus, dass die schmale Seite mit der Senkung der M4-Bohrung von der Schleifscheibe weg zeigt. Hierzu können Sie, etwas mehr zielgerichtet, die Werkzeuge *Komponente drehen* bzw. *verschieben* nutzen.

- Verknüpfen Sie die Anlagefläche mit dem M4-Gewinde der Nutmutter *deckungsgleich* mit der Stirnfläche von *Flansch lose* (Bild 7.21).

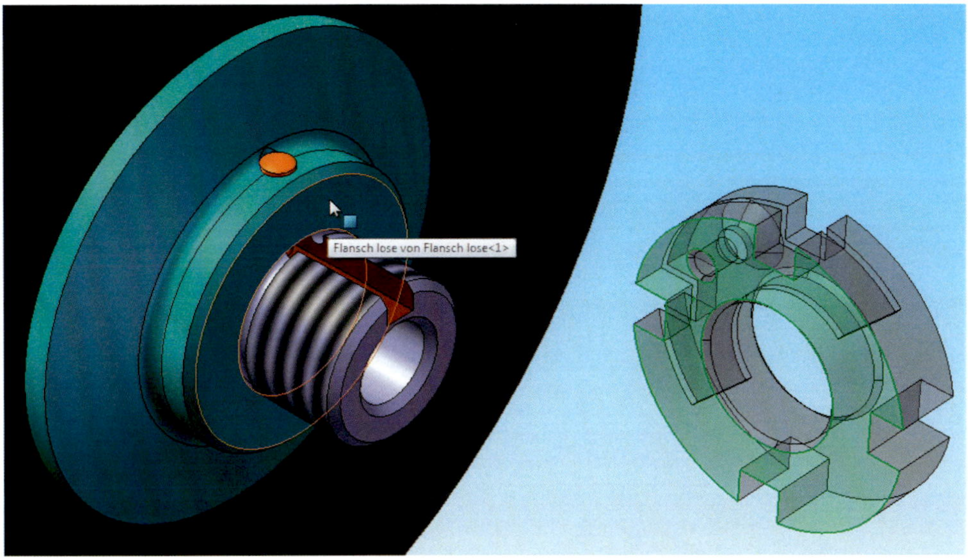

Bild 7.21: Zuletzt wird die Nutmutter aufgeschraubt, und zwar sowohl *deckungsgleich*...

- Stellen Sie dann noch eine *konzentrische* Verknüpfung der beiden Gewinde her (Bild 7.22).

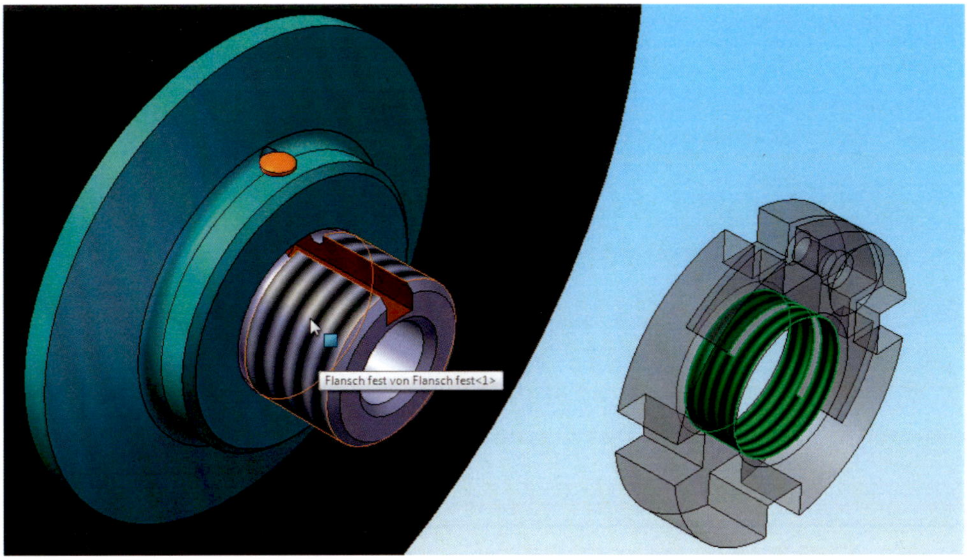

Bild 7.22: ... als auch *konzentrisch*

7.2.9 Interferenz zwischen Bauteilen

Spätestens bei der *Schnittansicht* werden Sie sich fragen, wie wir mit der gegenseitigen Durchdringung der beiden Gewinde von Mutter und Flansch umgehen wollen – in SolidWorks wird diese als **Interferenz** bezeichnet (Bild 7.23, Kasten).

Bild 7.23: Interferenz zwischen den beiden Gewinden

Nicht alle Interferenzen sind offensichtlich, und auch nicht alle sind unerwünscht – wie hier, beim Gewinde. Trotzdem wollen Sie sie im Blick behalten. Zu ihrer Ermittlung steht Ihnen eine spezielle Funktion zur Verfügung:

- Sie finden sie unter *Extras, Evaluieren, Interferenzprüfung.*

Es erscheint der PropertyManager. Sofern bei Aufruf nichts gewählt war, ist die gesamte Baugruppe *Flansch* im Auswahlfeld der *Komponenten* vertreten (Bild 7.24).

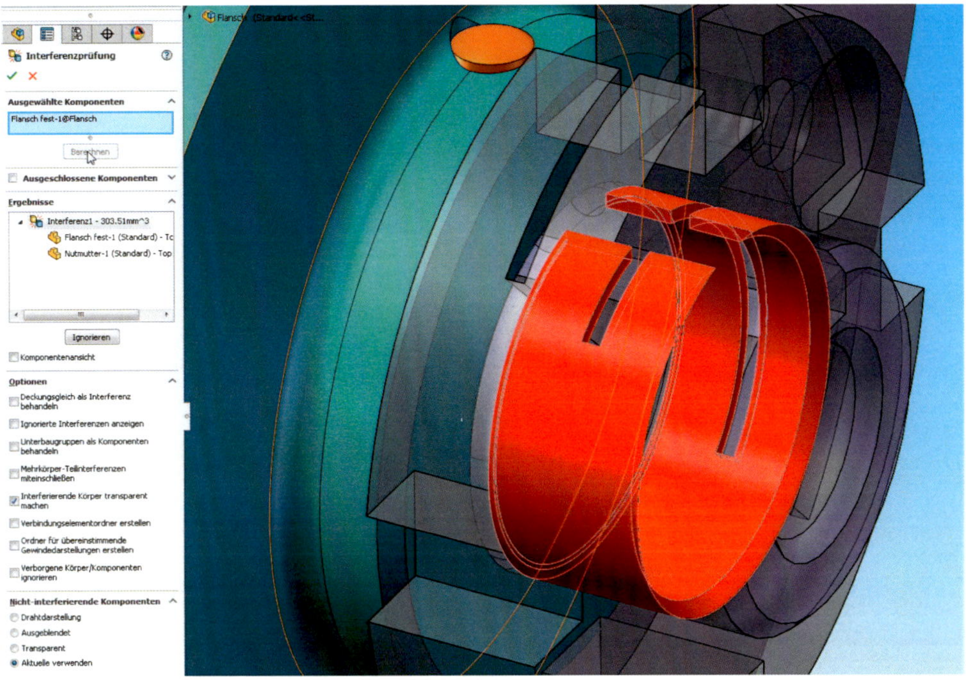

Bild 7.24: Die Interferenzprüfung – eines der vielen Werkzeuge zum Aufspüren von Konstruktionsfehlern.

- Klicken Sie auf *Berechnen*.

Es wird eine Interferenz zwischen den Gewinden von *Nutmutter* und *Flansch fest* angezeigt. Dies ist jedoch keine wirkliche Überschneidung, denn es gehört zur Funktion einer Gewindepaarung, dass die Partner einander in Achsrichtung abwechselnd überdecken. Dies machen wir SolidWorks bewusst:

- Rufen Sie in der Liste *Ergebnisse* aus dem Kontextmenü der *Nutmutter* den Punkt *Öffnen* auf.

Die Mutter wird als Bauteil geöffnet.

> Wenn Sie nun eine Meldung über das *Bearbeiten einer schreibgeschützten Datei* erhalten, dann brechen Sie die Operation ab.
>
> Rufen Sie *Optionen, Systemoptionen,* Rubrik *Externe Referenzen* auf und deaktivieren Sie *Öffnen referenzierter Dokumente mit Schreibschutz*.
>
> Starten Sie dann die Interferenzprüfung aufs Neue.

- Rufen Sie *Datei, Eigenschaften* auf und wechseln Sie auf die Registerkarte *Benutzerdefiniert* (Bild 7.25).

- Wählen Sie unter *Eigenschaftsname* den Eintrag *IsFastener*. Das weist die Nutmutter als Verbindungselement mit erwünschter Interferenz aus (Bild 7.25).

Wenn die Liste nicht alphabetisch sortiert ist, suchen Sie an ihrem unteren Ende.

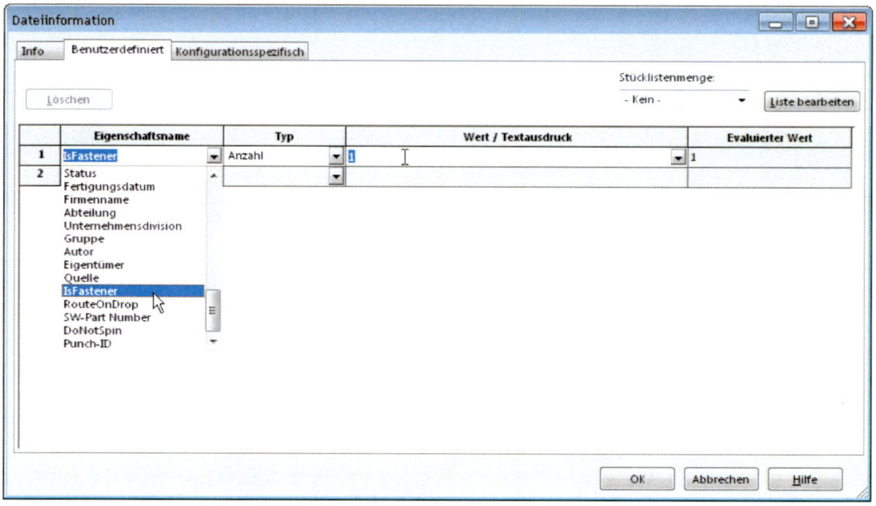

Bild 7.25: Die Definition der Nutmutter als Verbindungselement beseitigt die Katastrophenmeldung.

- Stellen Sie unter Typ *Anzahl* ein. Geben Sie dann unter *Wert* den Wert **1** ein. Bestätigen Sie dann.
- Speichern und schließen Sie die NUTMUTTER und starten Sie die Interferenzprüfung erneut. Aktivieren Sie unten im PropertyManager die Option *Verbindungselementordner erstellen*, um die konstruktiven Interferenzen von den gefährlichen zu trennen (Bild 7.26).

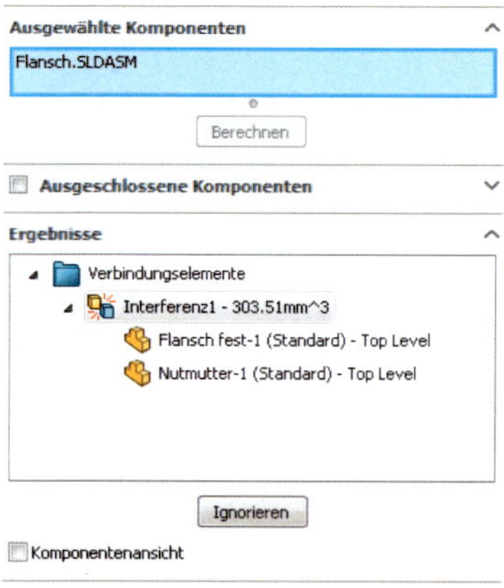

Bild 7.26: Erwünschte Interferenzen lassen sich als Verbindungselemente deklarieren.

Ergebnis: Die Nutmutter wird nun als *Verbindungselement* aufgefasst, die daraus folgende Interferenz nicht mehr als solche interpretiert.

- Öffnen Sie nun die SENKSCHRAUBE als Bauteil und deklarieren Sie sie ebenfalls als *„IsFastener“*. Speichern und schließen Sie sie dann.
- Fügen Sie sie als Komponente in die Nutmutter ein. Definieren Sie eine einzige Verknüpfung, nämlich *Deckungsgleichheit* zwischen den beiden Kegelflächen – das genügt vollkommen, wie der Zugtest beweist (Bild 7.27)!

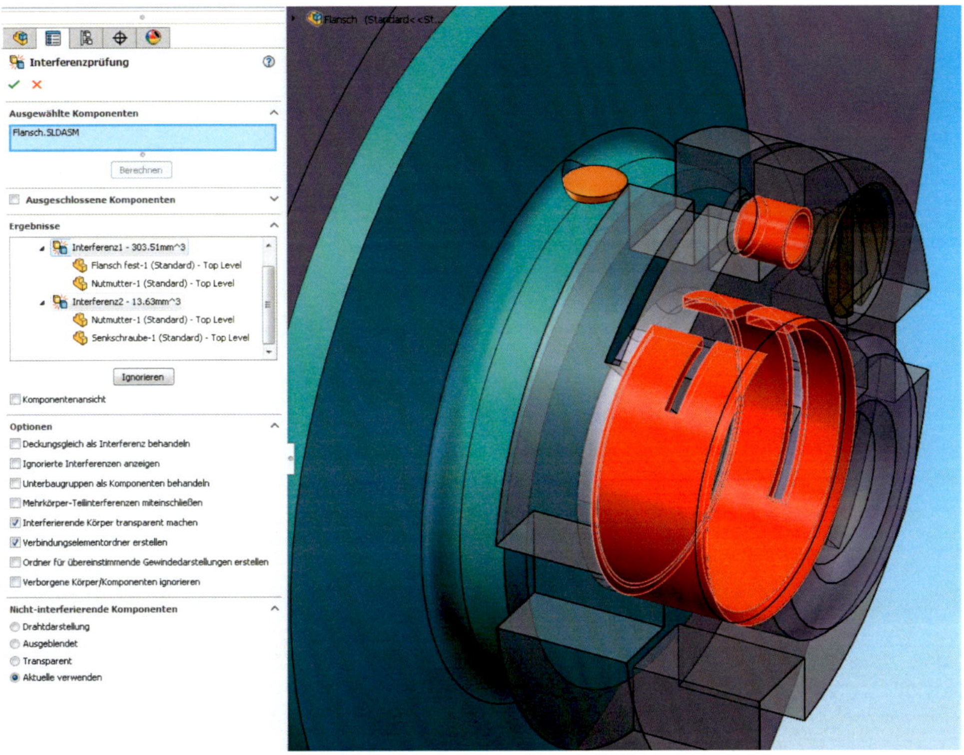

Bild 7.27: Die SENKSCHRAUBE wird mit einer einzigen Verknüpfung montiert. Auch die Interferenzprüfung ist unauffällig.

- Auch eine neuerliche Interferenzprüfung für die gesamte Baugruppe löst keine Alarmglocken aus.

Sie sehen vor den Namen der Komponenten immer noch das Präfix *„(-)“*, das auf gut Baugruppen-Deutsch bedeutet: *nicht festgelegt*. Dieser Status ist längst nicht so ernst wie sein 2D-Pendant in der Skizze, *unterdefiniert*. Diese Komponenten lassen sich höchstens noch um ihre eigene oder die Achse eines Partners drehen, sind ansonsten jedoch felsenfest montiert. Das entspricht der Realität: Auch eine festgezogene Schraube ist, technisch gesehen, durchaus noch drehbar.

7.2.10 Positionieren ohne Verknüpfung

Baugruppenverknüpfungen sind von beständiger Natur – erst wenn sie gelöscht werden, verlieren sie ihre Wirkung. Das aber ist nicht immer erwünscht: Vielleicht wollen Sie eine Komponente ja nur in Position bringen; dann müssten Sie die dazu gebildete Verknüpfung wieder löschen. Und das wäre lästig.

Oder Sie deklarieren sie gleich als Positionierung:

- Rufen Sie die *Verknüpfung* auf. Aktivieren Sie die unterste Option im untersten Gruppenfeld, *Optionen, Nur für Positionierung verwenden* (Bild 7.28).

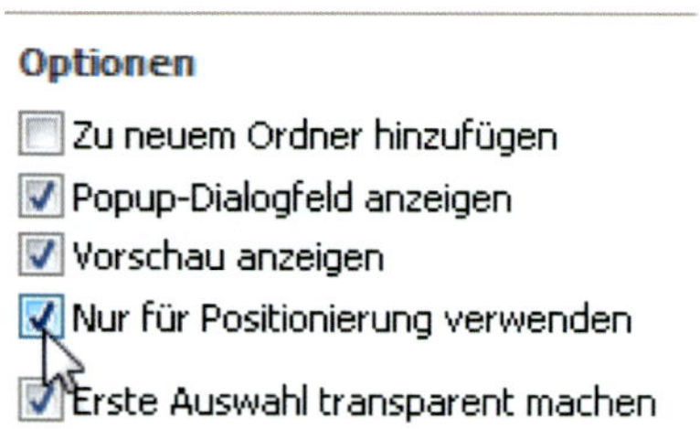

Bild 7.28: Positionieren von Komponenten

- Definieren Sie *Parallelität* zwischen demjenigen Nutgrund der Mutter, der sich links von der Senkschraube befindet, und dem Boden der Passfedernut (Bild 7.29, Pfeile).

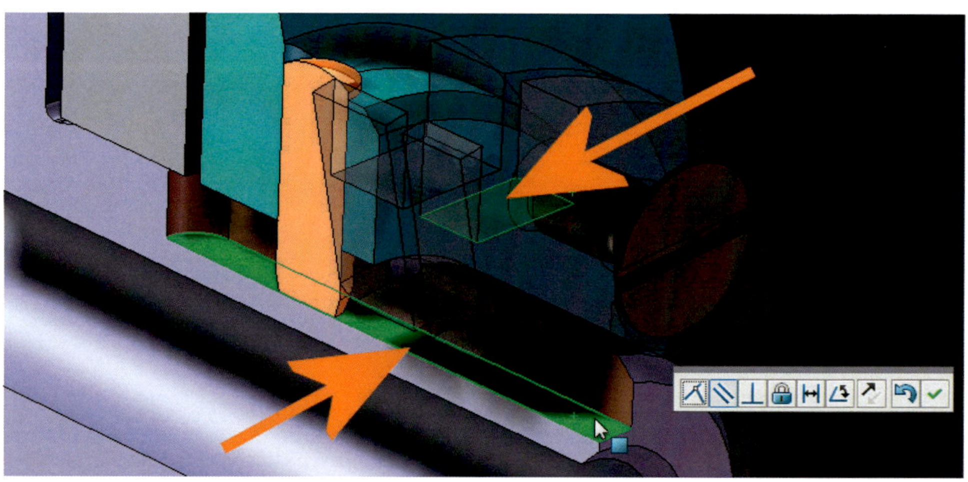

Bild 7.29: Auch das Auge will was haben: Durch Positionieren wird alles schön akkurat zurechtgerückt.

- Definieren Sie dann noch *Parallelität* zwischen einer der vertikalen Wandflächen der Nut und einer Wandungsfläche im Schlitz der Senkschraube (Bild 7.30, Pfeile) – zoomen Sie am Besten kräftig heran!

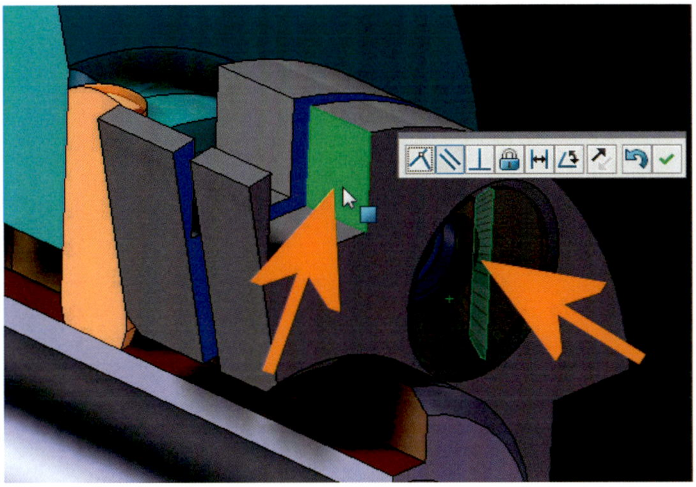

Bild 7.30: Bitte recht freundlich: Selbst der Schraubenschlitz präsentiert sich von seiner besten Seite ... oder Fläche.

Die Teile werden zwar ausgerichtet, doch wird kein Feature unter *Verknüpfungen* gebildet. Sie können die Komponenten also trotzdem drehen, ohne dass sonst irgendetwas geschähe.

So haben Positionierungen zwar eher kosmetischen Charakter, doch können sie zum Ausrichten komplexer Teile wertvolle Dienste leisten. Und wenn Sie die Baugruppe später als Zusammenbauzeichnung präsentieren, dann sind die Schrauben und Muttern bereits ansichtskonform gedreht!

- Wenn Sie einmal nachsehen wollen, wie die Senkschraube in der Nutmutter sitzt, können Sie die *Ebene Schnitt 45°* im Baum der *Nutmutter* aktivieren und auf *Schnittansicht* klicken. Die gesamte Anordnung wird nun mit dieser Ebene geschnitten (Bild 7.31, Kasten).

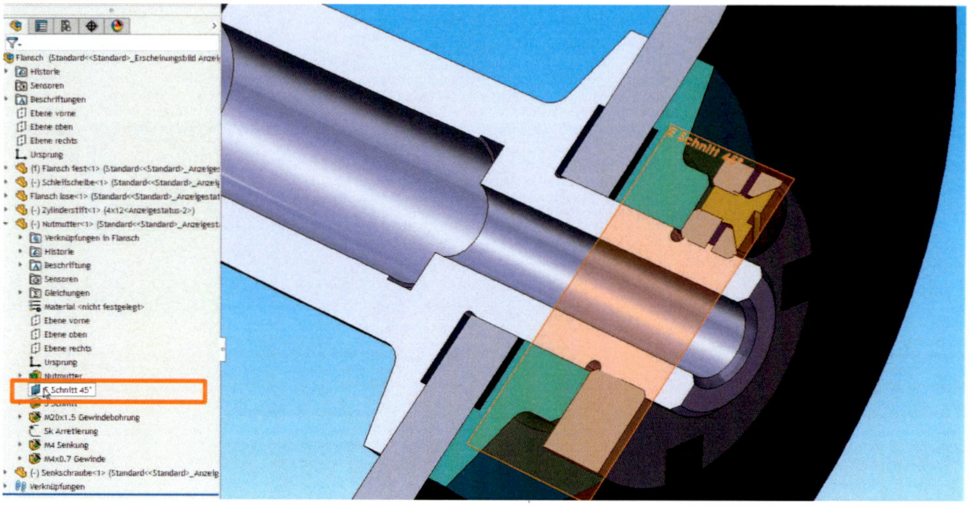

Bild 7.31: Auch Ebenen von Bauteilen, längst vergessen, können zur Definition von Schnittansichten dienen.

Abschließend der vollständige FeatureManager der Baugruppe *Flansch*. Hiermit können Sie auch Ihren Verknüpfungs-Ordner abgleichen (Bild 7.32).

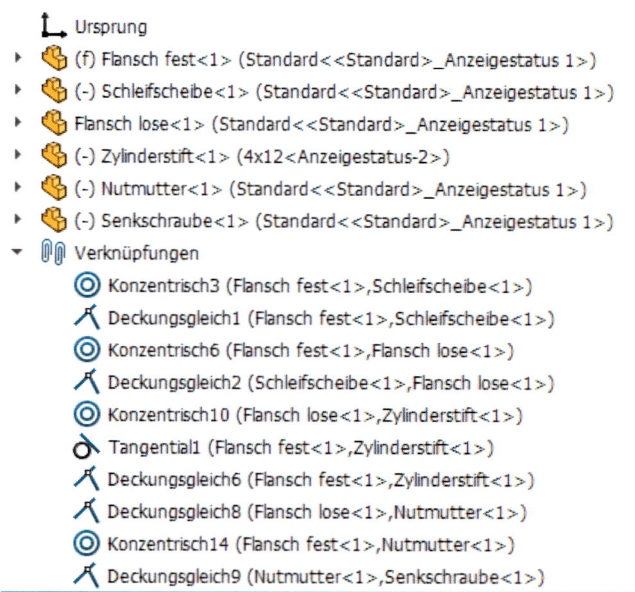

Bild 7.32: Der Feature-Baum des Flansches. Unten die Liste der *Verknüpfungen* nach Art, Name und Partnern.

7.2.11 Der Anzeige-Fensterbereich

Sie erinnern sich noch an das dritte Kapitel? Die vier namenlosen Tabellenspalten rechts neben dem FeatureManager, mit denen man globale Eigenschaften einzelner Features einstellen kann? Nun, genau wie die Brotkrümel ergibt auch dieser Anzeige-Fensterbereich erst im Baugruppenmodus richtig Sinn:

- Klicken Sie oben rechts im FeatureManager auf den Pfeil, so wird die kollektive Ansichtssteuerung aufgeklappt (Bild 7.33).

bit.ly/2VPKVFq
Video 21

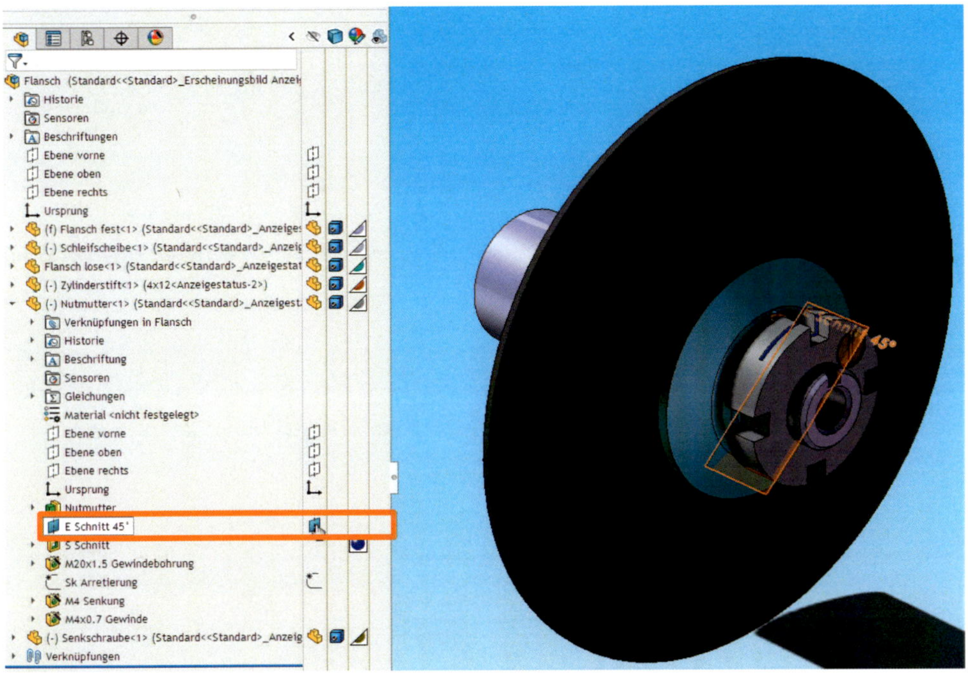

Bild 7.33: Leben in der Bude: Die Zentralsteuerung für Ansichten und Texturen in der Baugruppe.

- Hierüber können Sie beispielsweise die Ebene *E Schnitt 45°* wieder ausblenden, indem Sie auf ihr Symbol in der Spalte *Sichtbarkeit* klicken.

Wie auch im Bauteilmodus bieten die vier Spalten von links nach rechts die Möglichkeit, *Sichtbarkeit, Anzeigemodus, Erscheinungsbild* und *Transparenz* einzelner Einträge zu steuern – eine sehr praktische Einrichtung, wenn z. B. Bauteile den Blick verstellen. *Welche* Funktionen dieser Tabelle zugänglich sind, hängt von der Gattung des einzelnen Features ab. Beispielsweise können Sie für eine *Ebene* keine Transparenz oder Textur einstellen. Der Vorteil dieser Zentralsteuerung ist, dass Sie ein Bauteil nicht eigens öffnen müssen, um globale Einstellungen zu treffen.

Als Komponente kann ein Bauteil zudem unterschiedliche Texturen besitzen. Sie erkennen das an den Textur-Widgets der dritten Spalte: Die kleinen Dreiecke, die nach rechts unten weisen, zeigen die *Bauteil*-Texturen.

- Klicken Sie auf das Widget von *Flansch lose* und wählen Sie *Erscheinungsbild*. Stellen Sie im PropertyManager eine abweichende Textur ein. Sobald Sie bestätigt haben, wird die *Komponenten*-Textur als zweites Dreieck eingeblendet, das nach links oben zeigt (Bild 7.34).

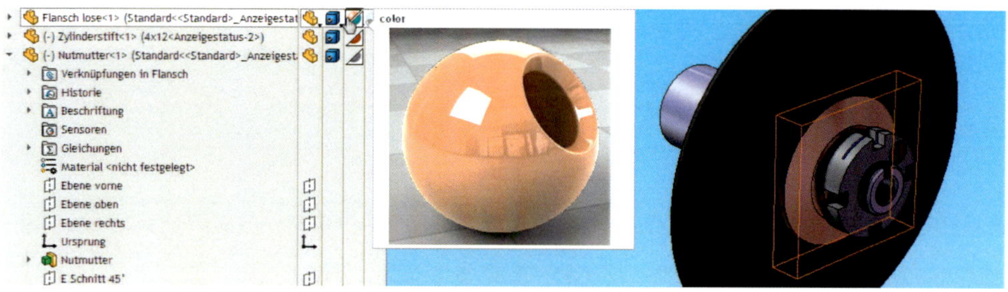

Bild 7.34: Neue Kleider: Bauteile können im Baugruppenkontext eine zweite Textur besitzen

Anders verhält es sich mit dedizierten Texturen, wie etwa bei *S Schnitt* der *Nutmutter:* Dieser Schnitt wurde blau gefärbt, und auch ihn können Sie ändern – allerdings ist das Widget einteilig, was bedeutet: Die Änderung der Textur wird ins Feature des *Bauteils* zurückgeschrieben!

- Speichern Sie nun die Baugruppe FLANSCH und schließen Sie sie.

7.3 Die Baugruppe *Einsatzdorn*

Unsere zweite Baueinheit ist der Aufnahmedorn. Hier werden wir die Baugruppe *Flansch* als so genannte **Unterbaugruppe** einsetzen. Doch zunächst der Aufbau:

- Erstellen Sie eine neue Baugruppe und speichern Sie sie unter **Einsatzdorn**.

> Natürlich können Sie auch eine Baugruppen-Vorlage einrichten: Stellen Sie die *Dokumenteigenschaften* der leeren Baugruppendatei nach Ihren Wünschen ein, etwa Entwurfsnorm *DIN,* Gitter **100,10,10** usw. *Speichern* Sie sie dann *unter* der Erweiterung Baugruppenvorlage – *Assembly Template, (*.asmdot)* im Verzeichnis \TEMPLATES. Im Start-Bildschirm finden Sie sie dann über die Schaltfläche *Erweitert*.

- Fügen Sie als Basisteil den EINSATZKEGEL ein. Platzieren Sie ihn auf dem Ursprung (Bild 7.35).

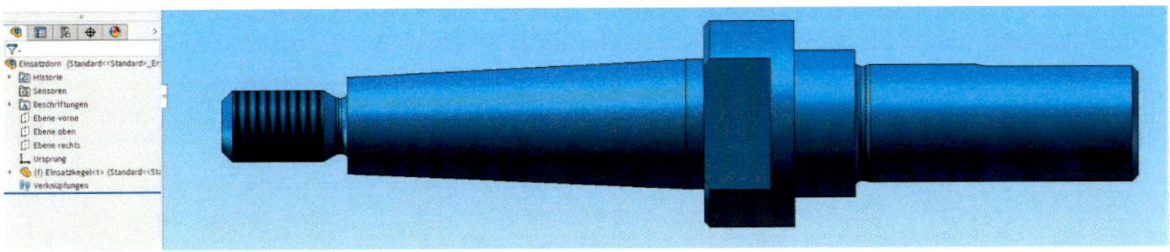

Bild 7.35: Der Einsatzkegel ist die Basis des Ganzen

Zum gleichen Ergebnis gelangen Sie, indem Sie den EINSATZKEGEL als Bauteil öffnen und *Datei, Baugruppe aus Teil erstellen* wählen.

- Fügen Sie dann die DISTANZHÜLSE ein und richten Sie sie etwa so aus wie in Bild 7.36.

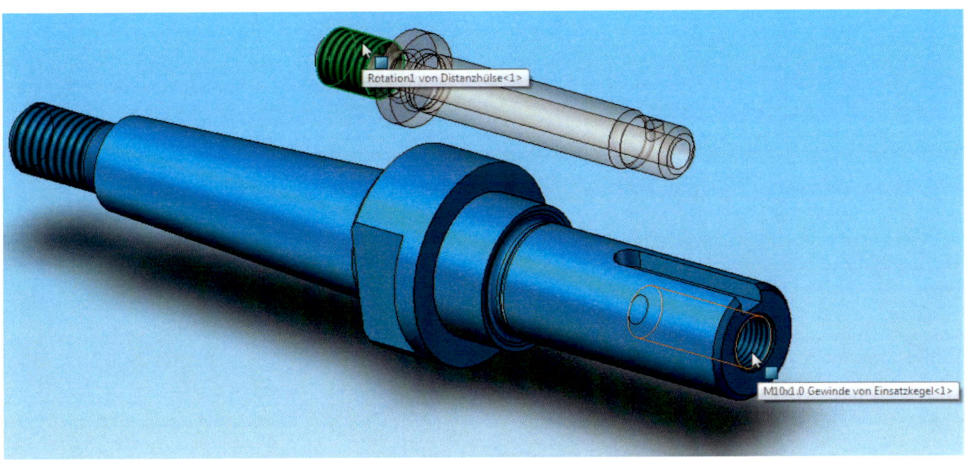

Bild 7.36: Die Distanzhülse wird in den Einsatzkegel geschraubt

- Um sich das zu erleichtern, aktivieren Sie in *Komponenten einfügen* die Option *Kontext-Symbolleiste Rotation anzeigen*. Nun wird eine kleine Symbolleiste angezeigt, die Ihnen das Drehen des einzufügenden Objekts per Mausklick gestattet, während die Funktion noch aktiv ist (Bild 7.37).

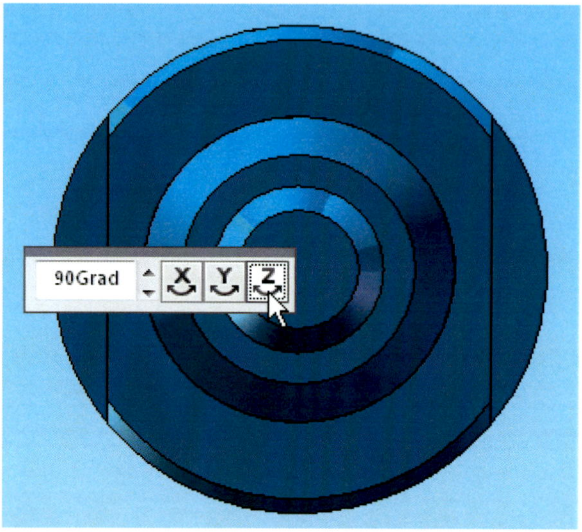

Bild 7.37: Die Symbolleiste *Rotation* erleichtert das Drehen der Komponenten.

- Verknüpfen Sie sie dann *konzentrisch* mit dem großen Innengewinde auf der rechten Seite des Einsatzkegels.

Wenn die Distanzhülse daraufhin spurlos verschwindet, dann befindet sie sich wahrscheinlich im Inneren des Einsatzkegels – eine Aufgabe für die Spalten:

- Schalten Sie die Spaltensteuerung ein (s. *Der Anzeige-Fensterbereich*, S. 281).
- Blenden Sie den *Einsatzkegel* aus, schieben Sie die *Distanzhülse* nach rechts, blenden Sie den *Einsatzkegel* wieder ein.

7.3.1 Die Abstandsverknüpfung

Einsatzkegel und *Distanzhülse* stellen das Herzstück des Verstellmechanismus dar: Mit dem Gewinde wird der axiale Abstand der Baugruppe *Flansch* von der Antriebsseite eingestellt. Deshalb können wir sie nicht einfach deckungsgleich mit dem Kegel „verkleben", denn hierdurch verlöre sie ihre Funktion.

SolidWorks verfügt nun über eine Art „bedingter Deckungsgleichheit": die Abstandsverknüpfung. Damit halten wir die Distanzhülse in definierten Grenzen beweglich, so wie es in Wirklichkeit das Gewinde ermöglicht:

- Rufen Sie die *Verknüpfungen* auf und schalten Sie von den *Standardverknüpfungen* um auf die *Erweiterten Verknüpfungen*. Klicken Sie dort auf *Abstand* (Bild 7.38).

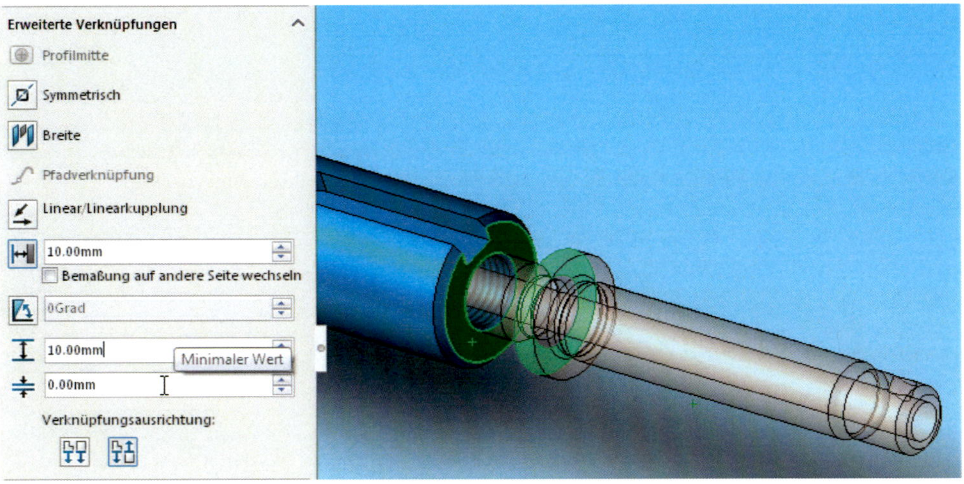

Bild 7.38: Die Parameter einer Abstandsverknüpfung

- Klicken Sie bei der Distanzhülse die linke Seite des Bundes an, beim Einsatzkegel die rechte Stirnfläche.

Die Komponenten rücken zusammen.

- Geben Sie ins Editierfeld *Maximaler Wert* **10** mm ein, für den *Minimalen Wert* definieren Sie **0** mm. Bestätigen Sie dann.

Damit ist die Hülse koaxial im M10-Gewinde des Einsatzkegels gelagert und lässt sich um 10 mm herausdrehen – oder besser *herausziehen* (Bild 7.39).

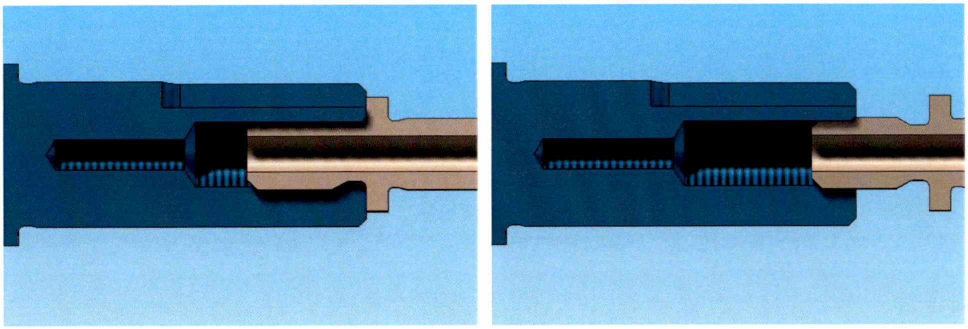

Bild 7.39: Simulation: Die Hülse lässt sich um einige Millimeter „herausschrauben“

Definieren Sie die *Distanzhülse* nun als Verbindungsteil, indem Sie

- das *Teil öffnen* (Kontextmenü), *Datei, Eigenschaften* aufrufen und es unter der Rubrik *Benutzerdefiniert* wieder mit *IsFastener = 1* deklarieren (vgl. Bild 7.25).
- Speichern und schließen Sie die *Distanzhülse.*

Damit wird auch dieses Gewinde nicht unangenehm auffallen, wenn es an die Kollisionskontrolle geht.

7.3.2 Unterbaugruppen

Fügen Sie nun die Baugruppe FLANSCH ein, unsere vorige Baugruppe. Auf Baugruppendeutsch wird sie damit zur Unterbaugruppe. Verfahren Sie hier genau so wie mit jedem anderen Bauteil, aber

- schalten Sie im *Öffnen*-Dialog den *Dateityp* auf *Baugruppe* um. Nutzen Sie dazu die *Schnellfilter* (Bild 7.40, Kasten).

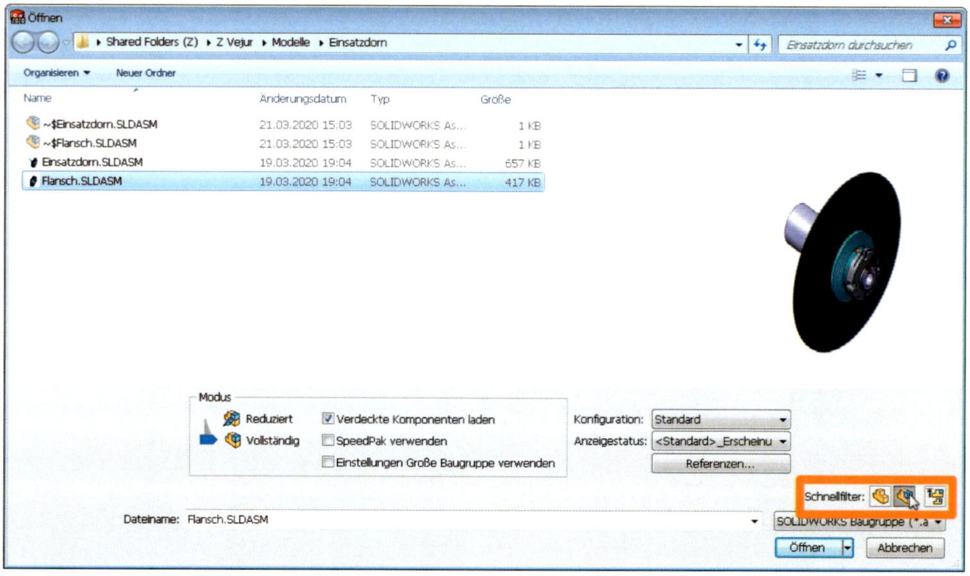

Bild 7.40: Die *Schnellfilter* erleichtern in vollen Projektverzeichnissen die Orientierung

- Platzieren Sie den *Flansch* rechts der Einsatzkegel-Gruppe (Bild 7.41). Zoomen Sie heraus, so dass Sie alle Komponenten sehen können.

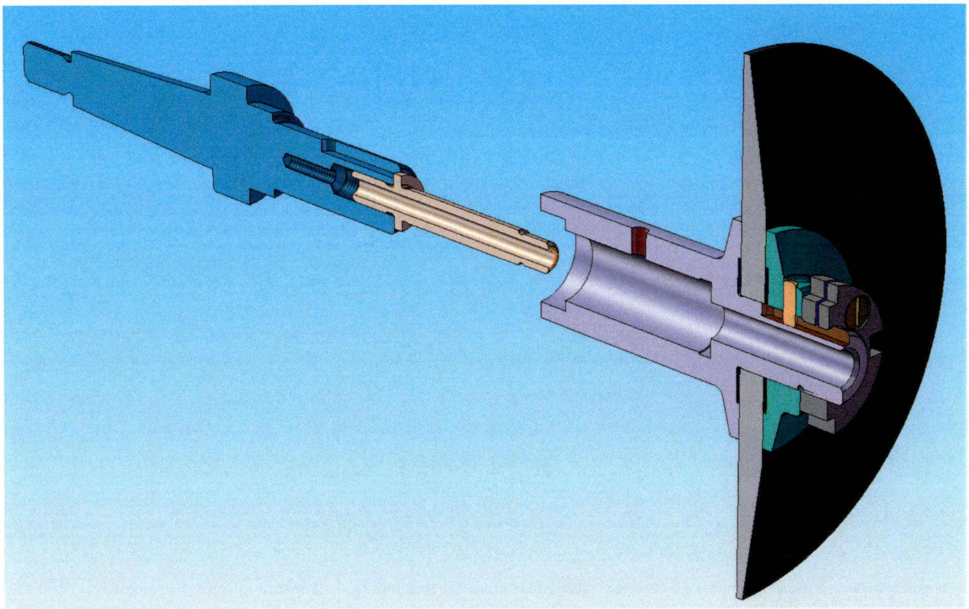

Bild 7.41: *The plot thickens:* Die Unterbaugruppe *Flansch* dockt an

- Verknüpfen Sie die Distanzhülse *konzentrisch* mit der kleineren Bohrung in *Flansch fest* (Bild 7.42).

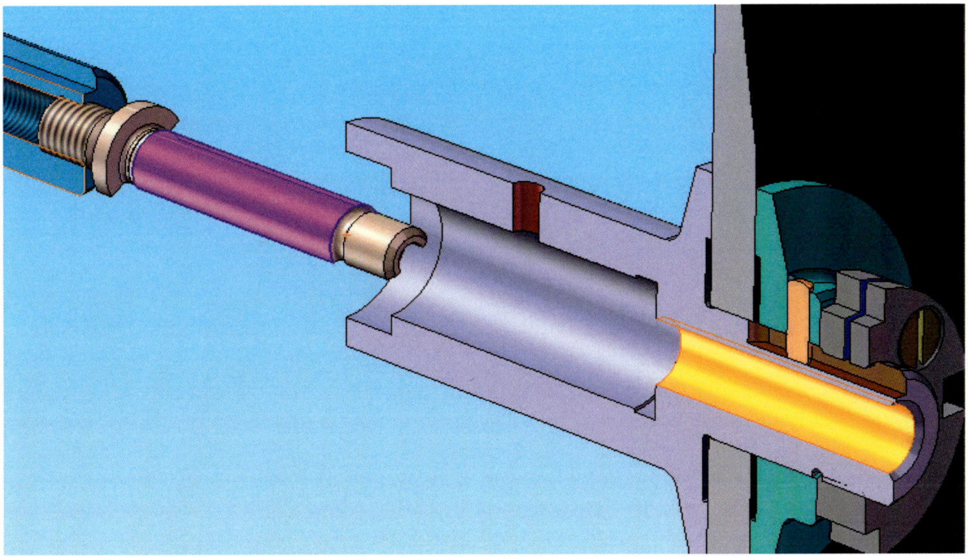

Bild 7.42: Aufziehen des Flansches

> Achten Sie darauf, immer nur diejenigen Elemente zu verknüpfen, die funktional direkt zusammengehören. Den Flansch etwa mit dem Einsatzkegel zu verknüpfen - also gleichsam Konzentrizität „über die Bande" zu definieren - könnte zu unerwünschtem Verhalten der Baugruppe führen - z. B. dann, wenn Einsatzkegel und Distanzhülse einmal nicht mehr konzentrisch sein sollten...

- Verknüpfen Sie dann die beiden Ringflächen nach Bild 7.43 *deckungsgleich*. Der Flansch wird auf die Hülse gezogen.

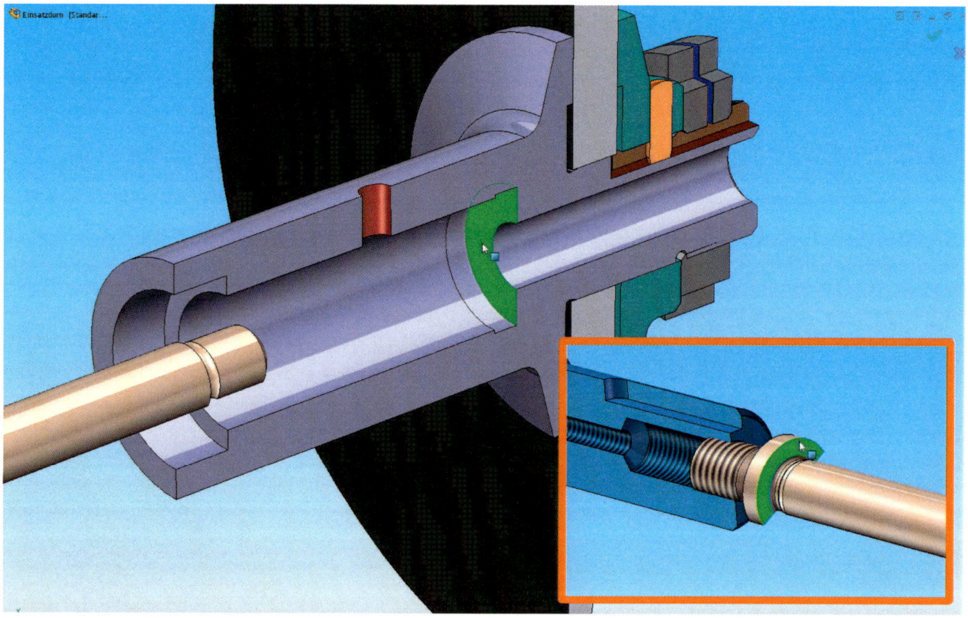

Bild 7.43: Der Flansch liegt auf dem Bund der Distanzhülse auf.

Damit haben wir die Anordnung nach Bild 7.44. Der Flansch ist indes noch lange nicht fixiert - der Zylinderstift fehlt noch. Sicher haben Sie auch die Interferenz am Bund des Einsatzkegels bemerkt. Doch befestigen wir zunächst den Flansch.

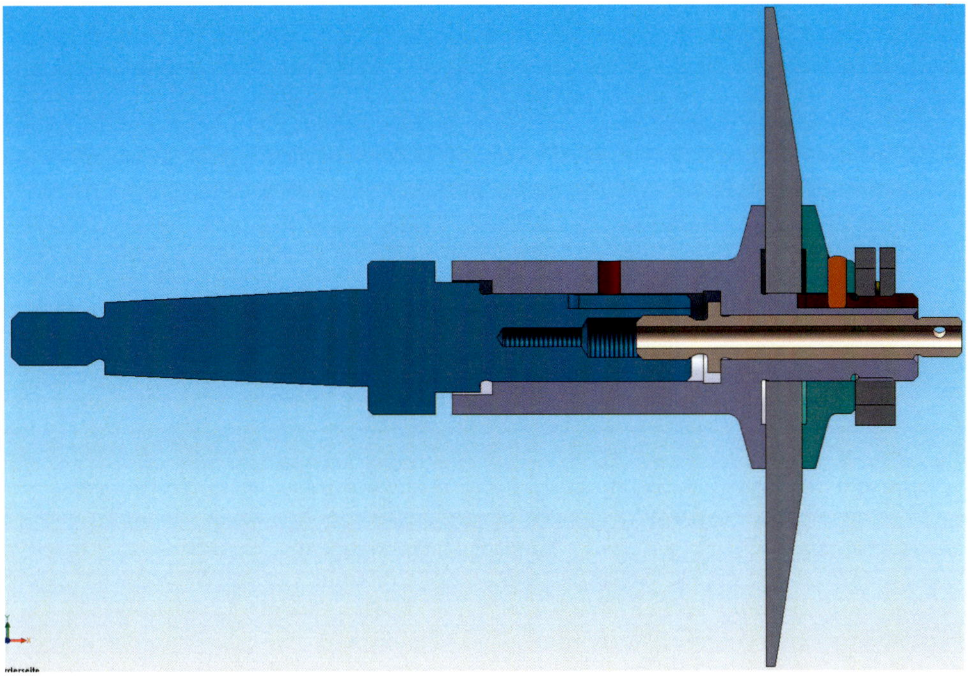

Bild 7.44: Der Längsschnitt der Anordnung soweit

7.3.3 Teile ungeschnitten darstellen

Wenn Sie nicht möchten, dass Bauteile - wie im Folgenden der *Zylinderstift* - von der Schnittansicht halbiert werden, so lässt sich auch das erreichen:

- Schalten Sie die Schnittansicht (aus und wieder) ein. Unten im PropertyManager aktivieren Sie die Rubrik *Ausgewählte Komponenten* und wählen anschließend die Bauteile in die blaue Liste darunter. Wählen Sie die Option *Ausgewählte nicht einbeziehen* und bestätigen Sie (Bild 7.45).

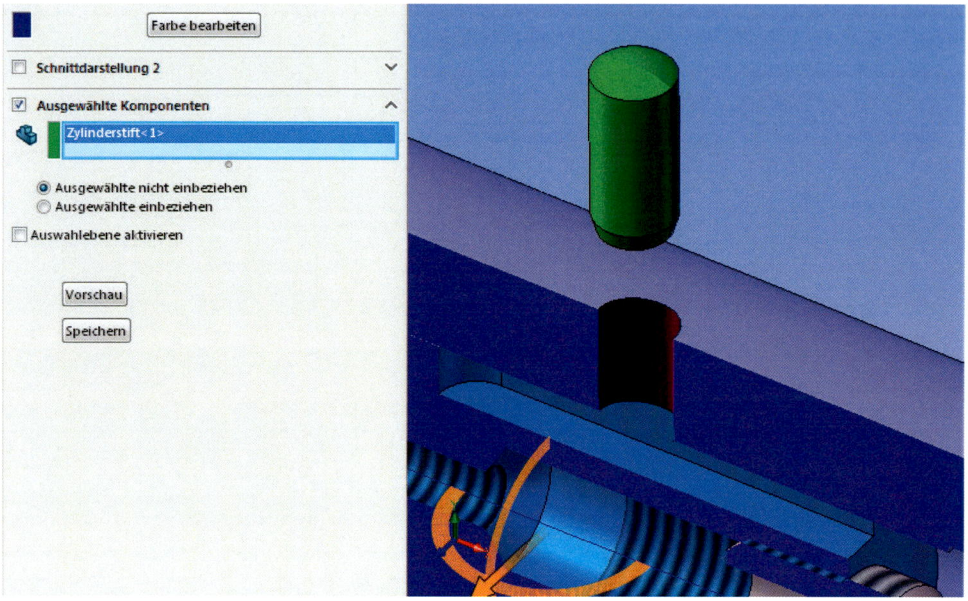

Bild 7.45: Ausschließen des Zylinderstiftes vom Halbschnitt

7.3.4 Das Erscheinungsbild auf Baugruppenebene

- Fügen Sie nun den *Zylinderstift* in der Konfiguration *5x12* ein. Platzieren Sie ihn in der Nähe der Bohrung im *Flansch fest*.

Sie sehen, die Farbe des Stiftes ist fast identisch mit den umgebenden Teilen. Zur besseren Unterscheidung wäre etwas Kontrast aber wünschenswert. Nun, hier können wir wieder die Spaltenansicht zum Einsatz bringen und das Bauteil im Baugruppenkontext „umspritzen“ (vgl. *Der Anzeige-Fensterbereich* auf S. 281):

- Öffnen Sie die Spaltenansicht und wählen Sie den *Zylinderstift 5x12*. Klicken Sie auf das Widget unter *Erscheinungsbild*. Der PropertyManager öffnet sich mit der Farbauswahl.
- Zwei neue Optionen sind hinzugekommen: *Auf Komponentenebene anwenden* – gemeint ist der Baugruppenkontext – und *Auf Teildokumentebene anwenden.* Hierdurch würde die Textur des Bauteils geändert. Aktivieren Sie die *Komponenten*-Option (Bild 7.46, Kasten).

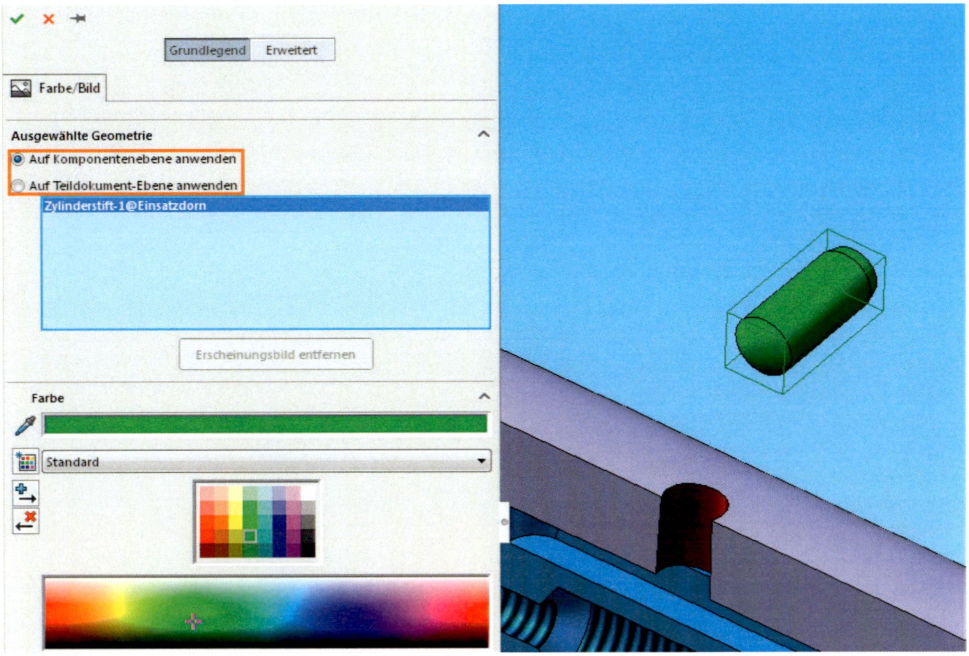

Bild 7.46: Farben und Texturen lassen sich für die aktuelle Baugruppe ändern

- Wählen Sie eine Kontrastfarbe, hier etwa *Grün*. Bestätigen Sie dann.

Der Zylinderstift wird in Grün dargestellt. Wenn Sie jedoch die Teildatei öffnen, sehen Sie, dass er noch immer seine alte Farbe hat.

- Rufen Sie dann die *Verknüpfungen* auf.

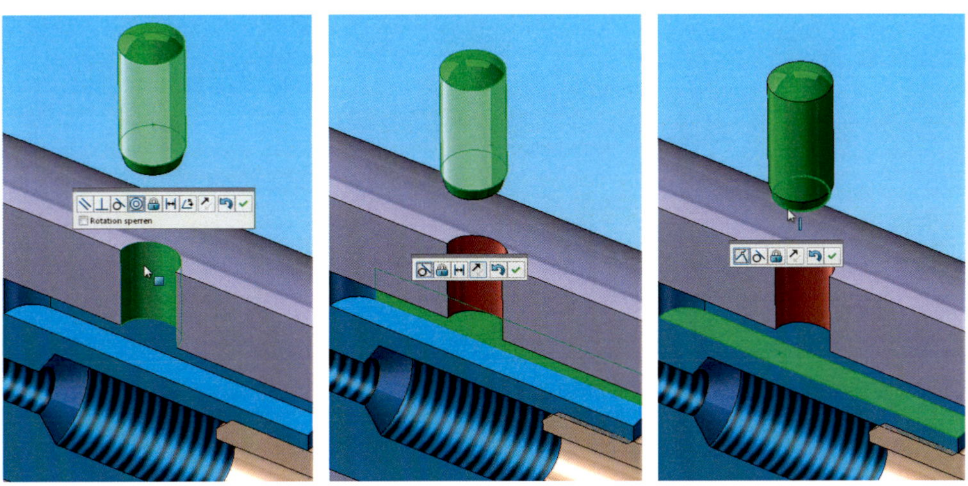

Bild 7.47: Einfach: Formschluss durch Zylinderstift

- Richten Sie den Stift mit dem Konus nach unten *konzentrisch* auf die Bohrung aus (Bild 7.47 links). Falls dies nicht funktioniert, können Sie wieder die *Verknüpfungsausrichtung umkehren*.

- Richten Sie die Zylinderfläche des Stiftes *tangential* auf die Wandung der Passfedernut aus (Bild 7.47 Mitte).
- Richten Sie die Kante des Konus wiederum *tangential* auf den Boden der Passfedernut aus (Bild 7.47 rechts).

Damit ist der Flansch gegen Verdrehen auf dem Einsatzkegel gesichert. Er lässt sich nur noch längs verschieben, und auch dies nur um die zugestandenen 10 Millimeter der Distanzhülse.

- Probieren Sie dies aus, indem Sie an jeder einzelnen Komponente rütteln. Nur so finden Sie Übersehenes.

7.3.5 *In situ:* Komponenten in der Baugruppe bearbeiten

- Ziehen Sie den *Flansch* an den linken Anschlag.

Wenn Sie in der Schnittansicht genau hinsehen, erkennen Sie, dass der innere Absatz von *Flansch fest* sich mit dem *Einsatzkegel* überschneidet.

- Das zeigt auch die *Interferenzprüfung* (Bild 7.48).

Außerdem entsteht durch den Kontakt der Stirnfläche von *Flansch fest* mit dem Bund eine Doppelpassung – ein ebenfalls unerwünschter Zustand!

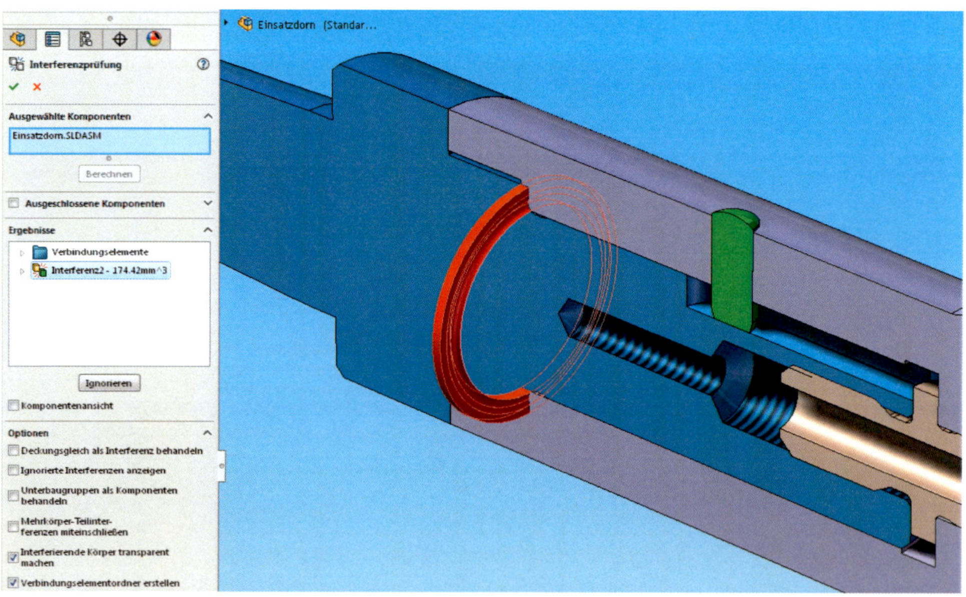

Bild 7.48: Die Prüfung bringt es an den Tag: Flansch und Einsatzkegel kollidieren

Jetzt wäre es natürlich schön, wenn wir das Bauteil *Flansch fest* im Kontext editieren könnten, wenn wir die Konturen sozusagen „nach Sicht“ – innerhalb der Baugruppe – anpassen könnten, ohne die Maße anderer Komponenten im Kopf behalten zu müssen.

Sie werden es nicht fassen, aber genau dieses geht – sogar auf mehreren Wegen:

- Markieren Sie den *Flansch fest* im FeatureManager und klicken Sie auf *Komponente bearbeiten* oder wählen Sie in dessen Kontext-Symbolleiste *Teil bearbeiten*, oder
- klicken Sie auf die Komponente selbst und wählen Sie den Befehl über die Brotkrümel und deren Kontext-Symbolleiste (Bild 7.49).

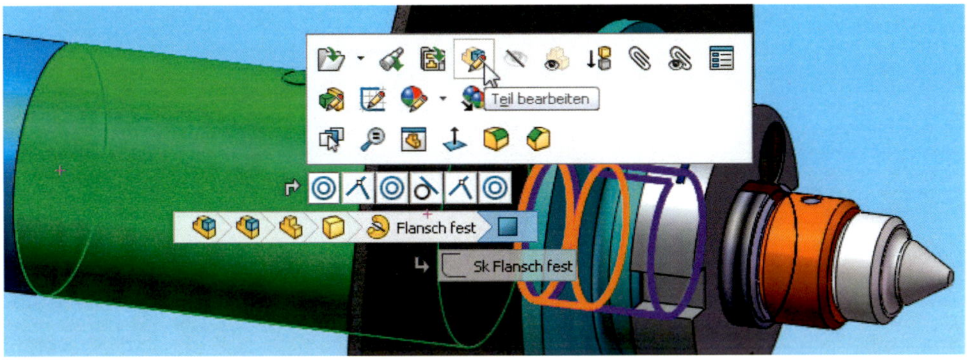

Bild 7.49: Je nach Komplexität der Baugruppe erfordern die Brotkrümel eine ruhige Hand.

SolidWorks schaltet nun in den Bearbeitungsmodus für Komponenten um. Die Einträge der gewählten Komponente werden im FeatureManager in Blau dargestellt, ebenso auch die Komponente im Editor.

- Klappen Sie den Baum von *Flansch fest* auf, darin wiederum die Skizze *Sk Flansch fest* (Bild 7.50, Kasten). Wählen Sie aus deren Kontext-Symbolleiste *Skizze bearbeiten*.

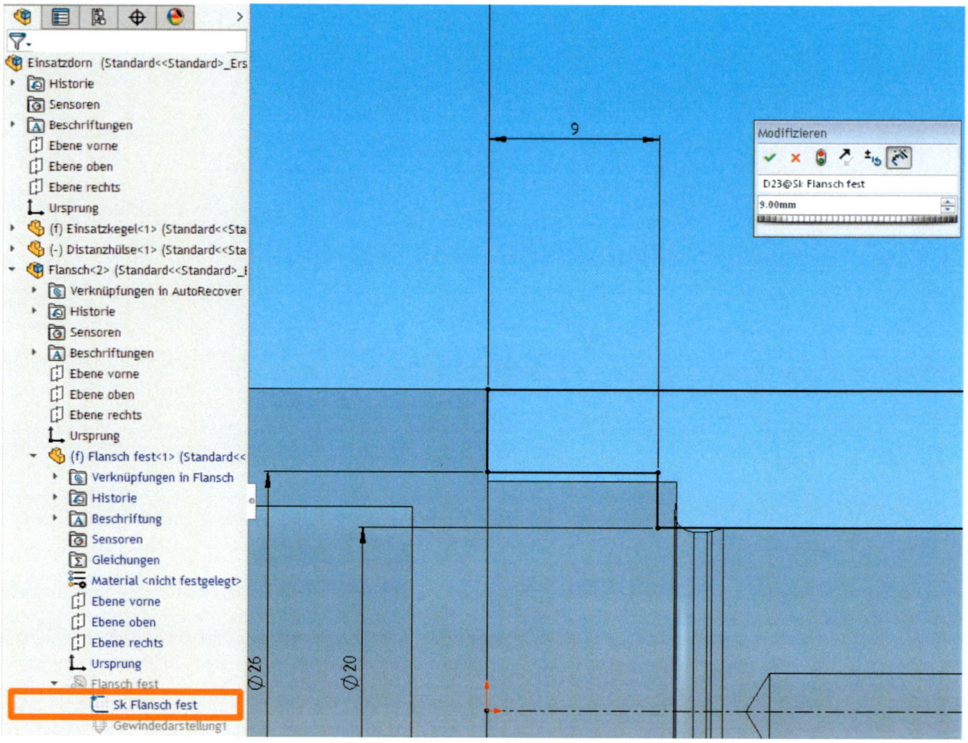

Bild 7.50: Tief versteckt und doch erreichbar: alle Objekte aller Features aller Bauteile aller Komponenten!

Die Baugruppe ist nun transparent, die Skizze geöffnet (Bild 7.51).

- Ändern Sie das Maß *60* in **59.7** mm und das Maß *9* in **10** mm.
- Um die einzelne Nachkommastelle darzustellen, ändern Sie für das Maß *59.7* die *Genauigkeit* auf *.1*.

Das war's auch schon. Jetzt brauchen Sie nur noch in den Baugruppen-Modus zurückzukehren:

- Schließen Sie die Skizze. Betätigen Sie dann nochmals die Schaltfläche *Komponente bearbeiten* bzw. das Bestätigungs-Eckfeld oben rechts im Editor. Text und Komponenten werden wieder normal dargestellt.

- Aktivieren Sie den *Modellneuaufbau* so oft, bis alle Ampeln aus dem Feature-Manager verschwunden sind.

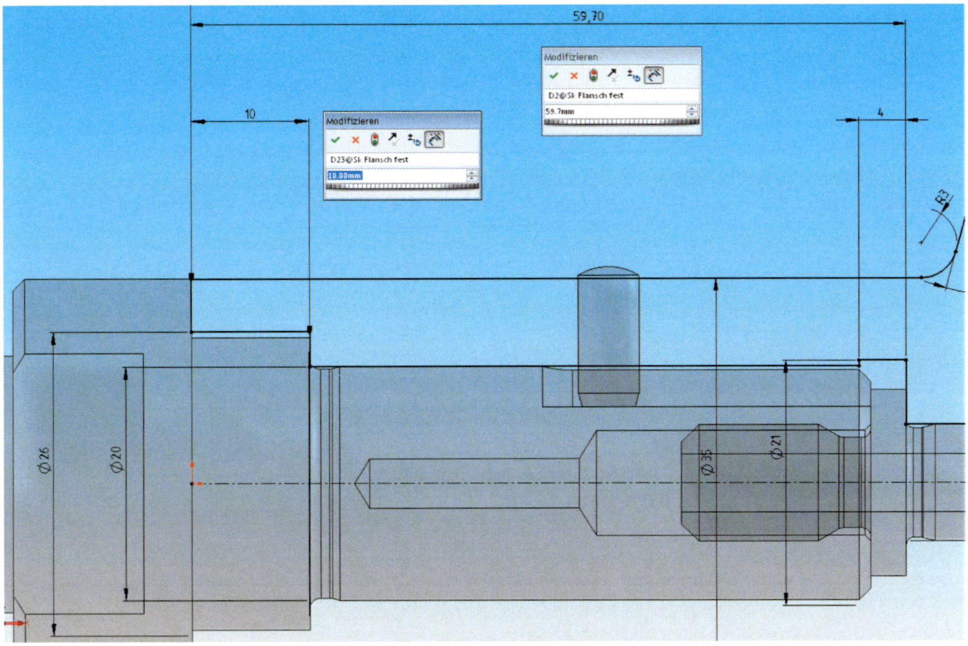

Bild 7.51: Chirurgisch: Skizzenbearbeitung von der Baugruppe aus

Der Spalt ist nun überall gleichmäßig, doch die Kante des inneren Absatzes steht noch immer gefährlich nah an der Ausrundung des Einsatzkegels (Bild 7.52).

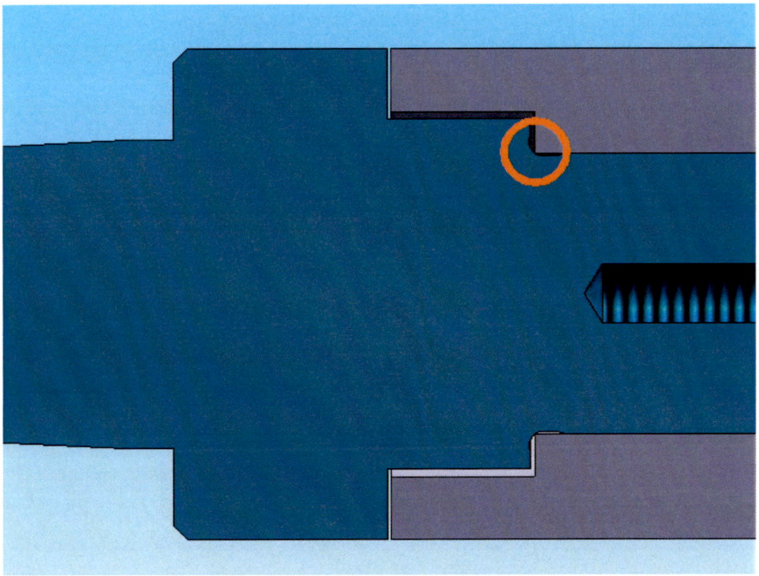

Bild 7.52: Detailproblem: Die Kehle ist verrundet, die Kante nicht

- Öffnen Sie nochmals *Sk Flansch fest* zur Bearbeitung und fügen Sie eine *Fase 1.0 x 45* ein (Bild 7.53).

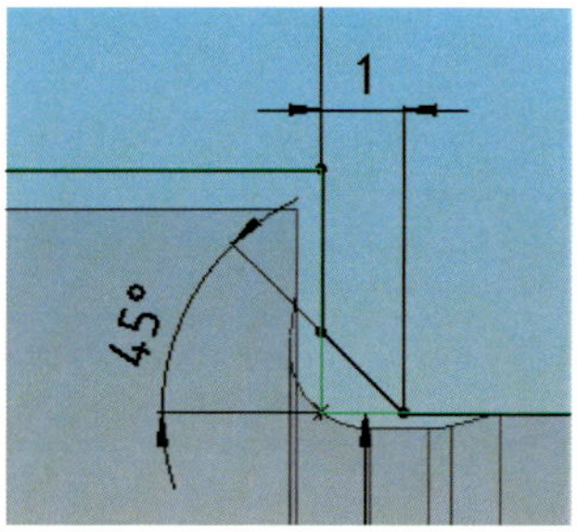

Bild 7.53: Eine Fase nimmt der Kante den Schrecken

Nachdem Sie die Skizze und das Bauteil geschlossen haben, scheinen alle Kollisionen beseitigt (Bild 7.54).

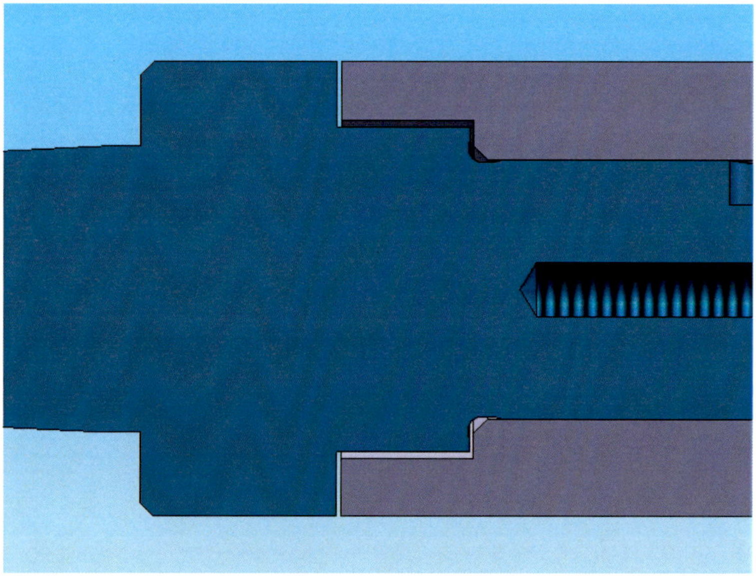

Bild 7.54: Sichtprüfung: Statt Kratzgefahr überall genügend Luft.

7.3.6 Interferenzen, verschwindend klein

Erheblich schwerer zu finden als dicke Gewindeüberschneidungen sind kleine Interferenzen. Wenn Sie nach der Interferenzprüfung für die gesamte Baugruppe den Ordner *Verbindungselemente* öffnen, so finden Sie vier Interferenzen. Drei davon haben wir bereits als Gewinde abgenickt – aber die vierte? Es handelt sich um eine Interferenz des Volumens 0,25 Kubikmillimeter. Sie ist selbst nach Anklicken der Komponenten kaum zu sehen. Und doch ist sie da (Bild 7.55)!

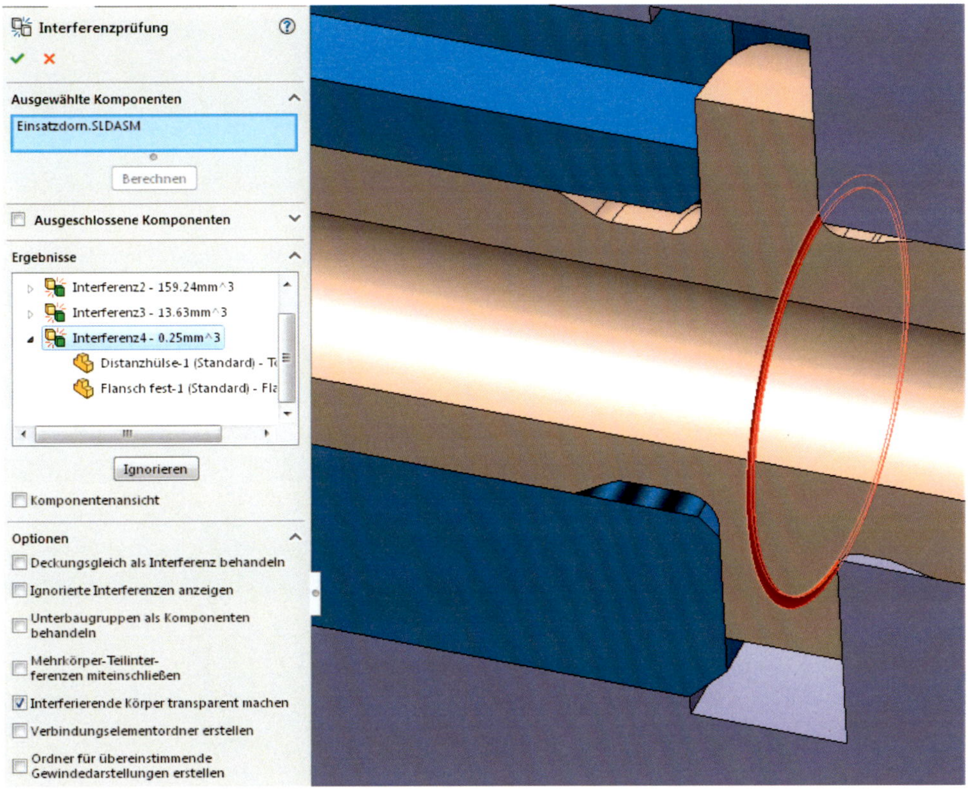

Bild 7.55: Diese winzige Interferenz von nur einem Viertel-Kubikmillimeter ist schwer auszumachen.

Hier entsteht eine winzige Überschneidung durch eine Kante mit einer Ausrundung, genau wie eben. Im Editor ist sie nur durch Drehen der Ansicht zu erkennen, und dann auch nur als hauchdünner schwarzer oder roter Ring, je nachdem, welche Farbe Sie für Interferenzen definiert haben.

Der Grund dafür ist systemischer Natur: Weil wir die Distanzhülse nur im Ganzen als *Verbindungselement* deklarieren konnten, wurde auch dieser Fehler in den Ordner *Verbindungselemente* verschoben. Es schadet also nichts, diesen Ordner jedes Mal genau unter die Lupe zu nehmen!

- Öffnen Sie wieder *Sk Flansch fest*. In Bild 7.56 sehen Sie eine andere Variante der Brotkrümeltaktik – die Skizze wird direkt vom Feature-Label aus geöffnet.

Bild 7.56: Alle Wege: Sowohl *Breadcrumbs* als auch die Kontext-Symbolleiste können Skizzen öffnen.

- Wenn Sie die Skizze geöffnet haben, fügen Sie an der betreffenden Stelle eine *Fase* von **0,5 x 45°** hinzu.
- Schließen Sie dann die Skizze. Beenden Sie den Komponentenmodus und bauen Sie die Baugruppe gegebenenfalls neu auf. Der Kantenkontakt ist verschwunden (Bild 7.57).

Bild 7.57: Durch Brechen der Innenkanten wird selbst die kleinste Kollision beseitigt!

Nach einer weiteren Interferenzprüfung ist der ominöse Eintrag verschwunden.

- Wenn Sie nun *ohne* Komponentenmodus das Bauteil *Flansch fest* öffnen,

dann erkennen Sie, dass die Änderungen auch ins Bauteil übernommen wurden: zwei schwache Fasen zeichnen sich beim Blick in die linke Seite ab (Bild 7.58, Kreise).

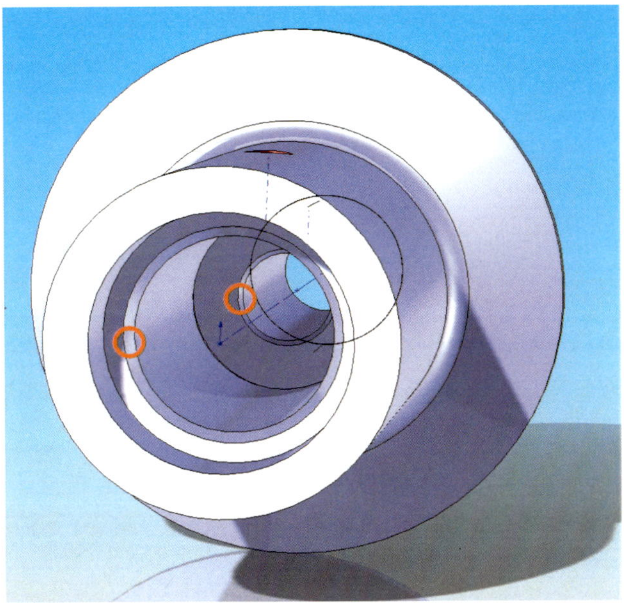

Bild 7.58: Die Fasen wurden ins Bauteil übernommen.

Bauen wir nun den Klemmring ein:

- Zoomen Sie an die Nutmutter heran und drehen Sie die Distanzhülse durch Ziehen so, dass die Bohrung sichtbar wird (Bild 7.59).

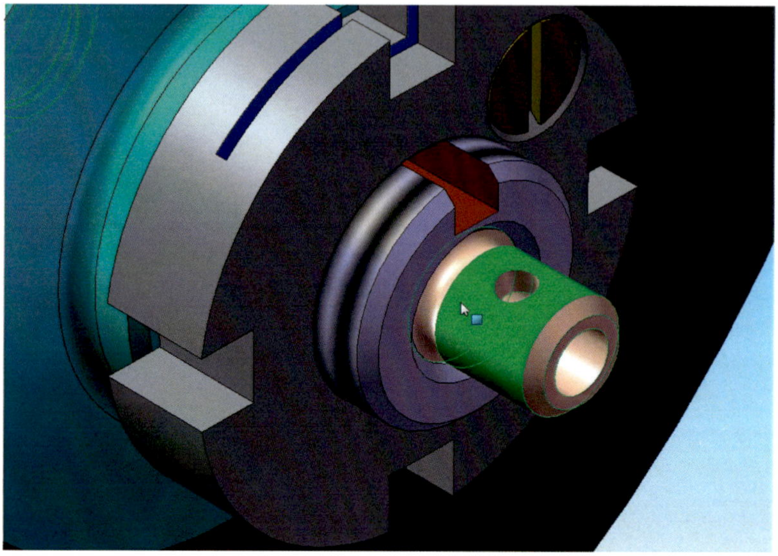

Bild 7.59: Die Distanzhülse lässt sich noch um ihre Achse drehen

- Fügen Sie die Komponente KLEMMRING ein und legen Sie sie in der Nähe ab.
- Blenden Sie via *Ansicht, Ausblenden/Einblenden* die *Ursprünge* ein.

Um außerdem zu verhindern, dass dieses kleine Bauteil im Innern der Baugruppe verschwindet, verknüpfen wir diesmal in umgekehrter Reihenfolge:

- Verknüpfen Sie die Stirnfläche von *Flansch fest* mit der ursprungsseitigen Stirnfläche des Klemmrings *deckungsgleich* (Bild 7.60).

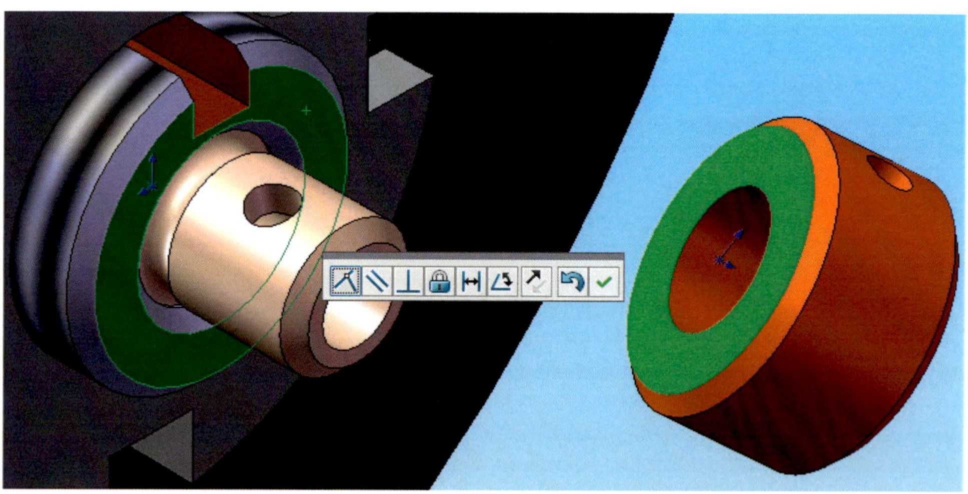

Bild 7.60: Der Klemmring sichert die Unterbaugruppe *Flansch* gegen Verschieben

> Um das ständige Verdrehen der Ansicht einzudämmen, könnten Sie die Shortcut-Leiste für Baugruppen (S) um die Schaltflächen *Komponente drehen* und *Komponente verschieben* erweitern: *Anpassen, Shortcut-Leisten, Baugruppe.*

- Verknüpfen Sie dann die große Bohrung des *Klemmrings* und die Zylinderfläche der *Distanzhülse konzentrisch.*

Nun sichern wir den Klemmring gegen Verschieben, indem wir einen weiteren Zylinderstift „einschlagen“:

- Fügen Sie einen ZYLINDERSTIFT in der Konfiguration *3x8 „Stift für Klemmring“* ein.
- Klicken Sie auf die frontseitige Stirnfläche des Klemmrings und schalten Sie die *Schnittansicht* ein. Hierdurch wird die Schnittebene am Klemmring ausgerichtet. Ziehen Sie den Schnitt durch die Bohrung des Klemmrings (vgl. Bild 7.61).

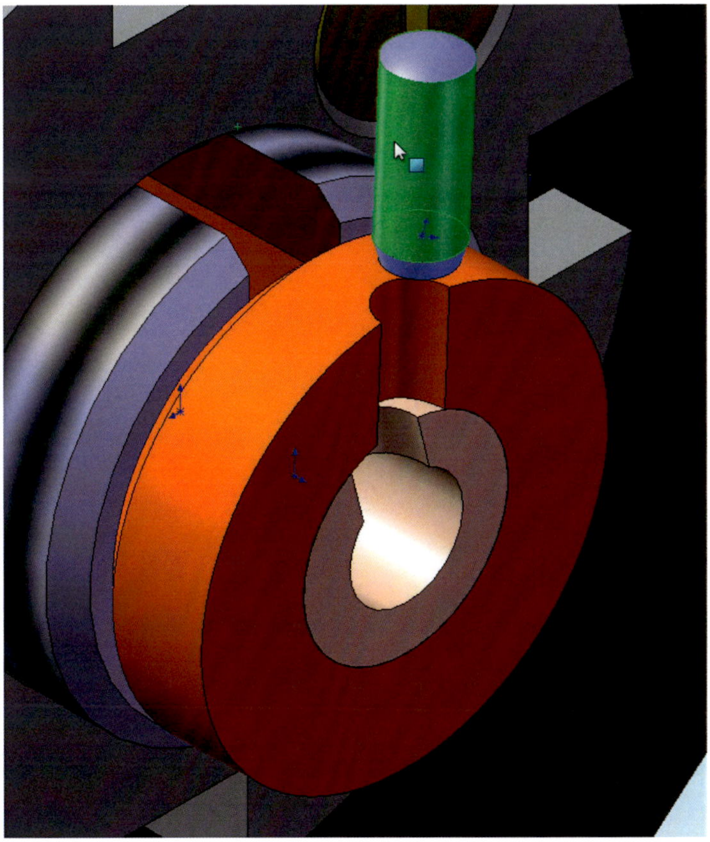

Bild 7.61: Über die Bande: Klemmring und Distanzhülse werden mit Hilfe des konzentrisch verknüpften Zylinderstifts aufeinander ausgerichtet

- Richten Sie den Zylinderstift *konzentrisch* zur 3 mm-Bohrung des Klemmrings aus. Der Konus muss wie immer nach unten zeigen. Mit dem Stift können Sie die beiden Bohrungen näherungsweise aufeinander ausrichten (Bild 7.61).

7.3.7 Überdefinition

Wenn Sie nun versuchen, auch die Bohrung der Distanzhülse konzentrisch mit dem Stift zu verknüpfen, erhalten Sie die Fehlermeldung, dass die Verknüpfung nicht gelöst werden könne (Bild 7.62).

Bild 7.62: Zwei konzentrische Verknüpfungen führen hier zur Überbestimmung

Hierfür kann es zwei Gründe geben: Entweder der betreffende Freiheitsgrad ist bereits beseitigt, so dass eine zusätzliche Verknüpfung tatsächlich eine doppelte oder eben eine **Überbestimmung** erzeugen würde, oder Sie fordern eine geometrisch unmögliche Situation.

- Ergänzen Sie die *Schnittansicht* um eine *Schnittdarstellung 2* mit der *Ebene vorne*. Hierdurch wird die Baugruppe wieder axial halbiert, die beiden Bohrlöcher hingegen erscheinen geviertelt (Bild 7.63).

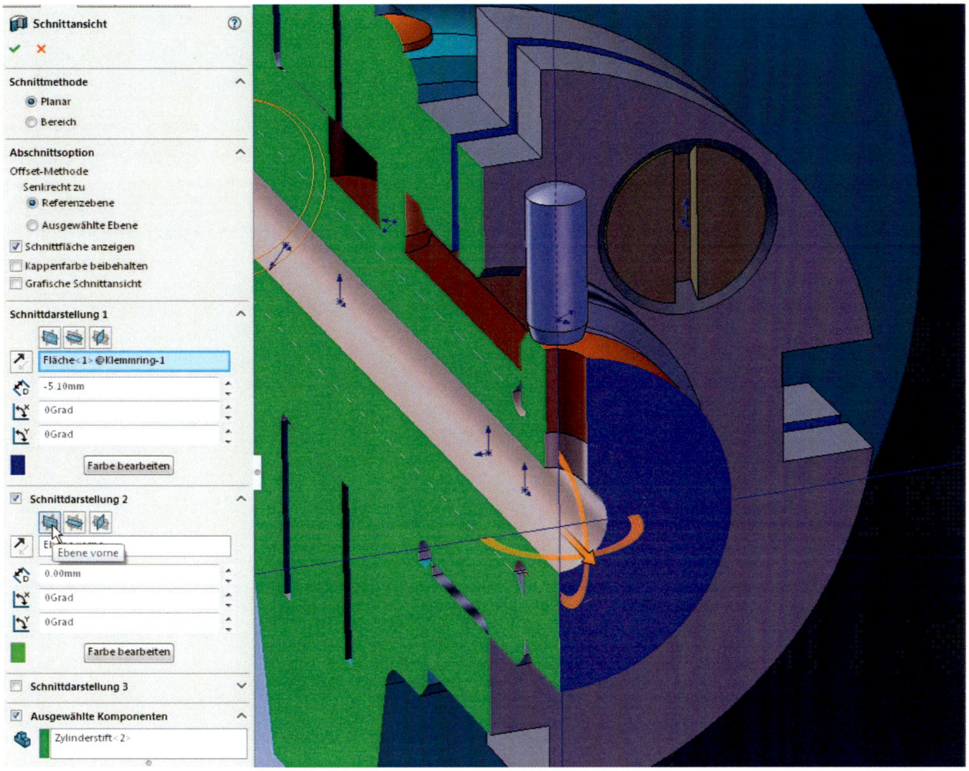

Bild 7.63: Filetiert: Bis zu drei Schnittebenen zugleich bewältigt die Schnittansicht.

Des Rätsels Lösung: Der Klemmring ist zu breit. Wir *können* die beiden Bohrungen also gar nicht fluchten (Bild 7.64, ausnahmsweise blauer Kreis). Wir fordern also tatsächlich eine unmögliche Situation!

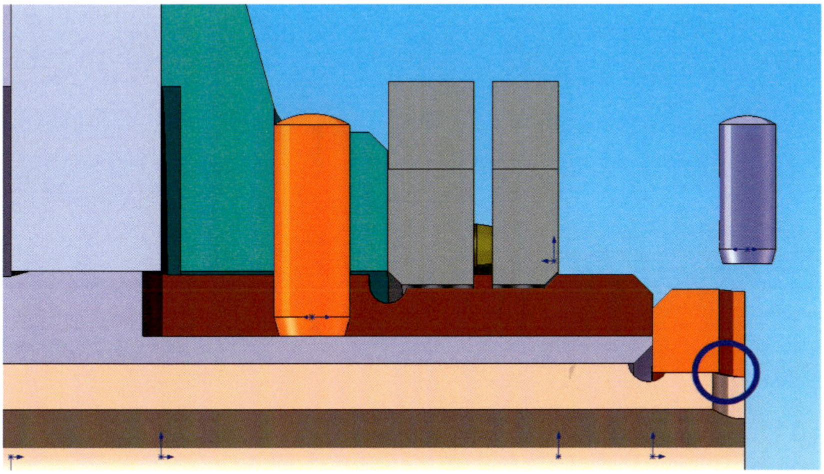

Bild 7.64: Kleiner Fehler: Der Klemmring lässt sich nicht weit genug auf die Hülse schieben

Hier bietet sich wieder eine willkommene Gelegenheit, das Bauteil im Baugruppenkontext zu bearbeiten: Wir gleichen einfach die Bohrung im Klemmring so an, dass alle Verknüpfungen erfüllt werden können.

- Öffnen Sie die Skizze *Sk Bohrung* im Bauteil *Klemmring*.
- Löschen Sie die Skizzenbeziehung *Mittelpunkt* für das Kreiszentrum. Verknüpfen Sie dieses dann *deckungsgleich* mit der Mittellinie (Bild 7.65).

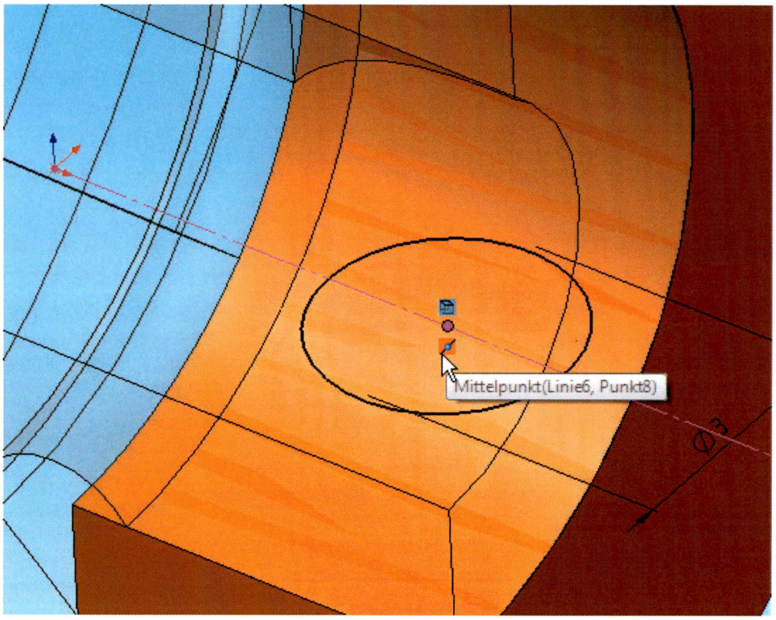

Bild 7.65: Der Kreis verliert seine symmetrische Position, gewinnt aber an Flexibilität.

- Bemaßen Sie das Zentrum vom Skizzenursprung aus mit **4.7** mm, so dass die Skizze wieder *voll definiert* ist. Die *Genauigkeit* der Maßanzeige betrage *.1* mm (Bild 7.66).

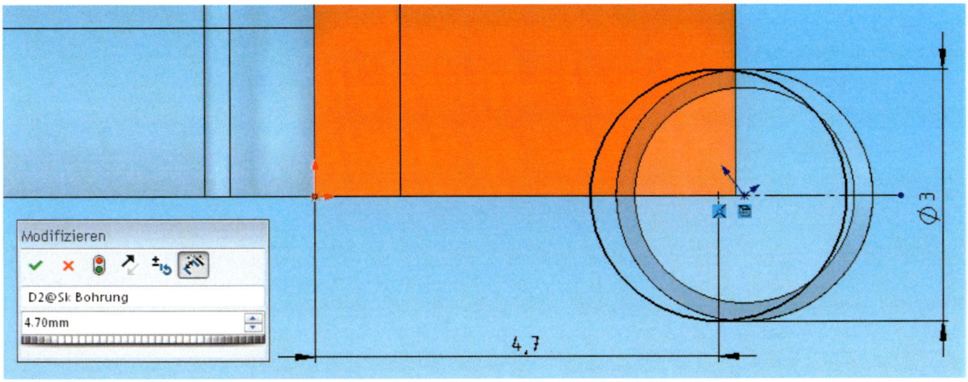

Bild 7.66: Eine Bemaßung ersetzt die Skizzenbeziehung *Mittelpunkt.* Der Ursprung wurde zusammen mit der Komponente gedreht.

- Schließen Sie dann die Skizze und bauen Sie die Baugruppe neu auf.

Ergebnis: Die Bohrung rückt in die richtige Position (Bild 7.67)!

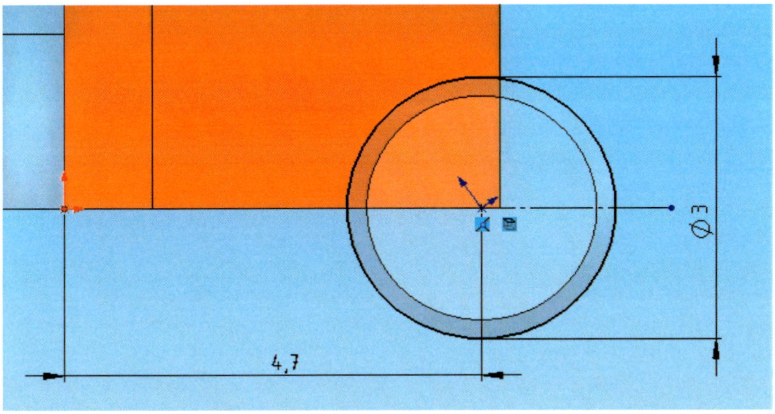

Bild 7.67: Endlich: Der Paßstift passt.

- Verknüpfen Sie jetzt die Mantelfläche des Stiftes *konzentrisch* mit der Bohrung der Distanzhülse. Beenden Sie dann den Komponentenmodus.

> Die Schnittansicht macht alle Bauteile unsichtbar, die sich jenseits der Schnittebene befinden – besser, Sie schalten sie aus, wenn Sie Bauteile einfügen.

Nun kann der Stift aber noch in Achsrichtung verschoben werden. Wir heben uns diesen Schritt für das letzte Bauteil auf, das wir zunächst montieren:

- Schalten Sie die *Schnittansicht* aus und fügen Sie die Komponente BOLZEN ein. Schalten Sie die Schnittansicht ein und nehmen Sie den *Bolzen* in die Liste der *Ausgewählten Komponenten* im PropertyManager auf (Bild 7.68).

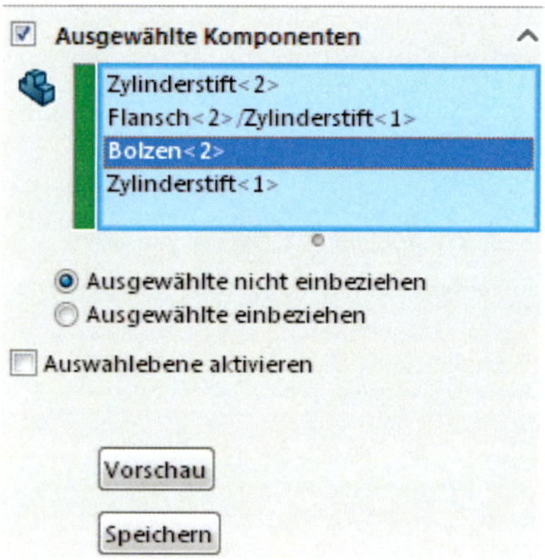

Bild 7.68: Der Bolzen und die drei Zylinderstifte sind vom Schnitt ausgenommen.

- Richten Sie den Schaft des Bolzens *konzentrisch* auf das M5-Gewinde im *Einsatzkegel* aus (Bild 7.69).

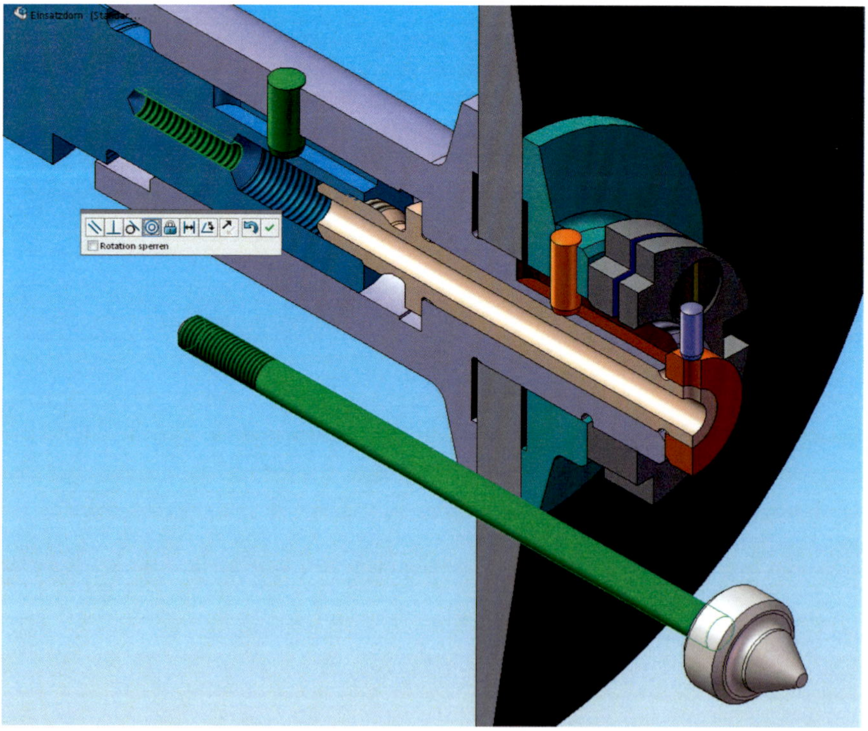

Bild 7.69: Versteckte Beziehung: Der Bolzen wird mit „seinem" Gewinde verknüpft

- Schalten Sie die Schnittansicht aus, da Sie jetzt die Stirnfläche des Klemmrings brauchen. Verknüpfen Sie diese dann mit der Anlagefläche des Bolzens *deckungsgleich* (Bild 7.70).

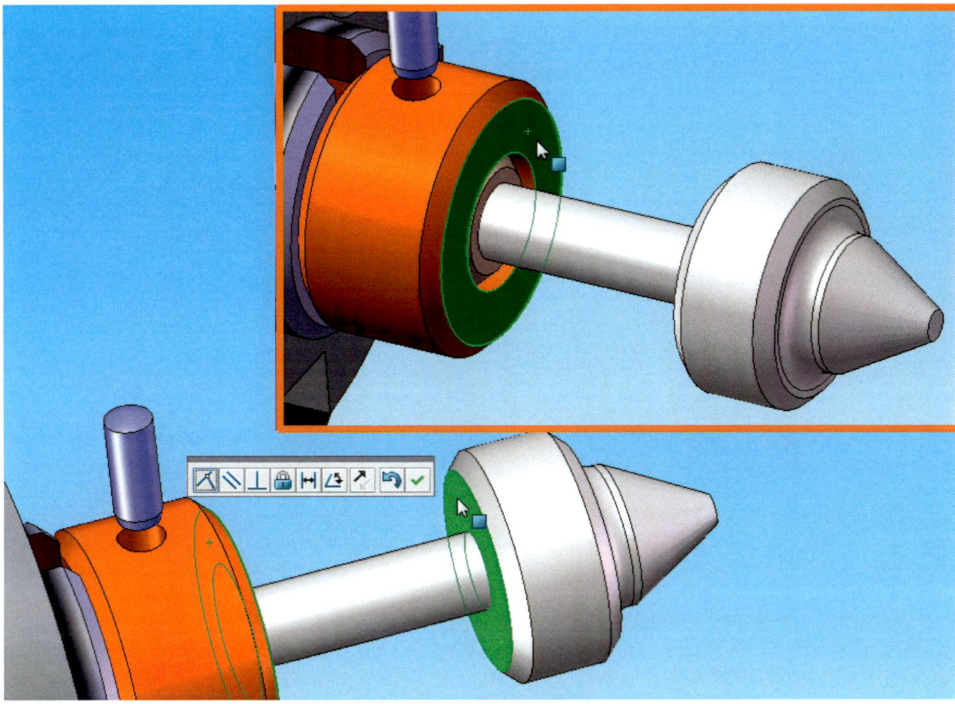

Bild 7.70: Der Bolzen wird eingeschraubt, die Baugruppe *Flansch* gesichert

Damit ist unsere Baugruppe komplett, es fehlt die abschließende Interferenzprüfung:

- Da Sie bereits von der Überschneidung des Bolzengewindes mit dem des *Einsatzkegels* wissen, öffnen Sie das Bauteil *Bolzen* und setzen Sie über dessen *Eigenschaften* die Eigenschaft *IsFastener* auf **1**. Speichern und schließen Sie dann das Bauteil, regenerieren Sie die Baugruppe.
- Fahren Sie den *Flansch* ganz ein. Dabei sollte sich der Bolzen mitbewegen.
- Legen Sie die *Schnittansicht* durch die *Ebene vorne*, wählen Sie den Wurzeleintrag im FeatureManager und starten Sie die *Interferenzprüfung*. Aktivieren Sie die Optionen *Interferierende Körper transparent machen* und *Verbindungselementordner erstellen*. Blenden Sie *Nicht interferierende Körper* aus. 
- Führen Sie die *Berechnung* durch.

Es ergeben sich nun vier Interferenzen, die sich allesamt im *Verbindungsordner* befinden. Sehen wir sie uns noch einmal genauer an:

- Öffnen Sie den Ordner *Verbindungselemente*. Klicken Sie der Reihe nach die Einträge an.

Die drei ersten Interferenzen kennen wir, sie entstehen durch die Gewinde.

Der mit Sicherheit vorhandene vierte Eintrag rührt von der Überschneidung der M5-Gewinde von Bolzen und Einsatzkegel her (Bild 7.71).

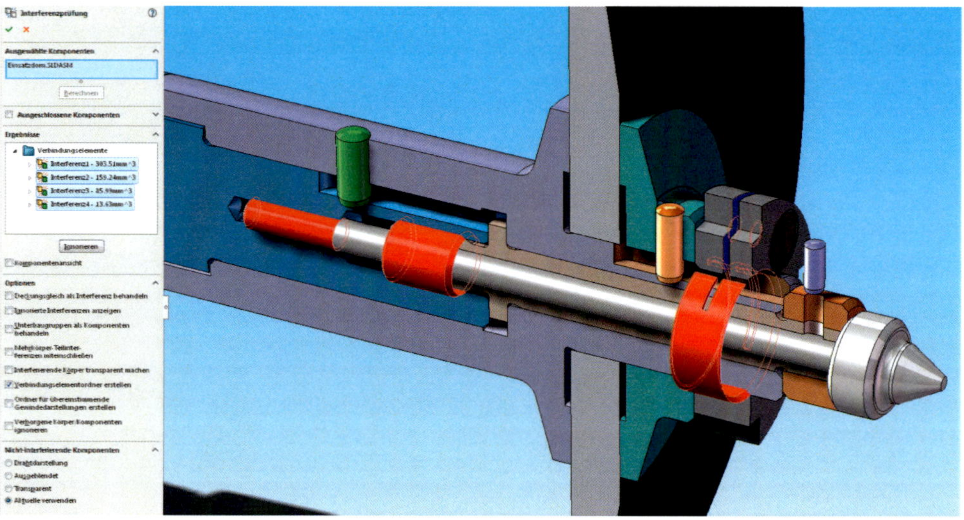

Bild 7.71: Entwarnung: Auch die vierte Interferenz entsteht durch ein Gewinde

> Dass wir Interferenz in den Gewinden finden, gibt uns die Gewähr, dass sich die Gewinde überhaupt berühren: Sie können die Interferenzprüfung also auch verwenden, um Konstruktionsfehler in der Form ungewollter Nicht-Interferenz zu entlarven, etwa einen M4-Bolzen, der in einem Muttergewinde M14 steckt. Sowas soll's ja geben ...

Ein möglicher fünfter Eintrag kommt vom *Zylinderstift*, der zufällig in den Bolzen hineinragt. Richtig, wir hatten ihn ja noch nicht fertig verknüpft:

- Definieren Sie eine letzte, *tangentiale* Verknüpfung zwischen der unteren Fläche des Stift-Konus und dem Schaft des *Bolzens* (Bild 7.72, Pfeile). Hierzu müssen Sie die Ansicht drehen.

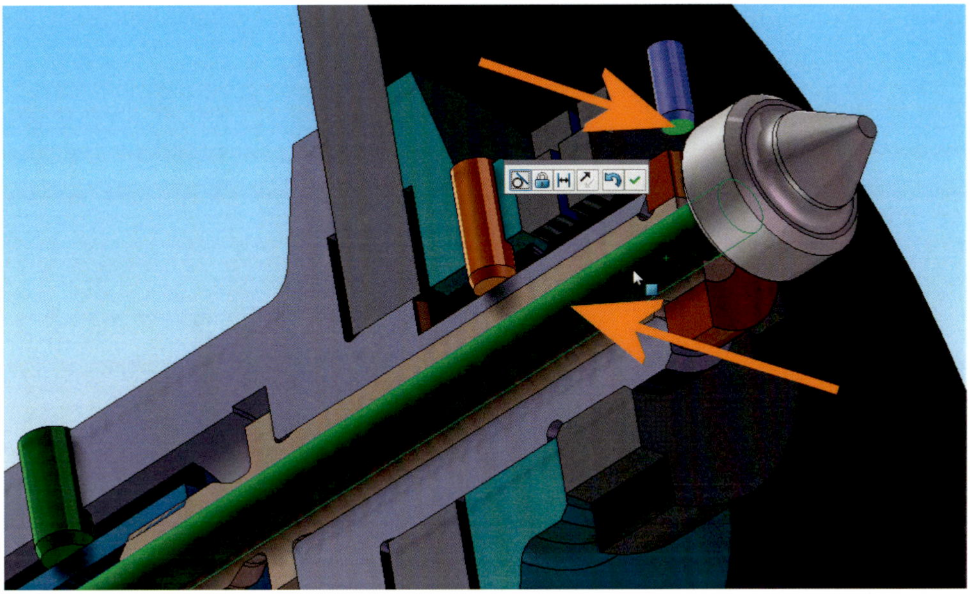

Bild 7.72: Die letzte Verknüpfung des Buches ist anspruchsvoll

Für diese Verknüpfung empfiehlt sich tatsächlich die Verknüpfung *zweier* Flächen, anders als bei den anderen beiden Stiften, wo wir mit einer Kante auf einer Fläche zufrieden waren. Der Grund: Die Zylinderfläche des *Bolzens* ist gekrümmt, die beiden Nutgründe sind flach. Diese beiden Objekte berühren einander also ohnehin schon nur entlang einer Linie. Unter solch erschwerten Bedingungen definieren Sie eine stabile Verknüpfung nur zwischen Flächen. Andernfalls könnte es Ihnen passieren, dass sie plötzlich ungültig wird.

Damit haben Sie die Baugruppe fertig gestellt.

Überprüfen Sie noch einmal die Beweglichkeit in der Schnittansicht und führen Sie in beiden Extremlagen Interferenzprüfungen durch (Bild 7.73 und 7.74):

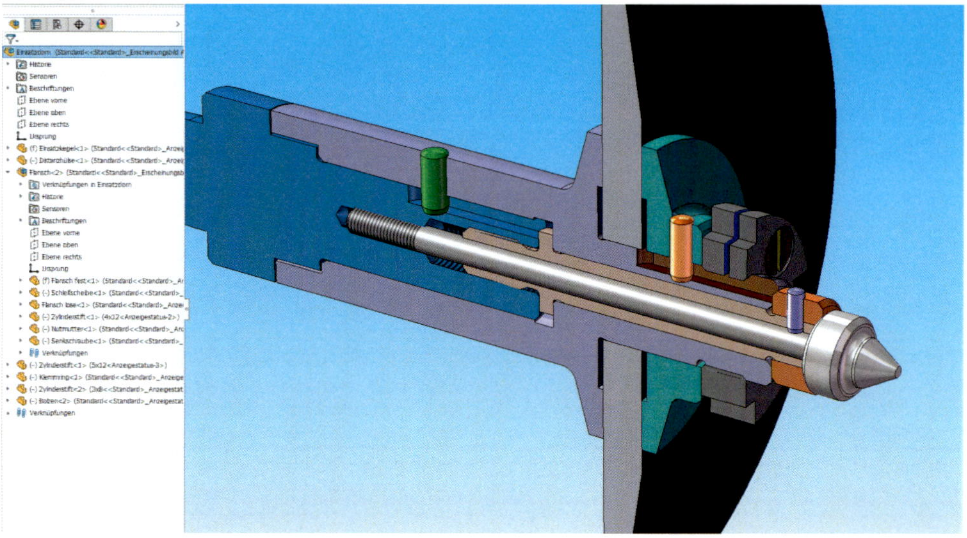

Bild 7.73: Der fertige Einsatzdorn, eingefahren ...

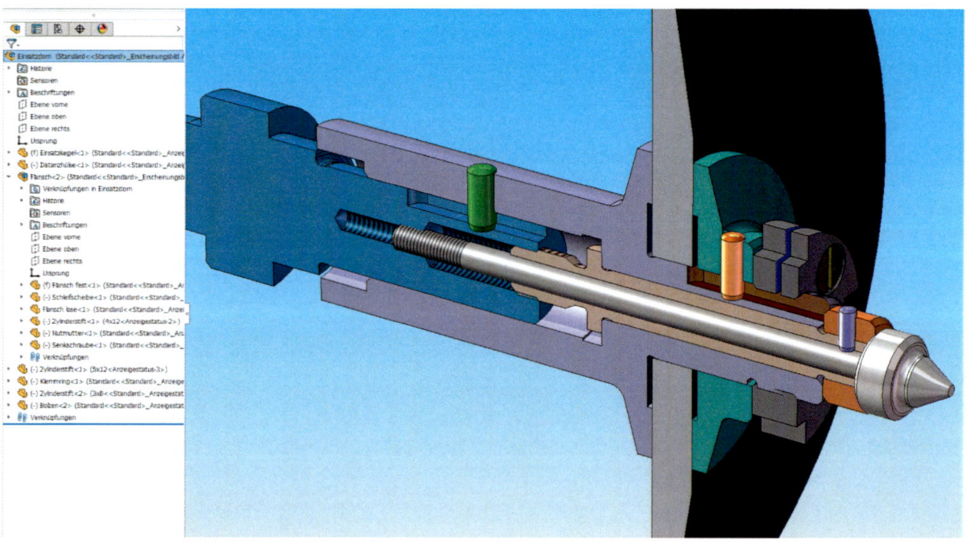

Bild 7.74: ... und ausgefahren.

- Dabei darf nur der *Einsatzkegel* stillstehen, die Unterbaugruppe *Flansch* muss sich im Ganzen verschieben lassen.
- Manche Elemente, wie der *Klemmring*, können allerdings noch gedreht werden. Aber das entspräche genau der Realität, wenn alle Materialien reibungsfrei wären. Drehbar dürfen demnach nur die *Schleifscheibe*, die *Nutmutter*, der *Klemmring*, der *Bolzen*, die *Distanzhülse* sowie alle *Zylinderstifte* sein.

- Es darf andererseits auch keine „Alleingänger“ geben, sondern alle Bauteile müssen jeweils zusammenhängen oder, wie die Piloten sagen: sich in geschlossener Formation bewegen.

Dabei ergibt sich eine letzte funktionale Störung: Der *Zylinderstift 3x8* ist zu lang (Bild 7.75) – so könnte man die *Nutmutter* in Wirklichkeit nicht von der Welle abziehen, ohne zuvor den *Stift* auszubohren!

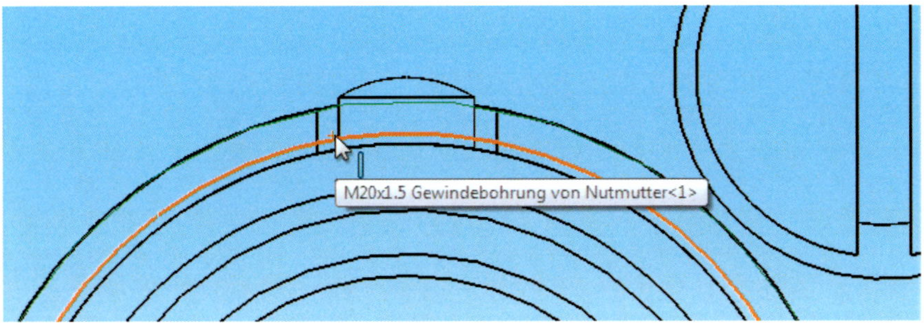

Bild 7.75: Böse Falle: Der Zylinderstift ragt in das Gewinde der Nutmutter hinein.

Korrigieren wir auch dieses noch:

- Öffnen Sie den *Zylinderstift*. Dort wiederum öffnen Sie die *Tabelle* zur Bearbeitung.
- Editieren Sie die Tabelle und ändern Sie die Gesamtlänge (*$prp@Länge)* für die Konfiguration *3x8* von *8* in **6,5** mm. Belassen Sie den Namen der Konfiguration, sonst wird die Baugruppe ungültig (Bild 7.76).

L Rest@Zylinderstift	Z@Zylinderstift	a@Kuppe	$prp@Länge	Winkel@Zylinderstift	
5,25	0,8	0,45	6,5	15	PASSUNG;
10,4	1	0,6	12	15	PASSUNG;
10,05	1,2	0,75	12	15	PASSUNG;

Bild 7.76: Der Stift wird mit der virtuellen Flex bearbeitet.

- Speichern und schließen Sie die Tabelle, speichern und schließen Sie das Bauteil. Bejahen Sie die Abfrage nach Aktualisierung der Baugruppe.

Ergebnis: Der Stift ist bündig im *Klemmring* versenkt (Bild 7.77).

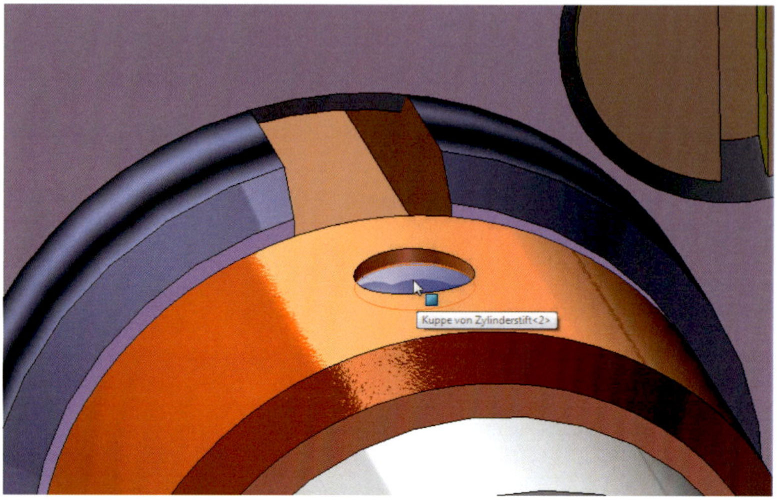

Bild 7.77 In virtuellen Baugruppen findet man auch noch den bestversteckten Fehler!

In Bild 7.78 sehen Sie noch einmal den gesamten FeatureManager der Baugruppe *Einsatzdorn* mit den zugehörigen Verknüpfungen. Zum Vergleich: Den Baum des *Flansches* finden Sie auf S. 280.

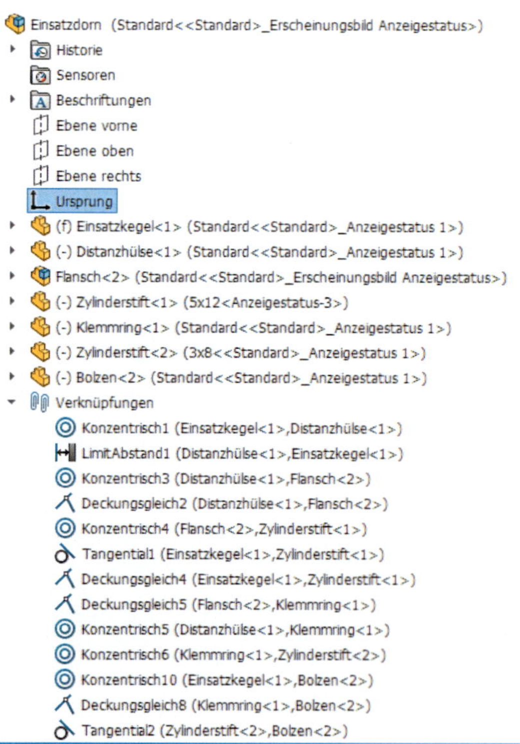

Bild 7.78: Das Angesicht des Schweißes: Der vollständige Baum der Baugruppe *Einsatzdorn*

Prüfen Sie auch, ob in der Ansicht *Rechts* alle Komponenten korrekt aufeinander ausgerichtet sind (Bild 7.79).

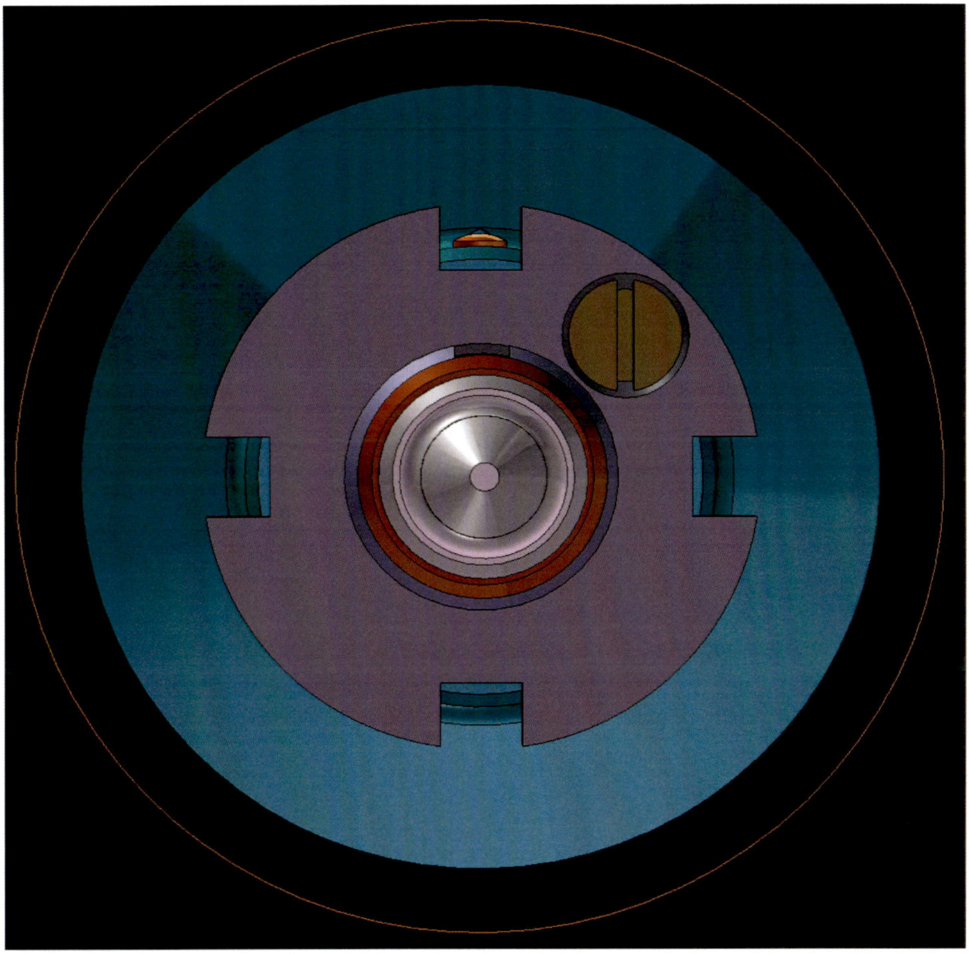

Bild 7.79: Wie ein Mandala wirkt die Ansicht der Schleifspindel von rechts

Alle Stifte sollten vertikal stehen, alle senkrechten Kanten und der Schraubenschlitz ebenfalls. So erleichtern Sie sich die Zeichnungsableitung, die wir uns nun, zum guten Schluss des Buches, zu Gemüte führen.

Was kann da noch schief gehen ...

8 Technisch zeichnen in 3D

Bauteile und Baugruppen in technische Zeichnungen umzusetzen, ist den Vokabeln der Werbetexter zufolge *ganz einfach:* Sie bestimmen die Blickrichtung, SolidWorks erledigt die Projektion. Drei Ansichten, Isometrien, Perspektiven, Details und Schnitte: All das wird automatisch vom 3D-Modell abgeleitet. Daher stammt auch die Bezeichnung Zeichnungsableitung für diesen Modus.

Wenn Sie allerdings versuchen, eine *normgerechte* technische Zeichnung mit SolidWorks hinzukriegen, werden Sie möglicherweise einen Schatten kriegen.

Denn die Einstellungen, die Sie zur gelungenen Zeichnung treffen müssen, sind über ganz SolidWorks verstreut – schlimmer noch: sie sind dokumentgebunden. Sie müssten sie also bei jeder neuen Zeichnung wiederholen. Darum fertigen Sie auch hier zunächst wieder eine Dokumentvorlage an.

8.1 Normschriften installieren

- Prüfen Sie zunächst, ob sich unter Ihren Windows-Fonts eine Normschrift befindet, am Besten die hervorragende und kostenlose ISOCPEUR.TTF. Die ist durch ihre Strichstärke auch schöner als alle in SolidWorks mitgelieferten Schriften.
- Sie können mit der Suchmaschine Ihres Vertrauens danach suchen, etwa mit den Begriffen **Normschrift TrueType** und/oder **ISOCPEUR**. Die schräggestellte oder *kursive* Normschrift finden Sie unter **ISOCPEUI**.

Leider akzeptiert SolidWorks noch immer keine *Type-1*-Schriften, also müssen es tatsächlich *TrueType*-Fonts sein.

- Beenden Sie SolidWorks. Installieren Sie den oder die Font(s) dann unter Windows und starten Sie dann wieder SolidWorks.

8.2 Eine Dokumentvorlage für Zeichnungen

- Erstellen Sie über *Datei, Neu* eine *Zeichnung* (Bild 8.1).

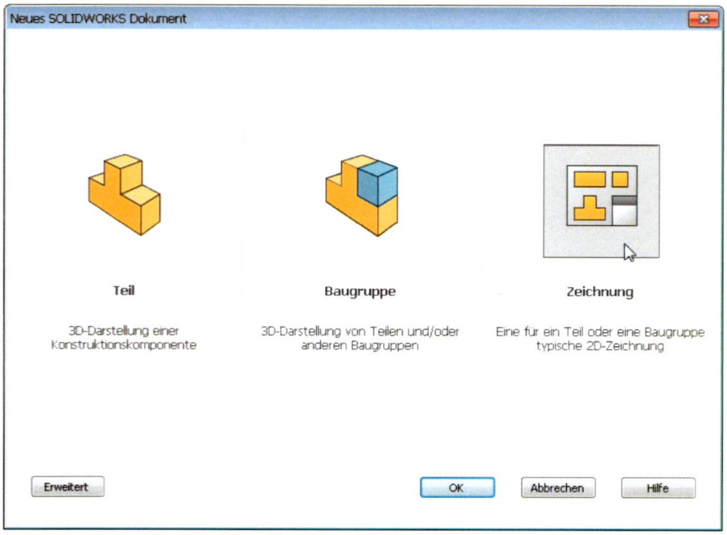

Bild 8.1: Faul: Die neue Vorlage wird von einer bestehenden abgeleitet.

SolidWorks lädt die neue Zeichnung in den Editor.

- Falls der PropertyManager mit den *Modellansichten* aufwartet, brechen Sie erst einmal ab.

Falls der Dialog *Blattformat/-größe* nicht automatisch erscheint (Bild 8.2, oben),

- rufen Sie im FeatureManager über das Kontextmenü von *Blatt<n>* die *Eigenschaften* auf, woraufhin der Dialog *Blatteigenschaften* erscheint (unten).

Je nachdem, welche Methode wählen, sind die zugehörigen Dialogboxen etwas unterschiedlich.

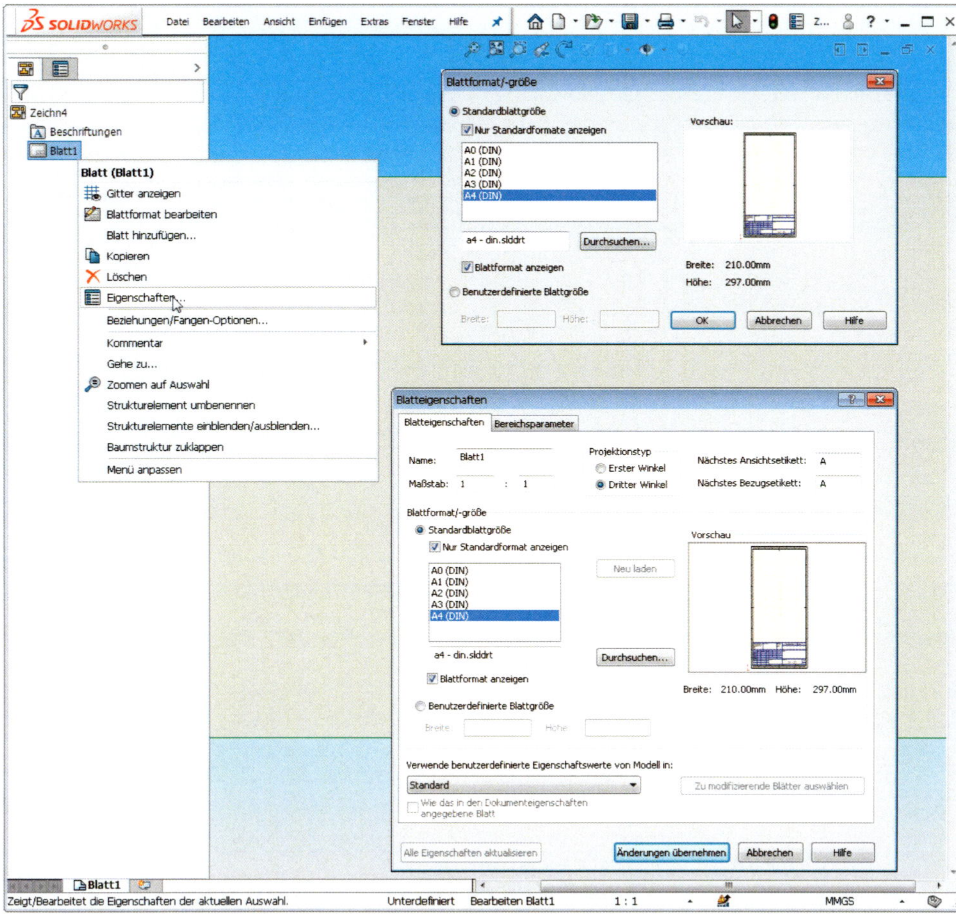

Bild 8.2: Das Blattformat kann über zwei verschiedene Dialogboxen eingestellt werden.

- Wählen Sie *Standardblattgröße*, das Listenfeld der Formate wird aktiviert. Stellen Sie hier *A4 (DIN) ein.* Bestätigen Sie dann.

Weitere Größen können Sie nur in den *Blatteigenschaften* einstellen, was aber nicht nötig sein sollte: Der *Maßstab* ist bereits *1:1*, der Projektionstyp ist DIN-gerecht der *Dritte Winkel*, die *nächsten Etikette* stehen auf **A** und **A**.

Auf diese Art können Sie übrigens auch das Blattformat einer *bestehenden* Zeichnung ändern.

- Spätestens jetzt erscheint der PropertyManager mit der Palette *Modellansicht*. Brechen Sie ihn ab, denn wir sind erst bei der Vorlage.

8.2.1 Norm und Schrift

Das erste Puzzle-Teil unserer Vorlage, die verwendete Norm und die eingangs erwähnten Schrift-Fonts, finden Sie in den Dokumenteigenschaften:

- Rufen Sie *Extras, Optionen,* Rubrik *Dokumenteigenschaften* auf.
- Wählen Sie unter dem obersten Hauptpunkt *Entwurfsnorm* die Einstellung *DIN*. Dadurch haben Sie bereits eine ganze Reihe DIN-gerechter Einstellungen getroffen.
- Unter *Beschriftungen* schalten Sie die *Schriftart* von *Century Gothic* auf *ISOCPEUR*. Stellen Sie die *Höhe* auf *Einheiten* um und tragen Sie dort **3.5** mm ein. Hierdurch werden automatisch alle unterordneten Punkte wie *Stücklistensymbole, Bezüge* usw. nach Font und Höhe auf Liniengruppe 5 umgestellt. Bestätigen Sie dann (Bild 8.3, unten).

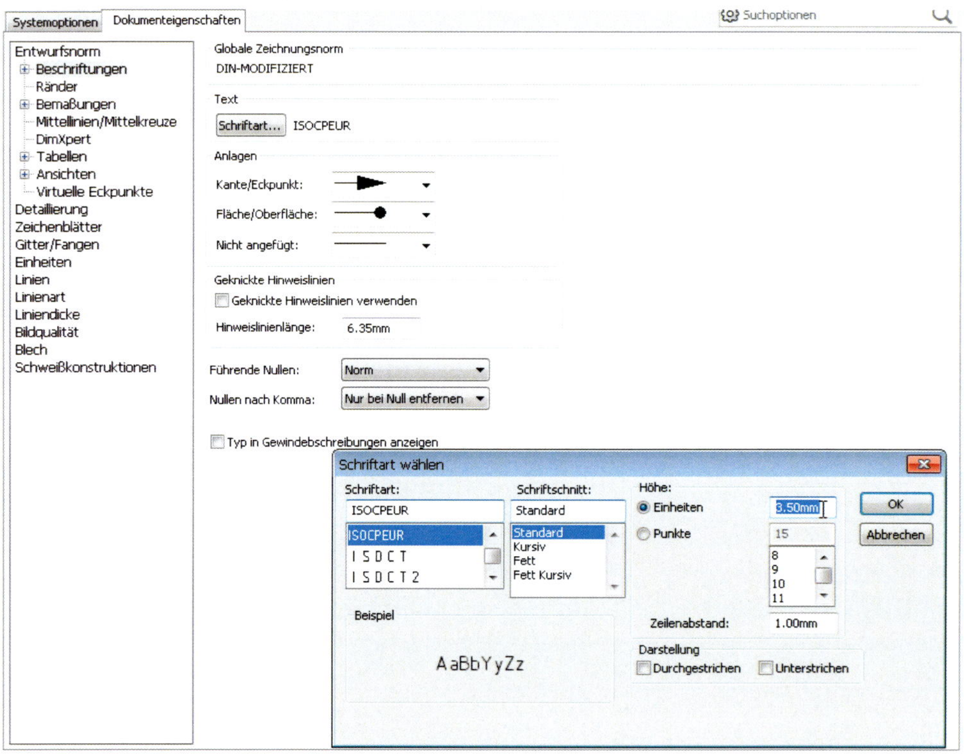

Bild 8.3: Der Font-Dialog von SolidWorks kennt auch Höhenangaben in Millimetern

Hierauf erhalten Sie eine kleine Meldung dahingehend, dass die Entwurfsnorm *DIN* in *DIN-MODIFIZIERT* kopiert wurde. Dies ist also Ihre erste eigene Entwurfsnorm (Bild 8.4).

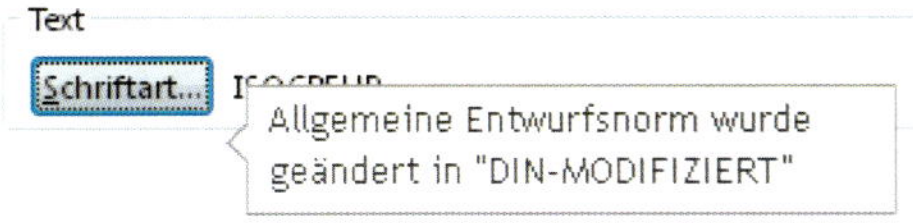

Bild 8.4: Konsequent: SolidWorks quittiert Änderungen der Norm mit einer neuen Norm.

- Ziehen Sie das gleiche Schema nun auch für die Unterpunkte *Bemaßungen*, *Tabellen* und *Ansichten* durch.
- Wählen Sie dann die übergeordnete Rubrik *Entwurfsnorm*, klicken Sie auf *Umbenennen* und geben Sie einen sprechenden Namen für die neue Norm ein, etwa **DIN ISO 128-24, Liniengruppe 5** (Bild 8.5).

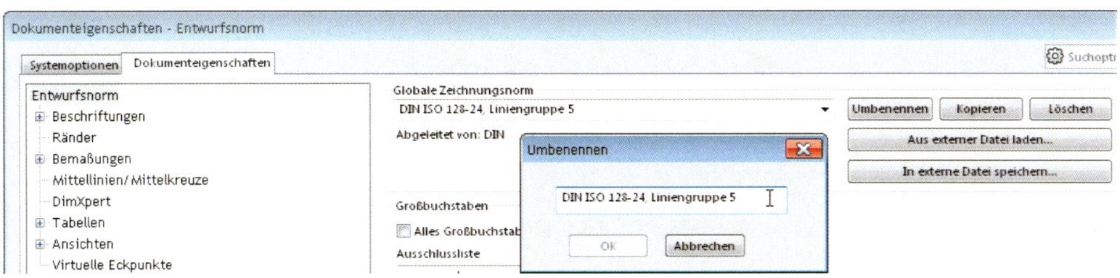

Bild 8.5: Sinnvoll: Ein sprechender Name für die neue Norm

> Die komplette Entwurfsnorm können Sie *in eine externe Datei speichern,* um sie mit der Erweiterung *.SLDSTD an andere Rechner weiterzugeben. Dort laden Sie die Norm dann über die korrespondierende Schaltfläche *Aus externer Datei laden*.

8.2.2 Gitter und Fangen

- Stellen Sie hier wie gehabt **100** mm, **10** und **10** ein. Gitter nicht anzeigen.

8.2.3 Einheiten

- In der Rubrik *Einheiten* belassen Sie *MMGS* und stellen lediglich die *Längen-* und die Winkeldezimale auf *Kein* (Bild 8.6).

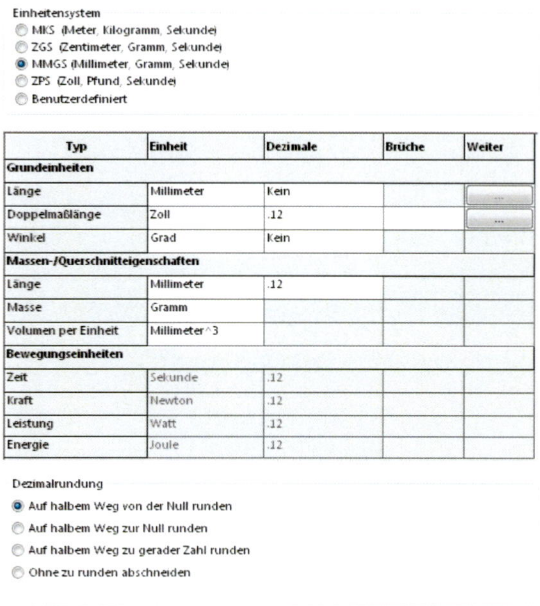

Bild 8.6: Einstellungen für die Einheiten

8.2.4 Linienstärken

- Wechseln Sie nun zunächst zur Rubrik *Liniendicke*, denn wir müssen die Stärken erst erschaffen, bevor wir sie nutzen können.

Falls dies nicht bereits der Fall ist,

- tragen Sie die Werte nach der DIN-Reihe ein, also **0.13**, **0.18**, **0.25**, **0.35**, **0.5**, **0.7**, **1.0** und schließlich **2** mm (Bild 8.7).

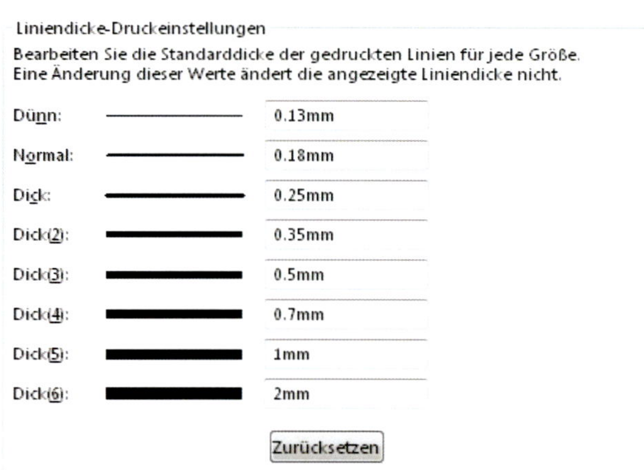

Bild 8.7: Ganze acht Stärken stehen zur Verfügung.

In SolidWorks gibt es leider immer noch keine Schaltfläche *Anwenden*. Damit diese Einstellungen für die anderen Kategorien der Dokumentoptionen zugänglich werden,

- bestätigen Sie die Dialogbox *Optionen* mit *OK* und öffnen sie gleich wieder. Wechseln Sie dann wieder zu den *Dokumentoptionen*.

8.2.5 Linienarten

Erst jetzt können wir diese Linien den Linienarten zuordnen:

- Schalten Sie zur Rubrik *Linien* (Bild 8.8).

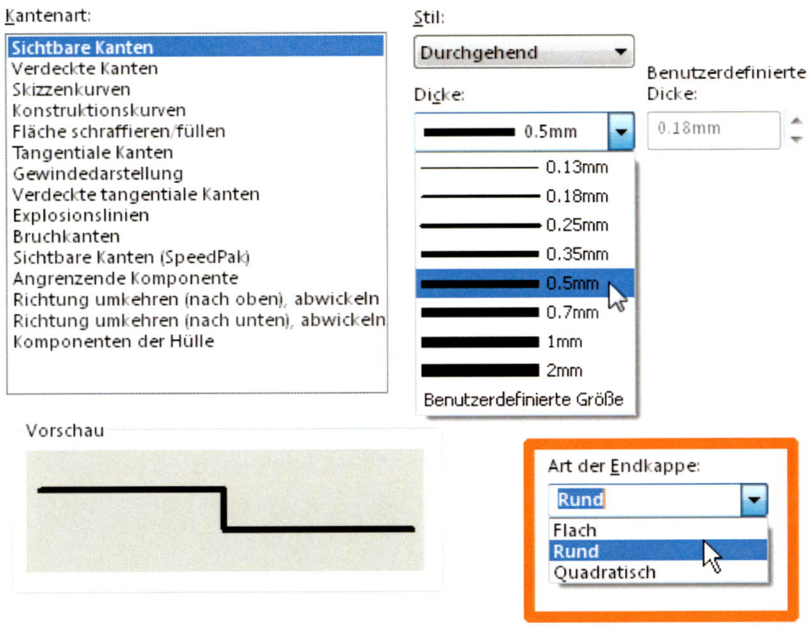

Bild 8.8: Linienarten und Linienstärken werden unter der Rubrik *Linien* zugeordnet

- In der Liste *Kantenart* sehen Sie die zu kodierenden Zeichnungselemente. Diese gehen Sie der Reihe nach durch, um ihnen die Attribute der anderen Felder zuzuordnen.
- Rechts daneben befinden sich die Listenfelder für *Stil* – gemeint ist die *Linienart*, die Sie in der gleichnamigen Kategorie konfigurieren können.
- Darunter sehen Sie das Listenfeld *Dicke*, dessen Einträge wir soeben unter *Liniendicke* definiert hatten.
- Darunter können Sie die *Art der Endkappe* einstellen, am Schönsten ist *Rund* für die Form der Ecken und Enden eines mit Tuschfüller gezeichneten Linienzugs.

Nach diesem Schema gehen Sie jetzt die Liste *Kantenart* durch, um die zur Schrifthöhe 3,5 mm passende Liniengruppe 5 zu realisieren:

- *Sichtbare Kanten* erhalten den Stil *Durchgehend* und die *Dicke 0.5 mm.*
- *Verdeckte Kanten* sind *gestrichelt*, ihre *Dicke* beträgt *0.25 mm.*
- *Skizzenkurven* - z. B. für Blöcke - erhalten *0.5 mm durchgehend,*
- *Konstruktionskurven 0.18 mm* und *Punktstrich,*
- *Schraffuren 0.18* und *Durchgehend,*
- *Tangentiale Kanten 0.18* und *Phantom,*
- *Gewinde 0.18* und *Durchgehend,*
- *verdeckte Tangentiale Kanten 0.18* und *gestrichelt* und schließlich
- *Bruchkanten 0.25* mm und *gestrichelt.*
- Ordnen Sie allen Linien als *Art der Endkappe* die Option *Rund* zu, soweit dies möglich ist.

Möchten Sie dagegen lieber scharfe Ecken, so wählen Sie *Quadratisch,* nicht *Flach*.

8.2.6 Bildqualität

Um auch in der 2D-Ableitung saubere Rundungen zu sehen,

- stellen Sie die *Auflösung* auf einen hohen Wert ein.
- Wenn Ihr Rechner über eine schnelle Grafikkarte verfügt, aktivieren Sie danach probehalber die Option *Kantenlänge optimieren* (Bild 8.9). Dies führt zu optimalen Ergebnissen, kostet allerdings auch etwas mehr Zeit.

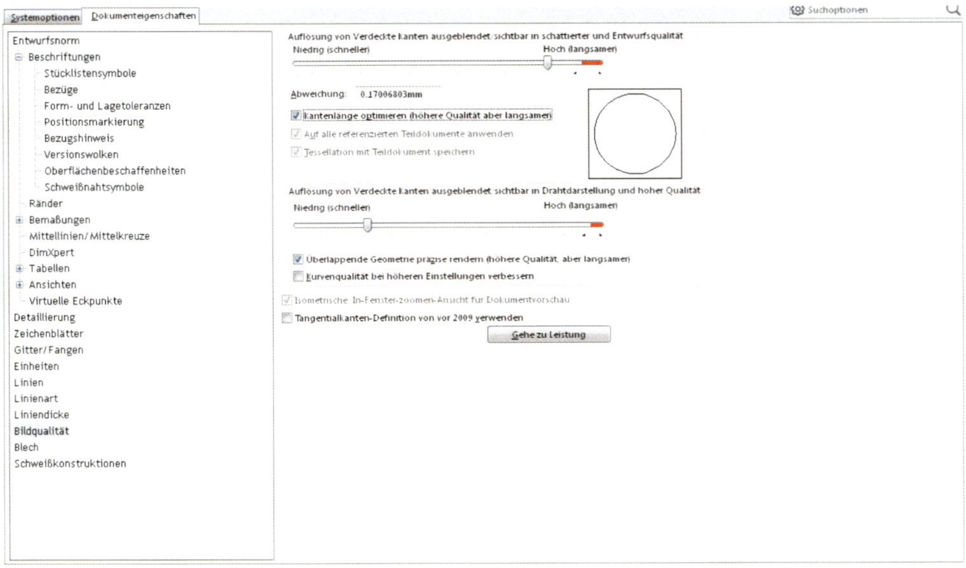

Bild 8.9: Einstellungen der Bildqualität

- Bestätigen Sie dann die Dialogbox *Optionen*.

8.2.7 Das Schriftfeld

Das Schriftfeld können Sie in zwei Modi bearbeiten:

- Per Default befinden Sie sich im Blatt-Modus, das heißt, Sie fügen Ansichten Ihrer Bauteile und Modelle ein und detaillieren die Zeichnung. Das Blatt selbst bleibt unangetastet.
- Der Blattformat-Modus hingegen ermöglicht es Ihnen, das Layout selbst zu bearbeiten. Hier fügen Sie Texte, Variablen und Linien ein.

Die Modi schalten Sie über das Kontextmenü des *Blattes* oder über das Kontextmenü am unteren Fensterrand um.

8.2.8 Das Blattformat bearbeiten

- Wählen Sie im FeatureManager übers Kontextmenü *Blatt, Blattformat bearbeiten.*

Das Schriftfeld wird in schwarzen und blauen Linien angezeigt, genau wie eine SolidWorks-Skizze. Und genau wie dort können Sie auch alle Elemente der Maske bearbeiten: Mit den Skizzierfunktionen zeichnen Sie Linien und Kästen, mit der Symbolleiste *Beschriftung* bearbeiten Sie Texte und Variablen.

- Wählen Sie den Titel *$PRPSHEET:{Description}* und klicken Sie im PropertyManager, Gruppenfeld *Textformat* auf die Schaltfläche *Verknüpfung zu Eigenschaft* (Bild 8.10).

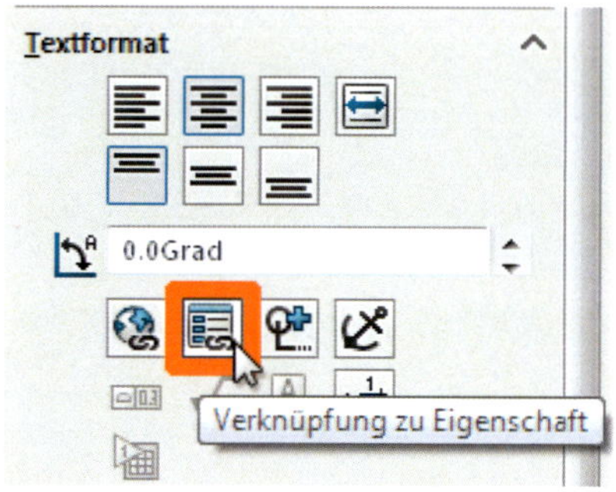

Bild 8.10: Etwas versteckt liegen die Verknüpfungen zu Textfeldern

Das gleichnamige Dialogfeld erscheint (Bild 8.11). Hier können Sie aus dem Listenfeld unter allen existierenden Dateieigenschaften auswählen.

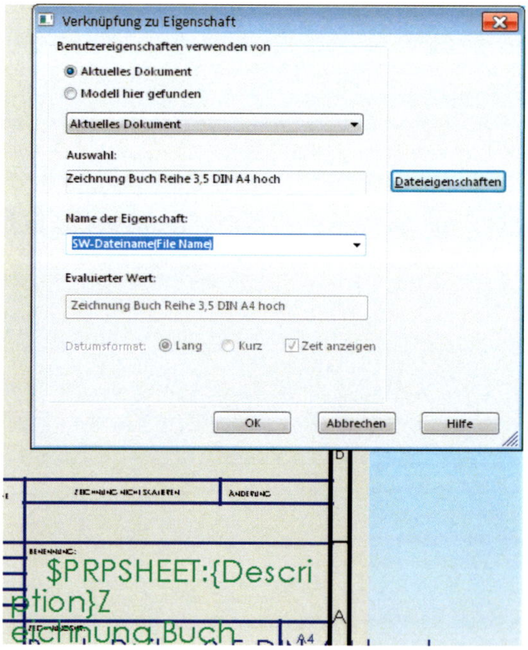

Bild 8.11: Mit den Dateieigenschaften lässt sich das Schriftfeld automatisieren.

- Wählen Sie hier *SW-Dateiname(File Name)*. Damit erscheint als Titel der Name der Zeichnungsdatei. Bestätigen Sie.
- Rufen Sie aus dem Kontextmenü des gleichen Textfeldes *Text bearbeiten* auf.

Die Editierfunktion für diese Felder ist erratisch, also

- entfernen Sie zunächst die Markierung, indem Sie PFEIL LINKS drücken. Die Einfügemarke steht jetzt am Beginn der Zeichenkette. Drücken Sie einmal ENTF, und die alte Zeichenfolge *$PRPSHEET:{Description}* verschwindet (Bild 8.12).

Jetzt steht hier nur noch *Zeichn<n>*.

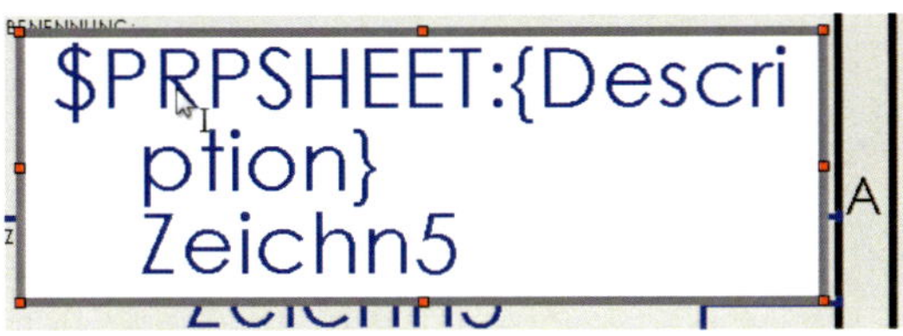

Bild 8.12: Trickreich: Austauschen des statischen Textes gegen die Dokumentvariable *Dateiname*

- Klicken Sie daneben, wählen Sie den Schriftzug nochmals und verleihen Sie ihm die Schriftart *ISOCPEUR* mit **7** mm Höhe.
- Klicken Sie in den Editor, um das Editieren zu beenden.
- Löschen Sie das Textfeld unter *Zeichnungsnummer* ganz.

Im Feld *Title* sollte jetzt der Dateiname ohne Erweiterung in Normschrift stehen, etwa *Zeichn5*.

- Wechseln Sie wieder zurück in den Modus *Blatt bearbeiten*, indem Sie auf das Bestätigungs-Eckfeld oben rechts im Editor klicken. 

8.2.9 *Vorlage speichern*

Im ersten Kapitel haben Sie einfach die Standardvorlage überschrieben. Es gibt aber noch einen anderen Weg – besonders, falls Sie mehrere Vorlagen wünschen:

- Speichern Sie die Zeichnungsvorlage im Dialogfeld *Speichern unter* unter dem Dateityp *Zeichnungsvorlagen (*.drwdot)* (Bild 8.13).

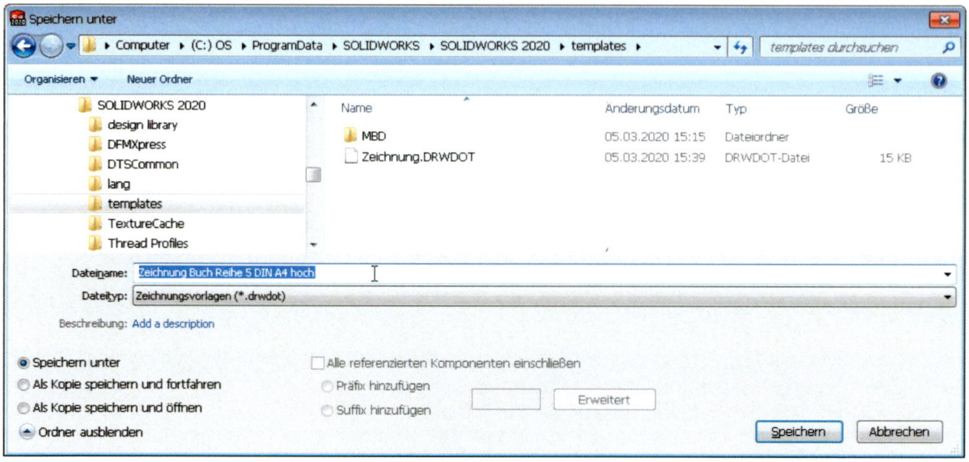

Bild 8.13: Varianten: Die Standardvorlage erhält Zuwachs.

SolidWorks wechselt in den Vorlagenordner.

- Geben Sie einen *Dateinamen* ein, etwa **Zeichnung Buch Reihe 5 DIN A4 hoch.**

Der einzige Nachteil ist, dass Sie diese Vorlage beim Erstellen einer neuen Zeichnung gesondert wählen müssen.

Lassen Sie die Vorlage geöffnet, solange Sie den Editor einrichten. *Diese* Einstellungen werden zwar systemweit gespeichert, aber diese Arbeit fällt leichter mit *aktivierten* Schaltflächen.

8.3 Den Editor einrichten

Folgende Symbolleisten wollen Sie in Griffweite haben, wenn Sie Zeichnungen bearbeiten:

- Mit einem Rechtsklick über der Titelleiste rufen Sie *Anpassen* auf.

Über die erste Registerkarte können Sie nun alles auf einmal einstellen (Bild 8.14):

- Schließen Sie *Ansicht Head-Up.*
- Unters Menü bugsieren Sie *Ansicht* und *Formatierung, Layer und Linienformat.*
- Rechts platzieren Sie *Beschriftung.*
- Am linken Rand legen Sie untereinander *Zeichnung* und *Explosionsskizze* ab.

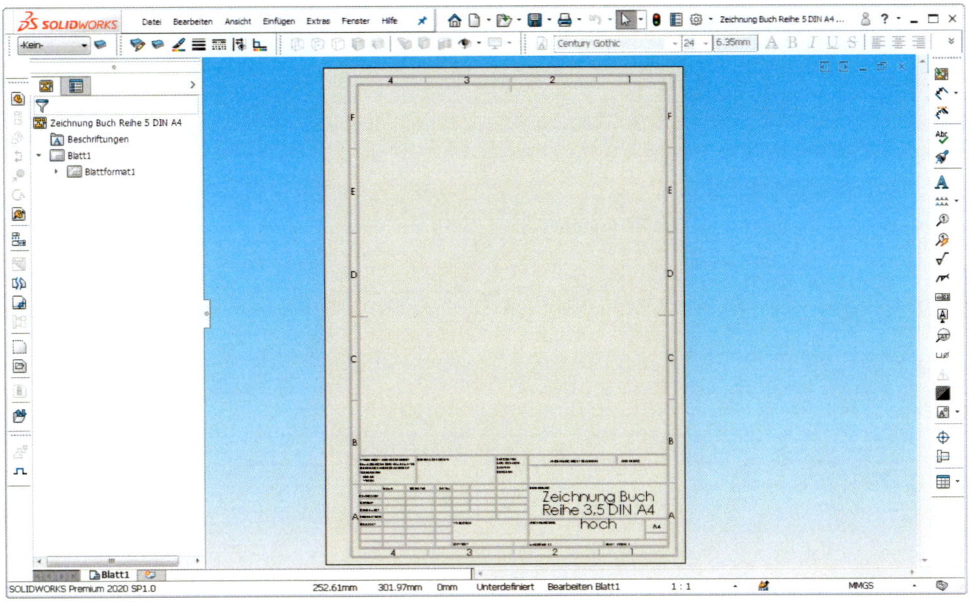

Bild 8.14: Serviervorschlag: Der Editor für die Zeichnungsableitung

- Bestätigen Sie und schließen Sie die Vorlage.

8.4 Die Zeichnung

Öffnen Sie nun eine neue Zeichnung:

- Klicken Sie im Dialogfeld *Neues SolidWorks-Dokument* auf *Erweitert* und wählen Sie dort die Vorlage ZEICHNUNG BUCH REIHE 5 DIN A4 HOCH.
- Speichern Sie die Zeichnung unter dem Namen **Nutmutter**.

Der Dateiname wird ohne Erweiterung im Schriftfeld angezeigt.

8.4.1 Ansichten einfügen

- Klicken Sie in der Symbolleiste *Zeichnung* auf *Modellansicht*.

Der PropertyManager erscheint mit den Parametern der Modellansicht (Bild 8.15).

- Klicken Sie auf *Durchsuchen* und öffnen Sie im Verzeichnis EINSATZDORN das Bauteil NUTMUTTER.

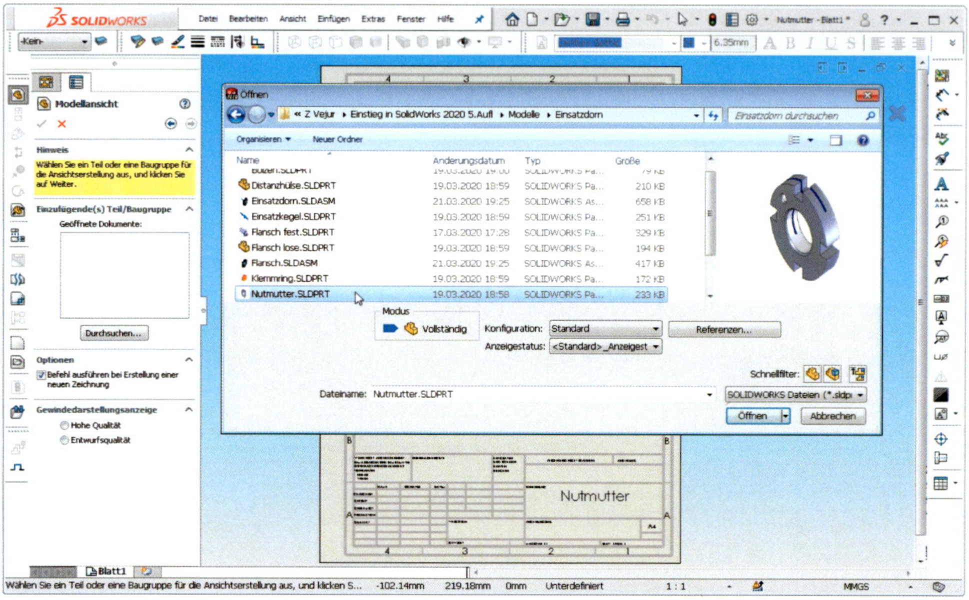

Bild 8.15: Das Einfügen von Zeichnungsansichten funktioniert ähnlich wie bei den Baugruppen.

Der Einfügemodus ist aktiv, die erste Ansicht hängt bereits am Mauszeiger. Doch bevor Sie sie auf dem Blatt platzieren,

- klicken Sie im Gruppenfeld *Ausrichtung* auf die Schaltfläche **Rückseite*, um die Senkung für die Arretierschraube in die Ansicht zu drehen (Bild 8.16, Pfeil). Wenn nur ein Rahmen zu sehen ist, aktivieren Sie die *Vorschau* (unten). Die Ansicht am Mauszeiger reagiert entsprechend.

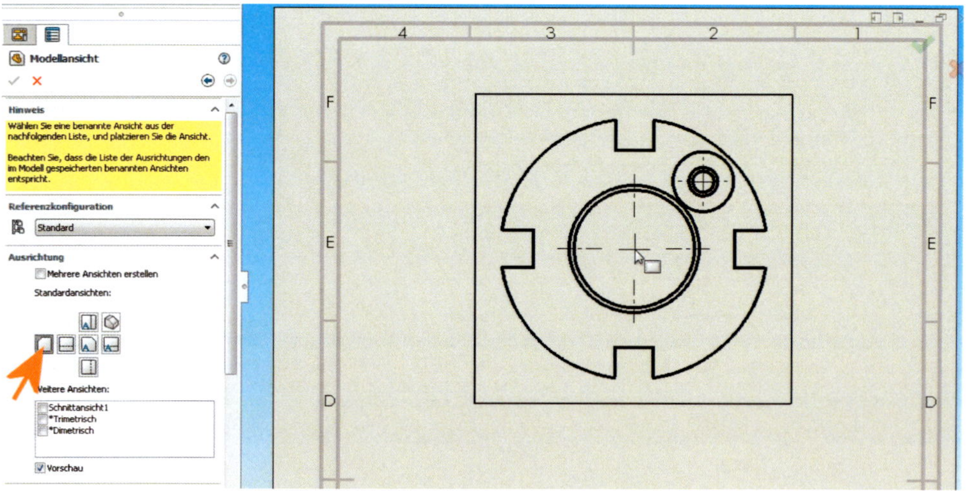

Bild 8.16: Selbst die Voransicht der Ansicht lässt sich umschalten

- Fügen Sie die erste Ansicht in die obere Hälfte der Zeichnung ein (rechts).
- Sofort wird eine neue Ansicht angeboten, die eine korrekt gedrehte Ableitung der ersten darstellt. Klicken Sie die Ansicht von **oben* also unter die Hauptansicht. Beenden Sie den Einfügemodus dann mit *OK* (Bild 8.17).

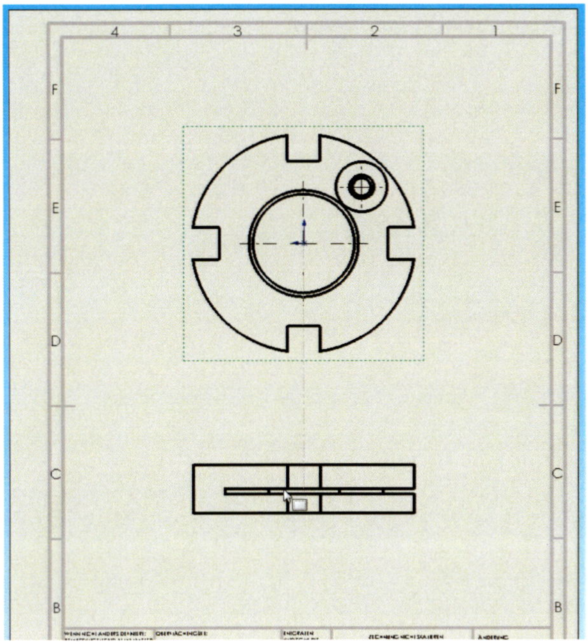

Bild 8.17: Im Einfügemodus können gleich mehrere Ansichten auf einmal erstellt werden.

Diese beiden Ansichten konfigurieren Sie nun genau so wie zuvor die Teile, die Features und die Baugruppen:

- Klicken Sie die Hauptansicht an. Der PropertyManager erscheint (Bild 8.18).

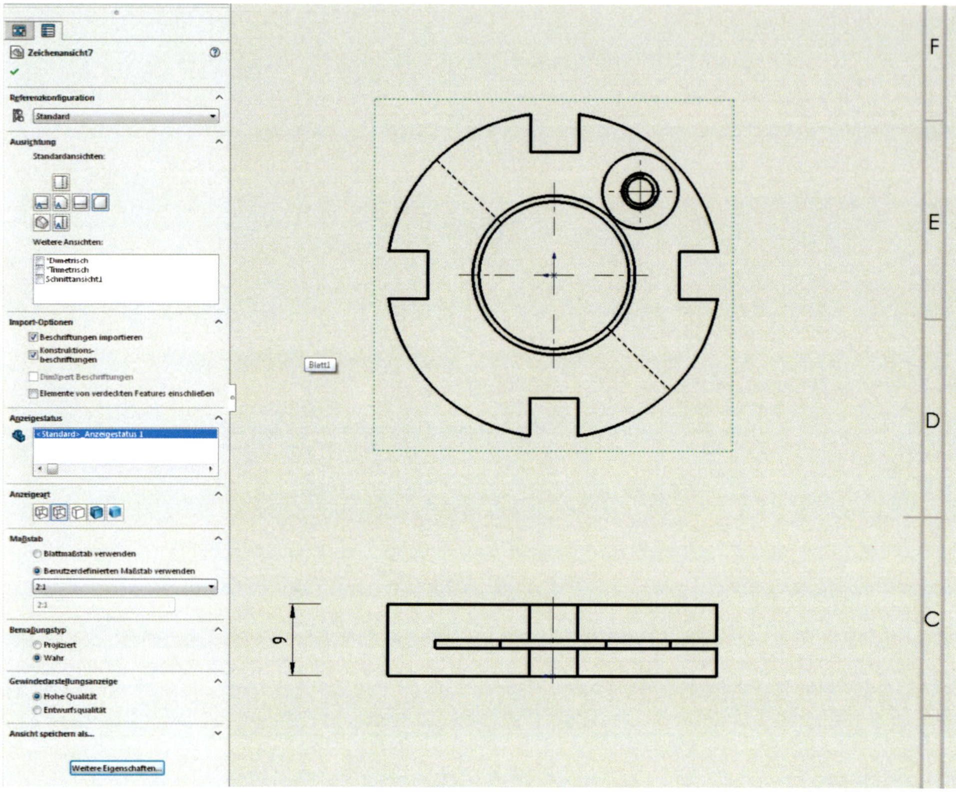

Bild 8.18: Jede Ansicht lässt sich individuell konfigurieren

- Stellen Sie die Anzeigeart *Verdeckte Kanten sichtbar* ein, um den Einschnitt hervorzuheben.
- Da Sie genügend Platz in der Ansicht haben, stellen Sie den *Benutzerdefinierten Maßstab* auf *2:1* ein.
- Als *Bemaßungstyp* wählen Sie für eine Standardansicht *Wahr*. So werden die Modellbemaßungen bevorzugt.
- Wählen Sie als *Gewindedarstellung* die *Hohe Qualität*.

Die abhängige Ansicht **Oben* hat sich ebenfalls umgestellt:

Klicken Sie darauf und stellen Sie sie wieder zurück auf *Verdeckte Kanten ausgeblendet.* Sie brauchen den PropertyManager dazu nicht eigens zu beenden.

- Bestätigen Sie den PropertyManager mit *OK*.

Alle diese Parameter können Sie nachträglich ändern: Klicken Sie einfach die betreffende Ansicht an, so wird deren PropertyManager angezeigt. Und durch Ziehen am Rahmen der Ansicht platzieren Sie sie an einer anderen Stelle – abhängige Ansichten wie hier **oben* gehen automatisch mit.

8.4.2 Bemaßungen einblenden

Da wir noch eine Schnittansicht planen, räumen wir die Frontansicht ein wenig auf:

- Falls die Maße des Modells nicht zu sehen sind, klicken Sie in der Symbolleiste *Beschriftung* auf die Schaltfläche *Modellelemente.*

Der PropertyManager offeriert die Import-Optionen für Zeichnungselemente, die aus der Bauteildatei importiert werden können (Bild 8.19).

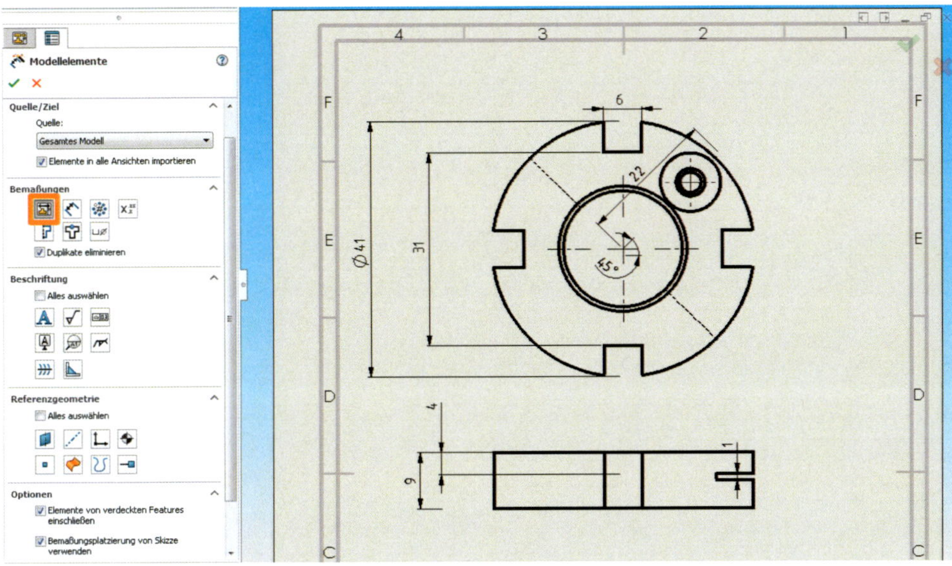

Bild 8.19: Bemaßungen sind nur ein kleiner Teil der importierbaren Modellelemente!

- Wählen Sie unter *Quelle/Ziel Gesamtes Modell* und aktivieren Sie die Option *Elemente in alle Ansichten importieren.* Aktivieren Sie im Gruppenfeld *Bemaßungen* nur die Schaltfläche *Für Zeichnung markiert* (Kasten). Bestätigen Sie dann.
- Löschen Sie die Ansicht **oben* durch Anklicken und ENTF – wir werden sie durch eine Schnittansicht ersetzen.
- Löschen Sie alle Maße bis auf *41, 31* und *6.*
- Löschen Sie das automatische Mittelkreuz aus der Hauptansicht. Wir ersetzen es durch dasjenige der Modellskizze.

8.4.3 Konstruktionslinien vom Modell

Um die Schnittansicht anheften und die Bohrung M4 bemaßen zu können, benötigen wir einen Punkt und den Teilkreis. Beides finden wir in *Sk Arretierung* der *Nutmutter*, aber die benötigt hierzu noch ein kleines Update:

- Öffnen Sie im FeatureManager das Bauteil *Nutmutter* über dessen Kontextmenü zur Bearbeitung.

- Öffnen Sie *Sk Arretierung*, ersetzen Sie die einseitige horizontale Mittellinie durch eine *Mittellinie* mit der Option *Mittelpunkt*. Ergänzen Sie noch eine vertikale *Mittellinie* gleicher Art. Stellen Sie schließlich die Bemaßung *45°* wieder her, sodass die Skizze voll bestimmt ist (Bild 8.20).

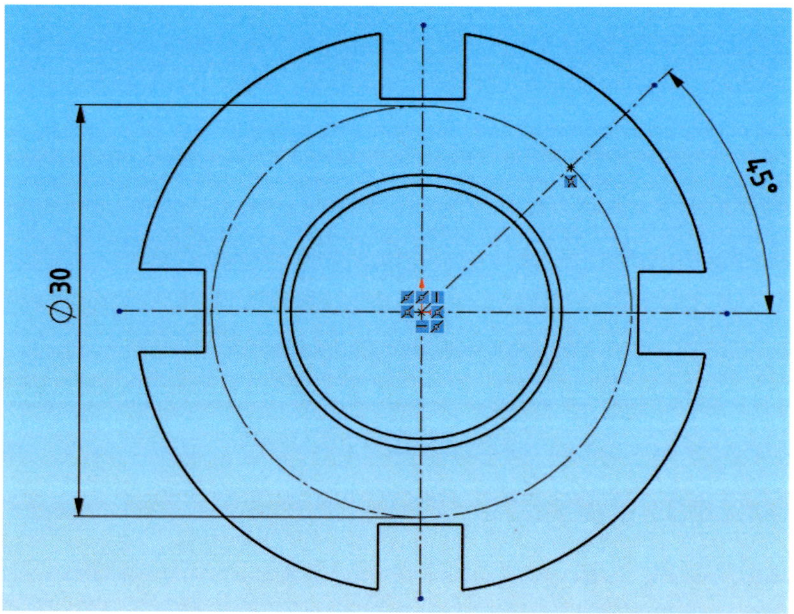

Bild 8.20: Die Skizze wird für die Zeichnungsableitung vorbereitet.

- Speichern und schließen Sie das Teil und kehren Sie zur Zeichnung zurück.

- Blenden Sie *Sk Arretierung* über deren Kontextmenü ein.

Jetzt sind das Mittelkreuz und die schräge Konstruktionslinie der Skizze *Sk Arretierung* zu sehen. Der Sinn dieser Änderung ist, dass sich die Strichpunkt-Muster der Mittellinien von Teil und Zeichnung sonst überlagern würden, und es wäre uns kaum möglich, eine saubere Ansicht zu erzeugen!

8.4.4 Bemaßungen importieren

- Betätigen Sie nun erneut die Schaltfläche *Modellelemente*.

Jetzt erscheinen der Winkel der 45°-Konstruktionslinie und der Durchmesser des Lochkreises, beides Elemente von *Sk Arretierung*.

- Löschen Sie redundante Maße, falls nötig.

Damit sollte der Stand nach Bild 8.21 erreicht sein.

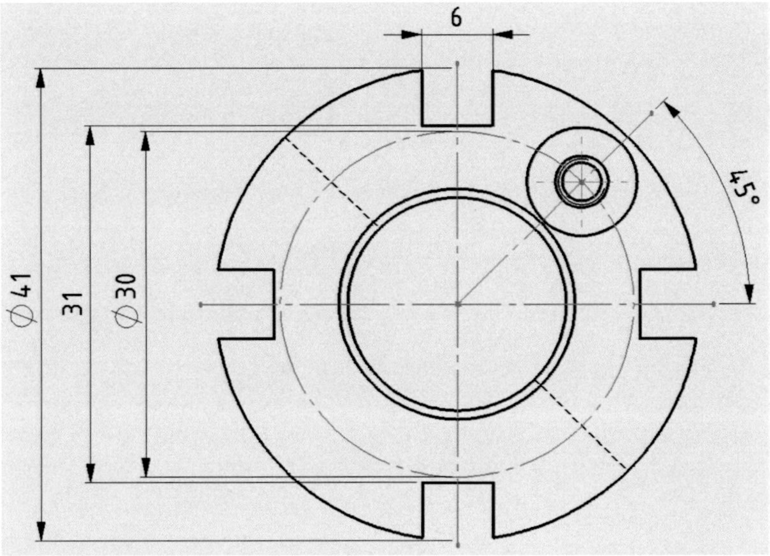

Bild 8.21: Die Rückansicht der Nutmutter

8.4.5 Schnittansichten

Um einen Blick ins Innenleben von Schnitt und Bohrung zu werfen, fertigen wir eine Schnittansicht an. Doch da die Bohrung M4 um 45 Grad gegen die Horizontale gedreht ist, verwenden wir einen geknickten Schnitt. Auch Schnitte basieren auf bestehenden Ansichten, so dass wir die Schnittebene in der Hauptansicht definieren:

- Benennen Sie die Ansicht im FeatureManager mit **Hauptansicht**. Aktivieren Sie den Eintrag und
- rufen Sie in der Symbolleiste *Zeichnung* die *Schnittansicht* auf. Schalten Sie um auf *Schnitt* und dort auf den Modus *Ausgerichtet*. Dieser bietet die größten Freiheiten.
- Führen Sie den Mauszeiger dann wieder über die *Hauptansicht*.

Da diese als Bezugsansicht aktiviert war, zeigt SolidWorks jetzt eine Hilfskonstruktion aus zwei Schnittlinien, die Sie jetzt nur noch zu platzieren brauchen:

- Klicken Sie zunächst den Mittelpunkt des Linienzugs auf das Zentrum der Nutmutter. Achten Sie auf die Bildung einer Skizzenbeziehung *deckungsgleich* (Bild 8.22).

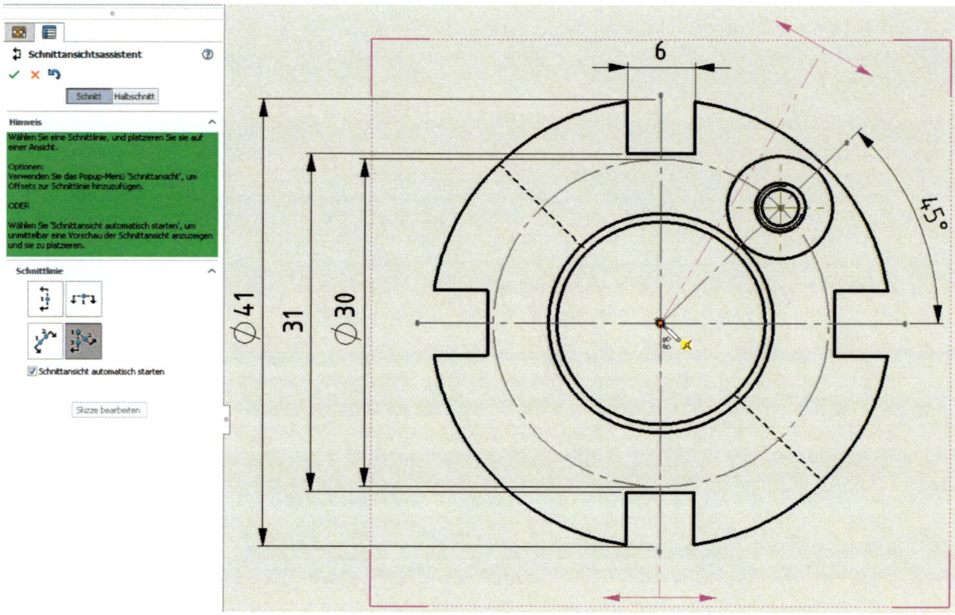

Bild 8.22: Anfertigung eines geknickten Schnittes: Mittelpunkt, ...

- Klicken Sie dann den linken „Arm" in die Horizontale, wobei Sie auf die Skizzenbeziehung *Horizontal* achten (Bild 8.23).

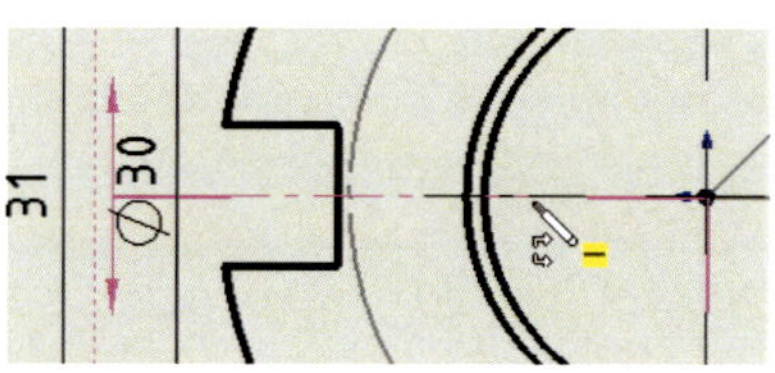

Bild 8.23: ... erster Arm ...

- Für die rechte Seite fangen Sie den Endpunkt der 45°-Konstruktionslinie *deckungsgleich (Bild* 8.24*).*

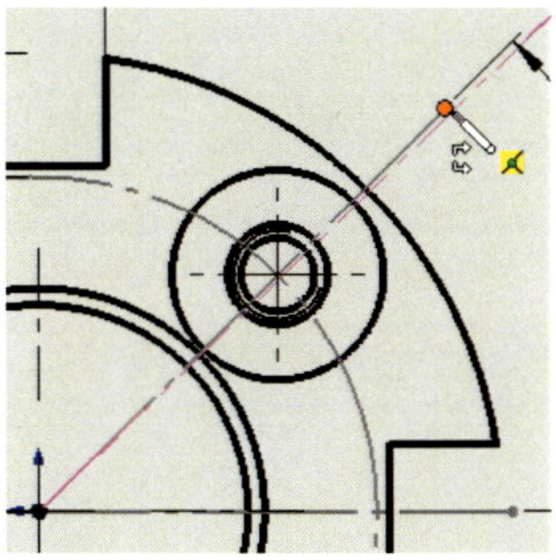

Bild 8.24: ... und zweiter Arm. Fertig!

- Nun können Sie die Ansicht lotrecht zu jedem der Schnittarme aus der Kontur ziehen, in diesem Fall vertikal nach unten, woraufhin Sie die neue Ansicht nur noch zu platzieren brauchen (Bild 8.25).

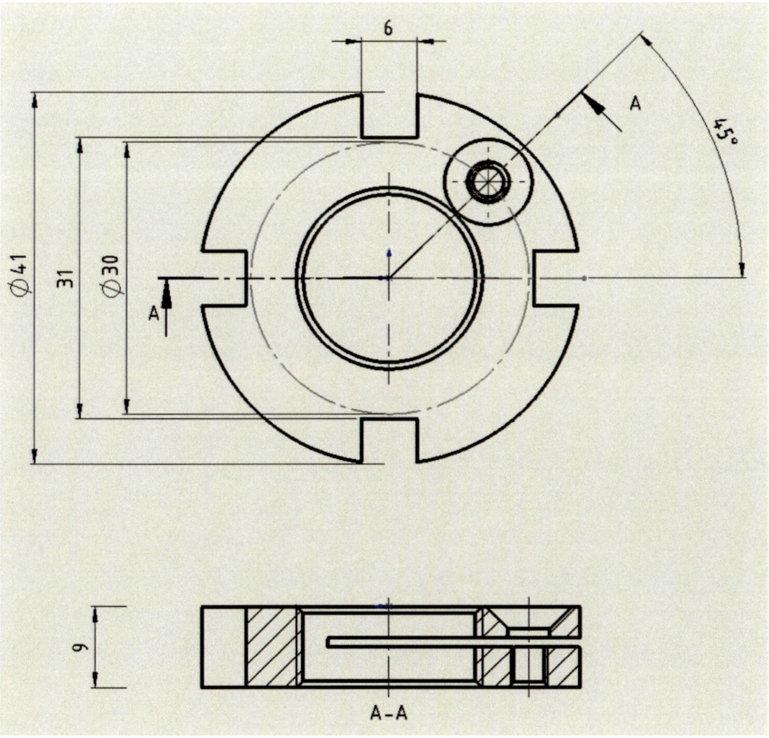

Bild 8.25: Die fertige Schnittansicht

- Falls der Schnitt in die falsche Richtung weist, wählen Sie die Schnittansicht und klicken im PropertyManager unter *Schnittlinie* auf *Richtung umkehren* (Bild 8.26).

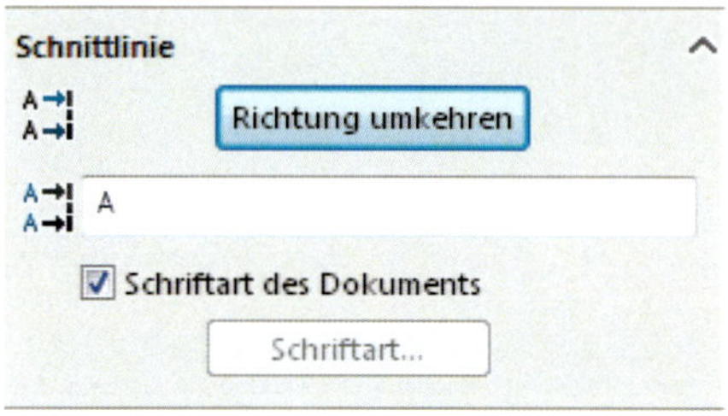

Bild 8.26: Zur Umkehrung der Schnittrichtung bedarf es nur eines einzigen Klicks

- Wählen Sie *Verdeckte Kanten ausgeblendet,* wie es für Schnitte üblich ist.

Um die Bemaßung der *Hauptansicht* nicht zu überschreiben,

- klicken Sie die *Schnittansicht* an und rufen dann die *Modellelemente* auf. Importieren Sie die Maße aus dem *gesamten Modell* (Bild 8.27).

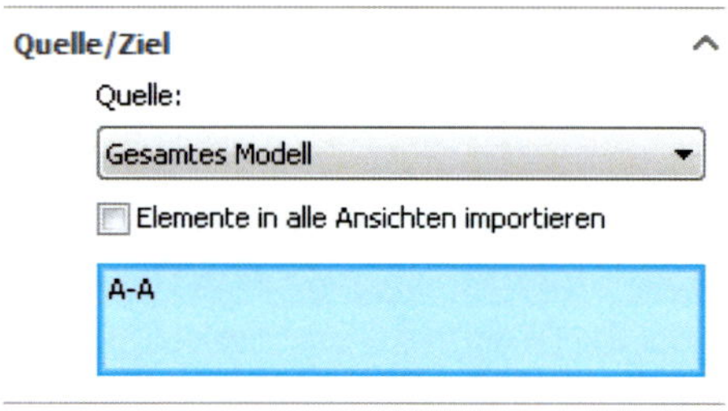

Bild 8.27: Importieren der Modellbemaßungen in eine bestimmte Ansicht.

- Ziehen Sie die Maße dann aus der Kontur. Dies führt zum Stand von Bild 8.28.

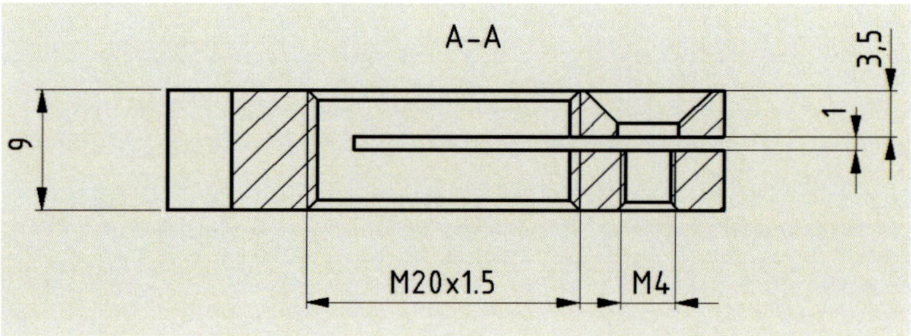

Bild 8.28: Die Modellbemaßungen sind leider nicht ganz vollständig ...

Für Halbschnitte, wie sie für die Wellendarstellung üblich sind, gibt es die hochgradig automatisierte Funktion *Halbschnitt,* die Sie allerdings nur bei Erstellung des Schnittes im PropertyManager über dem Hinweis finden (vgl. Bild 8.22).

8.4.6 Zusätzliche Bemaßungen

Die Modellbemaßungen sind allerdings nicht vollständig. Ergänzen wir die Bohrungen, Senkungen und Gewinde per Hand:

- Starten Sie die *Intelligente Bemaßung* in der Symbolleiste *Beschriftung*.

- Bemaßen Sie den Kegelwinkel **90°** sowie den Bohrungsdurchmesser **5** mm für die Senkschraube M4 (Bild 8.29).

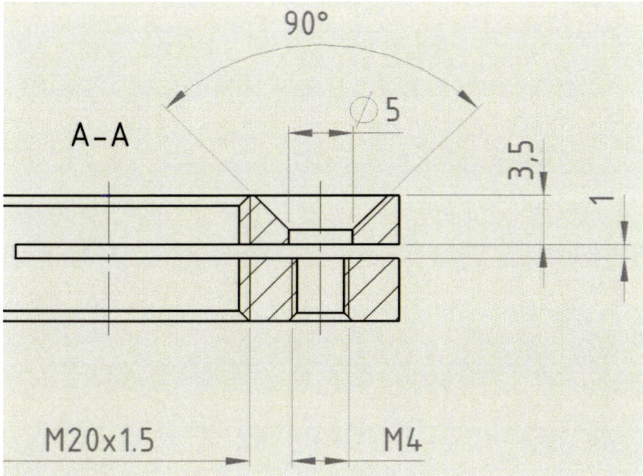

Bild 8.29: Die Bemaßung der Arretiervorrichtung

- Wenn der Platz für all die Maße knapp wird, ziehen Sie einfach die komplette Schnittansicht nach unten. Ziehen Sie dann auch die Schnittbezeichnung *A-A* nach oben, um sie aus dem Weg zu schaffen.

Auch die Bemaßungen selbst können Sie nachträglich umgestalten. Die gelben Leitlinien helfen Ihnen bei der Ausrichtung der Maßpfeile und -zahlen.

- Den Durchmesser des Senkkegels bemaßen Sie, indem Sie die oberen Endpunkte der Schrägen fangen. Stellen Sie die *Genauigkeit* auf *.1* ein (Bild 8.30).

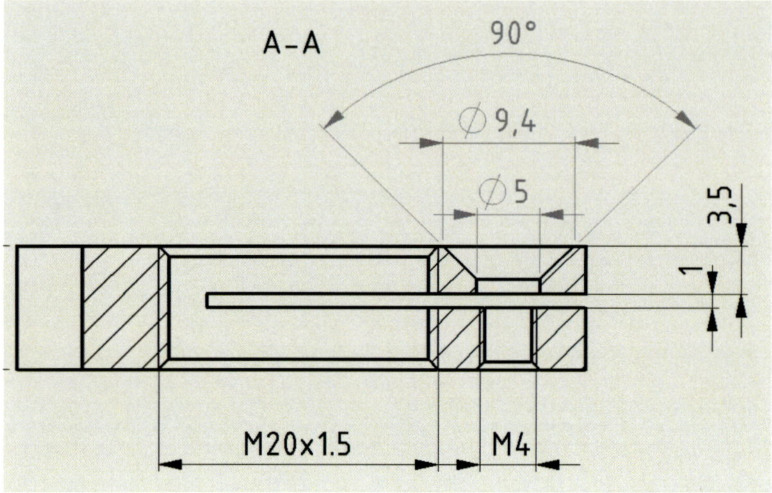

Bild 8.30: Mit Haken und Ösen: Der Außendurchmesser des Kegels hängt an dessen Endpunkten

- Bemaßen Sie die Gewindesenkung **0,75 x 45°** des Muttergewindes, indem Sie deren Schräge vertikal bemaßen, die *Genauigkeit* auf *.12* stellen und den Maßtext durch statischen Text ergänzen. Hierzu zeigen Sie auf das Icon, das neben einem Maß erscheint, wenn Sie es anklicken. Es erweitert sich zu einer kleinen Dialogbox (Bild 8.31).

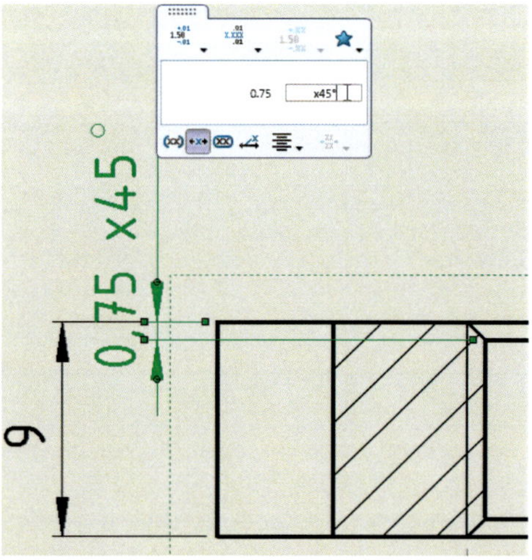

Bild 8.31: Das Höhenmaß und die Fase des Gewindes ergänzen die Bemaßung

- Bemaßen Sie so auch die Senkung **1x45°** der Gewindebohrung M4.

Die vollständige Bemaßung der Schnittansicht sehen Sie in Bild 8.32.

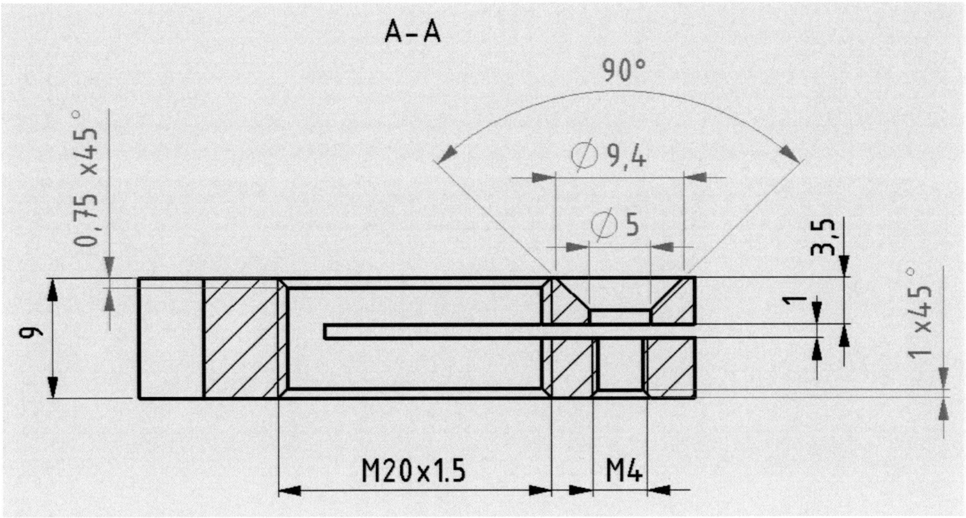

Bild 8.32: Feinarbeit: Die komplette Bemaßung der *Nutmutter*

Die hinzugefügten Maße werden in Grau, als *gesteuerte* Maße eingefügt – sie *folgen* also nur der Modellgeometrie. Sie können das Modell mit den grauen Maßen nicht ändern. Mit den schwarzen hingegen schon.

8.4.7 Die Oberflächenbeschaffenheit

Um den Oberflächenzustand nach DIN EN ISO 1302 anzugeben, können wir wieder SolidWorks arbeiten lassen.

8.4.7.1 Bezeichnung einzelner Flächen

- Aktivieren Sie in der Symbolleiste *Beschriftung* die Schaltfläche *Oberflächenbeschaffenheit.* Wählen Sie unter *Symbol* das geschlossene Dreieck für *maschinelle Bearbeitung* (Bild 8.33)
- Unter *Symbol-Layout* tragen Sie in das Editierfeld links unter dem Querbalken den Wert **Ra 0,8** für das mittlere Rauheitsprofil ein.
- Unter *Hinweislinie* wählen Sie die *Hinweislinie* selbst und darunter *Geknickte Hinweislinie.* Ein Knick, und Symbol und Text bleiben immer aufrecht lesbar.
- Klicken Sie dann auf die obere Kante der Mutter in der Schnittansicht. Die Führungslinie wird mit ihr verknüpft. Platzieren Sie das Symbol im zweiten Schritt.

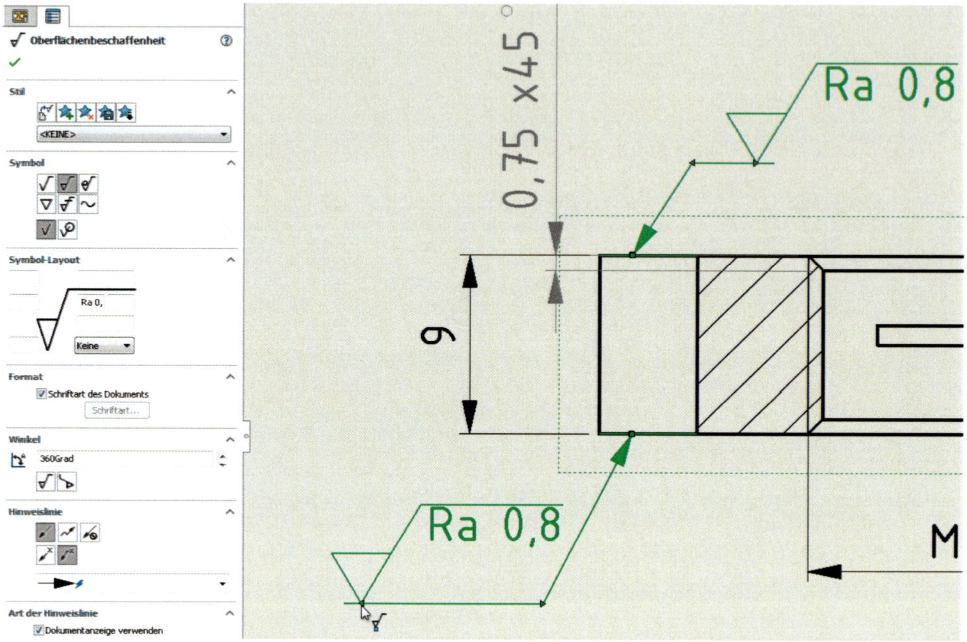

Bild 8.33: Symbole lassen sich einfach an Objekt- und Maßlinien anheften

Führungslinien können Sie auch nachträglich vorsehen, z. B. wenn ein Symbol von unten her auf die Kante weisen soll.

8.4.7.2 Die Allgemeinangabe

- Setzen Sie noch zwei Symbole in die linke untere Ecke der Zeichnung. Ändern Sie den Text des ersten Symbols auf **Ra 3,2.**

Leider ist die Ausrichtung der Symbole nicht leicht, denn ihr Anfasser am unteren Ende wird erst dann sichtbar, wenn sich ein Zeichenobjekt in der Nähe befindet:

- Ziehen Sie eine liegende Mittellinie und richten Sie die Symbole damit auf gleiche Höhe aus (Bild 8.34).

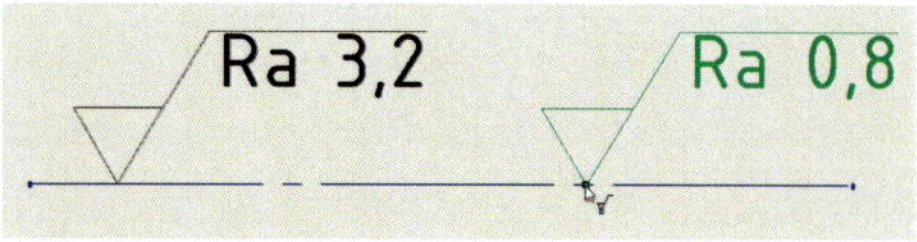

Bild 8.34: Die allgemeine Oberflächenangabe lässt sich leider nur basteln ...

Die Klammern für die Ausnahme allerdings müssen wir uns leider selber bauen – es sei denn, Sie finden im Internet entsprechende SolidWorks-kompatible Blöcke im Format *.SLDBLK:

- Fügen Sie einen *Bezugshinweis* ein. Schalten Sie die *Hinweislinie* ganz ab, sodass nur Text übrig bleibt.
- Stellen Sie die *Texthöhe* auf **9** mm ein. Setzen Sie dann ein Klammerpaar mit genügend Leerzeichen dazwischen, dass die Breite des Oberflächensymbols leicht überschritten wird (Bild 8.35).

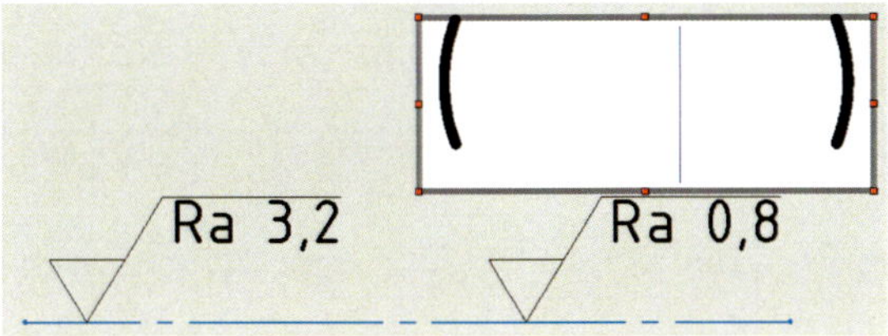

Bild 8.35: Kein Kommentar: Einfügen passender Klammern

- Klicken Sie neben die Klammer, so dass Sie sie als Objekt verschieben können. Schieben Sie sie dann über das Ausnahmesymbol, sodass etwa das Aussehen wie in Bild 8.36 entsteht.
- Markieren Sie dann beide Symbole und die Klammern und wählen Sie *Extras, Ausrichten, Horizontal ausrichten*. Die Objekte werden auf gleiche Höhe gesetzt.

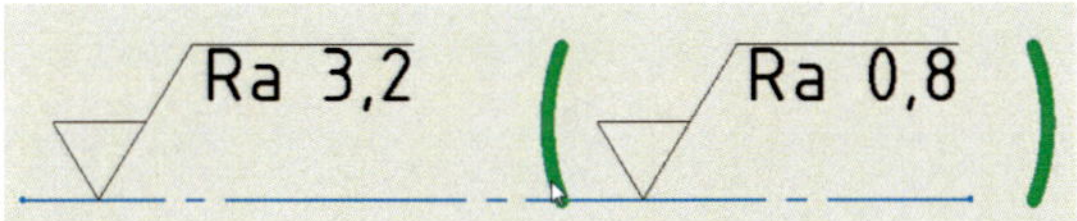

Bild 8.36: Was lange gärt: Die allgemeine Oberflächenangabe, Marke Eigenbau.

- Löschen Sie die Linie der Hilfskonstruktion.

8.4.8 Die Angabe des Kantenzustands

Zum Schluss fügen Sie noch die allgemeinen Kantenzustände hinzu. Ich rate Ihnen zu einer Suche im Internet: Suchen Sie nach den Begriffen **Kantenzustand, DIN ISO 13715** und **SolidWorks**, so finden Sie mit Sicherheit kostenlose Blöcke im Format *.SLDBLK.

- Diese fügen Sie über die Symbolleiste *Beschriftung, Block, Block einfügen* in die Zeichnung ein.

Können Sie nichts finden, müssen Sie sie leider vollständig selber basteln:

- Schalten Sie das Gitter ein. Öffnen Sie dann die Symbolleiste *Skizze* und ziehen Sie aus Linien zwei rechtwinklige Gebilde auf, wie sie in Bild 8.37 zu sehen sind (Blau).
- Definieren Sie alle vier Stücke als *Gleich* lang. Verknüpfen Sie die beiden Horizontalen *Kollinear*. Die Schenkellängen sollen 5 mm betragen.

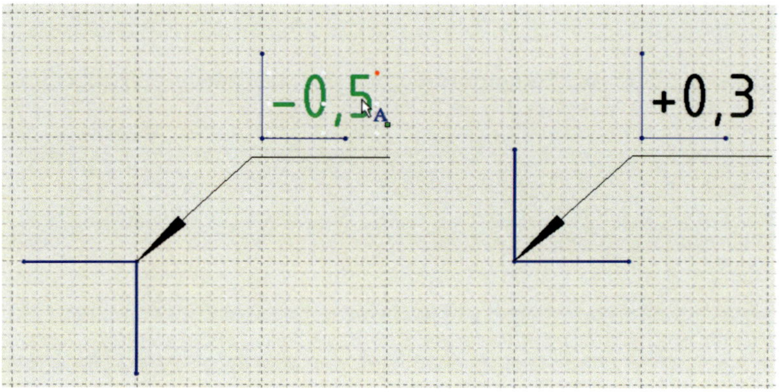

Bild 8.37: Die Kantenzustände werden als Skizze erstellt.

A

- Fügen Sie dann aus der Symbolleiste *Beschriftung* je einen *Bezugshinweis* hinzu, der auf bzw. in die Ecke zeigt. Konfigurieren Sie die Hinweispfeile nach Bild 8.38.

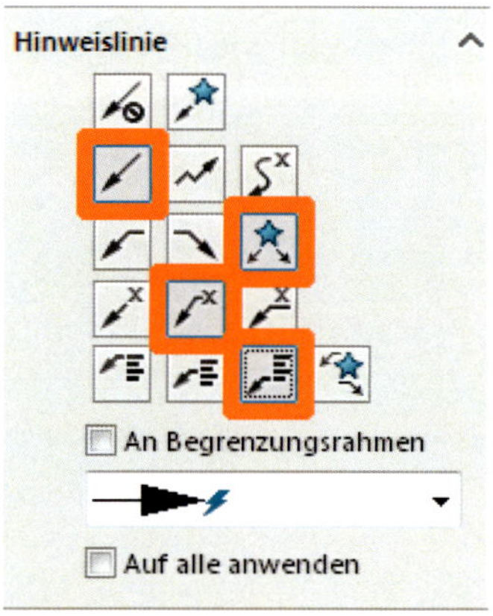

Bild 8.38: Einstellung der Hinweispfeile

- Fügen Sie als Text für die Pfeile nur einige Leerzeichen hinzu. Der Text muss unabhängig von den Pfeilen sein.

- Zeichnen Sie zwei Winkel, wie sie über den Bezugspfeilen zu sehen sind.
- Setzen Sie die Maßtexte **–0,5** für die Kante und **+0,3** für die Kehle. Achten Sie darauf, dass die Texte beim Verschieben nicht von den Pfeilen gefangen werden (STRG+Z).

Die mühselige Endfassung sehen Sie auf Bild 8.39. Die Symbole liegen in der linken, unteren Ecke des Schriftfeldes.

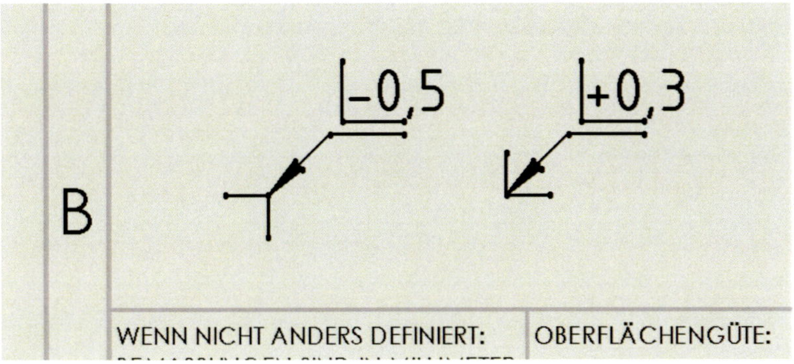

Bild 8.39: Die Kantensymbole; die Punkte werden nicht ausgedruckt.

In Bild 8.40 sehen Sie den Hierarchiebaum dieser Zeichnung. Es sind nur die *Zeichenansicht* und die *Schnittansicht* vertreten. Das Blattformat besitzt einen eigenen Eintrag.

Bild 8.40: Die Hierarchie der Zeichnung

■ 8.5 Drucken

Nun wird es Zeit, diese Zeichnung auszudrucken. Da Sie *DIN A4* als Grundformat gewählt hatten, können Sie dazu einen handelsüblichen Seitendrucker verwenden.

- Unter *Datei, Seite einrichten* stellen Sie zunächst die Skalierung (**100**%), unter Farben *Schwarz und Weiß* sowie *Hochformat* ein (Bild 8.41).

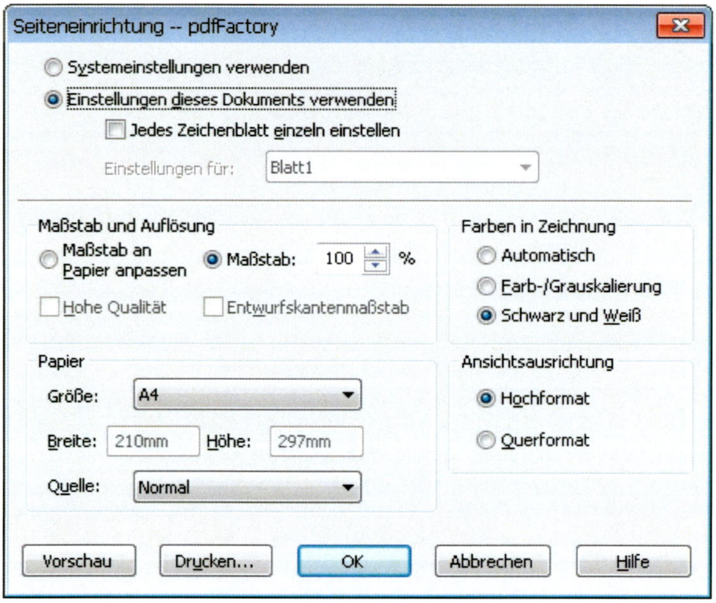

Bild 8.41: Einrichten der Druckseite für das Dokument

- Rufen Sie dann *Datei, Drucken* auf, um den Drucker zu konfigurieren (Bild 8.42). Richten Sie die Seite entsprechend der Abbildung ein.

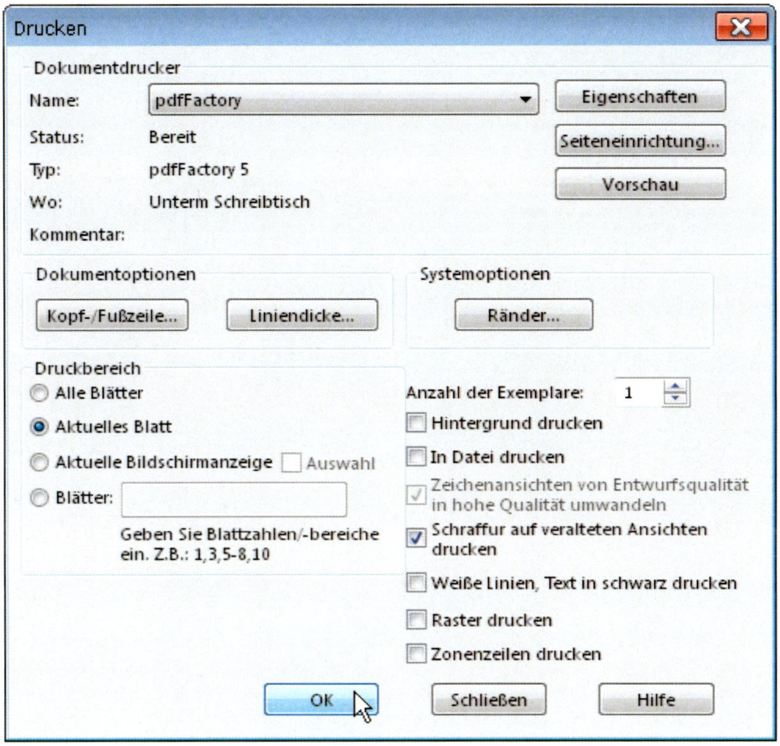

Bild 8.42: Letzter Streich: Der Drucker wird eingestellt.

Unter *Liniendicke* finden Sie wieder die Rubrik *Linie* der *Dokumentoptionen* vor (vgl. Bild 8.8).

In der Vorschau oder *Seitenansicht* erkennen Sie dann bei maximaler Vergrößerung schon, ob die Linienstärken und -arten stimmen. Danach steht einem erfolgreichen Druck selten – oft nie! – etwas im Wege (Bild 8.43).

■ 8.6 Ausblick

Damit sind wir am Ende unseres Büchleins angekommen, liebe Leserin, lieber Leser.

Sie haben mit einem Minimum an Funktionen ein komplettes Maschinchen geschaffen, das mit ein wenig Ausarbeitung durchaus gefertigt werden könnte. Sie haben gesehen, wie vielseitig Sie die Funktionen einsetzen können, und darum ging es mir: Ihnen die Einfachheit vor Augen zu führen. Ich hoffe sehr, dass Sie trotz der gewürzten Kürze den Pfad durch den Dschungel gefunden haben.

Ich wünsche Ihnen auf Ihrem Weg mit SolidWorks nun alles Gute!

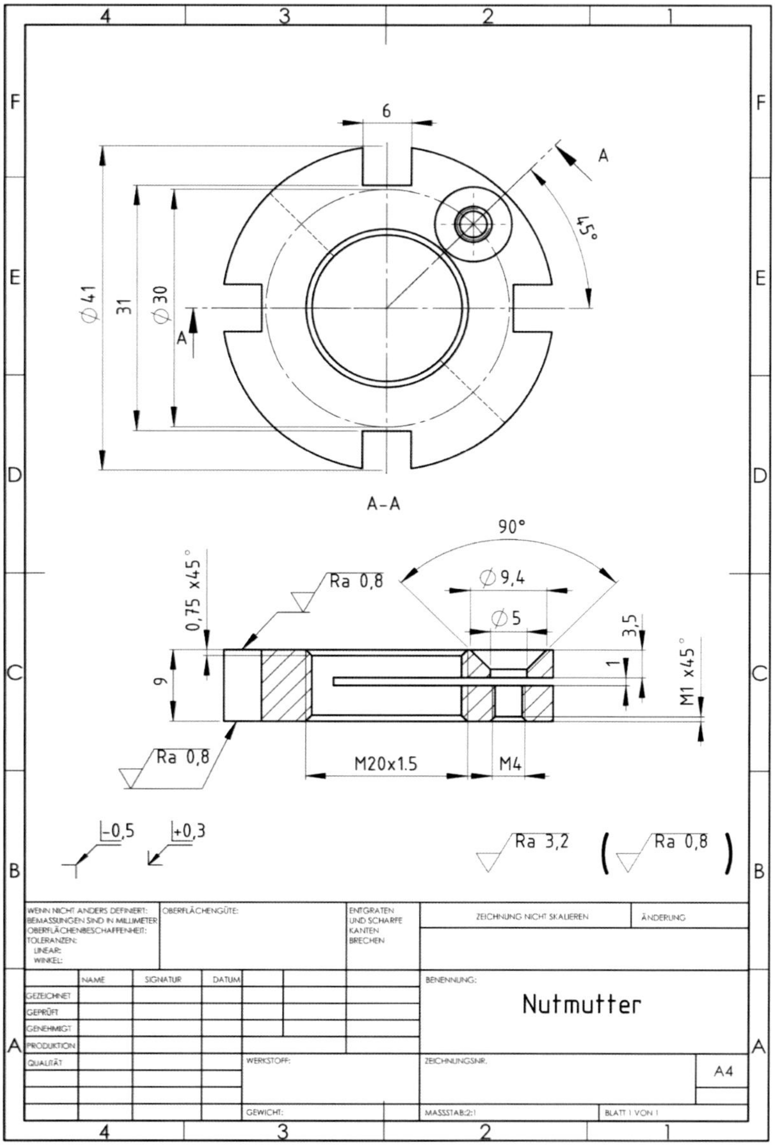

Bild 8.43: Die fertige Zeichnung der *Nutmutter*

Index

M

N

O

P

R

S

W

Z